大数据与人工智能技术丛书

U0662573

Python数据挖掘

洪金珠 徐蔼婷 陈宜治 张子天 蒋献 汪盈 诸葛斌 主编

清华大学出版社

北京

内 容 简 介

本书力求为读者呈现一部兼具理论深度和实践指导性的数据挖掘教材,在内容安排上既注重基础知识的讲解,又强调实际应用能力的培养。每章都包括理论阐述、算法原理、实践案例和基于 Python 的代码实现等诸多内容,旨在帮助读者全面理解和掌握相关知识和技能。此外,本书还关注数据挖掘领域的最新发展和前沿技术,将 AI 代码自动生成融入其中,使读者能够紧跟时代步伐,掌握最前沿的知识和技能。

本书内容丰富、结构清晰、实践性强,既适合作为高等院校相关专业的教材使用,也适合广大数据挖掘爱好者自学参考。无论是初学者还是有一定基础的读者,都能从本书中获得宝贵的知识和经验。

图书在版编目(CIP)数据

Python 数据挖掘/洪金珠等主编. -- 北京:清华大学出版社,2025.5.
(大数据与人工智能技术丛书). -- ISBN 978-7-302-69190-7

Ⅰ. TP312.8

中国国家版本馆 CIP 数据核字第 2025US5551 号

责任编辑:黄 芝 薛 阳
封面设计:刘 键
责任校对:王勤勤
责任印制:刘 菲

出版发行:清华大学出版社
    网　　　址:https://www.tup.com.cn,https://www.wqxuetang.com
    地　　　址:北京清华大学学研大厦 A 座　　邮　　编:100084
    社 总 机:010-83470000　　邮　　购:010-62786544
    投稿与读者服务:010-62776969,c-service@tup.tsinghua.edu.cn
    质量反馈:010-62772015,zhiliang@tup.tsinghua.edu.cn
    课件下载:https://www.tup.com.cn,010-83470236
印 装 者:三河市天利华印刷装订有限公司
经　　销:全国新华书店
开　　本:185mm×260mm　　印　张:22.75　　字　数:526 千字
版　　次:2025 年 6 月第 1 版　　印　次:2025 年 6 月第 1 次印刷
印　　数:1～1500
定　　价:69.80 元

产品编号:099993-01

前　言

党的二十大报告高瞻远瞩地指出了"加快发展数字经济,促进数字经济和实体经济深度融合,打造具有国际竞争力的数字产业集群"的战略方向,这一重大决策不仅彰显了我国对于数字经济发展的高度重视,更凸显了数据要素在数字经济中的核心地位。

在信息化浪潮席卷全球的今天,数据已经成为推动经济社会发展的重要引擎,加快挖掘数据潜能,不仅有助于盘活全社会生产要素存量,更能够进一步创造全社会生产要素增量,为实现创新驱动发展提供源源不断的动力。数据挖掘技术,作为从海量数据中提取有价值信息的核心技术,正逐渐成为现代社会不可或缺的一部分。通过数据挖掘,我们能够深入探索数据的内在规律和潜在价值,为管理决策提供科学依据,为科学研究提供有力支撑,为人们的生产生活带来便利与智能。因此,数据挖掘不仅是激活数据要素价值的关键途径,更是推动数字经济蓬勃发展的重要驱动力。在此背景下,大数据人才的需求呈现出持续增长的趋势。

高校作为人才培养的摇篮,肩负着培养具备高素质和高技能的大数据人才的重要使命。本书正是在这样的背景下应运而生,本书旨在带领读者逐步掌握数据挖掘技术,从基本概念到具体方法,从理论阐述到实践应用,力求为读者呈现相对完整的数据挖掘知识与技术体系。本书共分为 11 章。第 1 章为绪论,介绍了数据挖掘的基本概念、发展历程和应用领域,基于 Python 的本地环境以及天池 AI 实训平台,为后续章节打下基础。第 2 章为数据可视化,介绍如何使用 Python 的可视化库,将数据通过图表、图像等形式直观化,帮助读者更好地理解数据的分布和特征。第 3 章为数据预处理,详细讲解了数据清洗、集成、变换等预处理技术。第 4~10 章先后介绍了回归分析、关联规则分析、聚类分析、随机森林、神经网络、贝叶斯分类和文本挖掘等数据挖掘的核心技术和方法,通过丰富的案例和实践练习,读者可以在学习中不断提升自己的数据挖掘技能。第 11 章为综合案例实战,通过一个完整的数据挖掘项目案例,将前面所学的知识和技术融会贯通,帮助读者提升解决实际问题的能力。

本教材撰写团队包括了浙江工商大学统计与数学学院和人工智能学院的师资,加入了人工智能与大数据的最新应用元素,预期成为大数据专业、统计专业、人工智能专业人才培养的核心课程,也可供其他专业需要数据挖掘方法的人员使用。

阿里云为本教材提供了优秀的天池 AI 实训平台,让实验环境得以部署并服务于广大读者。结合天池 AI 实训平台的实验环境,团队配套录制了在线实验指导视频,希望通过这些资源,能够进一步提升数据挖掘实战课程的教学效果,让更多的读者受益。

在教材编撰过程中,清华大学出版社的黄芝主任为编者提供了很多建议并给予了鼓励,浙江工商大学教务处为本书的编撰提供了良好的条件,使得本书最终成稿。在教材的编写过程中,我们参考与吸收了一些同类教材的成果,在此一并表示衷心的感谢。

希望本书能够成为读者学习数据挖掘的良师益友，为读者的学习和实践提供有力的支持和帮助。

由于编者水平有限，书中难免存在不足之处，敬请广大读者批评指正，共同推动数据挖掘领域的发展与进步。

编　者

2025 年 4 月

目　录

第 章

绪　　论

实验视频

习近平总书记在党的二十大报告中强调："要加快发展数字经济,促进数字经济与实体经济深度融合"。这一重要论述为我国数字经济的发展指明了方向。在国家大力推进数字中国建设的背景下,数据已成为重要的生产要素和战略资源数据,渗透到我们生活的方方面面,从社交网络到医疗健康,从商业决策到科学研究;如何利用好这些数据,使其发挥更大的价值,是数字中国建设面临的重要课题之一。

数据挖掘作为一项处理数据的关键技术手段,可以帮助我们更好地适应新时代的发展要求,推动数字化转型进程。通过数据挖掘,可以更好地了解城市运行状况、预测交通拥堵情况、优化资源配置,分析市场需求和用户行为,为企业提供更精准的产品和服务;发现网络攻击行为和网络安全威胁,提高网络安全防御能力,保障国家信息安全。

学习数据挖掘不仅意味着掌握一项技术,更是一种思维方式的转变。它将使我们更加敏锐地观察和分析数据,发现其中的价值,从而更好地应对现实生活中的挑战。同学们,努力学习数据挖掘吧,掌握这项改变世界的技能,去探索数据的奥秘,发现更多的可能性;用数据挖掘的力量,去创造更加美好的未来,为实现中华民族伟大复兴的中国梦贡献我们的一份力量。

1.1　数据挖掘基础

教学视频

数据挖掘涉及众多不同的学科和领域。它可以从大量的数据中提取隐藏在其中的、事先不知道但潜在有用的信息。其目标是建立一个决策模型,根据过去的行动数据来预测未来的行为。

在信息爆炸和竞争激烈的现代社会中,数据对于决策制定起着越来越重要的作用。数据挖掘从大量的数据中提取有用的洞察,并为决策提供有力的支持。通过数据挖掘,人们能够深入了解某个领域中的知识和发展趋势。例如,通过数据挖掘处理金融领域的数据,可以揭示市场趋势和交易模式;通过数据挖掘处理医疗领域的数据,可以揭示疾病的模式和治疗效果等。

1.1.1　数据挖掘概述

1. 概念

数据挖掘是指从大量数据中发现关系和规律,提取出隐藏在数据背后的有用信息并进行预测的技术。它使用统计学、人工智能和机器学习等相关领域技术,从结构化和非结构化数据中自动提取出数据模式、趋势和关联性等有用的信息,并对数据背后的规律进行预测和发掘,以支持商业决策和战略规划,是大数据处理中的一项重要技术。

数据挖掘涉及在实践应用层面的学习,而不仅仅局限于理论上的学习。相较于传统意义上的学习,数据挖掘更注重从实际数据中提炼出有价值的信息和知识,这些信息和知识能够直接服务于现实世界的需求,从而为企业决策提供有力支持。在性能层面,数据挖掘技术有助于提供一个清晰、明确的知识表现形式。通过运用各种算法和模型,数据挖掘能够从海量数据中挖掘出潜在的模式和规律,进而将这些模式和规律以易于理解和应用的方式呈现出来。这不仅有助于人们更好地理解和把握数据的本质,还能够为决策提供更为准确和科学的依据。从更本质的角度来看,数据挖掘反映了两种学习的定义:知识的获得和使用知识的能力。一方面,数据挖掘通过不断地从数据中学习和探索,获得新的知识和洞见;另一方面,这些知识和洞见又能够被有效地应用于实际问题的解决中,展现出使用知识的能力。这种双向的学习过程使得数据挖掘成为一种高效且实用的知识获取和应用工具。

随着技术的不断进步和应用领域的不断拓展,数据挖掘将在未来发挥更加重要的作用。它不仅能够帮助企业更好地理解和应对市场变化,还能够为政府决策、科学研究等领域提供有力支持。深入研究和应用数据挖掘技术,对于推动社会进步和发展具有重要的意义。

2. 步骤

在进行数据挖掘任务时需遵循一系列的方法和步骤,如图 1-1 所示。

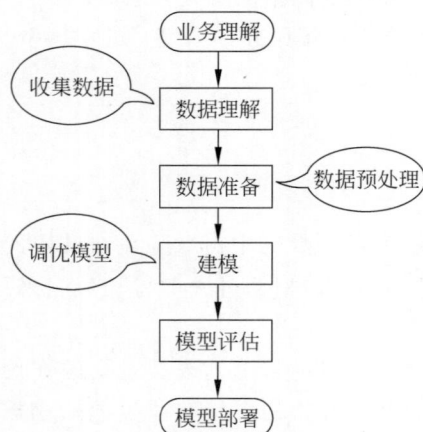

图 1-1　数据挖掘流程图

1)业务理解

从商业角度理解项目的目标和要求,接着把这些理解知识通过理论分析转换为数据挖掘可操作的问题,制订实现目标的初步规划。

2)数据理解

数据理解开始于原始数据的收集,然后是熟悉数据、甄别数据质量问题、探索对数据的初步理解、发掘令人感兴趣的子集以形成对探索信息的假设。

3)数据准备

数据准备指从最初原始数据中未加工的数据构造数据挖掘所需信息的活动。数据准备任务可能被实施多次,而且没有任何规定的顺序。

这些任务的主要目的是从源系统根据维度分析的要求,获取所需要的信息,需要对数据进行转换、清洗、构造、整合等数据预处理工作。

4）建模

在建模阶段,主要是选择和应用各种建模技术。同时对它们的参数进行调优,以达到最优值。通常对同一个数据挖掘问题类型,会有多种建模技术。一些技术对数据形式有特殊的要求,常常需要重新返回到数据准备阶段。

5）模型评估

模型评估是在模型部署发布前,需要从技术层面判断模型效果和检查建立模型的各个步骤,以及根据商业目标评估模型在实际商业场景中的实用性。此阶段关键目的是判断是否存在一些重要的商业问题仍未得到充分考虑。

6）模型部署

模型部署是在模型完成后,由模型使用者(客户)根据当时背景和目标完成情况,封装满足业务系统使用需求。

3. 重要性

数据挖掘在现代社会中具有非常重要的作用,其重要性有以下几方面。

（1）发现商业机会和优化策略,通过对大量数据的分析,可以发现潜在的商业机会和优化营销策略的空间。通过挖掘消费者行为、市场趋势等数据,企业可以更好地了解客户需求和偏好,从而制订更加精准的营销策略和推广计划,提高市场竞争力。

（2）支持科学决策,在政府、科学研究等领域,数据挖掘可以帮助决策者更好地理解数据,支持更加客观、科学的决策。例如,挖掘社会经济相关数据,可以支持政府制定更加精准的扶贫政策。

（3）提升产品质量和用户满意度,通过对用户行为、产品质量等数据进行挖掘,企业可以更好地了解用户需求和产品问题,从而调整产品设计和改进服务,提升用户满意度和产品质量。

（4）帮助发现异常情况和风险控制,通过对数据进行挖掘,可以发现异常情况、识别潜在风险,并及时采取措施避免潜在风险带来的影响和损失。

（5）促进工业智能化,随着工业智能化的发展,工业数据的挖掘对于提高工厂生产效率、降低成本、提高质量等方面具有重要的作用。

1.1.2 数据挖掘演进脉络

1. 历史背景

数据挖掘的历史可以追溯到 20 世纪 60 年代晚期和 70 年代早期。当时的计算能力和存储技术的提升促使人们开始探索如何从大量数据中提取有用的信息。人们开始关注如何利用大量的数据来支持决策、发掘商业机会、改善产品服务和优化运营等方面。

关系数据库的出现和发展使得人们可以有效地存储和管理大量结构化数据。这为数据挖掘提供了可靠的数据基础。20 世纪六七十年代,机器学习领域开始兴起,研究者开始探索如何让计算机自动从数据中学习模式和规律。这为数据挖掘中的建模技术奠定了基础。统计学和模式识别等领域的原理和方法对数据挖掘的发展产生了重要影响。

例如,分类、聚类和关联规则等技术都与统计学和模式识别紧密相关。

随着互联网的普及和互联网技术的快速发展,人们可以方便地生成、获取和存储大规模的数据。这为数据挖掘提供了更多的数据源和应用场景。同时,随着人工智能和大数据技术的不断进步,数据挖掘逐渐成为一个独立的学科领域,并在各个领域中得到广泛应用,如商业智能、市场研究、医疗保健、金融等。数据挖掘的应用和影响力也在不断扩大和深化。

2. 发展历程

20世纪下半叶,数据挖掘起源与多个学科的发展紧密相连,特别是数据库技术和计算机领域的人工智能。

在20世纪60年代后,随着磁带、软盘、硬盘等数据存储设备的出现,人们开始掌握搜集和存储数据的基础方法。这是数据挖掘发展的第一阶段。

到了20世纪80年代,随着数据库的出现,大量的数据得以存储,数据的积累开始不断膨胀。这时,简单的查询和统计已经无法满足企业的商业需求,急需一些革命性的技术去挖掘数据背后的信息。与此同时,计算机领域的人工智能也取得了巨大进展,进入了机器学习的阶段。于是,数据库技术和人工智能的结合促生了新的学科——数据库中的知识发现(Knowledge Discovery in Databases,KDD)。这是数据挖掘发展的第二阶段。

在1989年,第一届"从数据库中知识发现"的国际学术会议在美国底特律举行,这次会议中第一次使用了KDD这个词来强调"知识"是数据驱动发现的最终结果。随后,数据挖掘和知识发现的结合越来越紧密,应用领域也越来越广泛。

进入20世纪90年代,数据库系统的发展使得数据的查询和分析统计更为便捷,同时数据挖掘技术也得到了进一步的发展。在这个阶段,数据挖掘开始从简单的统计和查询,向更深层次的数据分析和模型建立转变。

到了21世纪初,随着互联网和大数据技术的普及,数据量激增,针对大规模数据的分析处理方法需求出现,数据挖掘进入了新的发展阶段。数据挖掘技术日益成熟,并且在商业、医疗、教育等各个领域得到了广泛应用。

至今,数据挖掘已经成为一门比较成熟的交叉学科,涉及统计学、机器学习、数据库等多个领域的知识。随着数据量的不断增长和技术的不断进步,数据挖掘的应用前景也将更加广阔。

数据挖掘的发展史是一个不断演进和扩展的过程,它与数据库技术、人工智能等多个学科的发展紧密相连,同时也受到商业和社会需求的推动。随着技术的不断进步和应用领域的不断拓展,数据挖掘将继续发挥其重要作用,为人类社会的发展贡献更多力量。

3. 发展趋势

数据挖掘是一个充满活力且不断发展的领域。

1)实现自动化和智能化

随着人工智能的进步,数据挖掘中的各个环节逐渐实现自动化和智能化。自动化模型选择、特征选择、模型训练和模型评估等过程将更加高效和智能化,减少了人工干预的需要,提高了数据挖掘的效率和准确性。

2）实现大规模数据挖掘

随着互联网、物联网和智能设备的广泛应用，产生的数据规模呈爆发式增长。数据挖掘需要应对大规模数据的挖掘与处理，包括存储、快速计算和模型更新等方面。分布式计算、并行处理和流式数据挖掘等技术将成为关键。

3）实现跨领域应用

数据挖掘的应用范围正在不断扩展，涉及各个行业和领域。例如，在医疗保健领域，数据挖掘可以帮助发现疾病模式、个性化治疗和健康风险评估；在金融领域，数据挖掘可用于欺诈检测、风险预测和投资决策等。数据挖掘将越来越广泛地应用于解决各种实际问题。

数据挖掘在自动化、大规模、深度学习、可解释性、跨领域应用和隐私保护等方面的发展趋势非常明显。这些趋势都将推动数据挖掘技术不断进步和应用的广泛拓展。

1.1.3　数据挖掘应用领域

在数据挖掘技术应用到实际问题解决中的这个过程中，需要将数据挖掘技术与特定领域的知识相结合，以实现对数据的深入分析和洞察，并从中提取有价值的信息和模式，以下是一些与数据挖掘相关的现实应用场景。

1. 电商推荐领域

电商平台利用数据挖掘技术，分析用户的购买历史、点击行为、浏览习惯等信息，以预测用户的喜好和购买意向。根据这些预测，推荐系统可以向用户推荐个性化的商品，提高用户购买转换率和用户满意度。

2. 社交媒体情感分析领域

社交媒体平台使用数据挖掘技术，分析用户在社交媒体上发布的帖子、评论和表情符号等信息，以了解用户的情感倾向。通过情感分析，社交媒体平台可以更好地理解用户的反馈和情感需求，为用户提供更好的社交体验和广告定制。

3. 电信客户流失预测领域

电信公司通过挖掘客户的通话记录、账单支付记录、客户服务投诉等数据，分析客户的行为模式和特征，以预测客户是否有流失的风险。这样，电信公司可以采取相应的措施，如提供定制化的促销活动和改善客户服务，以降低客户流失率。

4. 医疗诊断辅助领域

医疗领域利用数据挖掘技术，分析患者的临床数据、医学影像以及遗传信息等，以辅助医生进行疾病诊断和治疗决策。通过挖掘大量的医疗数据，可以发现患者之间的相似模式和特征，从而更好地指导医生的诊疗过程，并提供个性化的治疗方案。利用数据挖掘，可以有效地跟踪和监测患者的健康状况，并帮助基于过去的疾病记录进行有效的诊断。在医疗领域，通过深入分析患者的临床数据、高精度的医学影像以及遗传信息等，为医生提供精准的疾病诊断和治疗决策支持。通过大数据挖掘，能够识别出患者之间的潜在相似性和特征模式，从而优化诊疗流程，实现个性化的治疗策略。此外，数据挖掘技术还能够实时跟踪和监测患者的健康状况，并基于历史疾病记录进行精准诊断。通过综合考量患者的门诊就诊频率与假期季节等因素，能够更全面地分析病例。这一技术有助于确定药物治疗各种疾病的成功模式,为治疗方案的选择提供科学依据。运用多维数据分析方法,降低医疗成本,提升服务质量,为患者提供更广泛和优质的医疗护理。此外,软计算、统计、数据可视化和机器学习等先进方法被有效应用于衡量和预测特定患者群体内的数据量,以确保患者在关键时刻得到及时且恰当的关注。这些技术的不断发展和完善,正为医疗领域带来革命性的变革。

5. 教育领域

教育数据挖掘主要聚焦于从教育机构的历史流程和复杂系统中高效地提取和分析数据。其核心目标是通过应用先进的数据分析技术和教育科学原理,全面促进学生的个性化成长和全面发展。此外,数据挖掘在教育领域还发挥着至关重要的作用,它确保了向教育部门提供准确、高质量的知识和决策支持内容,进而推动教育体系的优化与发展。

6. 欺诈检测领域

金融机构广泛运用数据挖掘技术,深入分析用户的交易数据、操作习惯和行为特征,以精准识别潜在的欺诈活动。通过构建精细的模型和算法,系统能够自动侦测异常的交易模式和行为,助力金融机构及时发现并预防经济犯罪。同样,数据挖掘技术在保险行业中不仅应用于索赔处理及其分析,例如识别频繁索赔的医疗险案例,还用于预测新政策的潜在影响,揭示有风险的客户行为模式,以及洞察潜在的客户欺诈行为。这些应用使得有效运用数据挖掘技术的公司能够显著提升业务效率和风险管理水平,从而取得显著的商业效益。

7. 银行和金融数据领域

分布式数据挖掘技术成为追踪可疑金融活动(如与信用卡、网络银行或其他银行服务相关的欺诈性交易)的关键工具。通过抽样和识别庞大的客户数据集,数据分析变得高效。此外,通过为交易周期、地理位置、支付模式、客户活动历史记录等参数贴上标签,追踪可疑活动变得更加直接。银行可以通过对历史数据和客户活动性质的精确数据挖掘,更有效地保留现有客户或吸引新的客户群体。在大数据技术的推动下,这些信息对于任何组织的成功都起着关键作用。在营销场景中,数据挖掘技术能够根据客户的历史行为、交易记录以及市场整体购买趋势,提供更具吸引力的报价(如差异化定价)。同时,数据挖掘还能揭示各种财务指标之间的深层关系,并用于股市波动模式的分析和涨跌预测,为投资决策提供有力支持。

8. 交通运输领域

数据挖掘在交通运输领域发挥着重要作用,通过分析历史交通数据,不仅能够揭示客户的通勤模式,为个性化服务提供依据,还能通过精准定向广告推送,增强用户体验和满意度。同时,该技术还有助于优化物流计划和减少拥堵,提升整体运输效率。

这些例子只是数据挖掘在现实生活中的一小部分应用,数据挖掘技术广泛应用于各个领域,帮助组织和企业从海量的数据中挖掘出有价值的信息和知识,以支持决策制定和业务优化。

1.2 基于 Python 的数据挖掘

Python 具备许多强大的数据科学库和工具,提供了丰富的功能和方法来支持数据挖掘任务。Python 通过其简洁易读的语法和丰富的库,使数据挖掘的开发变得更加高效和便捷。它广泛应用于数据处理、特征工程、建模、模型评估以及可视化等数据挖掘的关键步骤。此外,Python 拥有一个庞大的社区和丰富的学习资源,为数据科学从业者和爱好者提供了学习和交流的平台。因此,Python 已经成为数据挖掘领域中最受欢迎和广泛应用的编程语言之一。

1.2.1 本地环境安装

进行数据挖掘需要搭建适合的数据挖掘环境。以下是一些常用的数据挖掘环境及其安装方法的介绍。

1. Python 的安装

Python 是进行数据挖掘的常用编程语言。可以从 Python 官方网站(https://www.python.org)下载适合本机操作系统的 Python 安装程序,并按照指引进行安装,如图 1-2 所示。

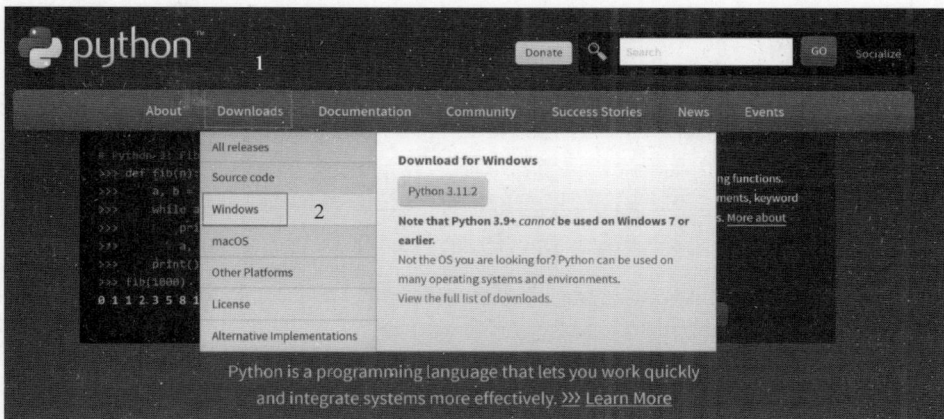

图 1-2 Python 安装页面

2. Anaconda 的安装

Anaconda 是一个 Python 数据科学平台,提供了用于数据分析和机器学习的各种工具和库。可以从 Anaconda 官网(https://www.anaconda.com)下载适合自己操作系统的 Anaconda 安装程序,并按照指引进行安装。安装完成后,将得到一个预装了常用数据挖掘工具和库的 Python 环境。

如图 1-3 所示为 Anaconda 的初始安装界面,单击 Next 按钮,根据提示完成 Anaconda 的安装。

3. Jupyter Notebook 的安装

Jupyter Notebook 是一个交互式编程环境,通常用于数据分析和可视化。在 Anaconda

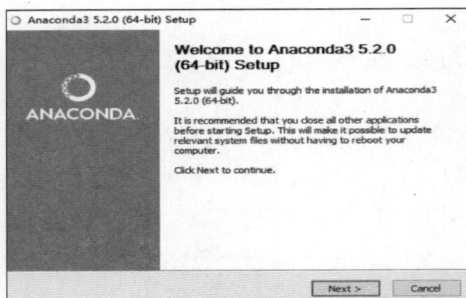

图 1-3　Anaconda 的安装页面

安装完成后,可以在终端中运行 jupyter notebook 命令启动 Jupyter Notebook。成功启动后的页面如图 1-4 所示。

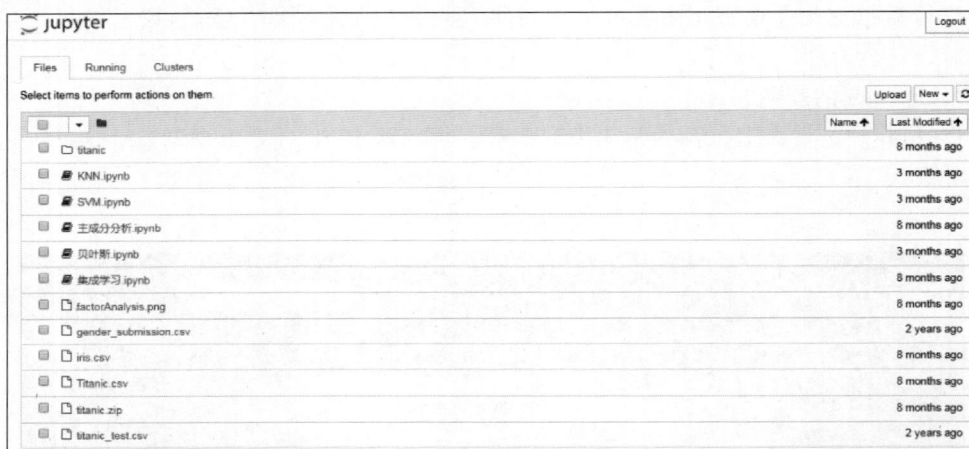

图 1-4　Jupyter Notebook 页面

打开 Jupyter Notebook 后单击 New→Python3 新建一个 Python3 的扩展名为 .ipynb的 Notebook 文件,如图 1-5 所示。

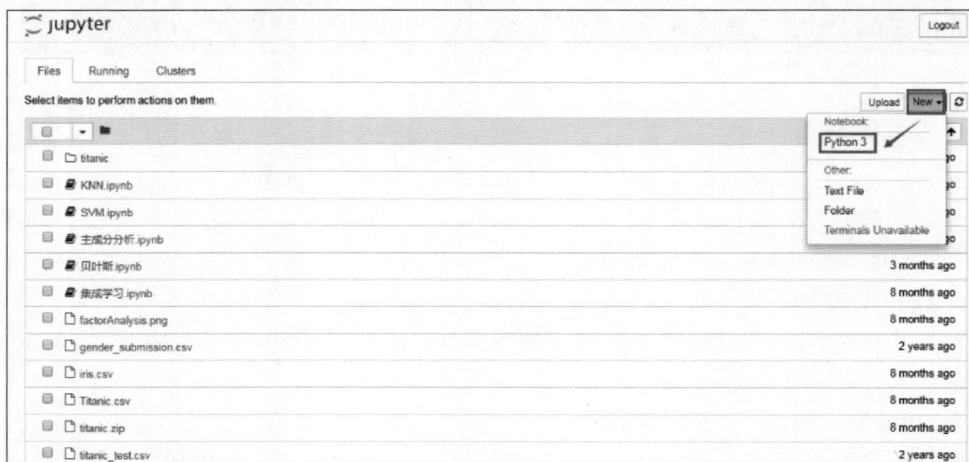

图 1-5　新建文件

Notebook 文件的界面如图 1-6 所示，长方形方框被称为 cell。单击 Untitled 选项，可以给 Notebook 文件重命名。

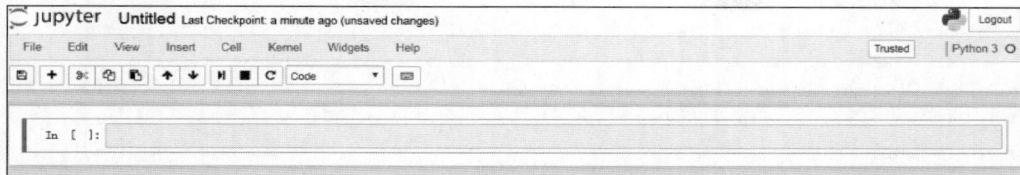

图 1-6　Notebook 文件

4. 数据挖掘库的安装

Python 有许多用于数据挖掘的优秀库，如 Pandas、NumPy、SciPy、scikit-learn 等。可以使用 Anaconda 提供的包管理器 conda 来安装这些库。例如，要安装 Pandas 和 scikit-learn，只需运行以下命令：

```
conda install pandas scikit - learn
```

此外，还可以使用 pip 命令来安装这些库：

```
pip install pandas scikit - learn
```

通过以上步骤，就可以搭建一个基本的数据挖掘环境。根据具体需要，还可以安装其他库和工具，如 TensorFlow、Keras、matplotlib 等，以满足进一步的数据挖掘需求。

1.2.2　简单案例实践

以下是一个简单的数据挖掘代码案例，以展示如何使用 Python 和 scikit-learn 库进行回归分析，以测试本地 Python 环境。代码如下：

```python
# 导入必要的库
import numpy as np
import matplotlib.pyplot as plt
from sklearn.linear_model import LinearRegression
from sklearn.metrics import mean_squared_error, r2_score

# 生成数据集
X = np.array([[1], [2], [3], [4], [5]])
y = np.array([[2.3], [4.5], [6.4], [8.2], [10]])

# 实例化线性回归模型
model = LinearRegression()

# 将数据拟合到模型中
model.fit(X, y)

# 预测一个未见过的样本
x_test = np.array([[6]])
y_pred = model.predict(x_test)
```

```
# 输出模型参数和预测结果
print('Coefficients: \n', model.coef_)
print('Intercept: \n', model.intercept_)
print('Mean Squared Error: %.2f' % mean_squared_error(y, model.predict(X)))
print('Coefficient of Determination: %.2f' % r2_score(y, model.predict(X)))
print('Prediction of an Unseen Sample: %.2f' % y_pred)

# 可视化结果
plt.scatter(X, y, color = 'black')
plt.plot(X, model.predict(X), color = 'blue', linewidth = 3)
plt.xticks(())
plt.yticks(())
plt.show()
```

运行结果如图 1-7 所示。

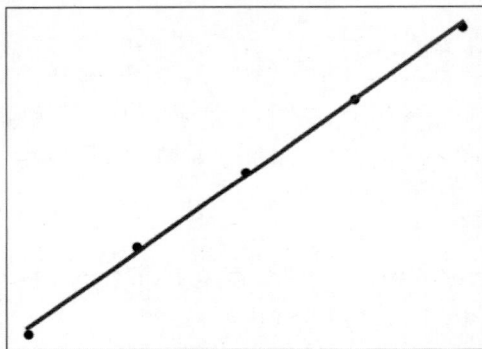

图 1-7   运行结果

1.2.3   本书常用方法

Python 作为一种通用的编程语言,拥有丰富的数据分析库和工具。以下是一些在本书中常用的数据挖掘方法以及 Python 库和工具的详细介绍。

1. 回归分析

回归分析用于建立变量之间的数学关系模型。它可以预测一个或多个连续变量的值,并帮助理解变量之间的相互关系。常见的回归方法包括线性回归、多项式回归、岭回归和逻辑回归等。回归分析通常应用于经济学、金融、医学研究、市场营销、社会科学等领域。例如,可以使用回归分析来预测商品价格、评估股票市场风险、分析社会和行为科学数据以及在生物医学研究领域预测病人的疾病风险。

scikit-learn 库提供了多种回归模型,如线性回归、岭回归和多项式回归。它还包括特征选择、正则化等功能。

2. 关联规则分析

关联规则分析用于发现数据集中的项集之间的关联关系。它能够发现频繁出现的项集,并推断出项集之间的条件和置信度。关联规则常用于市场篮子分析、促销策略和协同过滤推荐系统等领域。例如,可以利用关联规则分析来识别消费者对某一产品的喜好,提高销售效率,以及在医学领域找出各种疾病之间的联系。

mlxtend 库提供了关联规则分析的实现。它支持频繁项集和关联规则的发现,以及计算支持度、置信度和提升度等度量指标。

3. 聚类分析

聚类分析用于将数据集中的对象分成相似的群组或簇。它帮助发现数据集中的内在结构,并从无监督学习的角度提供数据分类的依据。常见的聚类方法包括 k-means 聚类、层次聚类和 DBSCAN 等。聚类分析通常应用于市场分析、医学研究、社交网络分析、自然语言处理等领域。例如,在市场分析中,聚类分析可以用于对不同市场细分进行分析,从而更好地了解不同市场的特点和需求。

scikit-learn 中提供了多种聚类算法,如 k-means 聚类、层次聚类和 DBSCAN。它还提供了评估聚类性能的指标,如轮廓系数和互信息。

scipy 提供了聚类算法的实现,如谱聚类和凝聚聚类。

4. 随机森林

随机森林是一种集成学习算法,结合了多个决策树来进行分类和回归任务。它通过随机选择特征和样本,并通过投票或平均预测结果来提高预测的准确性和鲁棒性。随机森林通常应用于生物信息学、医学研究、金融等领域。例如,可以使用随机森林算法来分析基因测序数据、股票市场预测和医学诊断等。

scikit-learn 中的 ensemble 模块提供了随机森林算法的实现。它能用于分类和回归任务,并支持处理高维数据和特征重要性的计算。

5. 神经网络

神经网络模拟人脑神经元之间的连接和工作方式,通过层次化的计算结构来学习和推断模式。深度神经网络(Deep Neural Network,DNN)是一种特殊的神经网络,拥有多个隐藏层,可以用于处理复杂的非线性关系和大规模数据。神经网络通常应用于计算机视觉、自然语言处理、语音识别、机器人技术等领域。例如,在计算机视觉领域,神经网络可以用于图像分类、目标检测和人脸识别等任务。

TensorFlow 是广泛应用于神经网络和深度学习的开源库。它提供了构建和训练神经网络的工具,支持多种类型的神经网络模型,如全连接神经网络和卷积神经网络。Keras 是基于 TensorFlow 或者其他低级框架的高级神经网络库。它提供了简洁的 API 接口,便于构建和训练各种类型的神经网络模型。

6. 贝叶斯分类

贝叶斯分类是一种基于贝叶斯定理的统计分类方法,可根据给定的数据和先验概率,计算出每个类别的后验概率,并将样本归类为具有最高概率的类别。它常用于文本分类、垃圾邮件过滤和情感分析等任务。贝叶斯分类通常应用于文本分类、垃圾邮件过滤、生物信息学、社交网络分析等领域。例如,在文本分类中,贝叶斯分类可以用于对文本进行情感的分析和归类。

scikit-learn 提供了贝叶斯分类模型的实现,如朴素贝叶斯和高斯过程分类。这些模型可以应用于文本分类、垃圾邮件过滤等任务。

7. 文本挖掘

文本挖掘是从大量文本数据中提取和推断有用信息的过程。它包括文本预处理、文本分类、情感分析、实体识别和主题建模等技术。文本挖掘在社交媒体分析、舆情监测和信息检索等领域有广泛的应用。例如,在社交媒体领域,文本挖掘可以用于对用户意见和情感进行分析,从而更好地了解用户需求和产品问题。

NLTK 是一个自然语言处理工具包,提供了文本挖掘和文本分析的功能,如词袋模型、情感分析和主题建模。scikit-learn 的 feature_extraction 模块提供了文本特征提取的功能,如词袋模型(CountVectorizer、TfidfVectorizer)和词嵌入(Word2Vec)。

这些方法在不同的数据分析任务和应用场景中具有不同的优势和适用性。在实际应用中,根据问题需求和数据特征,选择合适的技术或进行组合使用,能够更好地发掘数据中的价值和信息。而 Python 库提供了丰富的功能和易于使用的 API 接口,在数据挖掘的不同阶段和任务中发挥关键作用。通过结合这些库的功能,可以实现数据挖掘方法的具体应用。

1.3　天池平台操作概述

教学视频

传统的 Python 环境要求用户在本地安装 Python 解释器、相应的库以及开发工具,这通常需要一定的配置和管理经验。用户还需要自行准备数据集并安装所需的算法库,相对较为烦琐。在资源管理方面,用户需要自行管理计算资源和项目文件,可能需要投入更多的精力和时间。相比之下,天池 AI 实训平台作为云端在线平台,其用户无须安装本地 Python 环境和相关库,即可在网页上直接编写和运行代码,实现高效便捷的操作,并可随时随地轻松访问与使用。平台汇聚了丰富的数据集和算法库,为用户的数据分析、建模和实验提供了有力支持。此外,天池 AI 实训平台还拥有一个庞大的用户社区和丰富的竞赛资源,用户可以参与各类比赛,与他人分享经验、交流学习,进而不断提升实战能力。同时,平台还提供了资源管理和计算资源分配等实用功能,让用户能够轻松管理自己的项目、数据和计算资源。天池 AI 实训平台以其便捷、集成的在线环境为用户提供了一个高效、便利的数据挖掘和人工智能学习平台,尤其适合初学者或需要快速实验的用户。而传统的 Python 环境则更适合有一定经验和需求的用户,它为用户提供了更高的自由度和灵活性。

1.3.1　天池 AI 实训平台介绍

天池 AI 实训平台是一个为学习者和数据科学爱好者提供实际项目和实践机会的在线平台,如图 1-8 所示。该平台提供了数据竞赛、数据集、教程和实验室等功能,以帮助用户学习和实践数据挖掘和人工智能技术。平台提供的数据挖掘环境,在天池 AI 实训平台上,用户可以使用平台提供的预配置的数据挖掘环境,包括 Python 编程语言和相关的数据科学库及工具。这些预配置的环境通常包括 Python 解释器、各种数据科学库(如 Pandas、NumPy、scikit-learn 等)、Jupyter Notebook 等,用户可以在这个环境中进行数据挖掘任务。

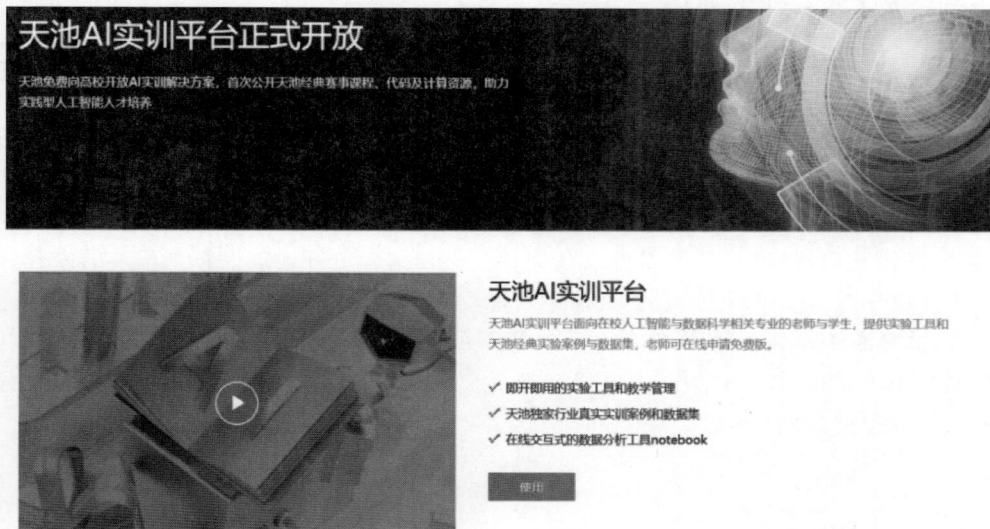

图 1-8　天池 AI 实训平台

在天池 AI 实训平台上,用户可以参与平台提供的数据竞赛,使用平台上提供的数据集和环境,完成数据挖掘任务。用户可以使用数据挖掘环境中的库和工具进行数据处理、特征工程、模型建立与评估等步骤,实践数据挖掘的技术和方法。天池 AI 实训平台提供了一个综合的学习和实践平台,其中包括数据挖掘环境,用户可以在该环境中进行数据挖掘任务,并通过参与数据竞赛和使用平台提供的数据集、教程等资源,提升自己在数据挖掘领域的能力。

天池平台提供了各种数据竞赛以及实际项目,为学习者和数据科学爱好者提供了实践机会。通过参与竞赛和项目,可以将所学知识应用到实际问题中,提升实际工作中的数据挖掘能力。平台上提供了丰富的开放数据集,涵盖了不同领域和复杂度的数据。使用这些数据集进行数据挖掘实践,能够帮助学习者更好地理解数据挖掘技术和方法,并熟悉不同类型的数据。天池 AI 实训平台拥有庞大的用户社区,用户可以在平台上的论坛和社区中与其他学习者和专业人士交流和讨论。通过分享经验、提问问题和参与讨论,可以获得更多的学习机会和不同的观点,拓宽自己的视野。平台提供了预配置的数据挖掘环境,包括 Python 编程语言和相关的数据科学库和工具。这些环境和工具使学习者能够快速搭建数据挖掘环境,进行数据处理、特征工程、模型建立等操作,并能够轻松地分享和展示自己的实验结果。另外,天池 AI 实训平台还提供了大量的教程、案例和笔记本,用于指导用户从数据清洗、特征工程到建模和部署的完整数据科学流程。学习者可以根据自己的需要选择合适的学习资源,并根据实验结果进行反馈和改进。

天池平台积累了大量真实业务场景数据,并沉淀了天池平台的前沿算法竞赛案例,如某地区地铁运行数据、某工厂的铝材识别数据、某医院的经过标注的肺结节数据等,能够为老师/学生提供贴近产业的实验课程,帮助学生更好地从理论进入实践应用中。平台基于实验项目开发了完整的实验课件、代码项目,减轻了老师的备课工作。

1.3.2　课程配套环境操作

天池 AI 实训平台的实验案例是以本教材为基础。课程主要分为两个模块:第一个模块是前 3 章,主要讲解大数据背景和数据预处理和可视化。第二个模块包括第 4~第 10 章共 7 章内容,主要讲解目前常用的数据挖掘算法;每章会结合案例具体介绍算法,系统运用前期的基础学习来进行知识的整合,促进学生对数据挖掘知识的融会贯通。该课程内容丰富,实用性强,适合用于研究高等院校统计、大数据分析、人工智能等相关专业学习者,实验案例呼应每章内容,学习者以案例和教材相结合更好地掌握每个章节的内容。

下面以第 2 章第 6 课时为例,具体学习课程配套环境操作。

1. 学习课件

如图 1-9 所示,其中对应的是本章节理论知识的 PPT 课件,能够让用户快速理解接下来的实验理论基础。

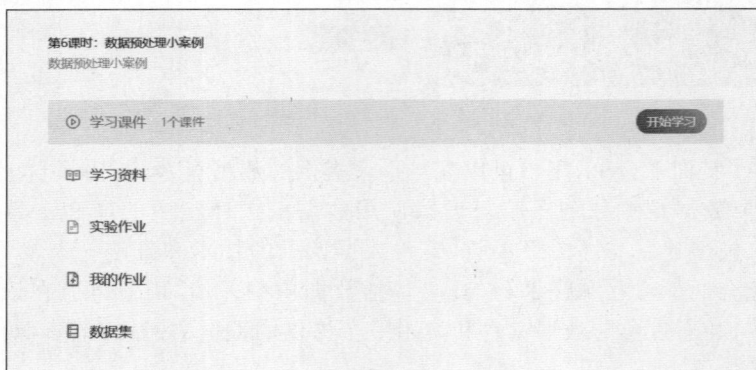

图 1-9　学习课件

2. 学习资料

如图 1-10 所示,其中对应的是本次实验所需要的实验手册,通过手册的学习可以更好地理解代码模块对应的内容。

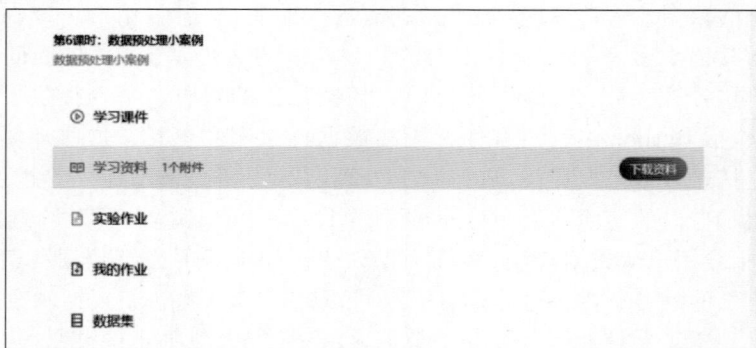

图 1-10　学习资料

3．实验作业

如图 1-11 所示，其中对应的是本次实验的代码，单击之后就能进行代码的操作，因为 AI 实训平台自带实验环境，用户可以进行代码的测试和学习。

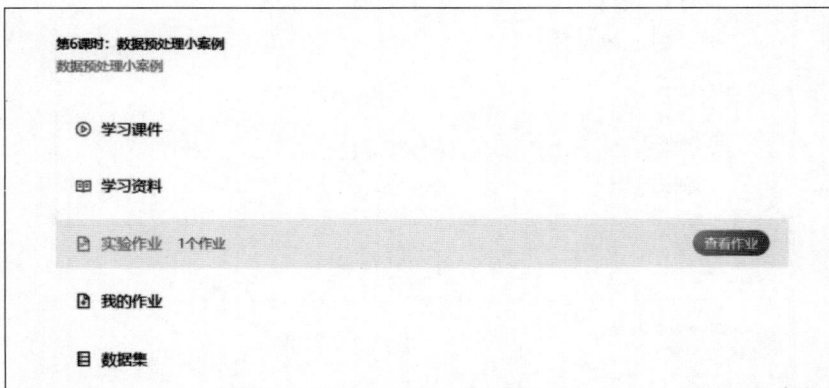

图 1-11　实验作业

单击查看作业后进行实验的跳转，然后单击做作业进行跳转。单击编辑后进行实验实际操作的跳转，然后就能进入实验环境，如图 1-12 所示。进入实验环境后，可以进行代码的运行，代码模块运行的组合键是 Ctrl＋Enter。

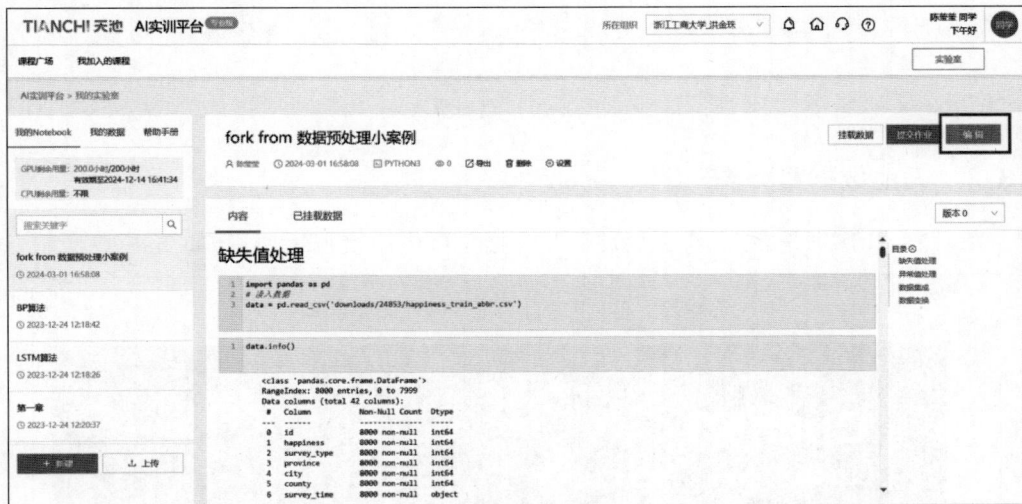

图 1-12　实验环境

4．我的作业

如图 1-13 所示，可以在上一步骤中进行提交作业，也可以自己编写运行成功后提交。

5．数据集

如图 1-14 所示，可以下载本次实验所需的数据集压缩包，自行解压后使用数据集进行实验。

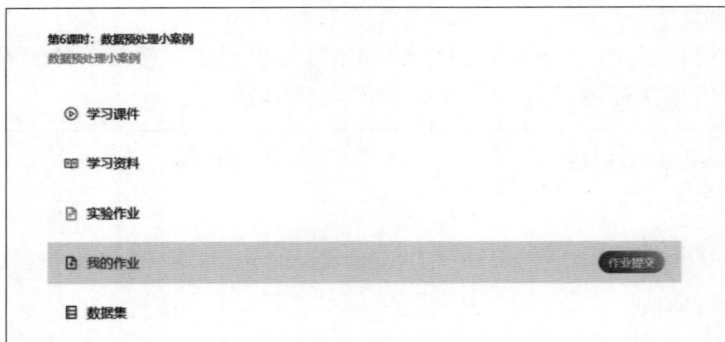

图 1-13　我的作业

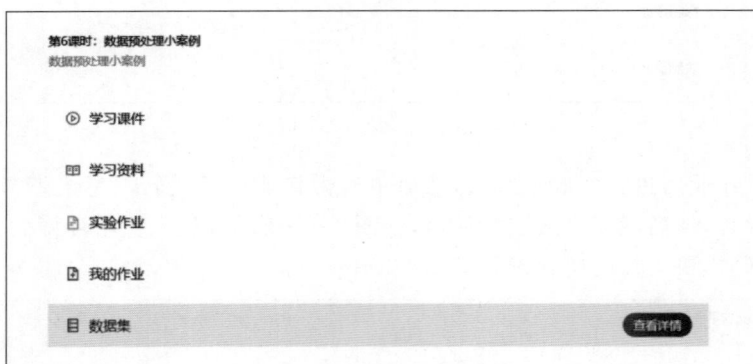

图 1-14　数据集

1.3.3　天池数据集介绍

在天池 AI 实训平台上,有大量的公开数据集可供用户搜索使用,如图 1-15 所示,这

图 1-15　天池数据集

些数据集涵盖了各种不同领域的数据,包括计算机视觉、自然语言处理、推荐系统、图像识别等。用户可以通过这些数据集进行建模、训练模型、验证算法等,提升自己在人工智能领域的能力。

如图 1-16 所示,这些数据集包含了大量的用户行为数据,例如用户的点击、浏览、购买等信息,以及物品的属性信息。通过分析这些数据,可以构建推荐系统,实现个性化推荐,为用户提供更加精准的推荐内容。具体来说,算法数据集包括以下内容:用户行为数据,包括用户的点击、浏览、收藏、购买等行为记录。物品信息数据,包括物品的属性、类别、标签等信息。用户信息数据,包括用户的基本信息、兴趣标签等。上下文信息数据,可能包括时间、地理位置等上下文信息,用于增强推荐系统的个性化效果。评价数据,用户对物品的评价、打分等信息,用于评估推荐系统的效果。

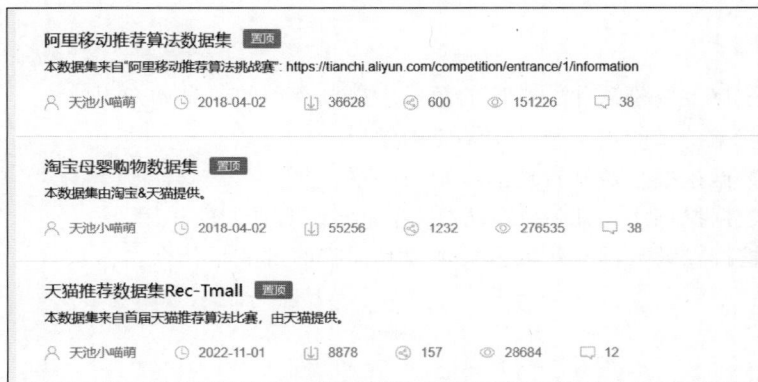

图 1-16　推荐算法数据集

图中数据集通常是匿名化处理的,以保护用户隐私。通过分析这些数据,可以利用机器学习和深度学习等技术构建推荐算法模型,从而实现精准的个性化推荐服务。

命名实体识别是自然语言处理中的一项基础任务,旨在识别文本中具有特定意义的命名实体,如人名、地名、机构名等。在古籍文本中,由于语言表达方式的古老和复杂性,命名实体识别任务具有挑战性。如图 1-17 所示,古籍命名实体识别评测数据集包括了古籍文本的原始文本数据,以及针对这些文本标注的命名实体信息。标注的实体类型可能包括人名、地名、时间、职位等。标注通常以 BIO 格式或者其他类似的方式进行,以表示实体的边界和类型。例如,"司马迁"可能被标注为"B-PER"(表示人名的开始),而"左传"可能被标注为"B-BOOK"(表示书名的开始)。古籍命名实体识别评测数据集的主要

图 1-17　命名实体识别数据集

目的是为研究人员和开发者提供一个标准的评测基准,用于评估命名实体识别模型的性能和效果。通过利用这个数据集,可以进行算法的开发和比较,提高古籍文本中命名实体识别的准确性和鲁棒性。

这些数据集通常是经过专业人士标注和处理的,以确保数据的质量和可用性。同时,由于古籍文本的特殊性,数据集可能会涵盖不同的古籍文献和文化领域,以覆盖更广泛的实际应用场景。

天池 AI 实训平台的数据集具有标注完善、质量高、涵盖面广等特点,能够满足不同用户的需求,为他们提供丰富的学习资源和实践机会。用户可以在平台上找到感兴趣的数据集,利用这些数据集进行学习和实践,提升自己的技能水平。

习题 1

1. 数据挖掘主要是从什么类型的数据中提取有用的信息和知识?
2. 简述数据挖掘的定义及其主要应用领域。
3. 描述数据挖掘与数据管理的区别与联系。
4. 列举数据挖掘中的几种常见方法,并简要说明它们的作用。
5. 数据挖掘在大数据时代的重要性及其面临的挑战是什么?

第 **2** 章

数据可视化

　　如今人们每天都被大量的数据包围，这些数据可能有各种来源，如社交媒体、市场研究、政府工作报告等。想象一下，你手中握着一堆杂乱无章的数据，它们像是未经雕琢的原石，蕴藏着丰富的信息和价值，但却难以直接被理解。而数据可视化，就像是那位点石成金的魔法师，将这些看似平凡无奇的数据，通过巧妙的转换和呈现，变成了一幅幅生动有趣的图表和图像。这些图表和图像，就像是数据的翻译官，将那些晦涩难懂的数字和数据，转换为我们能够直观感知和理解的信息。它们能够揭示数据的分布规律，展示数据之间的关联和差异，帮助我们更好地洞察数据的本质和内涵。

　　本章将介绍如何使用 Python 的数据可视化库来进行数据可视化。主要是一些常用的绘图函数和工具，包括 matplotlib 中的函数和工具，以及如何使用它们来创建各种类型的图形和图表。

2.1　数据可视化概述

　　在现今信息爆炸的时代，数据已经成为我们理解世界、解决问题的重要工具。然而，数据本身往往是抽象和难以理解的。为了更直观地理解和分析数据，数据可视化技术应运而生。数据可视化如同一位出色的故事讲述者。它能够通过图表的形态、色彩和动态效果，将数据背后的故事娓娓道来，让我们能够身临其境地感受数据的魅力和力量。

2.1.1　数据可视化的概念

　　数据可视化是可视化技术针对大型关系数据库或数据仓库的应用，它旨在用图形和图像的方式展示大型数据库中的多维数据，并且以可视化的形式反映对多维数据的分析及内涵信息的挖掘。数据可视化技术凭借计算机的强大处理能力、计算机图像和图形学基本算法，以及可视化算法，把海量的数据转换为静态或动态图并呈现在人们的面前，并允许通过交互手段控制数据的抽取和画面的显示，使隐含于数据之中不可见的现象变得可见，为人们分析、理解数据、形成概念、找出规律提供强有力的手段。

1. 数据可视化的发展

数据可视化的理念和技术的历史可以追溯到数百年前,地理现象考察者们通过图形化的表达形式,如等温线、等压线等,揭示了自然界中各种现象之间的联系。

进入 18 世纪,可视化技术得到了进一步的发展。政治经济学家 W. Playfair 和数学家 J. H. Lambert 的研究为现代图表的发展奠定了基础。他们的贡献在于将可视化技术应用于更广泛的领域,提升了人们理解和分析数据的能力。

到了 20 世纪初,表格和统计图等原始的可视化技术已经被广泛应用于科学数据分析中。随着几何学和统计学的快速发展,以图表表达数据的方式变得更加流行,这极大地推动了社会发展和科学进步的走势,提升了人类的认知能力。

进入 21 世纪,尤其是 2010 年以来,随着大数据时代的到来,数据应用的领域与深度得到了高速发展。原始的可视化技术已经难以满足大数据的需求,因此人们开始深入研究相应领域的背景知识,结合计算机科学、统计分析等多方面的技术,设计满足大数据需求的用户交互手段。这些技术的发展使得我们能够快速挖掘庞大而复杂的数据中的有用信息。

2. 数据可视化流程

数据可视化并非简单的视觉映射,而是涉及数据采集、处理、分析和可视化等多个环节的复杂过程。在这个过程中,需要充分考虑用户的需求和感知,以及数据的属性和特点,才能创造出既美观又实用的可视化作品,数据可视化的流程主要包括以下步骤。

1) 数据采集

数据采集是数据可视化的第一步,也是基础。数据采集的分类方法有很多,从数据的来源来看主要有两种,即内部数据采集和外部数据采集。内部数据采集通常来源于企业内部的业务数据库,而外部数据采集则是通过一些方法获取来自企业外部的数据,如竞品的数据和官方机构官网公布的一些行业数据。

2) 数据处理和变换

数据处理与变换是进行数据可视化的前提条件,主要包括数据预处理和数据挖掘两个过程。前期采集到的数据往往包含了噪声和误差,数据的质量较低,因此需要进行数据预处理,如数据清洗和去噪。同时,数据的特征、模式往往隐藏在海量的数据中,需要进行更深一步的数据挖掘才能获取到。

3) 可视化映射

可视化映射指把经过处理的数据信息映射为视觉元素的过程。这涉及选择适当的可视化技术和工具,将数据转换为图表、图像或其他视觉形式。

4) 用户交互和用户感知

一个完整的可视化过程,可以看成数据流经过一系列处理模块并得到转换的过程,用户通过可视化交互从可视化映射后的结果中获取知识和灵感。

2.1.2　数据可视化的作用

我们知道,人眼可以看作一个高带宽的视觉信号并行处理单元,具有很高的处理能力和模式识别能力。根据研究,人眼的视觉带宽约为 2.339G/s,相当于一个拥有两万兆网卡的处理能力。这意味着我们能够以非常高的速度接收和处理大量的视觉信息。相比于数字或文本信息,人类对于可视符号的处理速度要快得多。数据可视化利用了这一点,通过将数据转换为图表、图形和颜色等可视符号的形式,帮助我们更直观地理解数据的含义和趋势。

近年来,各个行业和领域都已经被数据化,数据成为当今社会生产的重要因素。随着数据可视化技术的不断更新,其应用范围也在不断扩展到多个领域和学科。数据可视化技术不断专业化,为生产方式带来颠覆性的改变。数据可视化技术一直是国内外数据挖掘和数据应用领域的研究重点,新的研究和应用不断涌现。可视化的作用主要体现在以下几方面。

(1) 帮助人们更好地分析数据。通过将数据转换为直观的图形、图表和图像等视觉元素,数据可视化能够让人们更快速地理解数据中的信息和趋势,从而更好地分析和理解数据。

(2) 辅助理解数据。对于普通用户来说,数据往往难以理解和消化。而通过数据可视化,可以将数据转换为易于理解的图形和图像,帮助用户更快、更准确地理解数据背后的定义和意义。

(3) 增强数据吸引力。枯燥的数据被制成具有强大视觉冲击力和说服力的图像,可以大大增强读者的阅读兴趣,使得数据分析变得更加有趣和生动。

(4) 辅助决策制定。在商业决策、科学研究等领域,数据可视化可以辅助决策者更好地理解数据和信息,从而做出更明智的决策。

2.1.3 Python 数据可视化实战准备

数据可视化在数据分析中扮演着非常重要的角色。随着数据量越来越庞大,数据可视化越来越成为数据科学家和决策者在探索数据、解释数据,以及传达其分析结果的关键方法。

Python 是数据科学与数据分析领域的优先选择。它丰富的第三方库、开源社区及不断优化的使用文档,为许多非计算机领域的学习者提供了广阔的入门与精通渠道。接下来我们将介绍 Python 中常用的数据可视化相关库。

1. matplotlib

matplotlib 是 Python 语言中最常用的数据可视化库之一,在数据科学、机器学习、自然语言处理、图像处理等领域中应用广泛,并在科学借鉴、数据分析和可视化理解等领域中具有深远的影响。

matplotlib 用于绘制各种静态、动态、交互式和印刷级别的图形。其提供了诸如线图、散点图、柱形图、等高线图、3D 图、图形动画等不同类型的图形表现,适用于不同领域和需求的数据可视化应用。

2. Seaborn

Seaborn 是一个基于 matplotlib 的数据可视化 Python 库,用于创建各种各样的高级可视化图表。其提供了美观、易用、高度定制的图表,可以轻松地创建常见的统计图、热图、时间序列图、分类图、分布图等。Seaborn 也支持实用的数据探索和分析,是 Python

数据可视化生态环境中的重要成员之一。

3. Plotly

Plotly 是 Python 和 JavaScript 的图表库,可以绘制交互式、动态的 Web 图表。Plotly 将 JavaScript 的图表功能与 Python 和 Jupyter Notebook 的语言结合在一起,开发出多种可交互的数据可视化工具,如散点图、线图、热图、填充图等,并提供丰富的可视化特性。

除此之外,还有许多其他可视化库,这些库都提供了丰富的功能和灵活的接口,可以根据需求选择最合适的库进行数据可视化。

2.2 matplotlib 绘制简单图表

实验视频

Python 语言是一种开源的、面向对象的编程性语言,也是一种简易类型的脚本语言。Python 作为当下最受欢迎的数据分析语言,在大数据分析方面具有更加显著的优势。matplotlib 库是 Python 中常用的数据可视化工具之一,它提供了丰富的绘图函数和方法。通过 matplotlib 绘图,我们可以将分析结果直观地展示出来,便于理解和解释数据。

2.2.1 matplotlib 简介

matplotlib 库在 Python 的可视化程序库中占据着重要的地位。虽然经过几十年的发展和变化,matplotlib 仍然是 Python 社区中使用最广泛的数据可视化绘图库之一。它的设计与 MATLAB 基本一致,因此对于熟悉 MATLAB 的用户来说,使用 matplotlib 会更加简单。作为 Python 中第一个数据可视化的第三方库,matplotlib 可以快速轻松地获取数据的大致信息,并具备强大的功能。

1. matplotlib 的安装

安装 matplotlib 可以通过 pip 命令来进行。在命令行输入命令即可安装最新版本的matplotlib,步骤如下。

首先确保已经安装了 Python 解释器。matplotlib 支持 Python 3.5+,所以确保安装了兼容的 Python 版本。

1) 打开终端

(1) Windows 系统。按下 Windows+R 组合键打开"运行"界面,输入 cmd 然后单击"确定"按钮或按下 Enter 键,将会打开命令提示符窗口。

(2) macOS 系统。使用组合键 Command+空格打开 Spotlight 搜索框,输入终端,然后单击搜索结果中的"终端"应用,将会打开终端窗口。

(3) Linux 系统。大多数 Linux 系统都有一个名为"终端""终端仿真器"或类似的应用程序,可以在系统菜单或启动器中找到它。单击或双击终端应用程序图标,将会打开一个终端窗口。

2) 输入 pip 命令

```
pip install matplotlib
```

如果使用的是 Python 3,则可能需要使用 pip3 命令来代替 pip。这将通过 pip 包管理器从 Python 软件包索引(PyPI)下载并安装最新版的 matplotlib,命令如下所示:

```
pip3 install matplotlib
```

3) 导入 numpy 和 pyplot 模块

安装完成后就可以在 Python 脚本或者 Notebook 中导入 matplotlib 库了,导入命令如下:

```
import matplotlib.pyplot as plt      # 为方便简介为 plt
import numpy as np                    # 画图过程中会使用 numpy
```

这样导入之后,就可以使用 plt 来调用 matplotlib.pyplot 的函数和方法,使用 np 来调用 numpy 的函数和方法了。这种方式可以简化代码,并且使得代码更易读。

现在,就已经成功安装了 matplotlib,并准备好开始使用它进行数据可视化了。如果遇到安装问题,确保你的 pip 版本是最新的,可以使用以下命令来升级 pip:

```
pip install -- upgrade pip
```

2. matplotlib 绘图流程

1) 导入 matplotlib 库

在使用 matplotlib 之前,需要先导入它。通常,我们使用 import matplotlib.pyplot as plt 语句来导入 matplotlib 库,并将其简化为 plt,以便后续使用,代码如下所示:

```
import matplotlib.pyplot as plt
```

2) 创建图形

使用 plt.figure() 函数创建一个新的图形窗口。这是可选的,如果不创建新的图形窗口,默认会创建一个名为"Figure 1"的图形窗口。

```
# 创建一个图表对象
plt.figure()
```

3) 绘制图形

使用 plt.plot() 函数来绘制图形。该函数接收一些参数,例如 x 坐标数组和 y 坐标数组。可以通过传递数据来绘制不同类型的图形,如折线图、散点图等。

```
# 绘制一条线
plt.plot(x, y)
# 绘制散点图
plt.scatter(x, y)
# 绘制柱形图
plt.bar(x, y)
# 绘制直方图
plt.hist(data, bins)
# 绘制饼图
plt.pie(data)
```

4) 添加标签和标题

使用 plt.xlabel()、plt.ylabel()和 plt.title()函数来添加 x 轴标签、y 轴标签和图表标题。

```
# 添加 x 轴标签
plt.xlabel('X Label')
# 添加 y 轴标签
plt.ylabel('Y Label')
# 添加图表标题
plt.title('Title')
```

5) 显示图形

使用 plt.show()函数来显示绘制的图形。这会打开一个新的图形窗口,并显示出我们绘制的图形。

```
# 显示图表
plt.show()
```

下面是一个简单的例子,演示了绘制一个余弦函数图的基本流程,执行这段代码,将会在新的图形窗口中显示出一个简单的图形,如图 2-1 所示。

```
import matplotlib.pyplot as plt
import numpy as np

# 生成 x 值,范围为 -2π 到 2π,间隔为 0.1
x = np.arange(-2 * np.pi, 2 * np.pi, 0.1)
# 计算对应的 y 值
y = np.cos(x)

# 创建图形和子图
plt.figure()
plt.plot(x, y, label = 'cos(x)')
plt.xlabel('x')
plt.ylabel('cos(x)')
plt.title('Cosine Function')
plt.legend()

# 显示图形
plt.show()
```

3. matplotlib 绘图的优势

matplotlib 和 Excel 是两种常用的数据可视化工具,它们在绘图方面有些许不同。

1) 功能和灵活性

matplotlib 是一个功能强大且灵活的库,它提供了广泛的绘图选项以及自定义功能。我们可以通过 matplotlib 绘制各种类型的图表,包括折线图、散点图、条形图、饼图等。Excel 的绘图功能相对较简单,提供了一些主要的图表类型,如折线图、柱状图、饼图等。因此,如果需要进行更高级和自定义的数据可视化,matplotlib 可能更适合。

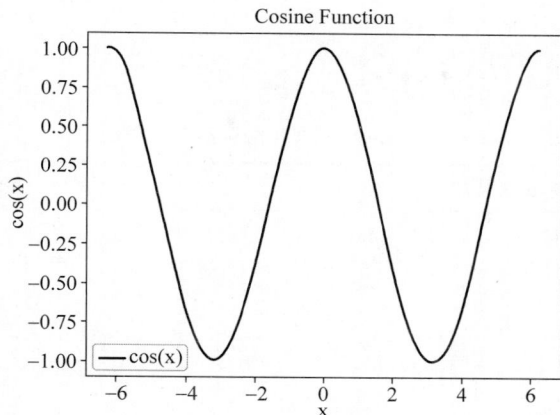

图 2-1 余弦函数图

2) 数据处理和分析

Excel 是一个数字表格软件,它提供了数据输入、整理和计算的功能。可以通过公式和函数对数据进行处理和分析,并在绘图时直接使用这些数据。matplotlib 通常使用数据科学库(如 NumPy 和 Pandas)来处理和分析数据,需要在外部准备好数据并导入 matplotlib 绘图中。

3) 界面和交互性

Excel 提供了直观的用户界面,可以快速创建和修改图表。可以直接在 Excel 表格中选择数据并进行可视化操作。matplotlib 是一个 Python 库,它需要通过编写代码来创建和修改图表。它提供了更多的灵活性和控制力,但对于初学者来说,可能需要学习一些基本的编程概念。

4) 自动化和重复性

如果需要批量进行数据可视化或者自动化生成报告,matplotlib 可能更适合。可以使用 Python 脚本来自动化生成图表,并将其与其他数据处理任务结合起来。Excel 也提供了一些自动化功能,但相比之下,matplotlib 更适合于处理大量数据和定制化需求。

综上所述,Excel 更适合快速创建简单的图表和进行简单的数据分析,适合日常办公和业务需求。而 matplotlib 在功能和灵活性上更强大,适用于更高级的数据可视化和数据科学任务。

2.2.2 绘图属性设置

在 Python 的 matplotlib 库中,可以通过设置各种属性来定制图表的外观和行为。以下是一些常用的 matplotlib 绘图属性设置。

1. 颜色:color 参数

在 matplotlib 中,可以使用 color 参数来设置各种图形元素的颜色。color 参数可以不同的方式指定颜色。

1) 字符串形式

用一个单字符的字符串表示颜色的缩写,比如"b"表示蓝色、"g"表示绿色等,常见颜色缩写如表 2-1 所示。

```
plt.plot(x, np.sin(x - 1), color = 'g')
```

表 2-1　常见颜色缩写

单字符的颜色标识	颜　色
'b'	蓝色
'g'	绿色
'r'	红色
'c'	青色
'm'	品红
'y'	黄色
'k'	黑色
'w'	白色

2）十六进制形式

用以"＃"开头的 6 位十六进制数表示颜色的 RBG 值，如"＃FF1493"表示深粉红色，常见颜色十六进制形式如表 2-2 所示。

```
plt.plot(x, np.sin(x - 3), color = '#FFDD44')
```

表 2-2　常见颜色十六进制形式

十 六 进 制	中 文 颜 色
＃000000	黑色
＃FFFFFF	白色
＃FF0000	红色
＃00FF00	绿色
＃0000FF	蓝色
＃00FFFF	青色
＃800080	紫色
＃808080	灰色

3）RGB 形式

使用三个整数值表示颜色的 RGB 值，顺序是红色、绿色、蓝色，取值范围为 0～255，常见颜色如表 2-3 所示。

```
plt.plot(x, y, color = (255, 0, 0))                    ＃ 红色
```

表 2-3　常见颜色 RGB 形式

RGB	中 文 颜 色
(0，0，0)	黑色
(255，255，255)	白色
(255，0，0)	红色
(0，255，0)	绿色

RGB	中 文 颜 色
(0，0，255)	蓝色
(255，255，0)	黄色
(128，0，128)	紫色
(128，128，128)	灰色

4）RGB 元组形式

RGB 元组形式是一个包含三个浮点数的元组，每个浮点数的范围都为 0～1，对应于红、绿、蓝三个颜色通道的相对强度。虽然与 RGB 整数值的范围 0～255 不同，但在转换时非常直接，要将 RGB 整数值转换为 matplotlib 的 RGB 元组形式，只需将每个整数值除以 255。

```
plt.plot(x, np.sin(x - 4), color = (1.0, 0.2, 0.3))        # RGB 元组
```

5）灰度形式

用一个介于 0～1 的浮点数表示灰度值。值为 0 表示黑色，值为 1 表示白色，值在 0～1 的数字对应于灰度阶段的渐变。

```
plt.plot(x, np.sin(x - 2), color = '0.75')
```

除此之外还有一些其他的方式来指定颜色，比如命名颜色、颜色图谱等。

2. 线型：linestyle 参数

在绘制图形时，可以使用 linestyle 参数来指定线的类型。表 2-4 列举了一些常见的线型及其对应的参数值。

```
plt.plot(x, y, linestyle = '--')                            # 使用虚线
```

表 2-4　常见的线型

线的类型标识	描　　　述
'-'	实线样式
'--'	虚线样式
'-.'	破折号-点线样式
':'	虚线样式

3. 线宽：linewidth 参数

在 matplotlib 中，可以使用 linewidth 参数来指定绘制线条时的线宽，即线条的粗细程度。默认情况下，该参数值为 1，表示绘制最细的线条。

```
linewidth = 2          # 设置线条的宽度为 2 个单位
```

4. 标记：marker 参数

在 matplotlib 中，marker 参数用于指定绘制线条上的标记样式。可以在绘制折线图、散点图等图形时使用。如表 2-5 所示，是一些常见的标记样式及其对应的参数值。

```
plt.plot(x, y, marker = 'o')                         # 使用圆标记
```

表 2-5　常见的标记样式

类　　型	描　　述
'.'	点
'o'	圆
'v'	倒三角形
'^'	正三角形
's'	正方形
'p'	五边形
'*'	星形
'h'	六边形
'+'	加号
'x'	叉号
'D'	菱形

当在绘制图形时,可以通过结合使用颜色、标记和线型来更加丰富地表示数据。

```
plt.plot(x, x + 0, 'go - ')                         # 绿色实线圆点标记
plt.plot(x, x + 1, 'c -- ')                         # 青色虚线
plt.plot(x, x + 2, ' - .k * ')                      # 黑色点画线星形标记
plt.plot(x, x + 3, ':r');                           # 红色实点线
```

5. 透明度:alpha 参数

在 matplotlib 中,alpha 参数用于指定图形的透明度,范围从 0(完全透明)到 1(完全不透明),该参数可用于所有绘图函数中。

```
alpha = 0.5                                          # 设置图形的透明度为 0.5
```

6. 坐标上下限

在 matplotlib 中,可以使用 plt.xlim()和 plt.ylim()函数来设置坐标轴的上下限。

```
import matplotlib.pyplot as plt
# 数据
x = [1, 2, 3, 4, 5]
y = [2, 4, 6, 8, 10]
# 绘图
plt.plot(x, y)
# 设置 x 轴上下限
plt.xlim(0, 6)
# 设置 y 轴上下限
plt.ylim(0, 12)
# 显示图形
plt.show()
```

在上述代码中,使用 plt.xlim()函数设置 x 轴的上下限为 0 和 6,plt.ylim()函数设置 y 轴的上下限为 0 和 12。

7. 坐标轴刻度

在 matplotlib 中,可以使用 plt. xticks() 和 plt. yticks() 函数来设置坐标轴的刻度值。

```python
import matplotlib.pyplot as plt
# 数据
x = [1, 2, 3, 4, 5]
y = [2, 4, 6, 8, 10]
# 绘图
plt.plot(x, y)
# 设置 x 轴刻度值
plt.xticks([1, 3, 5], ['Label 1', 'Label 3', 'Label 5'])
# 设置 y 轴刻度值
plt.yticks([0, 5, 10], ['Zero', 'Five', 'Ten'])
# 显示图形
plt.show()
```

在上述代码中,使用 plt. xticks() 函数设置 x 轴的刻度值,传入两个列表:第一个列表指定刻度位置,第二个列表指定对应位置的标签。设置刻度为[1,3,5],对应的标签为['Label 1','Label 3','Label 5']。

使用 plt. yticks() 函数设置 y 轴的刻度值,传入两个列表:第一个列表指定刻度位置,第二个列表指定对应位置的标签。设置刻度为[0,5 10],对应的标签为['Zero','Five','Ten']。

8. 图标题、轴标签和图例

在 matplotlib 中,可以使用 plt. title() 来设置图的标题,并使用 plt. xlabel() 和 plt. ylabel() 来设置 x 轴和 y 轴的标签。同时,使用 plt. legend() 可以添加图例。

```python
import matplotlib.pyplot as plt
# 数据
x = [1, 2, 3, 4, 5]
y1 = [2, 4, 6, 8, 10]
y2 = [1, 3, 5, 7, 9]
# 绘图
plt.plot(x, y1, label = 'Line 1')
plt.plot(x, y2, label = 'Line 2')
# 设置标题
plt.title('Plot Title')
# 设置 x 轴标签
plt.xlabel('X Label')
# 设置 y 轴标签
plt.ylabel('Y Label')
# 添加图例
plt.legend()
# 显示图形
plt.show()
```

2.2.3 简单图形的绘制

在 matplotlib 中,可以使用各种绘图函数创建各种简单图形,包括折线图、柱状图、饼图、散点图等。

1. 折线图

折线图是一种常见的数据可视化图表,用于显示数据随着连续变量(通常是时间)的变化而变化的趋势。折线图通过将数据点连接起来,形成一条或多条折线,以传达数据的变化情况。

1)折线图的特点及用处

在折线图中,水平轴通常表示独立变量,例如时间、年份、类别等,垂直轴则表示与之对应的数值或指标。每个数据点表示在特定时间或特定类别下的数值,通过连接这些数据点,可以形成折线,并清晰地展现出数据的趋势和变化。

(1)显示趋势。

折线图是显示数据随着时间或其他连续变量变化的趋势的有效工具。可以显著观察到数据的上升、下降、波动或其他模式,以及数据的周期性变化。

(2)比较变量。

折线图可以用于比较不同变量或组之间的数据。通过在同一张图上绘制多条折线,很容易比较它们之间的差异和关联性。

(3)强调异常值。

折线图的趋势线可以突出显示异常数值或事件。与其他数据点相比,异常值通常呈现出更明显的突出特征,帮助我们识别与众不同的情况。

(4)预测趋势。

基于过去的数据趋势,我们可以通过折线图来预测未来的发展方向和规律。通过观察数据的趋势,可以提供有关未来可能出现的情况的合理预测。

(5)数据分布。

折线图可以显示数据的分布情况,并提供有关数据集的集中度、偏斜度和离散度等统计特征的信息。

2)绘图函数——plt.plot()

plt.plot()函数是matplotlib库中用于绘制折线图的基本函数之一,它可以用来在坐标系中绘制一条折线,并可通过传递不同的参数来自定义折线的样式、颜色和标记等。plt.plot()函数的基本语法如下所示:

```
plt.plot(x, y, linestyle = None, marker = None, color = None)
```

例2-1　如表2-6所示,是中国人口2004—2023年的统计数据,其中年末人口数指每年12月31日24时的人口数。年度统计的全国人口总数内未包括香港、澳门特别行政区和台湾地区以及海外华侨人数。城镇人口是指居住在城镇范围内的全部常住人口。乡村人口是除城镇人口以外的全部人口。请使用matplotilb绘制一个折线图。

表2-6　2004—2023年中国人口统计数据

指标/年	年末总人口 /万人	男性人口 /万人	女性人口 /万人	城镇人口 /万人	乡村人口 /万人
2023	140967	72032	68935	93267	47700

续表

指标/年	年末总人口 /万人	男性人口 /万人	女性人口 /万人	城镇人口 /万人	乡村人口 /万人
2022	141175	72206	68969	92071	49104
2021	141260	72311	68949	91425	49835
2020	141212	72357	68855	90220	50992
2019	141008	72039	68969	88426	52582
2018	140541	71864	68677	86433	54108
2017	140011	71650	68361	84343	55668
2016	139232	71307	67925	81924	57308
2015	138326	70857	67469	79302	59024
2014	137646	70522	67124	76738	60908
2013	136726	70063	66663	74502	62224
2012	135922	69660	66262	72175	63747
2011	134916	69161	65755	69927	64989
2010	134091	68748	65343	66978	67113
2009	133450	68647	64803	64512	68938
2008	132802	68357	64445	62403	70399
2007	132129	68048	64081	60633	71496
2006	131448	67728	63720	58288	73160
2005	130756	67375	63381	56212	74544
2004	129988	66976	63012	54283	75705

数据来源：国家统计局（stats. gov. cn）

```python
import matplotlib.pyplot as plt
import pandas as pd
# 设置中文字体路径
plt.rcParams['font.sans-serif'] = ['SimHei']

# 读取 CSV 数据
data = pd.read_csv('population_data.csv', encoding = 'utf-8')

# 提取年份和其他指标
years = data['指标'].astype(int)        # 将年份从字符串转换为整数类型
total_population = data['年末总人口(万人)']
male_population = data['男性人口(万人)']
female_population = data['女性人口(万人)']
urban_population = data['城镇人口(万人)']
rural_population = data['乡村人口(万人)']

# 创建一个图形和坐标轴对象
fig, ax = plt.subplots()

# 设置坐标轴标签
ax.set_xlabel('年份')
ax.set_ylabel('人口数（万人）')
```

```
ax.set_title('2004—2023 年中国人口统计折线图')

# 绘制折线图并设置不同的标记
# 总人口 - 标记为 'o'
ax.plot(years, total_population, marker = 'o', linestyle = '-', label = '年末总人口')
# 男性人口 - 标记为 '^'
ax.plot(years, male_population, marker = '^', linestyle = '-', label = '男性人口')
# 女性人口 - 标记为 'v'
ax.plot(years, female_population, marker = 'v', linestyle = '-', label = '女性人口')
# 城镇人口 - 标记为 's'
ax.plot(years, urban_population, marker = 's', linestyle = '-', label = '城镇人口')
# 乡村人口 - 标记为 '*'
ax.plot(years, rural_population, marker = '*', linestyle = '-', label = '乡村人口')

# 设置图例
ax.legend()
# 在 x 轴上设置刻度标签为年份,确保年份不会重叠
plt.xticks(years, years, rotation = 45)  # rotation 参数调整标签的倾斜角度,防止标签重叠

# 显示图形
plt.show()
```

运行代码之后,结果如图 2-2 所示。

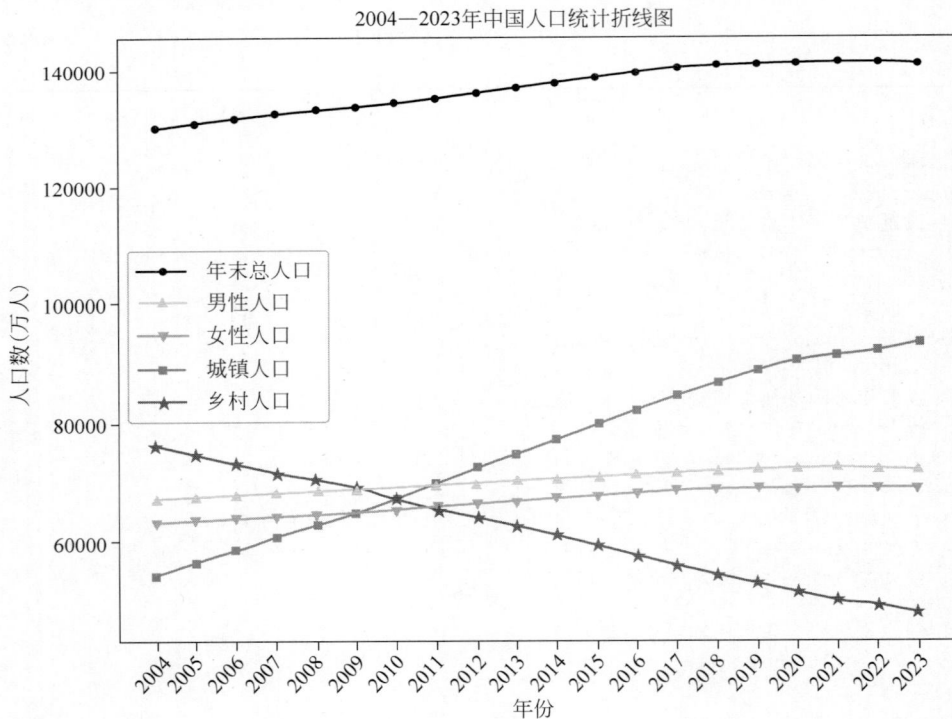

图 2-2　2004—2023 年中国人口总数折线图

2. 柱状图

柱状图是一种常用的统计图表,用于展示不同类别或组的数据之间的比较关系。柱状图的图形是由一系列垂直的矩形条组成的,每个矩形的高度表示相应类别的数值大小。

1) 柱状图的特点及用处

柱状图在数据可视化和数据分析中具有广泛的用途。以下是柱状图的几个常见用途。

（1）数据比较。

柱状图是最常用的用于比较不同类别或组之间数据差异的图表类型。通过柱状图,可以直观地比较不同类别的数值大小,帮助了解数据的相对大小和趋势。

（2）数据分布。

柱状图可以用于显示数据的分布情况。通过柱状图,可以观察数据的集中趋势、离散程度和异常值等信息。柱状图还可以用于显示数据的频率分布,帮助了解数据的分布形态。

（3）趋势分析。

柱状图可以用于展示数据随时间或其他因素的变化趋势。通过绘制柱状图,可以观察数据的变化趋势并进行趋势分析,帮助了解数据的变化规律和预测未来的趋势。

（4）评估结果。

通过将目标结果与设定的标准进行对比,柱状图可用于快速评估绩效或成果。例如,可以使用柱状图比较每个销售团队的销售额或每个员工的绩效,以便做出相应的决策。

（5）探索关联。

柱状图还可以用于探索不同变量之间的关系。通过绘制多个柱状图,可以将不同变量的分布和趋势可视化,从而观察它们之间的关联关系,帮助发现潜在的模式或关联。

2) 绘图函数——plt. bar()和 plt. barh()

在 matplotlib 中绘制柱状图的函数主要有以下两个。

（1）plt. bar()函数。

这个函数用于绘制垂直柱状图。它可以在坐标系中绘制表示不同类别或分组之间的比较关系的矩形条形图,该函数的语法如下:

```
plt.bar(x, height, width = 0.8, bottom = None, align = 'center', data = None, ** kwargs)
```

其中,x 表示每个柱形条的 x 坐标或类别标签,height 表示每个柱形条的高度。其他参数的含义如下所示。

width:可选参数,表示柱形条的宽度。默认值为 0.8。

bottom:可选参数,表示柱形条的底部位置。默认值为 None,即从 0 开始绘制。

align:可选参数,表示柱形条在 x 坐标上的对齐方式。默认值为'center',即柱形条居中对齐。

data:可选参数,表示数据源。可以是一个字典、Series、数组等。

** kwargs:可选参数,用于设置柱形条的颜色、边框属性等。

（2）plt.barh()函数。

这个函数用于绘制水平柱状图。它和 plt.bar()函数类似，不同之处在于它绘制的矩形条是水平排列的。

```
plt.barh(y, width, height = 0.8, left = None, align = 'center', ** kwargs)
```

其中，y 表示每个水平柱形条的 y 坐标或类别标签，width 表示每个水平柱形条的宽度。其他参数的含义如下。

height：可选参数，表示水平柱形条的高度。默认值为 0.8。

left：可选参数，表示水平柱形条的左侧位置。默认值为 None，即从 0 开始绘制。

align：可选参数，表示水平柱形条在 y 坐标上的对齐方式。默认值为'center'，即柱形条居中对齐。

** kwargs：可选参数，用于设置水平柱形条的颜色、边框属性等。

例 2-2 如表 2-7 所示为 2014—2023 年国内生产总值相关数据，其中第一产业增加值是指按市场价格计算的一个国家（或地区）所有常住单位在一定时期内从事第一产业生产活动的最终成果。第一产业是指农、林、牧、渔业（不含农、林、牧、渔服务业）。第二产业增加值是指按市场价格计算的一个国家（或地区）所有常住单位在一定时期内从事第二产业生产活动的最终成果。第二产业是指采矿业（不含开采辅助活动），制造业（不含金属制品、机械和设备修理业），电力、热力、燃气及水生产和供应业，建筑业。第三产业增加值是指按市场价格计算的一个国家（或地区）所有常住单位在一定时期内从事第三产业生产活动的最终成果。第三产业是指除第一、二产业以外的其他行业。人均国内生产总值是指国内生产总值的绝对值与该年平均人口的比值，是衡量一个国家或地区每个居民对该国家或地区的经济贡献或创造价值的指标。请绘制相关折线图。

表 2-7　2014—2023 年国内生产总值统计数据

指标/年	国民总收入/亿元	国内生产总值/亿元	第一产业增加值/亿元	第二产业增加值/亿元	第三产业增加值/亿元	人均国内生产总值/元
2023	1251297	1260582.1	89755.2	482588.5	688238.4	89358
2022	1191767.1	1204724	88207	473789.9	642727.1	85310
2021	1141230.8	1149237	83216.5	451544.1	614476.4	81370
2020	1005451.3	1013567	78030.9	383562.4	551973.7	71828
2019	983751.2	986515.2	70473.6	380670.6	535371	70078
2018	915243.5	919281.1	64745.2	364835.2	489700.8	65534
2017	830945.7	832035.9	62099.5	331580.5	438355.9	59592
2016	742694.1	746395.1	60139.2	295427.8	390828.1	53783
2015	685571.2	688858.2	57774.6	281338.9	349744.7	49922
2014	644380.2	643563.1	55626.3	277282.8	310654	46912

数据来源：国家统计局（stats.gov.cn）

（1）使用 plt.bar()函数绘制"国内生产总值"的柱状图。

```
import pandas as pd
import matplotlib.pyplot as plt
```

```
# 设置中文字体路径
plt.rcParams['font.sans - serif'] = ['SimHei']

# 读取 CSV 文件
df = pd.read_csv('国内生产总值.csv', encoding = 'utf - 8')   # 假设文件编码为 utf - 8

# 按照年份从小到大排序
df_sorted = df.sort_values(by = '指标')

# 提取年份和国内生产总值数据
years = df_sorted['指标']
gdp_values = df_sorted['国内生产总值(亿元)']

# 创建一个柱状图
plt.figure(figsize = (12, 6))                              # 设置图形大小

# 绘制柱状图,设置不同标记
bar_width = 0.5                                            # 设置柱子的宽度
index = range(len(years))                                 # 创建索引位置
plt.bar(index, gdp_values, bar_width, label = '国内生产总值(亿元)')


# 设置 x 轴标签为年份
plt.xticks(index, years, rotation = 'vertical')           # 设置 x 轴刻度并旋转标签

# 设置图表标题和标签
plt.title('2014—2023 年国内生产总值变化')
plt.xlabel('年份')
plt.ylabel('国内生产总值(亿元)')

# 显示图例
plt.legend()

# 显示图形
plt.show()
```

运行代码之后,结果如图 2-3 所示。

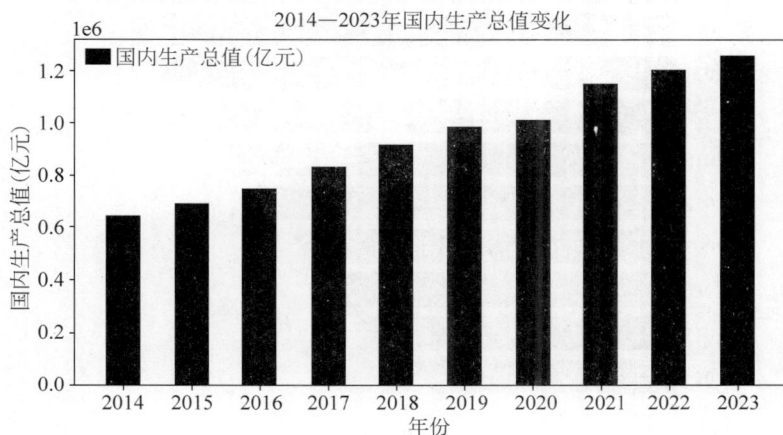

图 2-3　中国国内生产总值垂直柱状图

（2）使用 plt.barh()函数绘制"国民总收入"柱状图。

```python
import pandas as pd
import matplotlib.pyplot as plt
# 设置中文字体路径
plt.rcParams['font.sans-serif'] = ['SimHei']

# 读取 CSV 文件
df = pd.read_csv('国内生产总值.csv', encoding = 'utf-8')    # 假设文件编码为 utf-8

# 按照年份从小到大排序
df_sorted = df.sort_values(by = '指标')

# 提取年份和国民总收入数据
years = df_sorted['指标']
gni_values = df_sorted['国民总收入(亿元)']

# 创建一个水平柱状图
plt.figure(figsize = (10, 8))                              # 设置图形大小

# 绘制水平柱状图
y_pos = range(len(years))                                  # 创建 y 轴位置
plt.barh(y_pos, gni_values, align = 'center', alpha = 0.5) # alpha 设置透明度

# 设置 y 轴标签为年份
plt.yticks(y_pos, years)

# 设置图表标题和标签
plt.title('2014—2023 年国民总收入变化')
plt.xlabel('国民总收入(亿元)')

# 显示图形
plt.show()
```

运行代码之后，结果如图 2-4 所示。

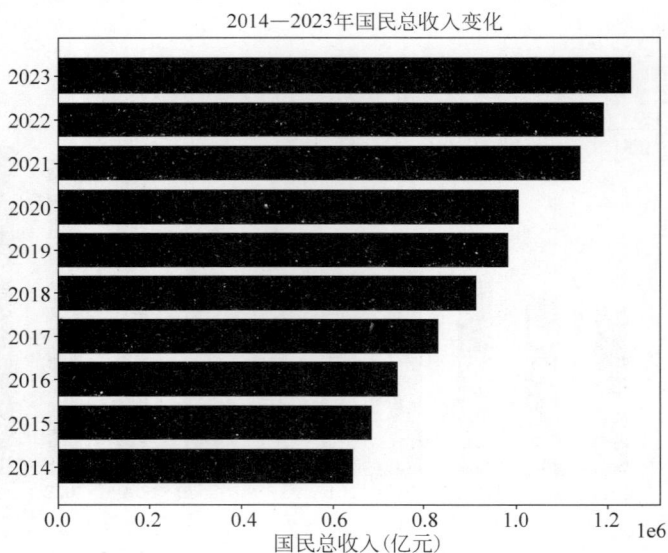

图 2-4　中国国内生产总值水平柱状图

（3）绘制第一产业、第二产业和第三产业增加值复合柱状图。

```python
import pandas as pd
import matplotlib.pyplot as plt
# 设置中文字体路径
plt.rcParams['font.sans-serif'] = ['SimHei']

# 读取 CSV 文件
df = pd.read_csv('国内生产总值.csv', encoding='utf-8')

# 确保数据按年份排序
df = df.sort_values(by='指标')                 # 假设'指标'列包含年份数据

# 提取年份和各产业增加值数据
years = df['指标']
first_industry_value_added = df['第一产业增加值(亿元)']
second_industry_value_added = df['第二产业增加值(亿元)']
third_industry_value_added = df['第三产业增加值(亿元)']

# 设置图形大小
plt.figure(figsize=(12, 6))

# 计算 x 轴位置
index = range(len(years))
bar_width = 0.25                               # 每个柱子的宽度

# 绘制第一产业的柱子,使用斜线图案
plt.bar(index, first_industry_value_added, bar_width, label='第一产业增加值', hatch='/')

# 绘制第二产业的柱子,使用点图案
plt.bar([i + bar_width for i in index], second_industry_value_added, bar_width, label='第
二产业增加值', hatch='.')

# 绘制第三产业的柱子,无图案
plt.bar([i + 2 * bar_width for i in index], third_industry_value_added, bar_width, label=
'第三产业增加值')

# 设置 x 轴标签为年份,确保标签与柱子对应
plt.xticks([i + bar_width for i in index], years, rotation=45)

# 设置图表标题和标签
plt.title('2014—2023 年第一、二、三产业增加值')
plt.xlabel('年份')
plt.ylabel('增加值(亿元)')
plt.legend()

# 显示图形
plt.show()
```

运行代码之后,结果如图 2-5 所示。

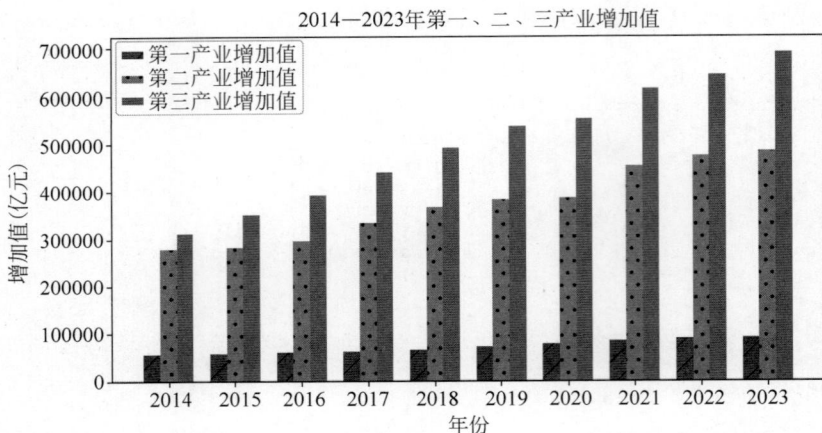

图 2-5　2014—2023 年第一、二、三产业增加值柱状图

3. 饼图

饼图是一种广泛使用的统计图表,用于展示数据中各部分占总体的比例关系。饼图的形状类似于一个圆形,被划分为多个扇形区域,每个扇形的角度大小表示对应部分所占比例的大小。

1)饼图的特点及用处

(1)部分占比。

饼图适用于展示数据中各部分占总体的比例情况。通过饼图,可以直观地了解各部分之间的相对大小,帮助我们观察和比较数据的构成。

(2)相对比例。

饼图可以用于展示各部分之间的相对比例关系。通过比较各部分所占的扇形角度,可以直观地了解不同部分在总体中的相对重要性。

(3)重点强调。

饼图可以用于突出某一部分的重要性或特殊情况。通过将关注点放在一个或多个具有特殊意义的扇形上,可以帮助观察者更加关注和理解重点数据。

2)绘图函数——plt.pie()

plt.pie()是 matplotlib 库中用于绘制饼图的函数。该函数的语法如下:

```
plt.pie(x, labels = None, colors = None, autopct = None, startangle = None)
```

参数说明如下。

x:饼图的数据,通常是一个列表或数组。

labels(可选):饼图中各个扇区的标签文本,默认为 None。

colors(可选):饼图中各个扇区的颜色,默认为 None,将使用默认颜色循环。

autopct(可选):饼图上显示的百分比格式字符串,例如'％1.1f％％',默认为 None(不显示百分比)。

startangle(可选):饼图的起始角度,默认为 None,表示从 x 轴正方向开始,顺时针旋转。

例 2-3 现有一个关于班级学生成绩的数据集,部分数据如表 2-8 所示,数据集中 gender 表示学生的性别,可以是男性(M)或女性(F)。raisedhands 表示学生在课堂上举手的次数。VisITedResources 表示学生访问学习资源的次数。AnnouncementsView 表示学生查看公告的次数。Discussion 表示学生参与课堂讨论的次数。在本案例中,请使用饼图来展示这些学生的性别分布。

表 2-8 学生成绩部分数据

gender	raisedhands	VisITedResources	AnnouncementsView	Discussion
F	42	30	13	70
M	35	12	0	17
M	50	10	15	22
F	12	21	16	50
F	70	80	25	70

```python
import pandas as pd
import matplotlib.pyplot as plt

# 载入数据集
data = pd.read_csv('StudentPerformance.csv')

# 统计每个性别的学生的数量
gender_counts = data['gender'].value_counts()

# 设置饼图标签
labels = gender_counts.index

# 绘制饼图
plt.pie(gender_counts, labels = labels, autopct = '%1.1f % %', startangle = 90)

plt.axis('equal')
plt.title('Gender Distribution')          # 添加图表标题

plt.show()
```

运行代码之后,结果如图 2-6 所示。

4. 散点图

散点图是一种常见的数据可视化图表,用于展示两个变量之间的关系。它通过在坐标系中绘制离散的数据点来显示这两个变量的取值,并可以根据数据的属性来调整点的大小、颜色和标记等。

在散点图中,每个数据点表示一个观测或一个数据样本。水平轴通常表示独立的变量,垂直轴表示依赖变量,因此,散点图可以用于观察两个变量之间的关系、趋势或群集模式。

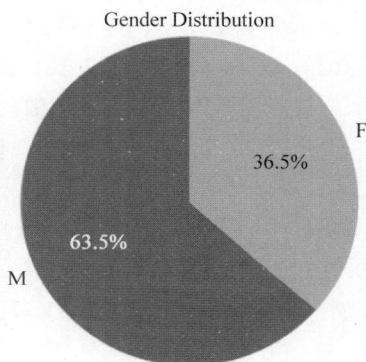

图 2-6 性别分布饼图

1）散点图的主要特点和用途

（1）显示分布模式。

散点图可以帮助研究者观察数据的分布模式。例如，数据点的分布可以呈现出线性、非线性、聚类或散乱等不同的模式，从而帮助我们理解数据的特征和关系。

（2）发现相关性。

通过观察散点图中数据点的分布，可以直观地了解两个变量之间的相关性。例如，如果数据点呈现出明显的正相关或负相关趋势，那么就可以推测这两个变量之间存在关联。

（3）显示异常值。

散点图有助于发现和识别异常值。通过观察离群点或与其他数据点不同的数据点，可以确定可能存在的异常。

（4）高维数据可视化。

散点图可以用于可视化高维数据。通过将多个变量映射到不同的轴上，可以用三维或更高维的散点图来观察多个变量之间的关系。

2）绘图函数——plt. scatter()和 plt. plot()

绘制散点图的函数主要有以下两个。

（1）plt. scatter()函数。

该函数可以在坐标系中绘制离散的数据点，并且支持对每个数据点的大小、颜色、标记符号等进行自定义。它可用于显示两个变量之间的相关性、分布模式和异常值等信息。plt. scatter()函数的基本语法如下：

```
plt. scatter(x, y, s = None, c = None, marker = None, cmap = None, alpha = None, linewidths = None, edgecolors = None, ** kwargs)
```

其中，x 是一个表示横坐标的序列，y 是一个表示纵坐标的序列。以下是一些常用的参数和属性。

s：指定散点的大小。可以传递一个标量值，也可以传递一个和 x、y 相同长度的数组，对应每个散点的大小。

c：指定散点的颜色。可以传递一个标量值，也可以传递一个 x、y 相同长度的数组，对应每个散点的颜色。支持颜色名称、RGB 颜色值或 Colormap 对象。

marker：指定散点的标记符号。可以传递一个字符来表示标记符号，例如 o 表示圆圈标记，s 表示方块标记，＋表示加号标记，以此类推。

cmap：指定用于映射 c 参数的颜色映射。常见的颜色映射有 viridis、magma、inferno 等。

alpha：指定散点的透明度。取值范围为 0～1，0 表示完全透明，1 表示完全不透明。

linewidths：指定散点边界线的宽度。

edgecolors：指定散点边界线的颜色。

除了上述的基本参数外，plt. scatter()函数还支持其他一些参数，用于调整散点的属性，如颜色栏、标签和可变大小等。这些参数可以通过传递 ** kwargs 参数进行设置。

（2）plt. plot()函数。

该函数除了用于绘制线条图，也可以用于绘制散点图。可以通过在参数中指定标记符号参数(如 o 代表圆点、s 代表方块)来显示散点图。

例 2-4 有一个关于汽车发动机排量与每百公里油耗之间关系的数据集,绘制散点图进行相关性分析,部分数据如表 2-9 所示。发动机排量（L）：描述发动机的排量,单位是升(L),每百公里(1 公里＝1 千米)耗油量（L/100km）：描述车辆在行驶 100 公里时消耗的燃油量,单位是升(L/100km)。

表 2-9 汽车耗油数据

发动机排量/L	每百公里耗油量/(L/100km)
2	11.20066667
4.9	21.38309091
2.2	8.71162963
5.2	21.38309091
2.2	12.37968421
1.8	10.69154545
1.8	9.40856
1.6	9.800583333

(1) 使用 plt.scatter()函数。

```
import pandas as pd
import matplotlib.pyplot as plt
# 设置中文字体路径
plt.rcParams['font.sans - serif'] = ['SimHei']

# 读取数据
data_path = 'vehicle.csv'
data = pd.read_csv(data_path, nrows = 500)

# 选择需要的列
subset = data[['发动机排量 (L)', '每百公里耗油量 (L/100km)']]
# 去除缺失值
subset = subset.dropna()

# 绘制散点图
plt.figure(figsize = (10, 6))
plt.scatter(subset['发动机排量 (L)'], subset['每百公里耗油量 (L/100km)'], alpha = 0.5,
color = 'b', edgecolors = 'w', linewidth = 0.5)
plt.xlabel('发动机排量 (L)')
plt.ylabel('每百公里耗油量 (L/100km)')
plt.grid(True)
plt.show()
```

运行代码之后,结果如图 2-7 所示。

(2) 使用 plt.plot()函数。

```
import pandas as pd
import matplotlib.pyplot as plt
```

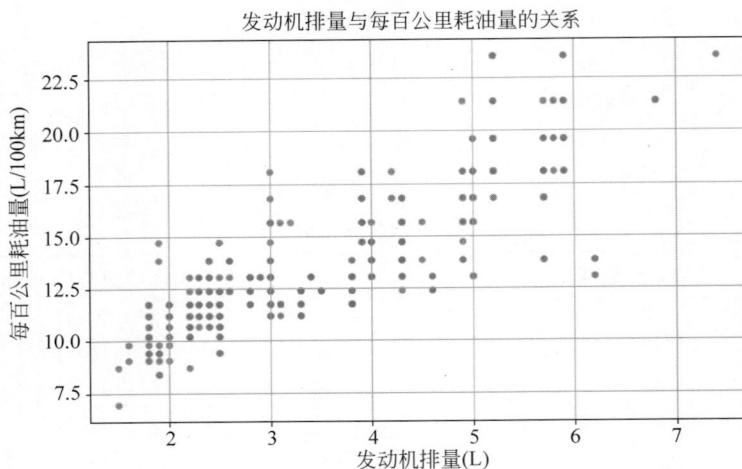

图 2-7　发动机排量与每百公里耗油量的关系散点图(1)

```
# 设置中文字体路径
plt.rcParams['font.sans-serif'] = ['SimHei']

# 读取数据
data_path = 'vehicle.csv'
data = pd.read_csv(data_path, nrows = 500)

# 选择需要的列
subset = data[['发动机排量 (L)', '每百公里耗油量 (L/100km)']]
# 去除缺失值
subset = subset.dropna()

# 绘制散点图
plt.figure(figsize = (10, 6))
# 使用 plt.plot() 绘制散点图
plt.plot(subset['发动机排量 (L)'], subset['每百公里耗油量 (L/100km)'], 'bo', alpha = 0.5,
markersize = 5)
plt.xlabel('发动机排量 (L)')
plt.ylabel('每百公里耗油量 (L/100km)')
plt.grid(True)
plt.title('发动机排量与每百公里耗油量的关系')
plt.show()
```

运行代码之后,结果如图 2-8 所示。

(3) 箱线图。

箱线图也被称为盒须图,是一种用于显示数据分布和离群值的统计图表。它主要通过展示数据的 5 个关键统计量(最小值、第一四分位数、中值、第三四分位数、最大值)来提供数据的概览。箱线图可以帮助我们了解数据的中心趋势、离散程度和异常值等信息。

① 箱线图包含的要素。

• 箱体(Box)。

由第一四分位数(Q1)和第三四分位数(Q3)之间的数据范围构成。箱体的长度表示

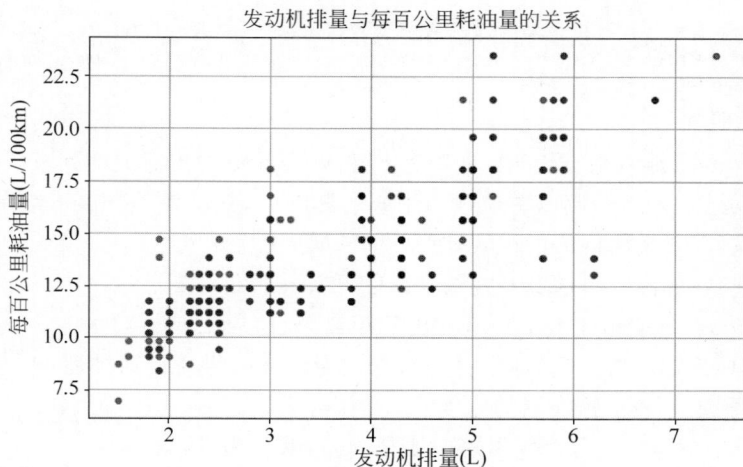

图 2-8 发动机排量与每百公里耗油量的关系散点图(2)

数据的分布区间。

- 中位数线(Median)。

位于箱体中央的线段,代表数据的中位数(第二四分位数)。

- 须(Whisker)。

通常,上须延伸至最大非离群点,下须延伸至最小非离群点。如果数据中存在离群值,须可以被截断或绘制为离群值点。

- 离群值(Outliers)。

超出上下须的数据点被视为离群值,可能表示数据中的异常或异常值。

② 箱线图的主要用途。

- 展现数据分布。

通过箱体长度和须的延伸情况,可以了解数据的分布情况,包括数据的集中趋势和离散程度。

- 离群值检测。

通过绘制离群值,可以较容易地识别出数据中的异常值。

- 数据比较。

箱线图可用于比较不同组或类别之间的数据分布情况,了解它们的中位数、四分位差等统计指标。

- 可视化数据摘要。

箱线图可以提供数据的多个统计特征,帮助我们简洁地总结和传达数据的关键信息。

③ 绘图函数——plt.boxplot()。

plt.boxplot()函数的语法如下所示:

```
plt.boxplot(x, notch = None, sym = None, vert = None, whis = None, positions = None, widths =
None, patch_artist = None, showmeans = None, showcaps = None, showbox = None, showfliers =
```

```
None, boxprops = None, whiskerprops = None, flierprops = None, medianprops = None, meanprops =
None, capprops = None, whisker = None, manage_xticks = None, autorange = None, zorder = None)
```

其中的参数说明如下。

x(必需)：表示输入数据，可以是单个数组、列表或数据集组成的列表。

notch(可选)：是否绘制以中位数为中心的凹陷框，默认为 None(不绘制凹陷框)。

sym(可选)：表示离群值的样式，默认为 None(无标记)。

vert(可选)：是否绘制垂直箱线图，默认为 True。

whis(可选)：决定箱体上下须延伸出的距离，默认为 1.5。

positions(可选)：指定箱线图的位置，默认为 None，将会自动排列。

widths(可选)：表示箱线图的宽度，默认为 0.5。

patch_artist(可选)：是否使用矩形填充箱体，默认为 False。

showmeans(可选)：是否显示均值的线，默认为 False。

showcaps(可选)：是否显示箱线图上下顶点的线段，默认为 True。

showbox(可选)：是否显示箱体，默认为 True。

showfliers(可选)：是否显示离群值，默认为 True。

boxprops(可选)：指定箱线的属性，如颜色、线型等。

whiskerprops(可选)：指定须的属性，如颜色、线型等。

flierprops(可选)：指定离群值的属性，如颜色、标记样式等。

medianprops(可选)：指定中位数线的属性，如颜色、线型等。

meanprops(可选)：指定均值线的属性，如颜色、线型等。

capprops(可选)：指定顶点线段的属性，如颜色、线型等。

whisker(可选)：指定须的长度，默认为 1.5。

manage_xticks(可选)：是否自动管理 x 轴刻度，默认为 True。

autorange(可选)：是否使用数据范围自动设置轴界限，默认为 False。

zorder(可选)：指定图形对象的绘制顺序，默认为 None。

例 2-5　现有一个关于对共享单车使用数量不同影响因素的数据集，绘制箱线图进行天气对使用数量的影响的可视化，部分数据如表 2-10 所示。

表 2-10　天气对共享单车使用数量影响的数据

weather	count
1	56
1	84
2	94
2	106
3	35
3	37

```
import pandas as pd
import matplotlib.pyplot as plt
```

```
# 设置中文字体路径
plt.rcParams['font.sans-serif'] = ['SimHei']

# 从 Excel 文件中读取数据
data = pd.read_excel(r'C:\Users\pc\Desktop\数据挖掘\数据集\train.xlsx')

# 按天气类型对数据进行分组
grouped_data = data.groupby('weather')['count'].apply(list).reset_index()

# 绘制箱线图
plt.boxplot(grouped_data['count'], labels=['晴天', '多云', '小雨', '大雨'])

# 设置标题和轴标签
plt.title('不同天气对共享单车使用数量的影响')
plt.xlabel('天气类型')
plt.ylabel('共享单车使用数量')

# 显示图形
plt.show()
```

运行代码之后,结果如图 2-9 所示。

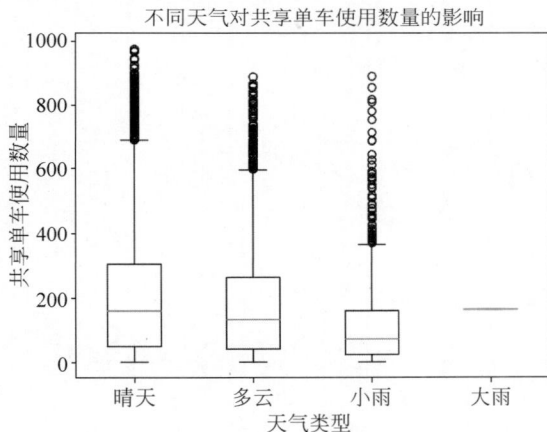

图 2-9　不同天气对共享单车使用数量的影响箱线图

2.3　高级图表绘制

　　数据可视化是从数据中发现模式、关系和趋势的重要工具。除了基本的图表类型外,我们还可以利用一些高级图形来揭示数据中的隐藏模式。这些高级数据可视化图形为我们提供了更深入地洞察和理解数据的机会。通过使用这些图形,我们得出更准确、更有启发性的结论。无论是在科学研究还是在商业分析中,高级数据可视化图形都是我们挖掘数据背后故事的有力工具。接下来将介绍一些用于复杂图形绘制的方法以及相关库。

实验视频

2.3.1 subplot 子区

在绘制多个子图时,可以使用 subplot 将整个图像窗口分割为多个子区(subplots),并在每个子区中绘制不同的图形。子区的分割可以是等大小的网格形式,也可以是不规则的布局。

在 matplotlib 中,subplot 函数用于创建并选择子区。subplot 函数接收三个参数:nrows(子区的行数)、ncols(子区的列数)和 index(当前子区的索引)。索引从左上角的子区开始,从左到右、从上到下递增。

1. 基本语法

subplot 函数的基本语法如下所示:

```
subplot(m,n,p)
```

其中,m 表示要绘制子图的行数,n 表示要绘制子图的列数,p 表示当前子图的位置。例如,在一个 3 行 2 列的图形中,绘制第 2 个子图,可以使用以下代码:

```
subplot(3,2,2);
```

2. 绘图流程

使用 subplot 绘图的一般流程如下所示。

1) 导入所需的库

```
import matplotlib.pyplot as plt
import numpy as np
```

2) 创建绘图窗口

使用 figure 函数创建一个新的绘图窗口。

```
fig = plt.figure()
```

3) 添加子图

使用 add_subplot 函数在绘图窗口中添加子图。该函数有三个参数:行数、列数和子图索引(从左上角开始计数)。

```
ax = fig.add_subplot(rows, cols, index)
```

4) 绘制子图

使用相应的绘图函数在子图中绘制想要呈现的图形。例如,使用 plot()函数绘制线图、使用 scatter()函数绘制散点图等。

```
ax.plot(x, y)          # 绘制线图
ax.scatter(x, y)       # 绘制散点图
```

5）设置子图属性

根据需求设置子图的标题、坐标轴标签、刻度等参数。

```
ax.set_title('Subplot Title')
ax.set_xlabel('X Label')
ax.set_ylabel('Y Label')
ax.set_xlim(0, 10)                    # 设置 x 轴的范围
ax.set_ylim(0, 20)                    # 设置 y 轴的范围
```

6）显示图形

使用 plt.show()函数显示绘制的图形。

```
plt.show()
```

下面是一个简单的例子，演示了一个子图绘制的基本流程，执行这段代码，结果如图 2-10 所示。

```
import matplotlib.pyplot as plt
import numpy as np

# 创建一个 2x2 的子图布局,并绘制不同类型的子图
fig = plt.figure()

# 调整子图间距参数
fig.subplots_adjust(hspace = 0.5, wspace = 0.3)

# 第一幅子图
ax1 = fig.add_subplot(2, 2, 1)
x = np.linspace(0, 2 * np.pi, 100)
y = np.sin(x)
ax1.plot(x, y)
ax1.set_title('Subplot 1')

# 第二幅子图
ax2 = fig.add_subplot(2, 2, 2)
x = np.linspace(0, 2 * np.pi, 100)
y = np.cos(x)
ax2.plot(x, y)
ax2.set_title('Subplot 2')

# 第三幅子图
ax3 = fig.add_subplot(2, 2, 3)
x = np.linspace(0, 2 * np.pi, 100)
y = np.tan(x)
ax3.plot(x, y)
ax3.set_title('Subplot 3')

# 第四幅子图
ax4 = fig.add_subplot(2, 2, 4)
x = np.linspace(0, 2, 100)
```

```
y = np.random.rand(100)
ax4.scatter(x, y)
ax4.set_title('Subplot 4')

# 显示图形
plt.show()
```

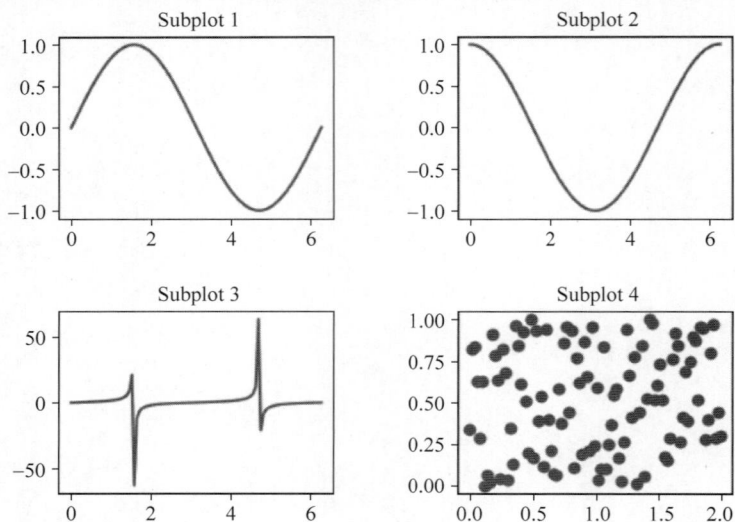

图 2-10　简单 2×2 子图

2.3.2　Seaborn

Seaborn 是一个基于 matplotlib 的数据可视化库,提供了一些高级的统计图形,如热图、分面网格、分类散点图等。Seaborn 还改进了很多 matplotlib 的默认设置和绘图风格,使得绘制出来的图表更加美观和易读。

此外,Seaborn 还具有许多其他功能,例如处理分类变量、创建多面板图、数据分组可视化等。它还与 Pandas 数据框紧密集成,使得在处理数据时更加方便。

要使用 Seaborn 库,需要先安装它。可以使用以下命令在终端中安装 Seaborn 库。

```
pip install seaborn
```

接下来展示一下用 Seaborn 库来绘制一些高级图表。

1. 散点图矩阵

散点图矩阵也称为散点矩阵或成对散点图,是一种用于可视化多个变量之间关系的图形工具,它通过在一个图中展示每对变量之间的散点图,来揭示不同变量之间的关系。

1)特点及用处

散点图矩阵通常由一个方阵组成,其中每个格子都代表两个变量之间的关系。对角线上通常绘制的是柱状图、直方图或核密度图,用于展示每个变量的分布情况。其他位置则绘制散点图,其中每个散点代表两个变量的一对观测值。散点图的点位于坐标平面上,其中一维表示一个变量,另一维表示另一个变量。

通过观察散点图矩阵,我们可以识别出变量之间的线性或非线性关系、趋势、离群点等。可以从中发现变量之间的正向相关、负向相关、强相关、弱相关等特征。

在实际应用中,散点图矩阵常常用于多变量数据分析、特征选择、模式识别、异常检测等任务。它是一种有效的工具,能够将高维数据以可视化的方式展示出来,并帮助我们发现变量之间的潜在关系。

2)绘图函数——pairplot()和 scatter_matrix()

如果需要绘制散点图矩阵,可以借助于 Seaborn 库中的函数 pairplot()和 scatter_matrix()。

(1)pairplot()函数。

pairplot()函数绘制了给定数据集中变量之间的散点图矩阵,可以直观地显示变量之间的关系、分布和异常值。该函数的基本语法如下所示:

```
seaborn.pairplot(data,vars = None,kind = 'scatter',diag_kind = 'auto',plot_kws = None,diag_
kws = None,hue = None,palette = None)
```

其中的参数说明如下。

data:指定要使用的数据集,可以是 Pandas 的 DataFrame 或 NumPy 的数组。

vars:可选参数,指定要绘制散点图矩阵的变量列表。默认为 None,表示使用 data 中的所有数值型变量。

kind:可选参数,指定绘制的图形类型。默认为 scatter,表示绘制散点图。还可以选择其他类型,比如 kde 表示绘制核密度估计图。

diag_kind:可选参数,指定对角线上绘制的图形类型。默认为 auto,表示根据变量类型自动选择图形类型。可以选择的类型有 auto、hist、kde 等。

plot_kws 和 diag_kws:可选参数,用于传递给底层绘图函数的关键字参数。

hue:可选参数,指定按照何种变量进行分组着色。可以是分类变量或数值型变量。

palette:可选参数,用于设置颜色主题。

(2)scatter_matrix()函数。

scatter_matrix()函数位于 pandas.plotting 模块中。该函数可以生成一个散点图矩阵,用于显示 DataFrame 不同列之间的关系。该函数的基本语法如下所示:

```
pandas.plotting.scatter_matrix(frame, alpha = 0.5, figsize = None, ax = None, grid = False,
diagonal = hist, marker = ., density_kwds = None, hist_kwds = None, range_padding = 0.05, **
kwargs)
```

其中的参数说明如下。

frame:DataFrame,这是一个必需参数。它指定了输入的数据集,需要是一个 pandas 的 DataFrame 对象。每一列都将被认为是一个变量,并在散点矩阵中展示其关系。

alpha:设置散点图中点的透明度。取值范围是 0 到 1,数值越低表示透明度越高。

figsize:可选参数,指定整个图形的大小,格式为(宽,高),单位是英寸。

ax:可选参数,如果提供这个参数,散点矩阵将绘制在指定的 matplotlib axes 对象上。否则，函数会创建一个新的图形和子图。

grid：指定是否在图中显示网格线。默认不显示。

diagonal：{hist，kde}，设置在对角线上的图类型。hist 表示绘制直方图，kde 表示绘制核密度估计图。对角线上的图形显示的是各个变量的分布情况。

marker：设置散点图中点的形状。可以是任何 matplotlib 支持的标记符号，如 .(点)、o(圆圈)等。

density_kwds：dict，可选参数，传递给 kdeplot(核密度估计图)的关键字参数，用于对角线上的核密度估计图。

hist_kwds：dict，可选参数，传递给 hist(直方图)的关键字参数，用于对角线上的直方图。可以用来调整直方图的外观。

range_padding：float，default 0.05，设置轴的范围，在每个变量的最小值和最大值之外增加一定的填充。

**kwargs：其他传递给 plt.scatter 函数的关键字参数。可以用来进一步自定义散点图的外观，比如 s(点的大小)、c(点的颜色)等。

例 2-6 有一个关于历届世界杯的数据集，绘制散点矩阵图对进球数、资格队伍、比赛数、现场观众进行相关性分析，部分数据如表 2-11 所示。

表 2-11 关于历届世界杯的部分数据

Year	GoalsScored	QualifiedTeams	MatchesPlayed	Attendance
1930	70	13	18	590549
1934	70	16	17	363000
1938	84	15	18	375700
1950	88	13	22	1045246
1954	140	16	26	768607

```python
import numpy as np
import pandas as pd
import matplotlib.pyplot as plt
import matplotlib as mpl
import seaborn as sns

data = pd.read_csv(r'C:\Users\pc\Desktop\数据挖掘\数据集\WorldCups.csv', encoding = 'utf - 8')

# 数据预处理
# 统一"Germany FR"和"Germany"
data = data.replace(['Germany FR'], 'Germany')

# 进球数、资格队伍、比赛数、现场观众的相关性分析
sns.pairplot(data[[
'GoalsScored',
'QualifiedTeams',
'MatchesPlayed',
'Attendance']])
# 显示图形
plt.show()
```

运行代码之后,结果如图 2-11 所示。

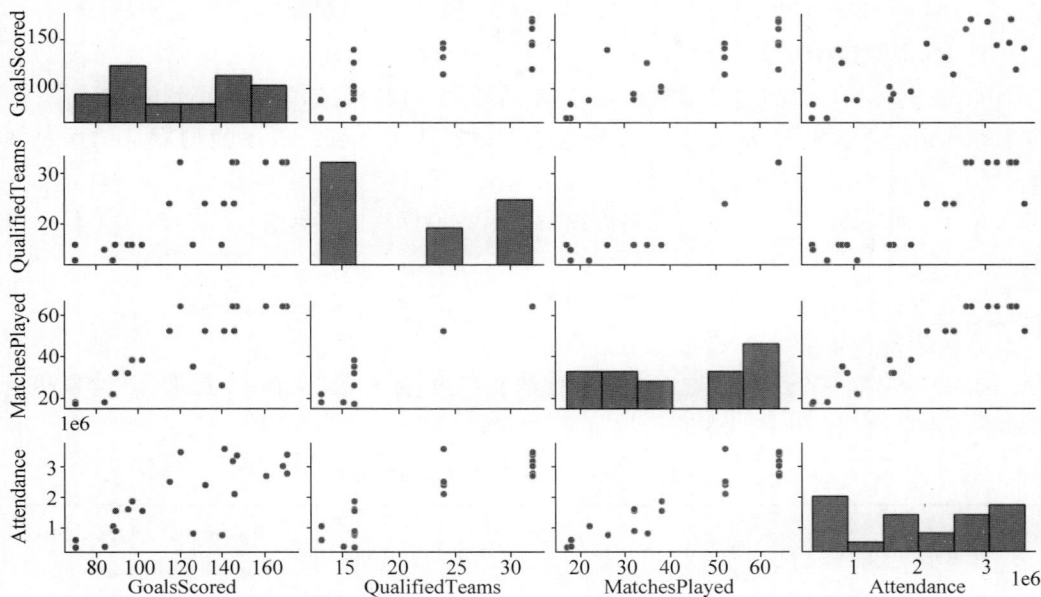

图 2-11 进球数、资格队伍、比赛数、现场观众相关性分析散点矩阵图

2. 热力图

热力图,又名相关系数图。根据热力图中不同方块颜色对应的相关系数的大小,可以判断出变量之间相关性的大小。

1)特点及用途

热力图是一种用颜色表示数据值的图形,通常用于显示两个离散变量之间的关系。热力图在二维矩阵中使用颜色的变化来表示数据的密度或相关性。它可以帮助我们观察到大规模数据集中的模式和聚类结构。通常被用于展示二维数据的相关性、分布或密度。热力图常用于以下情况。

(1)相关性分析。

它可以帮助我们理解多个变量之间的相关性。例如,在金融领域,可以使用热力图来展示不同股票之间的相关性。

(2)分布分析。

它可以显示数据的分布情况,例如在地理信息系统中,可以使用热力图来展示地区的人口密度分布。

(3)时间序列分析。

热力图还常被用于呈现时间序列数据的模式和趋势。例如,在天气预报中,可以使用热力图来展示不同地区在不同时间点的温度变化。

2)绘图函数——heatmap()

heatmap()函数是 seaborn 库中的一个函数,用于绘制热力图。它可以有效地呈现二维数据的模式和趋势,它的语法如下所示:

```
sns.heatmap(data, cmap = None, annot = False, fmt = ".2f", linewidths = 0.5)
```

其中的参数说明如下。

data：要绘制热力图的二维数据集，通常是通过透视表或相关转换得到的。

cmap：可选参数，表示要使用的颜色映射。默认为 None，表示使用默认的颜色映射。常见的颜色映射有 viridis、coolwarm、YlGnBu 等。

annot：可选参数，表示是否在热力图中显示数值标签。默认为 False，表示不显示数值标签。

fmt：可选参数，数据值显示的格式，默认为".2f"，表示保留两位小数。

linewidths：可选参数，指定每个格子之间的线宽。默认为 0.5。

例 2-7　现有一个关于小红书商户数据的数据集，部分数据如表 2-12 所示，绘制热力图对不同参数之间的相关性进行数据可视化。

表 2-12　小红书商户数据的数据集

Brand Name	Brand Category	Partner	Drop Notes	Estimated Launch Cost	Interaction Volume
汤臣倍健 BYHEALTH	食品饮料，医疗保健	129	133	1090550	936519
祖玛珑 jomalone	美妆护肤	123	128	3862739	846968
京东	互联网科技	254	262	4257841	625482
招商银行	财经楼市	82	82	526144	495106
天猫	食品饮料，互联网科技	451	477	7904201	462201

```
# 导入所需的库
import pandas as pd
import matplotlib.pyplot as plt
import seaborn as sns

# 读数据
data = pd.read_csv(r'C:\Users\pc\Desktop\数据挖掘\数据集\brand.csv', encoding = 'utf - 8')

# 读取数据集并选择相关字段
subset = data[[
'Brand Name',
'Brand Category',
'Partner',
'Drop Notes',
'Estimated Launch Cost',
'Interaction Volume']
]

# 设置品牌名称作为索引
subset = subset.set_index('Brand Name')

# 计算相关性矩阵
corr_matrix = subset.corr()
```

```
# 绘制热力图
plt.figure(figsize = (
10, 6)
)
sns.heatmap(corr_matrix, cmap = 'coolwarm',
annot = True, fmt = ".2f")
plt.show()
```

运行代码之后,结果如图 2-12 所示。

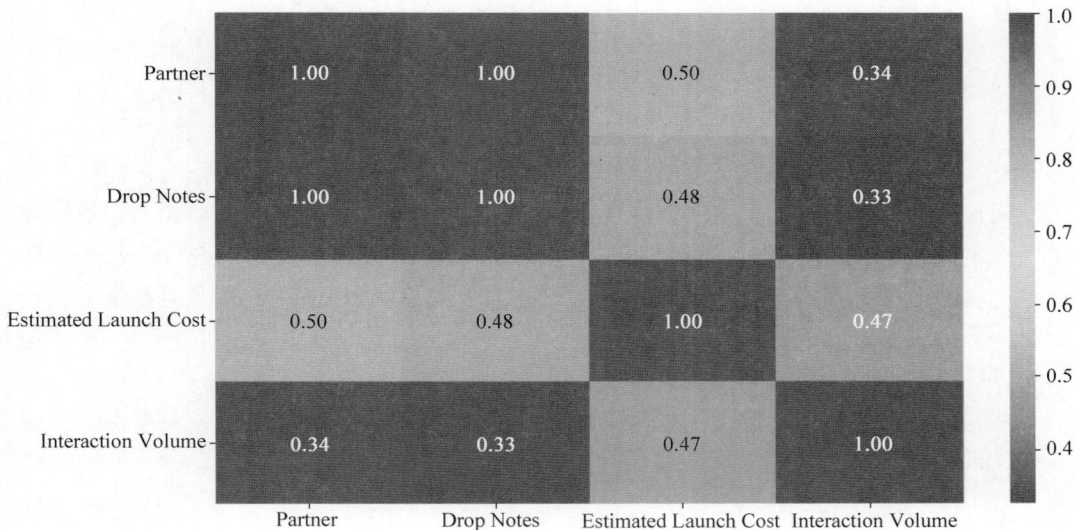

图 2-12　小红书商户数据不同参数之间的相关性热力图

2.3.3　词云图

词云(Word Cloud)是一种可视化方法,用于展示文本数据中词语的频率或重要性。它根据词语在文本中出现的频率或其他权重指标,将这些词语按照一定规则排列在一个图形中,形成一个云状的图案。

1. wordcloud 库

wordcloud 是一个 Python 库,用于生成漂亮的词云图。它将文本中的单词按照出现的频率进行可视化,通过词云图可以直观地了解文本中的关键词和它们的重要性。

1) 安装 wordcloud 库

可以使用 pip 命令安装 wordcloud 库。打开终端或命令提示符,运行以下命令来安装 wordcloud 库:

```
pip install wordcloud
```

安装完毕后,可以通过在 Python 中导入 wordcloud 来验证安装是否成功:

```
import wordcloud
```

如果没有报错,则说明安装成功。安装完成后,就可以使用 wordcloud 库来生成词云图了。

2)绘图流程

(1)准备文本数据。通常是从文件或其他数据源中读取文本。

(2)数据预处理。对文本进行必要的清洗和处理,例如去除停用词、标点符号等。

(3)统计词频。统计每个单词在文本中出现的频率。

(4)创建词云对象。使用 wordcloud 的 WordCloud 类创建一个词云对象,并设置相关参数。

(5)生成词云图。通过调用词云对象的 generate()方法,传入统计好的词频数据生成词云图。

(6)显示或保存词云图。可以将词云图显示在屏幕上,或保存为图片文件。

2. 词云图

词云图也称为标签云,是一种以字体大小来展示文本数据的可视化方式。它通过将文本中出现频率较高的词汇以较大的字体进行展示,而较低频率的词汇则以较小的字体展示。这种可视化方式可以帮助用户直观地了解文本数据中的重点关键词和主题。词云图常常被应用于以下场景。

1)数据摘要与分析

词云图可以帮助用户快速了解文本中的关键词和主题,从而对大量文本数据进行摘要和分析。例如,在新闻报道中,词云图可以将高频出现的关键词展示出来,帮助读者迅速理解文章的主题。

2)情感分析与舆情监测

通过对带有情感色彩的文本进行分析,可以利用词云图来展示情感词汇的分布情况。这有助于了解用户在社交媒体上对特定话题的情感倾向,并对舆情进行监测。例如,通过词云图可以显示出一部电影在观众评论中频繁出现的正面或负面评价词汇。

3)话题发现与关联分析

在大规模文本数据中,使用词云图可以快速发现最相关的话题和关键词。通过展示词汇之间的相对重要性,可以帮助用户理解文本数据中不同词汇之间的关系。这对于社交媒体的舆情分析、市场调研或学术研究等都非常有用。

4)可视化文本展示

词云图不仅可以作为数据分析的工具,还可以用于美化和装饰文本展示。在演讲、演示、海报设计等场景中,词云图可以将关键词汇以有趣的方式呈现出来,增加视觉吸引力。

例 2-8 绘制一个简单的词云图。

```
import jieba
import matplotlib.pyplot as plt
from wordcloud import WordCloud
# 设置中文字体路径
plt.rcParams['font.sans - serif'] = ['SimHei']
```

```
# 定义文本
text = "数据挖掘是一种通过技术和算法从大量数据中发现、提取和分析有用信息的过程。"\
"它涉及从结构化和非结构化数据源中获"\
"取特定模式、趋势和关联的方法。数据挖掘具有广泛的应用领域,"\
"包括商业、科学、医疗和社交媒体等。通过数据挖掘,"\
"人们可以发现隐藏在数据中的宝贵信息,"\
"以帮助做出更明智的决策、改善业务流程和推动创新。数据挖掘的过程包括数据收"\
"集、数据预处理、特征选择、模型建立和模型评估等步骤。数据挖掘使用各种技术和算法,"\
"包括聚类分析、关联规则、"\
"分类和预测模型等。这些方法可以帮助挖掘数据中的模式和结构,从而提供洞察力和预测能力。"
# 分词
words = jieba.cut(text)
word_str = ''.
join(words)
# 创建词云对象
wordcloud = WordCloud(font_path = 'simhei.ttf',
width = 800, height = 400, background_color = 'white').generate(word_str)

# 绘制词云图
plt.figure(figsize = (
10, 5)
)
plt.imshow(wordcloud, interpolation = 'bilinear')
plt.axis('off')
plt.title('词云图')
plt.show()
```

运行代码之后,结果如图 2-13 所示。

图 2-13　词云图

词云图的目的是以视觉方式呈现文本数据中的关键词,使得用户可以直观地了解文本的主题或重点。通常情况下,词云图会将常见的功能词(如"的""是""在"等)排除在外,因为这些词在文本中出现的频率很高,但对于词云图的解读并没有太大的帮助。所以在创建词云图时,通常会排除掉常见的功能词或停用词。

2.3.4　mplot3d 模块

如果要在 Python 中绘制三维图形,则需要安装 matplotlib 库和 mpl_toolkits 库。mpl_toolkits 库是 matplotlib 库的一个子模块,它默认是与 matplotlib 一起安装的,不需要额外安装,可以通过以下代码来验证它是否已经安装,如果没有报错,则表示 mplot3d 库已经成功安装。

```
import mpl_toolkits.mplot3d
```

mpl_toolkits.mplot3d 模块是 matplotlib 提供的用于绘制三维图形的工具包。它包含了一些类和函数,用于创建具有三维投影的子区,并绘制各种类型的三维图形,如三维散点图、曲线图、曲面图等。

要使用 mpl_toolkits.mplot3d 模块,首先需要导入对应的子模块,一般是 Axes3D。

```
from mpl_toolkits.mplot3d import Axes3D
```

然后可以创建一个具有三维投影的子区,从而可以使用 ax 对象来执行与三维图形相关的操作。

```
fig = plt.figure()
ax = fig.add_subplot(111, projection = '3d')
```

常见的绘制三维图形的函数如表 2-13 所示。

表 2-13　常见的绘制三维图形的函数

函　　　数	描　　　述
plot_surface(x, y, z[, rstride, cstride, cmap])	绘制三维曲面图
scatter(x, y, z[, c, marker])	绘制三维散点图
plot_wireframe(x, y, z[, rstride, cstride])	绘制三维线框图
bar3d(x, y, z, dx, dy, dz[, color])	绘制三维柱状图
plot_trisurf(x, y, z[, cmap])	绘制三维曲面的三角剖分图
contour(x, y, z[, levels, cmap])	绘制三维轮廓图
streamplot(x, y, u, v[, density, cmap])	绘制三维流线图

接下来展示绘制三维图形的案例。

1. 三维表面图

三维表面图是一种用于可视化和展示数据的图形方式。它通过在三维坐标系中绘制数据点来展示数据在不同变量之间的关系。在一个典型的三维表面图中,x 轴和 y 轴表示两个自变量,而 z 轴表示因变量。

绘制三维表面图的方法是将数据点插值为平滑的曲面,从而形成一个连续的表面。这可以通过各种算法和技术来实现,比如三角网格化方法、曲面拟合等。一旦曲面被生成,就可以使用颜色映射或阴影效果来突出显示不同部分的数据值。

三维表面图在各个领域中都有广泛的应用。例如,在科学研究中,可以使用三维表面图来可视化物理模型、数学函数、地形地貌等。在工程领域,可以使用三维表面图来展示复杂的工艺过程、设计模型等。此外,在计算机图形学、医学成像、金融分析等领域也经常使用三维表面图来分析和展示数据。

例 2-9　绘制一个三维函数 z = sin(sqrt(x^2 + y^2)) / sqrt(x^2 + y^2)的表面图。

```python
import numpy as np
import matplotlib.pyplot as plt
from mpl_toolkits.mplot3d import Axes3D

x = np.linspace( - 10, 10, 100)
y = np.linspace( - 10, 10, 100)
xx, yy = np.meshgrid(x, y)

r = np.sqrt(xx ** 2 + yy ** 2)
z = np.sin(np.sqrt(xx ** 2 + yy ** 2)) / r

fig = plt.figure()
ax = fig.add_subplot(111, projection = '3d')

ax.plot_surface(xx, yy, z, cmap = 'viridis')

ax.set_xlabel('X')
ax.set_ylabel('Y')
ax.set_zlabel('Z')
ax.set_title('3D Surface Plot')
plt.show()
```

运行代码之后,结果如图 2-14 所示。

2. 三维柱状图

三维柱状图是一种用于可视化三维数据的图形表示方法。它通过在三个轴(x、y 和 z)上绘制柱状体来展示数据。

三维柱状图通常用于显示三个变量之间的关系。其中,x 和 y 轴表示两个自变量,而 z 轴表示因变量。每个柱状体的高度表示 z 轴的值,而柱状体的位置则表示 x 和 y 轴的值。

三维柱状图可以应用在多个领域和情景中。例如,它可以用于在工程领域中可视化柱状体代表的物体的属性,如长度、宽度和高度。在科学研究

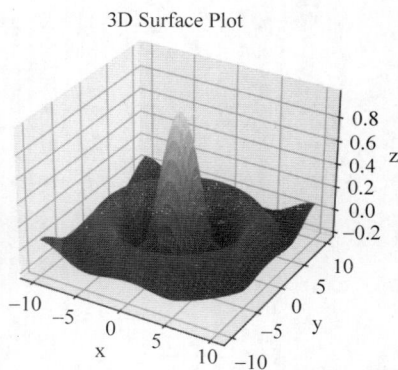

图 2-14　三维表面图

中,三维柱状图可以用于显示多个变量之间的关系,从而帮助观察者更好地理解数据。此外,三维柱状图还可以用于显示销售数据、市场份额、人口统计数据等领域。

绘制三维柱状图时,还应考虑一些设计要素,例如选择适当的颜色、添加标签和标题、调整坐标轴范围等,以确保图形清晰明了。此外,还可以使用不同的投影模式、透明

度和阴影效果等来增加图形的可读性和吸引力。

例 2-10　现有一个数据集包含 2000—2018 年各省能源消费和碳排放数据,选取其中五个省份绘制"省份-年份-碳排放(万吨)"的 3D 柱状图进行数据可视化。部分数据如表 2-14 所示,year 代表年份、ENERGY 代表能源消费、COAL 代表碳排放。id 分别表示为:10 江苏省(苏)、11 浙江省(浙)、12 安徽省(皖)、13 福建省(闽)、14 江西省(赣)。

表 2-14　碳排放量部分数据

id	year	ENERGY	COAL	碳排放倒数×100
10	2000	8612	216.26	0.462406363
11	2000	6560	100.16	0.998402556
12	2000	4879	122.5	0.816326531
10	2001	8881	217.31	0.460172104
11	2001	6530	147.83	0.676452682
12	2001	5118	128.96	0.775434243

```python
import pandas as pd
import numpy as np
import matplotlib.pyplot as plt
from mpl_toolkits.mplot3d import Axes3D

# 设置中文字体路径
plt.rcParams['font.sans-serif'] = ['SimHei']

# 读取 CSV 文件
file_path = 'CO2.csv'
data = pd.read_csv(file_path)

# 提取需要的列(年份,ID 和碳排放量)
subset = data[["year", "id", "COAL"]]

# 选择 5 个 ID: 10, 11, 12, 13, 14
selected_ids = [10, 11, 12, 13, 14]
subset = subset[subset["id"].isin(selected_ids)]

# 根据 ID 设置对应的名称
id_names = {
    10: "江苏",
    11: "浙江",
    12: "安徽",
    13: "福建",
    14: "江西"
}

# 创建三维坐标轴
fig = plt.figure(figsize=(12, 10))
```

```
ax = fig.add_subplot(111, projection = '3d')

# 颜色映射
colors = plt.cm.get_cmap('Set3', len(selected_ids))

for i, id in enumerate(selected_ids):
    # 根据 ID 选择对应的数据并绘制对应颜色的柱状图
    subsubset = subset[subset["id"] == id]
    ax.bar3d([id] * len(subsubset), subsubset["year"], np.zeros(len(subsubset)), 0.5, 1,
subsubset["COAL"], color = colors(i))

# 设置坐标轴标签
ax.set_xlabel("省份", fontsize = 15)
ax.set_ylabel("年份", fontsize = 15)
ax.set_zlabel("碳排放(万吨)", fontsize = 15)

# 设置 id 名称
ticks = [id_names[id] for id in selected_ids]
ax.set_xticks(selected_ids)
ax.set_xticklabels(ticks, fontsize = 10)

# 设置年份标签,每三年显示一次
years = subset["year"].unique()
years_to_show = years[::3]  # 每三年显示一次
ax.set_yticks(years_to_show)
ax.set_yticklabels(years_to_show, fontsize = 10)

# 调整视角
ax.view_init(elev = 15, azim = - 75)

# 调整图形布局,左移图形并增加右边距
plt.subplots_adjust(left = 0.05, right = 1.25, top = 0.9, bottom = 0.1)

# 显示图形
plt.show()
```

运行代码之后,结果如图 2-15 所示。

习题 2

1. 不同的可视化图形适用不同的数据集,分析几种常见的图形及其适用的数据类型,以及在展示数据方面优缺点。

2. 分别使用 matplotlib 和 Seaborn 进行绘图,体验 Seaborn 绘图的简便与美观。

3. 自行寻找相关数据集,如学生成绩,近年考研人数,使用 matplotlib 进行数据可视化,并分析结果。

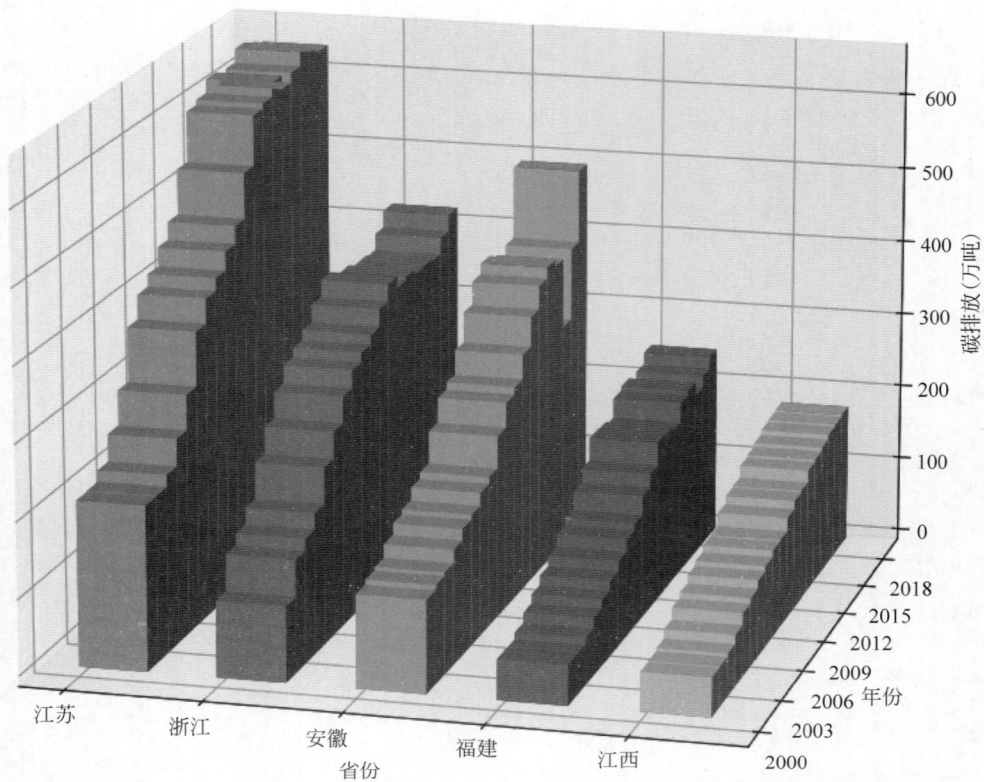

图 2-15　不同城市不同年份的碳排放量的三维图

第 3 章

数据预处理

教学视频

原始数据或多或少会存在一些问题,比如可能会有缺失值、异常值和重复值,不同来源的原始数据可能以不同的格式和结构存在,原始数据可能以不同的形式和单位表示,这些问题会影响到数据挖掘与分析的效率和准确性。数据预处理通过对原始数据的清洗、集成、变换和归约等方法,提升数据的品质。这一过程对于挖掘那些隐藏在复杂和不完整数据集背后的珍贵信息至关重要。直接使用未经预处理的原始数据,就像是在没有指南针的情况下航海,可能会导致偏离真实的数据挖掘与分析结果模型预测。

本章将为读者呈现数据预处理的各个维度,介绍相关的技术和方法,旨在优化数据的结构和质量,为后续的数据挖掘工作奠定坚实的基础。通过本章的学习,读者将掌握如何将原始数据转换为真正可以用于深入分析和建模的宝贵资源,从而揭开数据背后隐藏的秘密。

3.1　数据预处理概述

本节将深度探讨数据预处理的基本原理、数据预处理的概念,数据预处理对于数据挖掘的重要性,以及数据预处理的相关技术。

3.1.1　数据预处理的概念

随着信息技术的飞速发展,我们目睹了从手工记录到电子化数据库再到今天的大数据时代的巨大变革。计算机的普及使得数据处理变得更加高效和快速,同时也为数据的存储和传输提供了更便捷的途径。这种技术的进步为各个行业带来了前所未有的数据量,也为数据科学和机器学习提供了丰富的素材。正是在这个背景下,数据预处理崭露头角。

数据预处理,简而言之,是对原始数据进行清洗和转换的过程,以便数据可以更有效地用于数据分析和挖掘。这个过程包括多个关键步骤:处理缺失值、消除噪声、识别和修正异常值、集成多个数据源、变换数据格式以及减少数据规模等。这些步骤确保了数据的质量和一致性,为后续的分析和挖掘工作打下坚实的基础。

3.1.2 数据预处理在数据挖掘中的作用

数据预处理位于数据挖掘流程的前端,是连接原始数据收集与后续分析和模型构建之间的桥梁。这一步骤的主要目标是将原始数据转换为更适合分析和挖掘的形式,确保数据的质量和一致性,从而为发现有价值的信息和知识打下坚实的基础。在没有进行充分预处理的情况下,即使是最先进的数据挖掘技术也难以发挥其应有的效能,因为"垃圾进,垃圾出"的原则在此过程中同样适用。

数据预处理的重要性不仅仅体现在提升数据质量上,它还直接关系到后续模型的准确性、效率和可靠性。通过有效的预处理,可以显著减少数据中的噪声和异常值,提高模型训练的速度,并增强模型对新数据的泛化能力。此外,适当的特征工程——一个重要的数据预处理步骤——能够显著提高模型解释能力和预测性能,使得最终挖掘出的模式更加准确和有用。

下面通过具体例子来阐明未经预处理的数据如何影响数据挖掘结果。

例 3-1 一个典型的例子是在进行客户细分时,使用了包含大量缺失值和异常值的数据集。在这种情况下,如果直接将这些原始数据用于聚类分析,可能会导致以下问题。

(1)缺失值的影响。

缺失值会导致分析算法无法正确识别数据间的相似性或差异性,因为部分信息的缺失使得数据的比较变得不准确。例如,如果客户的某些重要属性数据缺失,将这些客户归入任何一个细分群体都可能是不恰当的,这直接影响了细分结果的准确性和可靠性。

(2)异常值的干扰。

异常值可能会严重扭曲聚类分析的结果。比如,一个通常消费水平非常低的客户,因为某次特殊情况下的高额消费被错误地归入高消费客户群体。这种情况下,异常值没有得到妥善处理,就可能导致错误的客户群体划分,进而影响到后续的营销策略和决策制定。

未经预处理的数据直接用于数据挖掘,会因为数据质量问题而导致分析结果不准确或误导。因此,在进行任何形式的数据挖掘之前,合理的数据预处理步骤是必不可少的。这包括但不限于对缺失值进行填充、删除或估算,对异常值进行检测和处理,以及对数据进行规范化或标准化等操作。只有这样,才能确保数据挖掘过程中使用的数据是准确和可靠的,从而提高最终结果的质量和有效性。

因此,在数据挖掘流程中,数据预处理不仅是必不可少的一环,更是影响整个项目成功与否的关键因素。通过深入理解和正确应用数据预处理技术,可以有效提升数据挖掘项目的整体质量和效果。

3.1.3 数据预处理的主要任务

数据预处理包括数据清洗、集成、变换和归约四个环节,每个环节都不可或缺。

1. 数据清洗

数据清洗包括识别并处理数据中的错误和不一致性,比如缺失值、异常值和重复数据的处理。对于缺失值的处理,常见方法包括插值、使用全局常数填充或依据其他数据推算值。异常值的检测和处理则是通过各种统计学方法来识别那些偏离正常数据范围的值,并据此决定是删除、修正还是保留这些值。

2. 数据集成

将不同来源、格式、特点的数据,在逻辑上或物理上有机地集中,合并为一个统一的数据集,以方便后续的处理,这就是数据集成。

在处理具体问题时用到的数据常常来自多个数据库或文件,这些数据可能存在结构不同、格式不一致、信息冗余等问题。通过有效的数据集成,可以有效解决这些问题。

3. 数据变换

数据变换包括规范化、离散化、属性构造和聚合等操作,规范化操作通过调整不同尺度上的数据,确保没有单一属性因其数值范围大而对分析结果产生不成比例的影响。离散化和属性构造将连续属性数据转换为类别属性数据,或者创建新的属性以更好地反映数据中的模式。这些变换增强了数据对于特定分析任务的适应性和解释能力。

4. 数据归约

数据归约旨在减少数据集的大小,同时尽量保留重要信息。这可以通过技术如维度归约、数值归约和数据压缩来实现。维度归约通过识别最重要的属性来减少属性的数量,而数值归约则试图用较小的数据集代替原始数据集,以减少计算资源的需求。这些方法有助于提高数据挖掘算法的效率和效果,特别是在处理大规模数据集时。

数据预处理对于整个数据挖掘过程有着不可或缺的贡献,周到细致的数据预处理,确保了数据挖掘过程的有效性和准确性,提升了分析结果的质量和实用性。

3.2 数据清洗

实验视频

数据清洗包括处理缺失值、噪声数据和异常值等多方面。每一种处理技术都有其适用场景和可能的影响,了解并正确应用这些技术对于提高数据质量、揭示深层次的数据洞察具有重要意义。通过细致地处理缺失值、平滑噪声、识别和处理异常值以及检查数据一致性,构建一个更加准确和可靠的数据分析基础。以此提升模型性能,确保分析结果的真实性和可信度。

3.2.1 缺失值处理

在数据预处理过程中,处理缺失值是一个不可避免的挑战。缺失值的存在可能会导致数据分析或模型建立的准确性受到影响。因此,采取合适的策略来处理这些缺失值至关重要。

1. 删除含有缺失值的记录

当数据集很大,且含有缺失值的记录占总数据量的很小一部分时,删除这些记录可能是一个简单且有效的解决方案。此方法适用于那些缺失值不会对数据分析结果产生重大影响的情况。频繁地删除含有缺失值的记录可能会导致数据量显著减少,这可能会影响模型的训练效果。此外,如果缺失值不是随机出现的,那么这种方法可能会引入偏差,从而影响分析结果的准确性。

下面介绍该方法可能用到的库与函数。对于删除含有缺失值的记录,可以使用Pandas 库和 DataFrame. dropna()函数。Pandas 是 Python 的一个强大的数据处理库,它提供了方便的数据结构和数据分析工具。DataFrame. dropna()函数用于删除含有缺失值的行或列。

用法如下:

```
import pandas as pd
# 假设 df 是已经创建好的包含缺失值的 DataFrame
# 删除含有任何缺失值的行
df.dropna(axis = 0, how = 'any', inplace = True)
```

常用参数介绍如下。

axis:默认为 0,表示删除含有缺失值的行;如果设置为 1,表示删除含有缺失值的列。

how:如果设置为 any,则删除包含任何 NaN 的行或列;如果设置为 all,则只删除所有值都为 NaN 的行或列。

thresh:设置行或列中非 NaN 值的最小数量,少于该数量的行或列将被删除。

subset:在哪些列中查找缺失值,仅当这些指定列中有缺失值时才删除列。

2. 均值法填充

在处理数据集中的缺失值时,常用的填充方法之一是均值填充,特别适用于连续型变量。这种方法通过计算变量的平均值,并用该值填充所有缺失的数据点,从而保持了数据的整体趋势和分布特性。均值填充的简单性和直观性使其成为初步数据处理中的常见选择,尤其是当数据集的缺失数据量不大且缺失随机发生时。

```
import pandas as pd
import numpy as np
# 使用均值填充
df['column_name'].fillna(df['column_name'].mean(), inplace = True)
```

3. 中位数法填充

在某些情况下,数据分布可能会因为极端值或不均匀分布而扭曲。这时,使用中位数来填充缺失值可能更为合适。中位数作为数据集中间点的值,对异常值具有更好的抵抗力,能够提供一个更稳健的数据填充选项。这种方法在处理具有偏斜分布的连续型变量时尤其有效,能够确保填充后的数据更真实地反映原始数据集的中心趋势。

```
import pandas as pd
import numpy as np
# 使用中位数填充
df['column_name'].fillna(df['column_name'].median(), inplace = True)
```

4. 众数法填充

对于分类变量,众数填充则是一种常见的处理策略。它涉及使用数据集中最频繁出现的类别来填充所有缺失的分类值。这种方法尤其适合那些类别明确且最常见类别占比较高的情况,因为它假设缺失值很可能属于最常见的类别。众数填充简单易行,特别适合处理那些缺失数据量不大且缺失完全随机的情况,但它可能不适用于具有复杂数据结构或特定缺失模式的数据集。

```
import pandas as pd
import numpy as np
# 使用众数填充(注意众数可能返回多个值,这里取第一个)
df['column_name'].fillna(df['column_name'].mode()[0], inplace = True)
```

5. KNN 法填充

K 最近邻(KNN)方法为处理数据集中的缺失值提供了一种更精细化的策略。该方法的核心思想是利用数据的局部结构信息,通过寻找缺失值记录在特征空间中的 K 个最近邻居——即那些在已知特征上与其最相似的记录——来进行缺失值的估计或填充。这些邻居的相应值,无论是平均值还是众数,都被用作填充缺失值的依据,从而在一定程度上重建了丢失的信息。

KNN 方法的优点在于其能够充分考虑数据中的局部结构特性,通常能够提供比简单的均值或中位数填充更加精确的估计结果。然而,这种方法也存在一定的局限性。首先,它的计算量相对较大,尤其是在处理大规模数据集时,可能会导致显著的性能下降。此外,对于特征众多的数据集,选择一个合适的距离度量和 K 值可能会变得相当困难,这些因素都限制了 KNN 方法在实际应用中的灵活性和效率。

操作 KNN 方法时,首先需要确定一个合适的 K 值,比如 $K=5$,这一步骤对于后续的估计准确性至关重要。接着,对于数据集中每一条含有缺失值的记录,算法会计算其与其他记录在已知特征上的距离,以此来找出距离最近的 K 个记录。最后,根据这些最近邻居在缺失特征上的平均值(对于连续变量)或众数(对于分类变量),来填充目标记录的缺失值。

下面介绍该方法可能用到的库与函数。对于删除含有缺失值的记录,可以使用 scikit-learn 的 KNNImputer 函数。

DataFrame.fillna()函数的用法如下:

```
from sklearn.impute import KNNImputer

# 创建 KNNImputer 实例
imputer = KNNImputer(n_neighbors = 5, weights = 'uniform')

# 对 DataFrame 进行拟合和转换
df = pd.DataFrame(imputer.fit_transform(df), columns = df.columns)
```

常用参数说明如下:

n_neighbors: K 的值,即选择多少个最近邻居,默认为 5。

weights:权重函数,可以是 uniform(所有点在平均中的权重相同)或 distance(点之间的权重与距离成反比),或其他自定义函数。

metric:距离度量方式,默认为 minkowski,与 $p=2$ 时等同于欧氏距离。

6. 案例分析

例3-2 以下案例使用 Python 的 Pandas 库和 scikit-learn 库来处理一个简化的数据集。假设有一个关于房地产市场的数据集,其中包含房屋的价格、面积、卧室数量和地理位置等信息。下面展示如何应用上述三种方法来处理这个数据集中的缺失值。

首先,需要安装并导入必要的库,并创建一个简化的示例数据集:

```python
import numpy as np
import pandas as pd
from sklearn.impute import SimpleImputer, KNNImputer

# 创建示例数据集
data = {
    'Price': [250000, np.nan, 320000, 590000, 225000],
    'Area': [1400, 1600, np.nan, 1800, 1500],
    'Bedrooms': [3, np.nan, 2, 4, np.nan],
    'Location': ['Suburb', 'City', 'City', 'Suburb', 'Rural']
}

df = pd.DataFrame(data)
```

通过命令查看数据,如图 3-1 所示,图中显示的 NaN 即为缺失值。

方法一:删除含有缺失值的记录。

```python
# 删除含有缺失值的记录
df_dropped = df.dropna()
print("Data after dropping rows with missing values:\n", df_dropped)
```

这段代码会删除包含任何缺失值的记录(行)。这是最直接的处理缺失值的方法,但可能会导致大量数据的丢失。代码结果如图 3-2 所示,可以看到拥有缺失的数据行被删除了。

	Price	Area	Bedrooms	Location
0	250000.0	1400.0	3.0	Suburb
1	NaN	1600.0	NaN	City
2	320000.0	NaN	2.0	City
3	590000.0	1800.0	4.0	Suburb
4	225000.0	1500.0	NaN	Rural

图 3-1 数据集信息查看

```
Data after dropping rows with missing values:
      Price    Area  Bedrooms Location
0  250000.0  1400.0       3.0   Suburb
3  590000.0  1800.0       4.0   Suburb
```

图 3-2 删除缺失行后的数据集

方法二:缺失值填充。

对于不同类型的变量,可以使用不同的策略进行填充。

```python
# 对连续变量使用均值填充,对分类变量使用众数填充
imputer_cont = SimpleImputer(strategy='mean')
df['Area'] = imputer_cont.fit_transform(df[['Area']])

imputer_cat = SimpleImputer(strategy='most_frequent')
df['Bedrooms'] = imputer_cat.fit_transform(df[['Bedrooms']])

print("Data after imputation:\n", df)
```

这段代码分别对 Area(连续变量)和 Bedrooms(分类变量)应用了均值填充和众数填充,结果如图 3-3 所示。

方法三:采用更复杂的缺失值估计方法。

使用 K 最近邻(KNN)方法来估计缺失值。

```
# 使用 KNN 估计方法填充缺失值
knn_imputer = KNNImputer(n_neighbors = 2)
# 注意:KNNImputer 通常只适用于连续变量,这里仅作为示例
numeric_columns = df.select_dtypes(include = [np.number]).columns
df[numeric_columns] = knn_imputer.fit_transform(df[numeric_columns])

print("Data after KNN imputation:\n", df)
```

这段代码使用 KNNImputers 从 scikit-learn 库来填充 Area 和 Price 字段的缺失值。KNN 方法考虑到了数据点之间的相似性,为缺失值提供了可能更加准确的估计,结果如图 3-4 所示。

```
Data after imputation:
      Price    Area  Bedrooms Location
0  250000.0  1400.0       3.0   Suburb
1       NaN  1600.0       2.0     City
2  320000.0  1575.0       2.0     City
3  590000.0  1800.0       4.0   Suburb
4  225000.0  1500.0       2.0    Rural
```

图 3-3　使用均值和众数填充后的数据集

```
Data after KNN imputation:
      Price    Area  Bedrooms Location
0  250000.0  1400.0       3.0   Suburb
1  407500.0  1600.0       3.5     City
2  320000.0  1450.0       2.0     City
3  590000.0  1800.0       4.0   Suburb
4  225000.0  1500.0       2.5    Rural
```

图 3-4　使用 KNN 方法填充后的数据集

7. 其他可能用到的函数

除了以上处理缺失值的方法之外,可能还会用到以下函数来查看数据集的信息。

1) info()方法

通过调用数据集的 info()方法,可以查看每个特征的非空值数量和数据类型信息。如果某个特征的非空值数量小于总样本数,那么该特征可能包含缺失值。

例 3-3　info()的使用案例。

对数据集使用 info()方法,查看每个特征的非空值数量和数据类型信息。下面是使用 info()方法查看数据集的示例代码。

```
import pandas as pd
data = pd.read_csv('happiness_train_abbr.csv')
# 查看每个特征的非空值数量和数据类型信息
data.info()
```

这段代码将导入名为'happiness_train_abbr.csv'的数据集,然后使用 info()方法来查看数据集的信息。调用 info()方法后,它会显示数据集中每个特征的名称、非空值的数量以及数据类型。可以通过这些信息来了解数据集的结构和特征的缺失情况。

如图 3-5 所示,可以看出该数据集一共有 8000 条数据,共 42 列。

同时,在展示出的数据信息中,如图 3-6 所示特征"work_yr""work_status"等的非空数据条数不足 8000,说明这些特征中是有缺失值的。

```
27   work_exper       8000 non-null    int64
28   work_status      2951 non-null    float64
29   work_yr          2951 non-null    float64
30   work_type        2951 non-null    float64
31   work_manage      2951 non-null    float64
32   family_income    7999 non-null    float64
33   family_m         8000 non-null    int64
34   family_status    8000 non-null    int64
```

图 3-6　数据集信息 2

```
RangeIndex: 8000 entries, 0 to 7999
Data columns (total 42 columns):
```

图 3-5　数据集信息 1

2) isnull(). sum()方法

使用该方法可以计算每个特征中缺失值的数量。它返回一个 Series 对象,索引是特征名,值是该特征中缺失值的数量。可以通过检查返回的结果来确定哪些特征存在缺失值。

例 3-4　isnull(). sum()的使用案例。

这段代码将读取名为'happiness_train_abbr. csv'的数据集,并使用 isnull(). sum()方法计算每个特征中缺失值的数量。下面是示例代码。

```python
import pandas as pd
data = pd.read_csv('happiness_train_abbr.csv')
# 计算每个特征中缺失值的数量
data.isnull().sum()
```

	data
equity	0
class	0
work_exper	0
work_status	5049
work_yr	5049
work_type	5049
work_manage	5049
family_income	1
family_m	0
family_status	0
house	0

图 3-7　特征中缺失值的数量

如图 3-7 所示,可以看出该数据集的特征"work_status""work_yr""work_type""work_manage"有 5049 条空数据,特征"family_income"有 1 条空数据。

3) isnull(). any()方法

使用该方法可以检查每个特征是否存在缺失值。它返回一个布尔型的 Series 对象,索引是特征名,值是该特征是否存在缺失值(True 表示存在,False 表示不存在)。

例 3-5　isnull(). any()使用案例。

使用 isnull(). any()方法检查每个特征中是否存在缺失值。

```python
import pandas as pd
data = pd.read_csv('happiness_train_abbr.csv')
# 查看每个特征的非空值数量和数据类型信息
data.info()
```

运行这段代码后,将获得一个 Series 对象,其中索引是数据集中的每个特征,值是一个布尔值,表示该特征是否存在缺失值。如果特征的值为 True,表示该特征存在缺失值;如果值为 False,则表示该特征中没有缺失值。如图 3-8 所示,特征"work_status""work_yr""work_type""work_manage""family_income"返回的对象值为 True,表示这些特征是存在缺失值的。

	data
equity	False
class	False
work_exper	False
work_status	True
work_yr	True
work_type	True
work_manage	True
family_income	True
family_m	False
family_status	False
house	False

图 3-8 特征中是否存在缺失值

3.2.2 噪声数据处理

所谓噪声数据,指的是那些由于各种外部或内部因素导致偏离真实值的数据点;噪声数据的来源多样,可能是由于测量误差、数据录入错误、传输过程中的损失或者是异常值的出现。这些数据点的存在,不仅扭曲了数据的真实面貌,也为数据分析的准确性设置了障碍。有效地识别并处理这些噪声数据,对于确保数据分析结果的可信度至关重要。通过采用科学合理的方法来减少或消除噪声数据的影响,更准确地捕捉到数据背后的模式和趋势,从而为后续的数据分析和决策提供坚实的基础。接下来将详细介绍几种常用且有效的噪声数据处理技术,并通过实例展示它们在实际应用中如何提高数据处理的质量和效率。

1. 平滑技术

平滑技术用于减少数据集中的随机波动和异常值的影响,从而揭示数据的真实趋势。滑动平均是其中一种常见的方法,它通过计算一定范围内数据点的平均值来平滑数据,常用的还有加权滑动平均和指数平滑等方法。

在金融市场分析中,滑动平均技术被广泛应用于股票价格趋势分析中。想象一下股票市场的日价格图。原始数据可能因日常波动而起伏不定,使得分析趋势变得困难。应用滑动平均技术后,会看到一条平滑的曲线贯穿这些波动点,这条曲线显示了价格随时间变化的平均趋势。分析师可以更清晰地看到价格的长期趋势,从而做出更准确的投资决策。

平滑技术特别适用于时间序列数据的分析,能有效去除短期波动带来的噪声,揭示长期趋势。它简单直观,易于实现和理解。然而,这种方法可能会掩盖一些重要的数据变化点,不适用于所有类型的数据分析。

例 3-6 平滑技术——滑动平均案例。

在许多实际情况中,数据可能会随时间显示出波动性,直接观察原始数据可能不易于发现其趋势。因此,通过计算滑动平均来平滑数据,可以更清晰地展示数据的长期趋势,减少短期波动的干扰。

```
# 导入对应的包
import pandas as pd
import numpy as np
```

```
import matplotlib.pyplot as plt

# 生成示例数据
np.random.seed(0)
data = np.random.randn(100).cumsum()

# 将数据转换为 Pandas Series 对象,方便处理
data_series = pd.Series(data)

# 计算滑动平均,窗口大小为 5
smoothed_data = data_series.rolling(window = 5).mean()

# 绘制原始数据和平滑后的数据
plt.figure(figsize = (10, 6))

# 绘制原始数据(蓝色实线)
plt.plot(data_series, label = '原始数据', color = 'blue', linestyle = 'solid')

# 绘制平滑后的数据(红色虚线)
plt.plot(smoothed_data, label = '平滑数据', color = 'red', linestyle = 'dashed')

plt.legend()

# 汉字字体
plt.rcParams['font.sans - serif'] = ['SimSun','KaiTI','Microsoft YaHei','LiSU','Arial Unicode MS']
# 正常显示负号
plt.rcParams['axes.unicode_minus'] = False
plt.show()
```

这段代码使用 Python 的数据处理和绘图库,生成并绘制了原始数据和其平滑后的数据的曲线图。首先,它导入了 pandas、numpy 和 matplotlib.pyplot 库,分别用于数据处理、数值计算和图形绘制。使用 numpy 库生成了一组随机数据,并将其转换为 pandas 的 Series 对象,方便后续处理。使用 rolling 函数对数据进行滑动平均计算,得到平滑后的数据。最后,代码使用 matplotlib.pyplot 库绘制了原始数据和平滑后的数据的曲线图,并设置了图例、坐标轴标签和标题。为了确保图形中能够正确显示中文,代码还设置了 matplotlib 的默认字体,并指定了几个常用的中文字体,例如宋体、楷体等。最后,使用 plt.show() 函数将图形显示出来。结果输出如图 3-9 所示,虚线为经过平滑后的数据,实线为原数据。

2. 聚类分析

聚类分析通过将数据点根据相似性分组来识别数据中的自然结构或模式。在聚类分析中,可以通过图形化方法展示数据点如何根据相似性被分组。使用散点图可以可视化聚类结果,不同的聚类可以用不同的颜色或形状标记。这种方法特别适合于识别哪些数据点是异常值(噪声),因为它们通常不属于任何主要聚类,而是孤立地位于图表的边缘位置。

聚类分析在无监督学习中非常有用,特别是在不知道数据中有哪些潜在模式时。它可以自动发现这些模式并识别噪声。但是,聚类的结果高度依赖于所选择的相似性度量

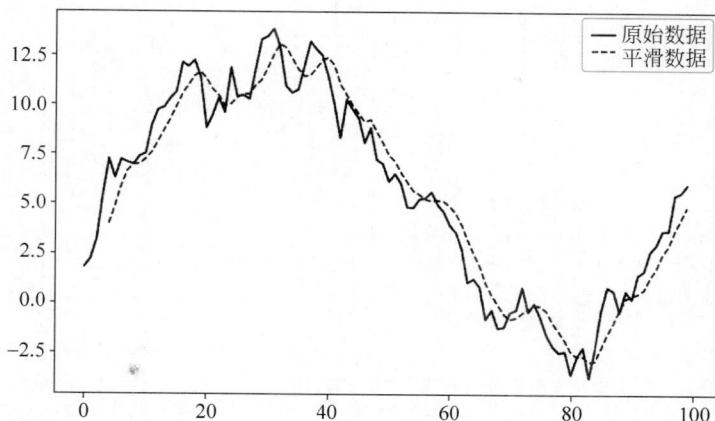

图 3-9 特征中是否存在缺失值

和聚类算法。更多有关聚类分析的介绍和案例请阅读第 6 章。

3. 概率与统计方法

利用概率统计的方法来检测异常值是一种有效的手段。可以通过计算数据集的均值和标准差来确定数据的正常波动范围。在此基础上,常见的做法是应用正态分布规则(如 3σ 原则),即认为位于均值三个标准差之外的数据点为异常值。此外,箱形图也是一种常用的工具,它通过四分位数和四分位距来识别异常值。对于更复杂的数据集,可以使用基于模型的方法,如高斯混合模型(GMM)或基于聚类的方法来鉴别异常点。这些方法通过建立数据的概率模型,并计算每个数据点属于该模型的概率,低概率的点被视为异常。

例 3-7 概率与统计方法——异常值检测。

概率与统计方法为处理和分析噪声数据提供了一种强有力的工具,帮助研究人员和分析师清洗数据、提高数据质量,并确保分析结果的可靠性和准确性,下面为具体案例。

```python
import numpy as np
import matplotlib.pyplot as plt

# 生成示例数据
np.random.seed(0)
data = np.random.randn(100)

# 计算均值和标准差
mean = np.mean(data)
std_dev = np.std(data)

# 定义异常值判定标准(这里使用均值±2倍标准差)
outliers = []
normal_data = []

for i in data:
    if i < mean - 2 * std_dev or i > mean + 2 * std_dev:
        outliers.append(i)
```

```
    else:
        normal_data.append(i)

print("Detected outliers:", outliers)

# 绘制数据点
plt.figure(figsize = (10, 6))
plt.plot(normal_data, np.zeros_like(normal_data), 'o', label = 'Normal Data')
plt.plot(outliers, np.zeros_like(outliers), 'ro', label = 'Outliers')

# 标注均值和±2倍标准差线
plt.axvline(x = mean, color = 'g', linestyle = '--', label = 'Mean')
plt.axvline(x = mean - 2 * std_dev, color = 'c', linestyle = '--', label = 'Mean - 2 * Std Dev')
plt.axvline(x = mean + 2 * std_dev, color = 'c', linestyle = '--', label = 'Mean + 2 * Std Dev')

plt.legend()
plt.xlabel('Data Value')
plt.yticks([])
plt.title('Outlier Detection')
plt.show()
```

这段代码是在数据挖掘的数据预处理阶段用于异常值检测的实例,使用了 Python 的 NumPy 和 matplotlib 库。首先,通过 NumPy 创建了一个包含 100 个从标准正态分布生成的随机数的数据集。为了确保结果的可复现性,设置了随机数种子为 0。

接下来,计算了数据集的均值和标准差,这两个统计量是后续确定数据点是否为异常值的基础。根据经验规则(均值±2 倍标准差),对数据集中的每个数据点进行了遍历,以判断它们是否落在这个范围之外。落在范围之外的点被认为是异常值,并被收集到一个列表中,而其他的点则被视为正常数据并收集到另一个列表中。

在识别出异常值后,代码通过 matplotlib 绘制了一个图形来直观展示这些数据点,检测出的异常值列表如图 3-10 所示。

```
Detected outliers: [2.240893199201458, -2.5529898158340787, 2.2697546239876076, -1.980796468223927]
```

图 3-10   异常值列表

可视化结果如图 3-11 所示,蓝色点代表正常数据(Normal Data),这些数据点在均值(Mean)的±2 倍标准差(Std Dev)范围内。红色点代表被检测为异常值(Outliers),这些数据点超出了均值的±2 倍标准差范围。绿色虚线表示数据的均值。青色虚线表示均值加上或减去 2 倍标准差的位置,这是判定异常值的阈值。

在统计学中,如果数据是正态分布的,约有 95% 的数据点会落在均值的±2 倍标准差范围内。超出这个范围的点可以被视为潜在的异常值,因为它们不太可能是随机变化的结果。

在这个具体的例子中,大部分数据点都集中在均值附近,形成了一条水平线。有几个点离群较远,它们被视为异常值。这种可视化有助于快速识别数据集中可能需要进一步调查的异常点。

上述三种方法不同情况下的适用性和优势不同。在实际应用中,选择最合适的方法

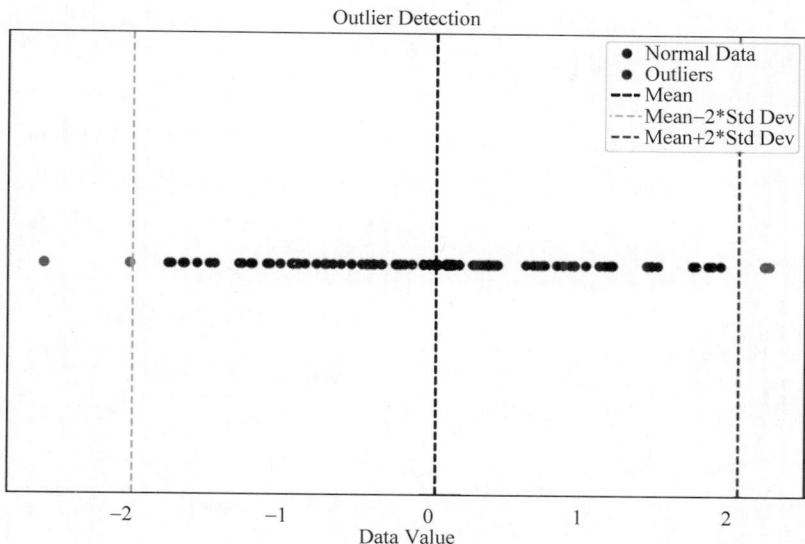

图 3-11　异常值检测可视化

需要根据具体的数据特性和分析目标来决定。理解并运用这些技术将大大提高数据预处理的效率和效果,为后续的数据挖掘工作打下坚实的基础。

3.2.3　异常值处理

异常值,也就是那些与大多数数据点显著不同的观测值,有时可能会扭曲整个数据分析的结果,导致误导性的结论。因此,识别并妥善处理这些异常值对于保证数据分析的准确性和可靠性至关重要。

数据清洗中的噪声数据处理和异常值处理虽然都旨在提高数据质量,但它们关注的问题和处理方法有所不同。噪声数据处理关注的是随机误差或无意义的数据变动,这些数据通常是由于测量误差、数据录入错误或其他随机因素造成的。噪声数据可能会掩盖数据的真实特征,影响数据分析的准确性。异常值处理则关注的是那些显著偏离其他观测值的数据点。这些数据点可能是由于测量错误、数据录入失误或者是真实的、非典型的观测结果造成的。异常值可能会对统计分析产生较大影响,如极端值可能会扭曲平均值和标准差。处理异常值的方法通常包括识别并评估这些值是否应该被保留、修改还是删除。

下面探讨两种广泛应用于异常值检测的方法:盒图分析与 Z 分数方法。

1. 盒图分析

盒图分析利用数据的五数概括——最小值、第一四分位数(Q1)、中位数、第三四分位数(Q3)以及最大值——来图形化地表示数据分布。这种方法的关键在于使用四分位距来评估数据点是否为异常值。四分位距的计算公式如式(3-1)所示。

$$IQR = Q3 - Q1 \qquad (3-1)$$

盒图不仅能够直观地展示数据的中心位置、分散程度和偏态,还能有效地揭示出异常值。例如,在财经领域,盒图经常被用于分析和比较不同公司或不同时间段内股票价

格的波动情况。盒图特别适用于小到中等规模的数据集。然而,对于具有复杂分布特性
的大型数据集,其敏感度可能不足以准确识别所有异常值。

例 3-8　盒图分析。

下面是一个使用 Python 语言结合 Pandas 和 matplotlib 库来生成盒图的简单示例代码。这段代码展示了如何利用盒图分析技术来识别数据集中的异常值,为进一步的数据处理和分析提供依据。通过调整和应用这段代码,可以轻松地在自己的数据集上实现盒图分析,从而深入探究数据背后的故事。

```python
import pandas as pd
import seaborn as sns
import matplotlib.pyplot as plt
import numpy as np

# 生成示例数据
np.random.seed(10)
data = np.random.normal(100, 20, size = 200)          # 正态分布数据
outliers = np.random.uniform(low = 200, high = 300, size = 10)
data_with_outliers = np.concatenate((data, outliers))

df = pd.DataFrame(data_with_outliers, columns = ['Transaction volume box chart'])

# 使用 Seaborn 生成盒图
plt.figure(figsize = (10, 6))
sns.boxplot(x = df['Transaction volume box chart'])
plt.title('Transaction volume box chart')
plt.show()
```

结果如图 3-12 所示,显示的是一个盒形图,用于展示数据集中的异常值。这个盒形图反映了数据集的分布情况。盒形图的组成部分包括盒子(Box)、触须(Whiskers)和异常值(Outliers)。

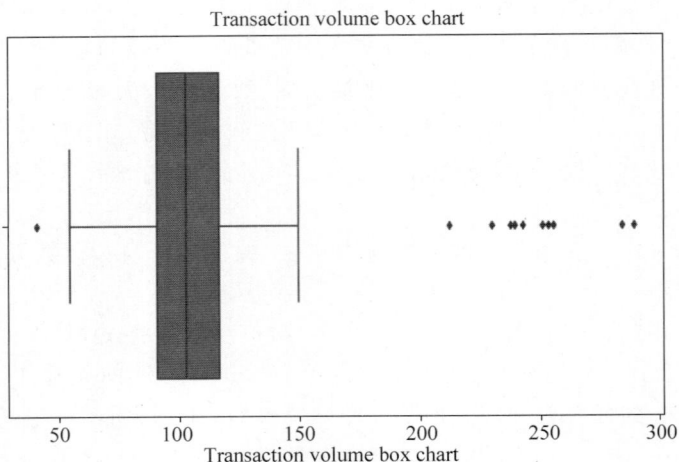

图 3-12　盒形图分析

盒子表示数据的四分位数范围,盒子的中间线代表中位数(第二四分位数,Q2),盒子的上边缘代表上四分位数(Q3),盒子的下边缘代表下四分位数(Q1)。触须是从盒子外伸展出来的线条,通常延伸至最小值和最大值,但不包括异常值。具体到这个例子中,触须可能延伸至 1.5 倍四分位距(IQR)之外。异常值为用小菱形表示的点,它们落在触须之外。在这个例子中,异常值明显高于正常数据的范围。

从图中可以看出,大多数数据点集中在 100 左右,反映了正态分布数据的特性。而超出触须的异常值则明显偏离了这个范围,表示它们与整体数据集有显著差异。

2. Z 分数方法

Z 分数方法将每个数据点与全体数据的平均值之间的差异通过标准差的倍数来度量。这意味着,如果一个数据点的 Z 分数绝对值非常高(例如大于 2 或 3),则该点可能被视为异常值。Z 分数方法的一个主要优点是它提供了一种量化数据点异常程度的方式,分析师可以根据 Z 分数的大小来决定是否需要进一步调查或处理某个数据点。在医学研究中,Z 分数方法常用于识别那些与总体健康指标显著不同的个体,从而进行早期干预。在防止信用卡欺诈方面,银行利用 Z 分数来监测异常交易活动。通过分析交易金额的 Z 分数,可以有效地识别出那些可能涉及欺诈行为的大额交易。

Z 分数方法适用于任何规模的数据集,并且对正态分布的数据特别有效。然而,这种方法依赖于数据集的平均值和标准差,对于本身就包含多个异常值的数据集而言,其稳定性和鲁棒性可能会受到影响。

例 3-9　Z 分数方法。

通过一个 Python 示例来展示如何使用 Z 分数方法来识别数据集中的异常值。这个例子将使用 Pandas 库来处理数据,并计算每个数据点的 Z 分数,从而识别和标记出异常值。这种方法的应用将帮助我们更好地理解数据的特性,并为进一步的数据分析打下坚实的基础。

```python
import pandas as pd
import pandas as pd
import matplotlib.pyplot as plt
import numpy as np
# 生成示例数据
np.random.seed(42)  # 确保每次生成的随机数相同
normal_data = np.random.normal(200, 50, size=990)
outliers = np.random.uniform(800, 1000, size=10)
data = np.concatenate((normal_data, outliers))  # 合并数据
df = pd.DataFrame(data, columns=['交易金额'])

# 计算 Z 分数
df['Z 分数'] = (df['交易金额'] - df['交易金额'].mean()) / df['交易金额'].std()

# 标识绝对值大于 3 的异常值
df['异常'] = df['Z 分数'].apply(lambda x: '是' if abs(x) > 3 else '否')

# 可视化
plt.figure(figsize=(10, 6))
plt.scatter(df.index, df['交易金额'], marker='o', color='blue', label='正常值', s=20)
# 使用圆圈
```

```
plt.scatter(df[df['异常'] == '是'].index, df[df['异常'] == '是']['交易金额'], s = 80,
marker = 's', color = 'red', label = '异常值') # 使用叉号
plt.axhline(y = df['交易金额'].mean(), color = 'g', linestyle = '--', label = '平均值')

plt.xlabel('索引')
plt.ylabel('交易金额')
plt.title('交易金额与 Z 分数异常值检测')
# 汉字字体
plt.rcParams['font.sans-serif'] = ['SimSun','KaiTI','Microsoft YaHei','LiSU','Arial Unicode MS']

# 正常显示负号
plt.rcParams['axes.unicode_minus'] = False
plt.legend()
plt.show()
```

这段代码首先生成了一个大型数据集。通过计算 Z 分数并设置阈值为 3,识别出这些异常值。最后,代码使用 matplotlib 库来可视化结果,如图 3-13 所示,其中正常的数据点在标准线上下,而被标记为异常的数据点则在离标准线较远的位置。这种可视化方法使得识别和理解数据中的异常值变得直观和容易。

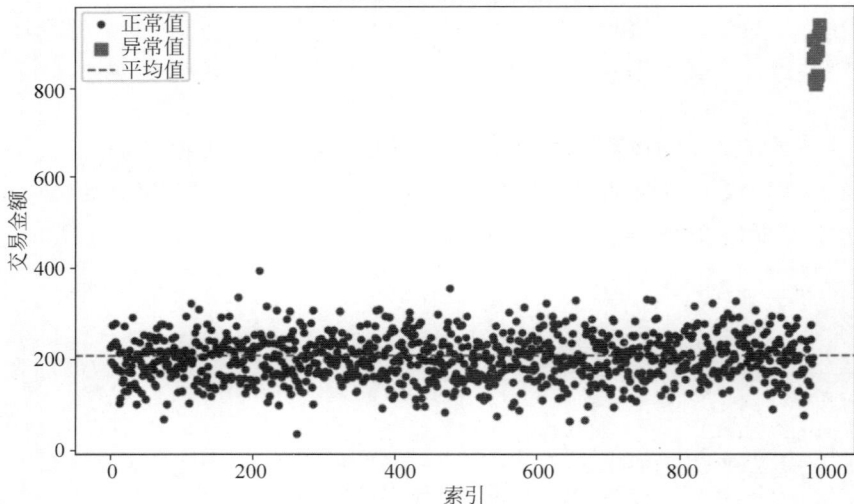

图 3-13　Z 分数方法分析

总之,噪声数据处理更多关注于减少数据中的随机误差,以提高数据集的整体质量,而异常值处理则专注于识别和处理那些偏离正常数据分布的个别数据点。两者都是数据预处理的重要组成部分,对提高数据分析项目的准确性和可靠性至关重要。

3.3　数据集成

数据集成涉及将来自多个源的数据有效地合并和统一,以便进行全面分析。这一过程不仅要求识别和整合相关数据源,还需要解决数据格式不一致的问题,以确保数据集

的一致性和可用性。数据集成过程中,数据的冗余和相关性分析是必不可少的,它有助于提高数据质量,减少多重共线性问题,从而使得数据分析更加准确和高效。

3.3.1 数据源识别与整合

1. 概念介绍

在数据预处理的过程中,数据源识别与整合是至关重要的一步。它涉及从多个数据源中识别出相关数据,并将这些数据合并成一个统一的、可供分析的数据集。这一过程不仅要求技术上的精确操作,还需要对数据的业务逻辑有深刻的理解。数据源识别与整合的目标是确保数据的完整性和一致性,为后续的数据分析工作打下坚实的基础。

2. 应用场景

一个典型的应用场景是在零售行业中,一个公司可能需要从线上商城、实体店销售、第三方合作伙伴以及社交媒体等多个渠道收集销售数据。这些数据源格式各异,内容繁杂。通过识别这些不同来源中与销售业绩相关的数据,并将它们整合到一个统一的数据集中,公司可以更准确地分析销售趋势,优化库存管理,提高营销活动的针对性和效果。

3. 方法对比与优势

1) 手动整合 vs 自动化工具

手动整合依赖于人工识别和整理数据,这种方法在处理小规模数据集时可能是可行的,但随着数据量的增加,它变得不切实际,容易出错。自动化工具,如 ETL(提取、转换、加载)工具,可以大大提高效率,减少错误。它们能够自动识别数据源,并按照预设规则进行整合。

2) 规则基础方法 vs 机器学习方法

规则基础方法依赖于预定义的规则来识别和整合数据。这种方法在规则明确、数据结构稳定的场景下效果很好。机器学习方法可以自动发现数据之间的关联和模式,适用于复杂和不断变化的数据环境。尽管它们的实现更复杂,但能够提供更高的灵活性和准确率。

3) 集中式 vs 分布式

集中式整合方法将所有数据汇聚到一个中心位置进行处理。这种方法简化了管理,但可能会遇到性能瓶颈。分布式方法允许在多个位置并行处理数据,提高了处理速度和扩展性。尤其在处理大规模数据集时,分布式架构显示出其优势。

4. 函数介绍

1) pd.read_csv()

pd.read_csv(filepath_or_buffer, sep=',', …)函数用于从指定的文件路径或类文件对象中读取 CSV(逗号分隔值)格式的数据。它返回一个 Pandas DataFrame 对象,为数据提供了一个二维标签化结构。

参数说明如下。

filepath_or_buffer:字符串,表示文件系统上的路径,或类文件对象。

sep:字符串,默认为',',用于指定字段的分隔符。

2) pd. concat()

pd. concat(objs, axis=0, join= 'outer', ignore_index=False, …)函数用于沿着一定的轴将多个 pandas 对象(如 DataFrame 或 Series)堆叠到一起。可以用于简单地合并两个数据集。

参数说明如下。

objs：序列或映射,表示要连接的 pandas 对象。

axis：{0/'index', 1/'columns'},默认为 0,如果是 0,将在索引上进行连接;如果是 1,则在列上进行连接。

join：{'inner', 'outer'},默认为'outer',表示连接的方式。'outer'表示取并集,'inner'表示取交集。

ignore_index：布尔值,默认为 False。如果为 True,则不使用索引标签;如果为 False,则保持原有的索引标签。

3) DataFrame. head()

DataFrame. head(n=5)方法返回 DataFrame 的前 n 行数据,默认值为 5。这是一种快速查看数据集前几行的简便方法。

4) merge 函数

merge 函数用于合并两个或多个数据集,根据一个或多个键将它们连接在一起。在 Python 中,merge 函数通常是通过 Pandas 库中的 merge 方法来实现的。

merge 函数的基本语法如下：

```
merged_data = pd.merge(left, right, how = 'inner', on = 'key')
```

其中,left 和 right 是要合并的两个数据集。

参数说明如下。

how：指定了合并方式,常用的选项包括'inner'(取交集)、'outer'(取并集)、'left'(以左边数据集为准)和'right'(以右边数据集为准);

on：指定了用来连接的键。

5) DataFrame. to_csv()

DataFrame. to_csv(path_or_buf, index=True, …)方法将 DataFrame 对象写入 CSV 文件。通过这种方式,可以轻松地将处理和整合后的数据保存起来。

参数说明如下。

path_or_buf：字符串或文件句柄,指定写入文件的路径。

index：布尔值,默认为 True。如果为 True,则列出索引;如果为 False,则不列出索引。

5. 实战分析

1) 使用 merge 方法进行数据集合并

例 3-10 数据集合并。

以下案例讨论的是最简单的数据表格的集成,并且简化数据表的格式一致,以 merge 方法为例。

```
import pandas as pd
# 读取数据集 data1 和数据集 data2,且 adgroup_id 为 raw_sample 和 ad_feature 共有列标签
raw_df = pd.read_csv('raw_sample.csv')
raw_df.info()
```

合并前的 raw_sample 数据信息如图 3-14 所示。

```
ad_fea_df = pd.read_csv('ad_feature.csv')
ad_fea_df.info()
```

合并前的 ad_feature 数据信息如图 3-15 所示。

```
Data columns (total 6 columns):
 #   Column      Dtype
---  ------      -----
 0   user        int64
 1   time_stamp  int64
 2   adgroup_id  int64
 3   pid         object
 4   nonclk      int64
 5   clk         int64
dtypes: int64(5), object(1)
```

图 3-14　合并前的 raw_sample 数据信息

```
Data columns (total 6 columns):
 #   Column       Non-Null Count    Dtype
---  ------       --------------    -----
 0   adgroup_id   846811 non-null   int64
 1   cate_id      846811 non-null   int64
 2   campaign_id  846811 non-null   int64
 3   customer     846811 non-null   int64
 4   brand        600481 non-null   float64
 5   price        846811 non-null   float64
dtypes: float64(2), int64(4)
```

图 3-15　合并前的 ad_feature 数据信息

```
merged_df = pd.merge(raw_df, ad_fea_df, on = 'adgroup_id')  # 使用 merge 方法合并 DataFrame
# 打印合并后的 DataFrame
merged_df.info()
```

合并后的数据集信息如图 3-16 所示。

2）使用 concat 方法对数据表进行行拼接或列拼接

例 3-11　以下案例讨论的是最简单的数据表格的集成,并且简化数据表的格式一致,以 concat 方法为例。

```
df1 = pd.read_csv(data1.csv')
df1.info()
```

合并前的 data1 数据信息如图 3-17 所示,有 300 条数据。

```
Data columns (total 11 columns):
 #   Column       Dtype
---  ------       -----
 0   user         int64
 1   time_stamp   int64
 2   adgroup_id   int64
 3   pid          object
 4   nonclk       int64
 5   clk          int64
 6   cate_id      int64
 7   campaign_id  int64
 8   customer     int64
 9   brand        float64
```

图 3-16　合并后的 merged_df 数据集信息

```
Index: 300 entries, 15972118 to 5858336
Data columns (total 6 columns):
 #   Column      Non-Null Count   Dtype
---  ------      --------------   -----
 0   user        300 non-null     int64
 1   time_stamp  300 non-null     int64
 2   adgroup_id  300 non-null     int64
 3   pid         300 non-null     object
 4   nonclk      300 non-null     int64
 5   clk         300 non-null     int64
dtypes: int64(5), object(1)
```

图 3-17　合并前的 data1 数据信息

```
df1 = pd.read_csv(data2.csv')
df1.info()
```

合并前的 data2 数据信息如图 3-18 所示,有 200 条数据。

```
df = pd.concat([df2,df1])
df.info()
```

经过行拼接后,df 数据集信息如图 3-19 所示,有 500 条数据。

```
Index: 200 entries, 15972118 to 2218222
Data columns (total 6 columns):
 #   Column      Non-Null Count  Dtype
---  ------      --------------  -----
 0   user        200 non-null    int64
 1   time_stamp  200 non-null    int64
 2   adgroup_id  200 non-null    int64
 3   pid         200 non-null    object
 4   nonclk      200 non-null    int64
 5   clk         200 non-null    int64
dtypes: int64(5), object(1)
```

图 3-18　合并前的 data2 数据信息

```
Data columns (total 6 columns):
 #   Column      Non-Null Count  Dtype
---  ------      --------------  -----
 0   user        500 non-null    int64
 1   time_stamp  500 non-null    int64
 2   adgroup_id  500 non-null    int64
 3   pid         500 non-null    object
 4   nonclk      500 non-null    int64
 5   clk         500 non-null    int64
dtypes: int64(5), object(1)
```

图 3-19　合并后的 df 数据集信息

3.3.2　数据格式统一化

1. 概念介绍

数据格式统一化指的是将来自不同来源的数据转换成一个统一的格式,以便于后续的数据处理和分析。这一步骤确保了数据分析的准确性和可靠性,同时也大大提高了数据处理的效率。数据格式的不一致性可能源于多种因素,包括不同的数据收集工具、存储格式或者单位度量标准等。统一化处理后的数据将有助于消除这些差异,实现数据的标准化和规范化。

2. 应用场景

在进行全球气候变化研究时,研究人员可能需要收集来自世界各地的气温数据。这些数据可能以不同的温度单位(摄氏度、华氏度)提供,也可能存储在不同格式的文件中(如 CSV、Excel、JSON)。在这种情况下,数据格式统一化就包括了将所有温度单位转换为摄氏度,并将所有数据转换为统一的 CSV 格式,以便于后续的数据分析和可视化。

3. 方法对比与优势

1) 手动转换 vs 自动化脚本

手动转换涉及人工检查每个数据源并逐个进行格式调整。这种方法在处理小规模或少量数据源时可能是可行的,但随着数据量和数据源数量的增加,它变得非常耗时且容易出错。自动化脚本,如使用 Python 或 R 编写的脚本,可以预先定义转换规则并自动应用到所有数据源上。这种方法大大提高了效率和准确性,特别适合处理大规模数据集。

2) 直接转换 vs 中间格式转换

直接转换指的是直接从原始格式转换为目标格式。这种方法简单直接,但在某些情况下可能不够灵活。中间格式转换涉及先将所有数据转换为一个通用的中间格式(如 JSON),然后再从中间格式转换为目标格式。这种方法增加了一个额外的步骤,但提供了更高的灵活性和可扩展性,尤其是当涉及多种目标格式时。

3) 规则引擎 vs 机器学习模型

规则引擎通过定义一套明确的规则来实现数据格式的统一化。这种方法在规则明确、数据结构相对固定的场景下非常有效。机器学习模型可以学习数据之间的映射关系,自动进行格式转换。这种方法适用于复杂的、非结构化的数据转换任务,但需要足够的训练数据和计算资源。

4. 函数与库介绍

1) dateutil. parser 库

dateutil. parser 是一个强大的日期和时间解析库,能够智能地解析各种格式的日期和时间字符串。它是 dateutil 模块的一部分,这个模块提供了广泛的日期和时间处理功能。

2) parser. parse 函数

parser. parse()函数是 dateutil. parser 模块中用于解析日期和时间字符串的函数。它可以自动识别许多不同的日期和时间格式,并将其转换为 Python 的 datetime 对象。在这个例子中,通过 apply()方法将 parser. parse()应用于 DataFrame 中的每个日期字符串,以解析并转换日期格式。

3) apply()方法

apply()方法在 pandas 中用于将函数应用于 DataFrame 或 Series 的行或列。在这个例子中,它被用来遍历 date 列中的每个元素,对每个元素执行 parser. parse()函数。

4) dt. strftime()方法

strftime()方法是 Python datetime 对象的一个方法,用于将 datetime 对象格式化为指定格式的字符串。在这个例子中,dt 访问器允许能够在 pandas Series 的每个 datetime 对象上调用 strftime()方法,并将日期格式化为"%Y-%m-%d"格式的字符串。

5. 实战介绍

例 3-12 日期格式统一化。

假设有一个包含不同日期格式的数据集,需要将所有日期统一为 YYYY-MM-DD 的格式。

```
import pandas as pd
from dateutil import parser
# 示例数据
data = {
    'date': ['01/02/2020', '2020 - 03 - 04', '15 April 2020']
}
df = pd.DataFrame(data)
# 使用 dateutil.parser.parse 来解析日期
df['date'] = df['date'].apply(lambda x: parser.parse(x))
# 如果需要,可以将日期转换为特定字符串格式
df['formatted_date'] = df['date'].dt.strftime('%Y- %m- %d')
print(df[['formatted_date']])
```

这段代码的目的是将包含不同格式日期字符串的 pandas DataFrame 中的日期统一

	formatted_date
0	2020-01-02
1	2020-03-04
2	2020-04-15

图 3-20　日期转换结
果示意图

格式化为标准日期字符串。它首先利用 dateutil.parser 库自动识别并解析各种日期格式,然后将解析后的日期转换为统一的格式('%Y-%m-%d'),以便于后续的数据处理和分析。简而言之,这是一个将混合日期格式统一化的过程,非常适用于处理实际数据分析中遇到的日期格式不一致问题。转换结果如图 3-20 所示。

例 3-13　温度单位转换。

接下来处理一个常见的单位转换问题——将华氏度转换为摄氏度。

```python
# 示例数据
data = {
    'temperature_F': [32, 68, 104]          # 华氏度
}
df = pd.DataFrame(data)
# 华氏度转摄氏度的转换公式
df['temperature_C'] = (df['temperature_F'] - 32) * 5.0/9.0
print(df)
```

这段代码的目的是将 DataFrame 中的温度从华氏度转换为摄氏度。首先,它创建了一个包含华氏温度(temperature_F)的 pandas DataFrame。然后,应用了华氏度到摄氏度的转换公式,将每个华氏温度值转换为摄氏度,并将这些转换后的摄氏度值存储在新的列 temperature_C 中。最后,打印出包含原始华氏度和转换后摄氏度的完整 DataFrame。这是一个数据转换的实例,转换结果如图 3-21 所示。

	temperature_F	temperature_C
0	32	0.0
1	68	20.0
2	104	40.0

图 3-21　温度单位转换结果示意图

3.3.3　数据冗余与相关性分析

数据冗余不仅浪费存储空间,还可能导致分析结果的偏差。当属性间具有高度相关性时,特别是多重共线性时,会严重影响模型的预测能力和稳定性。

1. 冗余属性识别

在数据集中,冗余属性指的是那些不提供任何新信息的属性,因为它们可以通过其他一个或多个属性推导出来。识别和处理这些冗余属性对于提高数据分析的效率和准确性至关重要。

假设有一个电商平台的用户数据集,其中包含用户的生日和年龄两个属性。这两个属性是冗余的,因为年龄可以通过当前日期和生日计算得出。在这种情况下,可以选择保留生日属性,并在需要时计算年龄,以减少数据的冗余性。

2. 相关性分析与处理

相关性分析是衡量两个或多个变量之间关系密切程度的过程。在数据预处理中,通过识别高度相关的属性,避免多重共线性问题,这对于一些模型(如线性回归模型)的性能至关重要。同时,通过分析属性(特征)与标记(目标变量)之间的相关性,可以识别出对预测结果最有影响的特征。这有助于选择最相关的特征构建模型,从而提高模型的准

确性和效率。

考虑一个房地产数据集,其中包含了房屋的面积和房间数两个属性。这两个属性可能高度相关,因为面积越大,房间数通常也越多。在建立预测房价的模型时,选择其中一个属性(如面积)作为特征可能更为合适,以避免多重共线性问题。

3. 库与函数介绍

1)SciPy 库

SciPy 是基于 NumPy 的一个开源软件,用于数学、科学和工程领域。SciPy 包含的模块有最优化、线性代数、积分、插值、特殊函数、快速傅里叶变换、信号处理和图像处理等科学和工程中常用的库。

2)scipy. stats. pearsonr(x, y)函数

这个函数用于计算两个数据集的皮尔逊相关系数。x 和 y 是两个长度相同的数组或序列。函数返回一个元组,其中包含相关系数和两个随机变量独立性的 p-value。皮尔逊相关系数度量的是两个变量之间的线性相关程度,其值介于 $-1\sim1$,其中 1 表示完全正相关,-1 表示完全负相关,0 表示没有线性相关。

4. 实战分析

例 3-14 相关性分析示例。

本示例将探究年龄、收入和消费评分三个变量之间的相关性。通过构建一个简单的数据集,并使用 Python 中的 Pandas 和 SciPy 库来计算这些变量之间的皮尔逊相关系数,揭示出它们之间的相互作用。

```python
import pandas as pd
import numpy as np
import scipy.stats
# 创建一个示例数据集
data = {
    '年龄': [23, 25, 28, 32, 35, 40, 45, 50, 55, 60],
    '收入': [25000, 28000, 29000, 31000, 33000, 35000, 37000, 40000, 42000, 45000],
    '消费评分': [65, 70, 68, 72, 74, 73, 76, 78, 80, 82]
}
df = pd.DataFrame(data)
# 计算年龄和收入的皮尔逊相关系数
pearson_coef, p_value = scipy.stats.pearsonr(df['年龄'], df['收入'])
print(f"年龄和收入的皮尔逊相关系数为:{pearson_coef:.2f}, p-value 为:{p_value:.3f}")
# 计算年龄和消费评分的皮尔逊相关系数
pearson_coef, p_value = scipy.stats.pearsonr(df['年龄'], df['消费评分'])
print(f"年龄和消费评分的皮尔逊相关系数为:{pearson_coef:.2f}, p-value 为:{p_value:.3f}")
# 使用 Pandas 计算所有变量间的相关系数矩阵
correlation_matrix = df.corr()
print("相关系数矩阵:")
print(correlation_matrix)
```

在上述代码中,首先创建了一个包含年龄、收入和消费评分的数据集。然后,使用 scipy. stats. pearsonr 函数计算了年龄与收入、年龄与消费评分之间的皮尔逊相关系数。

最后,使用 Pandas 的 corr 方法计算了所有变量之间的相关系数矩阵。

皮尔逊相关系数的值范围为 −1~1。接近 1 或 −1 的值表示变量之间存在强正相关或强负相关,而接近 0 的值表示没有线性关系。p-value 用于测试相关性是否具有统计学意义,较小的 p-value(<0.05)通常表示相关性具有统计学意义。结果如图 3-22 所示。

```
年龄和收入的皮尔逊相关系数为: 1.00, p-value为: 0.000
年龄和消费评分的皮尔逊相关系数为: 0.97, p-value为: 0.000
相关系数矩阵:
              年龄        收入      消费评分
年龄      1.000000  0.996035  0.967141
收入      0.996035  1.000000  0.980591
消费评分  0.967141  0.980591  1.000000
```

图 3-22　相关性分析结果示意图

3.4　数据变换

本节探讨如何通过各种数据变换技术,将原始数据转换为更适合分析和挖掘的形式。从规范化的精确操作,到聚合和泛化的高层次数据抽象,再到针对特定需求的数据离散化处理和数据编码处理。

3.4.1　数据变换概述

数据变换作为预处理的重要环节,其核心目的在于将原始数据转换成更适合模型分析的格式。本节将简要介绍规范化、聚合、泛化、数据离散化和数据编码这 5 方面的知识。

1. 规范化

规范化通过应用特定的规则来将数据缩放至一定的数值范围,以此减少不同量纲和数值范围对分析结果的影响。规范化处理对于确保来自不同来源和尺度的数据能够公平比较、有效分析至关重要,以下是几种常见的规范化方法。

1) 最小-最大规范化

最小-最大规范化将数据转换到 0~1 的区间。对于每一个特征,该方法会找到对应特征的最大值和最小值,并通过这两个值来调整特征的数值,使其落在 [0,1] 的区间内。其公式如式(3-2)所示。

$$X_{norm} = \frac{X - X_{min}}{X_{max} - X_{min}} \tag{3-2}$$

其中,X_{min} 和 X_{max} 分别是数据在该特征上的最小值和最大值。

这种方法非常适合于那些需要维持数据中原有精确比例关系的场合,例如在图像处理领域中调整像素强度。然而,最小-最大规范化可能会受到异常值的影响,因为异常值会导致其他所有正常值被缩放到一个很小的区间内。

2) Z 分数规范化

Z 分数规范化是基于原始数据的均值(μ)和标准差(σ)进行的标准化。其公式如式(3-3)所示。

$$Z = \frac{X - \mu}{\sigma} \tag{3-3}$$

经过 Z 分数规范化后的数据具有均值为 0 和标准差为 1 的特性。

这种方法适用于那些特征之间存在较大标准差差异或数据分布接近正态分布的情况。Z 分数规范化通过减去均值并除以标准差来转换数据,从而有效地处理了异常值和偏斜数据。由于这种方法依赖于均值和标准差,因此它对于具有异常值的数据集表现良好。

3)小数标定规范化

小数标定规范化是一种通过移动小数点的位置来调整数值大小的方法。这种方法不依赖于最小值和最大值,而是通过考虑数据中的最大绝对值来决定小数点移动的位数。小数标定规范化适合处理数值跨度大且需要保留数值间相对关系的数据集。它操作简单,易于理解和实现。但是,对于那些数值极大或极小的数据集,这种方法可能不太适用。

2. 聚合

数据聚合技术将众多的数据项合并为一个整体,聚合不仅简化了数据的复杂度,而且在提升数据抽象层次、减少数据量以及加快数据分析速度方面也起到了不可或缺的作用。

1)数据汇总技术

数据汇总技术是聚合中最为常见的一种形式。它通过对数据进行摘要或汇总,从而提升了数据的抽象级别。在实际应用中,这种技术使得我们能够快速把握数据的整体趋势和模式,而无须深陷于繁杂的细节之中。

商业智能报告是数据汇总技术应用的一个典型例子。通过这种技术,企业能够将每日或每周的销售数据汇总成月度或季度报告,从而更加直观地观察到产品销售的趋势和周期性波动。

2)层次聚合方法

除了简单的数据汇总之外,层次聚合方法则是一种更加细致和结构化的聚合手段。这种方法依据数据本身所固有的层次结构进行操作,因此在组织结构分析或地理信息系统(Geographic Information System,GIS)中尤为常见。

举例来说,在一个多层次的销售组织中,层次聚合方法可以帮助管理者按照地区、省份、国家等不同层级来汇总销售数据。这样不仅可以从宏观上理解市场分布情况,还能够针对特定区域进行深入分析,以发现潜在的市场机会或问题所在。

在地理信息系统中,层次聚合方法同样发挥着重要作用。例如,在环境监测或城市规划中,科学家和规划师可以通过将数据按照不同地理区域(如流域、城市、街区)进行聚合,来研究环境变化对不同区域的影响,或是评估城市发展政策的效果。

3. 泛化

数据泛化是一种将详细、敏感数据转换为抽象表示的技术手段。它通过替换、归纳或合并数据中的细节信息,减少个人信息的泄露风险,从而提高数据的隐私性和安全性。这种技术广泛应用于数据挖掘和隐私保护领域,尤其适用于需要对外共享但又不愿暴露具体细节的场合。

1）抽象层次的提升

这种方法通过将具体的数据值替换为更加抽象的类别或概念来实现泛化。例如，在处理个人地址信息时，可以将详细的街道地址泛化为所在的城市或州名；同样，出生日期可以泛化为出生年份或所属年代，从而在不透露具体出生日期的情况下，依然可以进行年龄相关的统计分析。

2）数值属性的泛化

对于数值型数据，泛化通常是将具体的数值分组到更大的区间内。以年龄为例，原始数据中可能包含每个人的具体岁数，而通过泛化处理后，这些岁数可以被划分到如"20～29岁""30～39岁"这样的年龄段中。这样不仅减少了数据的细节程度，而且便于进行群体特征的分析。

3）分类属性的泛化

对于分类数据，泛化是通过使用更广泛的类别来替代具体的类别值。例如，在职业分类中，"软件工程师"这一具体职业可以被泛化为更宽泛的"技术人员"类别。这种方法有助于在不损失过多信息的前提下，对数据进行有效的概括和简化。

4. 数据离散化

数据离散化的目的是将连续属性的值转换为一系列有限的区间，以此来简化数据模型的复杂性，增强数据的可理解性和可解释性。在数据挖掘和机器学习领域，离散化技术常被用于提高算法的运行效率和改善模型性能。

1）等宽离散化

等宽离散化是一种简单直观的离散化方法，它将属性的值域平均划分成若干个具有相同宽度的区间。每个区间包含的值范围是固定的，无论这些区间内实际包含多少数据点。这种方法适用于那些属性值分布较为均匀的情况。例如，如果我们有一组年龄数据，可以将年龄范围（0～100岁）等分为若干10岁一个区间的段，如0～9岁、10～19岁等。

等宽离散化方法的主要优点是实现简单，计算效率高。然而，其缺点也很明显：由于不考虑数据分布的特点，可能会因为异常值或者分布不均匀的存在而导致信息损失，使得某些区间内数据过于稀疏，而另一些区间则数据过于密集。

2）等频离散化

等频离散化方法则是将属性划分为含有相同数量值的区间。这意味着每个区间内包含的数据点数量是相同的，而区间的宽度则可能不同。这种方法适用于处理那些有偏分布（如长尾分布）的属性值。通过等频离散化，可以确保每个区间中数据点的数量均匀，从而更好地反映出数据的分布特性。

等频离散化方法能够较好地保留数据的分布信息，但也有其局限性。例如，它可能会将一些具有重要特征的数据点划分到不同的区间中，从而隐藏这些数据点之间的关联性或相似性。此外，在某些极端情况下，等频离散化可能会导致某些区间宽度过大，从而影响模型对数据细节的捕捉能力。

5. 数据编码

数据编码是数据预处理的核心任务,特别是当处理的数据集含有分类(类别)变量时。分类变量的编码对于大多数机器学习算法的性能有着重要影响。

1)标签编码(Label Encoding)

标签编码是一种常见的方法,它将分类数据转换为整数形式,使其适合在算法中使用。这种方法适用于类别之间存在某种有序关系时。

2)独热编码(One-Hot Encoding)

独热编码为每个类别创建一个新的二进制列,对于每个样本,其所属类别的列被标记为1,其余为0。这种方法适用于类别之间没有有序关系时。

3)频率编码(Frequency Encoding)

频率编码是一种用类别出现的频率来代替类别本身的编码方法。在频率编码中,每个类别都被替换为它在数据集中出现的频率,这样可以将分类变量转换为连续变量。频率编码保留了类别出现的频率信息,有助于模型更好地理解数据集中不同类别之间的重要性和关联性。

4)有序编码(Ordinal Encoding)

有序编码是一种将具有自然顺序的类别变量映射到有序整数的编码方法。当类别变量具有明显的顺序关系时,有序编码可以更好地表达这种顺序关系。有序编码能够保留类别之间的自然顺序关系,使得模型能够更好地理解和利用这种顺序信息。这对于评级、等级等有序类别的变量特别有用。

5)不同编码的优势

标签编码和有序编码都适用于有明显顺序的分类数据。不过,标签编码可能会误导一些模型,让它们错误地解读数字大小之间的关系。独热编码避免了模型误解类别之间关系的问题,但可能会导致数据维度急剧增加。二进制编码提供了一种折中方案,减少了独热编码可能导致的维度灾难,同时保持了一定程度的类别间的区分。频率编码通过反映类别的普遍性,为模型提供了额外的信息,但可能会丢失类别本身的一些信息。

在选择合适的编码方法时,需要考虑数据的特性、模型的类型以及最终的分析目标。每种编码方法都有其适用场景和限制,理解这些差异有助于更有效地处理分类数据。

通过对上述变换方法的深入理解和应用,可以有效地提升数据预处理的质量,为后续的数据挖掘任务打下坚实基础。每种方法都有其特定的应用场景和优缺点,因此,在实际应用中选择合适的数据变换策略对于确保数据挖掘项目的成功至关重要。

3.4.2 数据编码应用示例

本节将介绍数据编码中标签编码、独热编码、二进制编码、频率编码和有序编码的代码应用示例。

1. 标签编码

例 3-15 标签编码示例。

当处理包含服装尺寸(XS, S, M, L, XL)的数据集时,常常需要对这些尺寸进行编码以便在机器学习模型中使用。在这种情况下,将服装尺寸转换为整数可以帮助模型更好地理解和处理这些数据。标签编码通常会按照顺序给每个类别分配一个整数,例如,XS可能被编码为0,S为1,以此类推。这种编码方式不会引入新的特征,而是简单地将分类数据转换为模型可以理解的形式,从而提高模型的性能和准确性。运行结果如图3-23所示。

```python
from sklearn.preprocessing import LabelEncoder
# 示例数据
sizes = ['XS', 'S', 'M', 'L', 'XL']
# 初始化标签编码器
label_encoder = LabelEncoder()
# 拟合并转换数据
encoded_sizes = label_encoder.fit_transform(sizes)
print(encoded_sizes)
```

```python
from sklearn.preprocessing import LabelEncoder

# 示例数据
sizes = ['XS', 'S', 'M', 'L', 'XL']

# 初始化标签编码器
label_encoder = LabelEncoder()

# 拟合并转换数据
encoded_sizes = label_encoder.fit_transform(sizes)

print(encoded_sizes)
```

[4 2 1 0 3]

图 3-23　标签编码结果示意图

2. 独热编码

例 3-16　独热编码示例。

当处理包含不同颜色(比如红、蓝、绿)的数据集时,通常会遇到需要将这些分类数据转换为模型可以理解的形式的情况。如果有一个包含颜色信息的数据集,其中包括红、蓝、绿三种颜色,使用独热编码可以将每种颜色表示为一个二进制向量。例如,红色可以表示为[1, 0, 0],蓝色可以表示为[0, 1, 0],绿色可以表示为[0, 0, 1]。这样,就可以将原始的分类数据转换为机器学习模型可以直接处理的数值形式,从而更好地进行数据分析和建模。

```python
from sklearn.preprocessing import LabelEncoder
# 示例数据
sizes = ['XS', 'S', 'M', 'L', 'XL']
# 初始化标签编码器
label_encoder = LabelEncoder()
# 拟合并转换数据
encoded_sizes = label_encoder.fit_transform(sizes)
print(encoded_sizes)
```

如图3-24中的"False"即为0,"True"则为1。

3. 频率编码

例 3-17　频率编码示例。

这段代码演示了如何使用频率编码来处理分类数据。在这个示例中,有一个包含手

```
import pandas as pd

# 示例数据
colors = ['Red', 'Blue', 'Green']

# 使用Pandas进行独热编码
encoded_colors = pd.get_dummies(colors)

print(encoded_colors)

    Blue   Green   Red
0   False  False   True
1   True   False   False
2   False  True    False
```

图 3-24　独热编码结果示意图

机品牌信息的数据集,其中包括了几个不同的品牌。通过计算每个品牌出现的频率,并将这些频率映射回原始数据集,实现频率编码的效果。

```
import pandas as pd
# 示例数据
data = pd.DataFrame({'Brand': ['Apple', 'Samsung', 'Apple', 'Xiaomi', 'Samsung']})
# 计算频率并映射到原始数据
frequency_encoding = data['Brand'].value_counts(normalize = True)
data['Brand_Freq'] = data['Brand'].map(frequency_encoding)
print(data)
```

首先,创建了一个 DataFrame,其中包含了手机品牌的信息。然后,使用 value_counts(normalize＝True)方法计算了每个品牌出现的频率,将其存储在 frequency_encoding 中。接下来,通过 map()函数将这些频率值映射回原始数据集,并将新的编码结果存储在名为 Brand_Freq 的新列中。

这样的处理方式可以将分类数据转换为连续变量,从而更好地在机器学习模型中使用这些数据。结果如图 3-25 所示,Brand_Freq 代表变量的频率。

```
    Brand    Brand_Freq
0   Apple    0.4
1   Samsung  0.4
2   Apple    0.4
3   Xiaomi   0.2
4   Samsung  0.4
```

图 3-25　频率编码结果示意图

4. 有序编码

例 3-18　有序编码示例。

对于具有自然排序顺序的类别变量(如评级"低""中""高"),有序编码是一个合适的选择。

```
from sklearn.preprocessing import OrdinalEncoder
# 示例数据
ratings = [['Low'], ['Medium'], ['High'],['Low'],['High']]
# 初始化有序编码器
ordinal_encoder = OrdinalEncoder(categories = [['Low', 'Medium', 'High']])
# 拟合并转换数据
encoded_ratings = ordinal_encoder.fit_transform(ratings)
print(encoded_ratings)
```

这段代码通过 OrdinalEncoder 来实现有序编码。首先,指定类别的顺序,然后使用 fit_transform 方法来转换数据。这样,每个文本标签就被转换为一个有序的整数,反映了其在指定顺序中的位置。结果如图 3-26 所示。

```
from sklearn.preprocessing import OrdinalEncoder

# 示例数据
ratings = [['Low'], ['Medium'], ['High'],['Low'],['High']]

# 初始化有序编码器
ordinal_encoder = OrdinalEncoder(categories=[['Low', 'Medium', 'High']

# 拟合并转换数据
encoded_ratings = ordinal_encoder.fit_transform(ratings)

print(encoded_ratings)
```

```
[[0.]
 [1.]
 [2.]
 [0.]
 [2.]]
```

图 3-26　有序编码结果示意图

3.4.3　规范化应用示例

本节将介绍规范化中最小-最大规范化和 Z 分数规范化代码应用示例。

1. 最小-最大规范化

例 3-19　最小-最大规范化示例。

假设有一个关于房价的数据集,其中包含房屋面积和价格两个特征。面积的范围是
30～300 平方米,而价格的范围是 10 万～1000 万元。这两个特征的量级差异非常大,直
接使用这些数据进行分析可能会导致模型对面积特征的影响被忽视。通过最小-最大规
范化,将这两个特征都缩放到[0,1]范围内,从而避免量级差异带来的问题。

```
from sklearn.preprocessing import MinMaxScaler
import numpy as np
# 生成随机数据集(5 个数据点)
np.random.seed(0)
data = np.random.rand(5, 2)        # 5 个数据点,每个数据点包含两个特征
# 创建 MinMaxScaler 对象
scaler = MinMaxScaler()
# 使用 MinMaxScaler 进行最小-最大规范化
normalized_data = scaler.fit_transform(data)
print("Normalized Data:")
print(normalized_data)
```

```
Normalized Data:
[[0.23177196 0.65262109]
 [0.33167766 0.31759132]
 [0.         0.51630207]
 [0.02580038 1.        ]
 [1.         0.        ]]
```

图 3-27　最小-最大规范化
结果示意图

这段代码演示了如何使用 Python 中的 MinMaxScaler 类
来对数据集进行最小-最大规范化。MinMaxScaler()创建一
个 MinMaxScaler 对象,用于进行最小-最大规范化操作。使
用 fit_transform 方法对数据集进行最小-最大规范化,将数据
缩放到[0,1]范围内,并将规范化后的数据保存在 normalized_
data 中。结果如图 3-27 所示。

2. Z 分数规范化

例 3-20　Z 分数规范化示例。

在处理股票市场数据时,不同股票的价格和交易量可能差异巨大。如果想要比较不同股票价格的波动情况,直接使用原始数据是不合适的。通过应用 Z 分数规范化,将所有股票的价格和交易量转换为具有相同均值和标准差的数据,从而使比较更加公平和合理。

```
from sklearn.preprocessing import StandardScaler
import numpy as np
# 股票市场数据示例
data = np.array([[150, 1000000], [200, 1200000], [180, 800000], [220, 900000], [250,
1100000]])                                                          # 股票价格和交易量
# 创建 StandardScaler 对象
scaler = StandardScaler()
# 使用 StandardScaler 进行 Z 分数规范化
normalized_data = scaler.fit_transform(data)
print("Normalized Data:")
print(normalized_data)
```

结果如图 3-28 所示。

```
Normalized Data:
[[-1.46805055  0.        ]
 [ 0.          1.41421356]
 [-0.58722022 -1.41421356]
 [ 0.58722022 -0.70710678]
 [ 1.46805055  0.70710678]]
```

图 3-28 Z 分数规范化结果示意图

3.5 数据预处理应用案例

淘宝购物是互联网电子商务蓬勃发展的时期,淘宝作为中国最大的电子商务平台之一,为全球用户提供了丰富的购物体验和广告展示机会。在这个时代,越来越多的消费者选择通过在线平台进行购物,而广告点击率成为衡量广告效果和用户兴趣的重要指标之一。本节主要对淘宝广告数据集进行数据预处理。

1. 数据集

本案例的数据由两个数据集组成,其中一个数据集中的每一行代表了一个广告的交互记录,包括用户 ID、时间戳、广告组 ID、PID、非单击(nonclk)以及单击(clk)的信息。另外一个数据集包含广告组 ID、类别 ID、广告活动 ID、客户、品牌和价格。

2. 具体代码

1)导入库

```
import pandas as pd
import seaborn as sns
import matplotlib.pyplot as plt

from sklearn import tree
from sklearn.metrics import roc_auc_score,log_loss
from sklearn.tree import DecisionTreeClassifier
from sklearn.model_selection import train_test_split
from sklearn.preprocessing import StandardScaler
```

实验视频

import pandas as pd：这行代码导入了 Pandas 库，并将其命名为 pd。Pandas 是一个用于数据操作和分析的强大库，通常用于处理结构化数据。

import seaborn as sns：这行代码导入了 Seaborn 库，并将其命名为 sns。Seaborn 是一个基于 matplotlib 的数据可视化库，它提供了更高级别的接口以创建各种有吸引力的统计图表。

import matplotlib. pyplot as plt：这行代码导入了 matplotlib 库中的 pyplot 模块，并将其命名为 plt。matplotlib 是一个用于绘制图表和可视化数据的库。

from sklearn import tree：这行代码从 scikit-learn 库中导入了决策树模型。

from sklearn. metrics import roc_auc_score, log_loss：这行代码从 scikit-learn 库中导入了用于评估分类模型性能的指标，包括 ROC 曲线下面积（ROC AUC）和对数损失（log loss）。

from sklearn. tree import DecisionTreeClassifier：这行代码从 scikit-learn 库中导入了决策树分类器模型。

from sklearn. model_selection import train_test_split：这行代码从 scikit-learn 库中导入了用于划分训练集和测试集的函数。

from sklearn. preprocessing import StandardScaler：这行代码从 scikit-learn 库中导入了数据标准化的功能，标准化是数据预处理中常用的一种方法，可以将数据转换为均值为 0，方差为 1 的标准正态分布。

这些导入的库和模块为接下来的数据挖掘和机器学习任务提供了基础设施和工具。

2）读取数据集

```
raw_df = pd. read_csv('/Users/shiff/Desktop/广告点击率数据/raw_sample.csv')
ad_fea_df = pd. read_csv('/Users/shiff/Desktop/广告点击率数据/ad_feature.csv')
```

使用 pandas 的 read_csv() 函数读取名为 raw_sample. csv 的数据集，并将其存储在 raw_df 中；读取名为 ad_feature. csv. csv 的数据集，并将其存储在 ad_fea_df 中。

3）合并两个数据集

```
merged_df = pd. merge(raw_df, ad_fea_df, on = 'adgroup_id')
df = merged_df. sample(n = 3000, random_state = 666)
```

使用 Pandas 库中的 merge() 函数将两个数据框（DataFrame）合并在一起。pd. merge() 是 Pandas 库中用于合并数据框的函数。它会将两个数据框基于一个或多个键（key）进行连接。这里 merged_df 是一个新的数据框，它是通过合并 raw_df 和 ad_fea_df 得到的结果。在这个新的数据框中，raw_df 和 ad_fea_df 中的数据将根据 adgroup_id 列中的值进行匹配和合并。通过这样的合并操作，可以将两个数据框中的信息整合在一起，以便进行后续的分析、处理和建模。

4）查看数据集合并后的一个信息

结果如图 3-29 所示。

```
df. head()
```

user	time_stamp	adgroup_id	pid	nonclk	clk	cate_id	campaign_id	cust
543582	1494254849	702628	430548_1007	1	0	6491	318435	
329145	1494233587	153446	430548_1007	1	0	6261	66086	
1076598	1494513320	683356	430539_1007	1	0	6736	381657	
551669	1494148986	480699	430539_1007	1	0	4282	373721	
672026	1494667219	465804	430548_1007	1	0	6426	341428	

图 3-29　合并后的数据集信息

5）舍弃不需要的特征

```
# 丢掉不用的特征
column_to_drop = ['user','time_stamp','nonclk']
df = df.drop(column_to_drop, axis = 1)

# 查看数据列有没有被丢弃
df.head()
```

这段代码的作用是从 DataFrame df 中删除名为 user、time_stamp 和 nonclk 的列。axis=1 表示删除列，而 axis=0 表示删除行。结果如图 3-30 所示。

adgroup_id	pid	clk	cate_id	campaign_id	customer	brand	price
702628	430548_1007	0	6491	318435	77998	63507.0	12.00
153446	430548_1007	0	6261	66086	104339	407835.0	714.00
683356	430539_1007	0	6736	381657	254073	429943.0	198.00
480699	430539_1007	0	4282	373721	37008	NaN	129.00
465804	430548_1007	0	6426	341428	227129	NaN	120.00

图 3-30　数据集信息查看

6）数据编码

```
# 数据标准化:
scaler = StandardScaler()
df['price'] = scaler.fit_transform(df['price'].values.reshape(-1,1))

# 缺失值处理和独热编码:
df['brand'] = df['brand'].fillna('-1')
df = pd.get_dummies(df,columns = ['pid','cate_id','campaign_id','customer','brand'],dtype =
int)
```

上述代码进行了一些数据预处理和特征工程的操作。

数据标准化处使用了 StandardScaler 来对 price 列进行标准化处理。标准化可以使数据符合标准正态分布，有助于一些机器学习算法的表现。

缺失值处理和独热编码部分，对 brand 列中的缺失值进行了填充，将缺失值替换为−1。然后使用 pd.get_dummies 进行独热编码，将 pid、cate_id、campaign_id、customer 和 brand 这几列进行独热编码处理，将其转换成哑变量，并设置数据类型为整数型。

习题 3

1. 从数据挖掘的角度，为什么数据预处理是一个至关重要的步骤？请解释其在整个数据挖掘流程中的作用。

2. 从一个实际数据集中选择一个包含缺失值的列,使用 Python 或其他适合的工具填补这些缺失值。可以选择使用均值、中位数、众数等方法进行填充。

3. 选择一个数据集,使用适当的异常值检测技术(如 Z 分数、箱线图等),识别和处理这些异常值。

4. 从一个实际数据集中选择一个分类变量,然后展示如何进行数据编码,例如使用独热编码或标签编码将分类变量转换为模型可以处理的形式。

5. 选择一个数值型特征,并展示如何进行归一化处理,比如使用最小-最大规范化或标准化方法将数据缩放到指定的范围。

6. 选择一个数据预处理的实际案例,描述该案例中涉及的数据预处理步骤,比如如何处理缺失值、异常值以及如何进行数据变换和数据集成。

第 **4** 章

回 归 分 析

教学视频

在这个世界充满着复杂性和不确定性的时代,回归模型带着一份科学的严谨,将自变量和因变量之间的关系化为数学公式,让我们能够准确地预测未来的趋势和变化。它帮助我们发现变量之间的因果关系,解答我们对于现实世界的疑问。它在经济学、社会学、医学等领域发挥着重要作用,为决策者提供科学依据,为研究者提供新的发现。它以一种卓越的方式,揭示变量之间的因果关系,解开数字之间的纷扰,为我们提供了洞悉现象背后规律的钥匙。

4.1 回归分析基本问题

回归分析在探索变量间相互关系的过程中面临多种挑战,从选择恰当的模型以精确捕捉数据中的趋势和模式,到确保数据的完整性和准确性,每一步都需要细致地考量。研究者必须确保选定的模型能够适应数据的分布和结构,同时对数据中的异常值、缺失值和噪声进行适当处理。此外,模型假设的验证,如线性、独立性、同方差性和误差的正态分布,也是确保回归结果有效性的关键。在参数估计后,对模型的解释性和预测能力的评估同样不可忽视,这涉及对回归方程的系数进行显著性检验,以及通过残差分析等手段来评估模型拟合的好坏。总之,回归分析要求研究者在理论知识和实际应用之间找到平衡,以便得出既准确又有洞察力的结论。

4.1.1 回归分析介绍

回归分析作为统计学中一项重要的分析工具,被广泛应用于各个领域,从经济学到医学,从社会学到市场营销。其核心思想是通过研究自变量与因变量之间的关系,建立一个数学模型来预测或解释变量之间的相互影响。通过回归分析,我们可以深入了解变量之间的关联程度,找出影响因变量的主要因素,并进行有效的预测与决策。

1. 回归分析的概念

回归分析是对有相关关系的对象,依据关系的形态选择合适的数学模型来近似地表达变量间的平均变动关系,这个数学模型称为回归方程式。作为结果的变量为因变量,作为原因的变量为自变量。

一般来说,研究变量间的相互关系,先要对变量进行相关分析。相关分析通过指标度量各个变量间关系的密切程度;然而具有相关关系的两个变量 ζ 和 η,它们之间虽存在着密切的关系,但不能由一个变量的数值精准地求出另一个变量的值。

回归分析可以建立变量间的数学表达式,称为回归方程。回归方程反映了自变量在给定条件下因变量的平均状态变化情况。

2. 回归分析的一般步骤

以下是一般的回归分析步骤。

1)确定模型类型

根据数据的特点和研究目的,选择适当的回归模型。常见的回归模型有线性回归、多元线性回归、逻辑回归等。模型选择是指在进行回归分析时,从多个可能的模型中选择最合适的模型来描述数据;其目标在于找到一个能够在给定数据上表现最好且具有较好解释能力的模型。

2)拟合模型

使用选定的回归模型,将变量输入模型中,并通过最小化残差(预测值与观测值之间的差异)来拟合模型。

3)模型评估

评估拟合模型的质量和准确性。常用的评估指标通常为 p 值。在回归分析中,p 值是用于评估回归模型的显著性的一种统计量,p 值越小,说明观察到的数据与零假设的差异越大,模型的效果越显著。

4)推断和解释

在推断阶段,我们关注回归模型中的系数(即回归系数)的显著性。通过对回归系数进行假设检验,可以确定哪些自变量对因变量具有统计上显著的影响。这可以帮助我们理解自变量对因变量的影响程度,并确定哪些自变量是重要的。解释是指根据回归模型的结果对自变量和因变量之间的关系进行解释。在解释阶段,我们关注回归系数的符号和大小。回归系数的符号告诉我们自变量和因变量之间的关系是正向还是负向的。回归系数的大小告诉我们自变量对因变量的影响程度。通过解释回归系数,我们可以理解自变量对因变量的影响是强还是弱,以及它们之间的关系是线性还是非线性的。

5)验证和预测

使用模型对新的数据进行验证和预测。检验模型在新数据上的准确性和可靠性。验证是指使用建立的回归模型对新的数据进行验证。在验证阶段,我们将新的数据输入回归模型,并使用模型预测因变量的值。然后,我们可以将预测值与实际观测值进行比较,以评估模型在新数据上的准确性和可靠性。常见的验证方法包括计算预测误差、计算拟合度指标(如 R-squared)以及使用交叉验证等技术来评估模型的稳定性和泛化能力。预测是指使用建立的回归模型对新的未知数据进行预测。在预测阶段,我们将新的自变量值输入回归模型,并使用模型预测因变量的值。这样可以利用回归模型来预测未来的趋势、行为或结果。预测的准确性可以通过比较预测值与实际观测值之间的误差来评估。

需要注意的是,以上步骤只是回归分析的一般流程,具体步骤可能会因不同研究问题和数据特征而有所调整。

4.1.2　回归分析的种类

回归分析可以从多方面进行分类。以下是一些常见的回归分析分类方式。

1. 线性回归与非线性回归

回归模型可以根据自变量和因变量之间的关系来区分为线性回归和非线性回归。线性回归假设自变量和因变量之间存在线性关系,而非线性回归则允许更复杂的函数形式。

2. 简单回归与多元回归

根据自变量的数量,回归可以分为简单回归和多元回归。简单回归只包含一个自变量,而多元回归则包含两个或更多的自变量。

3. 参数回归与非参数回归

回归模型可以根据对自变量和因变量之间关系的假设方式进行分类。参数回归假设自变量和因变量之间的关系可以用参数化的数学公式表示,而非参数回归则不对关系做具体的函数形式假设。

4. 普通最小二乘回归与岭回归、Lasso 回归等

回归模型可以根据所采用的估计方法进行分类。普通最小二乘回归是最常用的回归方法,而岭回归、Lasso 回归等是一些正则化方法,可以用于处理高维数据或存在共线性的情况。

这些分类方式只是回归分析的一部分,实际上还有其他的分类方式,如逐步回归、加权回归等。选择适当的回归模型和方法需要根据具体问题和数据的特点来进行决策。

4.1.3　回归分析的发展史

在数据挖掘中,如图 4-1 所示,回归分析的发展起源可以从 18 世纪最小二乘法的提出算起,同时在 20 世纪开始飞速发展。

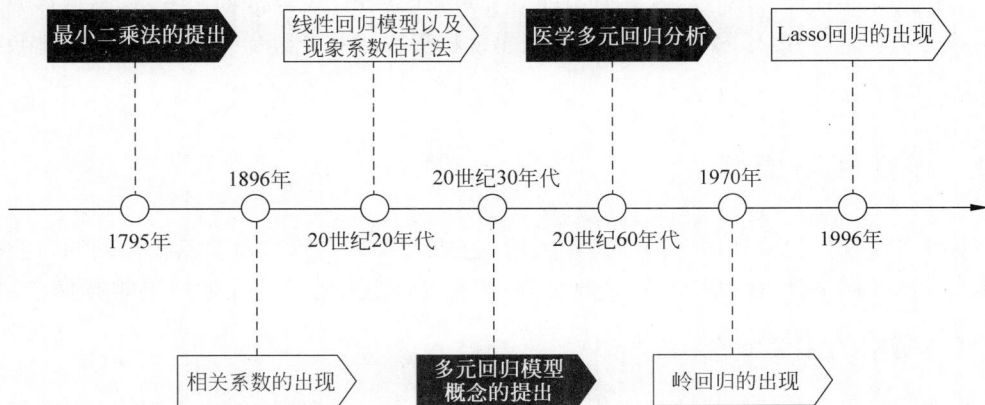

图 4-1　回归分析发展史

1. 最小二乘法的提出

在 1795 年,Carl Friedrich Gauss 提出了最小二乘法(Least Squares Method),成为回归分析的基础。最小二乘法通过最小化观测值与回归模型预测值之间的残差平方和来估计模型的参数。

2. 相关概念的提出

1896 年,卡尔·皮尔逊引入了相关系数的概念,用于衡量两个变量之间的线性关系的强度和方向。这为后续的回归分析提供了重要的理论基础。

3. 线性回归模型的提出

20 世纪 20 年代,Fisher 提出了线性回归模型的概念,并发展了回归分析的理论基础。他提出了回归系数的估计方法,并引入了 F 检验来评估回归模型的显著性。

4. 多元回归模型的提出

20 世纪 30 年代,Hotelling 提出了多元回归分析的概念,将回归分析推广到多个自变量的情况。多元回归分析允许探索多个自变量对因变量的影响,并进行变量选择和模型优化。

5. 医学线性回归的发展

20 世纪 60 年代,由伯克利大学的研究人员进行的心脏病数据集的研究,使用多元回归模型探索了不同因素与心脏病发生的关系,为医学研究领域的回归分析奠定了基础。

6. 线性回归的变换

Box 和 Cox 提出了线性回归模型的变换方法,如对数变换、幂变换等,用于处理非线性关系。这些变换方法扩展了回归分析的应用范围,使其能够处理更复杂的数据模式。统计学家阿瑟·霍尔在 1970 年提出了岭回归方法,用于处理多重共线性问题。岭回归通过引入 L2 正则化项来约束模型的参数估计,增强了模型的稳定性和泛化能力。

7. 弹性网络线性回归

Hastie 和 Tibshirani 提出了弹性网络回归(Elastic Net Regression)方法,它结合了 L1 和 L2 正则化,既能进行特征选择,又能处理共线性问题。弹性网络回归在高维数据集中具有很好的性能。罗伯特·图西利尼在 1996 年提出了 Lasso 回归方法,与岭回归类似,Lasso 回归通过引入 L1 正则化项,可以实现特征选择和参数稀疏性,适用于高维数据分析。

实验视频

4.2　线性回归模型

本节将深入探讨线性回归的原理和方法,包括一元线性回归和多元线性回归。我们将重点讨论参数估计、模型构建等关键要素,帮助读者更好地理解线性回归的实质。

4.2.1　模型的相关概念

线性回归用于分析和描述两个或多个变量之间的线性关系。通过简洁的数学模型,揭示变量之间的相互影响,类似于直线的描述方式。在数据分析中,线性回归帮助我们理解数据的趋势和规律,从而更好地预测未来情况。

1. 线性回归模型的定义

数据回归模型是数据挖掘中常用的一种模型,用于建立输入变量与输出变量之间的关系。它通过分析已知数据集中的特征和结果,来预测未知数据的输出结果。具体而言,数据回归模型可以被定义为一个函数,将一个或多个输入变量映射到一个连续的输出变量。该函数可以表示为

$$Y = f(X) + \varepsilon \tag{4-1}$$

其中,Y 是输出变量,X 是输入变量,f 是函数关系,ε 是模型误差。回归模型的目标是找到最符合已知数据集的函数关系 f,以便能够准确地预测未知数据的输出结果。在数据挖掘中,常见的回归模型包括线性回归、多项式回归、逻辑回归和支持向量回归等。

2. 线性回归模型

线性回归模型的基本公式可以表示为

$$y = \beta_0 + \beta_1 \times x_1 + \beta_2 \times x_2 + \cdots + \beta_n \times x_n + \varepsilon \tag{4-2}$$

其中,y 是因变量(输出变量),$x_0, x_1, x_2, \cdots, x_n$ 是自变量(输入特征),$\beta_0, \beta_1, \beta_2, \cdots, \beta_n$ 是模型的系数(也称为权重或回归系数),ε 是误差项,表示模型无法完美拟合真实数据的部分。这个公式表示了自变量与因变量之间的线性关系。每个自变量乘以一个系数,然后加上一个常数项 β_0,最终得到预测的因变量值 y。误差项 ε 表示模型无法完美拟合真实数据的部分,可能是由于测量误差、随机性或未考虑的因素导致的。

4.2.2 一元线性回归分析

一元线性回归模型是一种用来建立因变量与一个自变量之间关系的统计模型。它基于以下假设:存在一个线性关系,即因变量可以通过一个常数项和自变量的线性组合来表示。一元线性回归模型可以用来预测或解释因变量与自变量之间的关系。通过对数据进行拟合,我们可以得到估计的斜率和截距,从而根据给定的自变量值预测因变量的值。此外,还可以通过检验斜率是否显著不为零来判断自变量对因变量的影响是否存在。

1. 模型的原理

一元线性回归模型是统计学中常用的一种模型,用于描述两个变量之间的线性关系。其数学原理如下:假设我们有一组观测数据,包括一个自变量 x 和一个因变量 y。我们希望建立一个线性模型来描述它们之间的关系。

一元线性回归模型的数学表达式为

$$y = \beta_0 + \beta_1 \times x + \varepsilon \tag{4-3}$$

其中,y 是因变量,x 是自变量,β_0 和 β_1 是回归系数,ε 是误差项。

在回归分析中,β_0 表示截距(或称为常数项),它表示当自变量 x 为 0 时,因变量 y 的期望值。β_1 表示斜率(或称为回归系数),它表示自变量 x 每变化一个单位,因变量 y 的平均变化量。换句话说,它量化了 x 和 y 之间的关系强度和方向。随机误差项,它表示模型未能捕捉到的因变量 y 的变异。ε 这个误差项假定有一些随机性,通常假设它们是独立且同分布的(Independent Identically Distribution,IID),并且有一个期望值为零的

正态分布。

在给定数据集的基础上,可以使用统计软件来估计截距 β_0 和斜率 β_1,从而得到一个最能代表数据集中变量关系的线性方程。通过这个方程,我们可以对给定的自变量 x 值预测相应的因变量 y 值。

为了找到最佳的参数估计值,通常使用最小二乘法。最小二乘法的思想是通过最小化观测值与模型预测值之间的平方差来确定参数估计值。具体而言,我们要找到使误差平方和最小的 β_0 和 β_1。具体而言,我们需要计算出回归系数的估计值 β_0 和 β_1,使得残差平方和最小化。估计值的计算公式为

$$\beta_1 = \sum ((x_i - \overline{x})(y_i - \overline{y})) / \sum ((x_i - \overline{x})^2) \tag{4-4}$$

$$\beta_0 = \overline{y} - b_1 \overline{x} \tag{4-5}$$

其中,x_i 和 y_i 分别表示观测数据中的第 i 个样本的自变量和因变量值,$\overline{x}$ 和 $\overline{y}$ 分别表示自变量和因变量的均值。通过计算得到的回归系数估计值,我们可以建立一元线性回归模型,并用该模型预测新的观测数据中因变量的取值。

2. 模型的检验

在一元线性回归分析中,判定系数(也称为决定系数)被用来衡量模型对因变量变异性的解释程度。它表示因变量的变异性有多少能够被自变量解释。判定系数的取值范围在 0 到 1 之间,越接近 1 表示模型对因变量的解释能力越强,越接近 0 表示模型对因变量的解释能力越弱。判定系数的计算公式为

$$R^2 = 1 - \left(\frac{\text{SSE}}{\text{SST}} \right) \tag{4-6}$$

其中,SSE(Sum of Squares Error)表示残差平方和,即观测值与模型预测值之间的差异的平方和;SST(Sum of Squares Total)表示总平方和,即观测值与因变量均值之间的差异的平方和。

对于判定系数(R^2)来说,当 R^2 等于 0 时,模型无法解释因变量的变异性,即自变量对因变量没有任何解释能力。当 R^2 等于 1 时,模型完全解释了因变量的变异性,即自变量完全能够预测因变量的值。当 $0 < R^2 < 1$ 时,模型解释了因变量的一部分变异性,R^2 越接近 1 表示解释能力越强。

4.2.3 多元线性回归分析

前文讲述了一元线性回归分析的方法,现实世界的数据通常远比这种简单的关系要复杂得多。一个现象的变化是由多个因素综合作用的结果,这时一元线性回归分析就不再适用了。从一元到多元的过渡大大提高了模型对现实世界复杂性的适应能力和预测的精度。因此,多元线性回归成为研究者探索多重因果关系和建立更为复杂模型的关键工具。

1. 模型的原理

多元线性回归模型用于分析多个自变量与一个或多个因变量之间的线性关系。它建立在线性回归模型的基础上,通过使用多个自变量来预测因变量的值。多元线性回归

模型的基本形式可以表示为

$$Y = \beta_0 + \beta_1 X_1 + \beta_2 X_2 + \cdots + \beta_k X_k + \epsilon \tag{4-7}$$

在这个公式中，Y 是因变量，即我们想要预测或解释的变量。x 是自变量，也就是影响因变量的因素。β_0 是截距项，它代表的是当所有自变量为 0 时因变量的期望值。β_1，$\beta_2, \cdots, \beta_k$ 是回归系数，它们表示各自变量对因变量的平均影响。ϵ 是误差项，它包括了模型未能捕捉的所有其他因素的影响。

为了估计模型中的参数（$\beta_0, \beta_1, \beta_2, \cdots, \beta_k$），我们通常使用普通最小二乘法（OLS）。OLS 的目标是找到一组系数，使得实际观测值与模型预测值之间的差异（即残差平方和）最小。具体来说，OLS 试图最小化以下目标函数：

$$\min_{\beta_0, \beta_1, \beta_2, \cdots, \beta_k} \sum_{i=0}^{n} (Y_i - (\beta_0 + \beta_1 X_{1i} + \beta_2 X_{2i} + \cdots + \beta_k X_{ki}))^2 \tag{4-8}$$

其中，n 是观测值的数量，Y_i 是第 i 个观测值的因变量，$X_{1i}, X_{2i}, \cdots, X_{ki}$ 是第 i 个观测值的自变量。

在实际应用中，通常使用矩阵表示法来简化计算。设 $\boldsymbol{X}$ 是一个 $n \times (k+1)$ 的矩阵，其中每一行表示一个观测值，每一列表示一个自变量（包括一个全为 1 的列，对应截距项 β_0）。设 $\boldsymbol{Y}$ 是一个 $n \times 1$ 的列向量，表示因变量的观测值。设 $\boldsymbol{\beta}$ 是一个 $(k+1) \times 1$ 的列向量，表示回归系数。那么，多元线性回归模型可以表示为

$$\boldsymbol{Y} = \boldsymbol{X\beta} + \epsilon \tag{4-9}$$

使用 OLS 估计回归系数 $\boldsymbol{\beta}$ 的方法是

$$\hat{\boldsymbol{\beta}} = (\boldsymbol{X}^{\mathrm{T}} X)^{-1} \boldsymbol{X}^{\mathrm{T}} \boldsymbol{Y} \tag{4-10}$$

其中，$\hat{\boldsymbol{\beta}}$ 是回归系数的估计值，$(\boldsymbol{X}^{\mathrm{T}} \boldsymbol{X})^{-1}$ 是 $\boldsymbol{X}^{\mathrm{T}} \boldsymbol{X}$ 的逆矩阵，$\boldsymbol{X}^{\mathrm{T}}$ 是 $\boldsymbol{X}$ 的转置矩阵。通过这种方法，可以得到回归系数的估计值，从而得到多元线性回归模型。

2. 模型的检验

1）回归系数显著性检验

对于每个自变量的回归系数，可以进行 t 检验或者 F 检验来判断其是否显著不等于 0。通常，如果 p 值小于某个显著性水平（如 0.05），则认为回归系数是显著的。

2）模型整体显著性检验

通过 F 检验来判断整个模型的解释能力是否显著。F 检验的原假设是所有的回归系数都等于 0，如果 p 值小于某个显著性水平（如 0.05），则可以拒绝原假设，认为模型整体是显著的。回归系数表示自变量对因变量的影响程度。如果回归系数的 p 值小于预先设定的显著性水平（通常为 0.05），则可以认为该自变量对因变量的影响是显著的。

计算 p 值的公式可以根据具体的回归模型而有所不同。在一元线性回归模型中，可以使用 t 检验来计算回归系数的 p 值。t 检验的公式如下：

$$t = \frac{\beta - \beta_0}{\mathrm{SE}(\beta)} \tag{4-11}$$

其中，t 表示 T 统计量，β 是回归系数的估计值，β_0 是零假设的回归系数，$\mathrm{SE}(\beta)$ 是回归系数的标准误差。根据 t 的值，可以查找 t 分布表来获取对应的 p 值。如果 p 值小于显著

性水平,就可以拒绝零假设,认为回归系数是显著的。

在多元线性回归模型中,可以使用 F 检验来计算整个回归模型的显著性。F 检验的公式如下:

$$F = \frac{\dfrac{\text{SSR}}{k}}{\dfrac{\text{SSE}}{(n-k-1)}} \tag{4-12}$$

其中,F 表示 F 统计量,SSR 表示回归平方和,k 表示回归模型中自变量的个数,SSE 表示残差平方和,n 表示样本观测值的个数,$k+1$ 表示回归模型中的参数个数(包括截距项)。根据 F 的值,可以查找 F 分布表来获取对应的 p 值。如果 p 值小于显著性水平,就可以拒绝零假设,认为整个回归模型是显著的。

例 4-1 我们通过经典数据集——波士顿房价数据集来解释说明模型评估方式。如图 4-2 所示,R^2 值表示回归模型的拟合程度,即模型可以解释目标变量的方差的比例。在这个例子中,R^2 为 0.639,说明模型可以解释目标变量(房价)的 63.9% 的方差。F 统计量用于评估整个回归模型的显著性。在这个例子中,F 统计量为 444.3,对应的 p 值为 $7.01e-112$,表示回归模型是显著的。回归系数表示自变量对目标变量的影响。在这个例子中,RM(平均房间数量)的系数为 5.0948,表示每增加一个房间,房价平均增加 5.09 个单位。LSTAT(低收入人群比例)的系数为 -0.6424,表示低收入人群比例每增加一个单位,房价平均减少 0.6424 个单位。t 统计量用于评估回归系数的显著性。在这个例子中,RM 的 t 统计量为 11.463,LSTAT 的 t 统计量为 -14.689。t 统计量对应的 p 值,表示回归系数的显著性。在这个例子中,所有回归系数的 p 值都小于 0.05,说明它们是显著的。

```
                          OLS Regression Results
==============================================================================
Dep. Variable:                   MEDV   R-squared:                       0.639
Model:                            OLS   Adj. R-squared:                  0.637
Method:                 Least Squares   F-statistic:                     444.3
Date:                Mon, 09 Oct 2023   Prob (F-statistic):           7.01e-112
Time:                        17:06:40   Log-Likelihood:                -1582.8
No. Observations:                 506   AIC:                             3172.
Df Residuals:                     503   BIC:                             3184.
Df Model:                           2
Covariance Type:            nonrobust
==============================================================================
                 coef    std err          t      P>|t|      [0.025      0.975]
------------------------------------------------------------------------------
const         -1.3583      3.173     -0.428      0.669      -7.592       4.875
RM             5.0948      0.444     11.463      0.000       4.222       5.968
LSTAT         -0.6424      0.044    -14.689      0.000      -0.728      -0.556
==============================================================================
Omnibus:                      145.712   Durbin-Watson:                   0.834
Prob(Omnibus):                  0.000   Jarque-Bera (JB):              457.690
Skew:                           1.343   Prob(JB):                     4.11e-100
Kurtosis:                       6.807   Cond. No.                         202.
==============================================================================
```

图 4-2 回归结果摘要图

通过解读回归结果摘要表,我们可以得出结论:在这个回归模型中,平均房间数量和低收入人群比例对房价有显著影响,模型的拟合程度为 63.8%。这些统计指标和系数提供了对回归模型的评估和解释。同时,如图 4-3 所示,在散点图和回归线图中,我们可以看到散点图展示了房间数量和房价之间的关系。每个点表示一个样本,x 轴表示平均房间数量,y 轴表示房价。回归线是根据回归模型的预测值绘制的,它展示了房间数量和房价之间的线性关系。

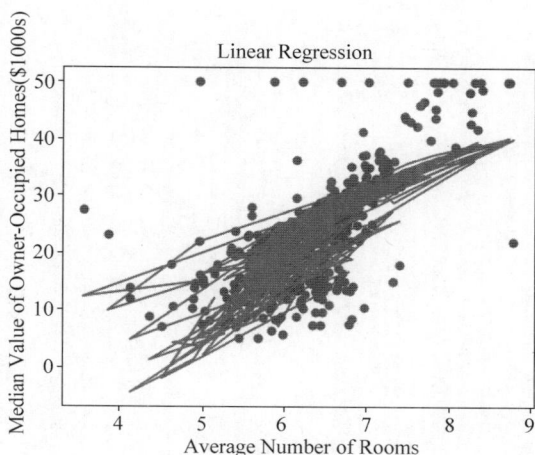

图 4-3 回归线以及散点图

我们通过 R^2 或者调整后的 R^2 来评估模型对数据的拟合程度。R^2 表示因变量的变异程度能够被自变量解释的比例,取值范围在 0 到 1 之间,越接近 1 表示模型对数据的拟合越好。调整后的 R^2 考虑了自变量的数量和样本量之间的平衡关系,可以更准确地评估模型的拟合优度。

在线性回归分析中,调整判定系数(Adjusted R^2)用于评估模型的整体拟合程度,同时考虑了自变量个数对判定系数的影响。调整判定系数的计算公式如下:

$$\text{Adjusted } R^2 = 1 - \frac{(1-R^2) \times (n-1)}{(n-k-1)} \tag{4-13}$$

其中,R^2 是判定系数,n 是样本数量,k 是自变量的个数。

调整判定系数的取值范围也在 0 到 1 之间。与判定系数相比,调整判定系数在自变量个数较多时会进行惩罚,以避免过度拟合(overfitting)的问题。当自变量个数增加时,判定系数会增加,但可能只是因为模型过度拟合了样本数据,而在新的样本上的预测能力可能不佳。调整判定系数通过惩罚多余的自变量,更准确地评估模型对未知数据的拟合能力。

4.2.4 实战准备

使用 Python 来实现线性回归算法,通常可以借助一个 Statsmodels 的工具包来实现。在使用这个工具包前,使用"pip install 工具包名"命令下载安装工具包。

Statsmodels 是一个用于拟合统计模型和进行统计测试的库。它基于 NumPy 和

SciPy 库，并提供了多种统计模型的实现，如线性回归、广义线性模型、时间序列分析等。Statsmodels 提供了模型拟合、参数估计、模型诊断和模型比较等功能。

用法如下：

```
import statsmodels.api as sm
# 创建最小二乘线性回归模型的实例
model = sm.OLS(endog = y, exog = sm.add_constant(X))
# 设置所有参数
model_fit = model.fit(
cov_type = 'HC3',                              # 协方差矩阵估计类型
cov_kwds = {'use_correction': True},          # 协方差估计的关键字参数
use_t = True,                                 # 是否使用 t 统计量
missing = 'drop',                             # 缺失值处理方法
hasconst = True,                              # 是否包含截距项
method = 'pinv',                              # 解析法计算回归系数
return_params = True,                         # 是否返回回归系数
return_cov = True,                            # 是否返回协方差矩阵
return_tvalues = True,                        # 是否返回 t 值
return_rsquared = True,                       # 是否返回 R² 值
return_fvalue = True,                         # 是否返回 F 值
return_dfmodel = True,                        # 是否返回模型自由度
return_scale = True                           # 是否返回标准误差
)
```

常用参数说明如下。

cov_type：协方差矩阵估计类型。它决定了如何计算回归系数的标准误差和置信区间。常见的选项包括普通最小二乘法（OLS）、异方差一致性估计（HC）等。

cov_kwds：协方差矩阵估计的关键字参数。它允许进一步调整协方差估计的方法和计算。

use_t：是否使用 t 统计量。当为 True 时，回归系数的显著性将使用 t 统计量进行检验。

missing：缺失值处理方法。它决定了如何处理包含缺失值的观测。常见的选项包括删除含有缺失值的观测（'drop'）和使用插补方法进行填充。

hasconst：是否包含截距项。当为 True 时，模型将包含一个截距项。

method：解析法计算回归系数。它决定了使用哪种方法来计算回归系数。常见的选项包括最小二乘法（'pinv'）和广义最小二乘法（'qr'）。

return_params：是否返回回归系数。当为 True 时，fit()方法将返回回归系数。

return_cov：是否返回协方差矩阵。当为 True 时，fit()方法将返回回归系数的协方差矩阵。

return_tvalues：是否返回 t 值。当为 True 时，fit()方法将返回回归系数的 t 值。

return_rsquared：是否返回 R^2 值。当为 True 时，fit()方法将返回模型的 R^2 值。

return_fvalue：是否返回 F 值。当为 True 时，fit()方法将返回模型的 F 值。

return_dfmodel：是否返回模型自由度。当为 True 时，fit()方法将返回模型的自由度。

return_scale：是否返回标准误差。当为 True 时,fit()方法将返回回归模型的标准
误差。

4.2.5　模型案例分析

本节主要介绍一元线性回归以及多元线性回归的相关案例。

例 4-2　将我国自 1985 年起的消费数据和可支配数据作为数据集,进行一元线性回归分析来预测未来趋势。

(1) 导入库。

导入三个库:pandas、statsmodels 和 matplotlib. pyplot。这些库的作用如下:
pandas 库方便地读取、处理和操作数据。statsmodels 提供广泛的统计模型和方法,包括
线性回归、时间序列分析、假设检验等。matplotlib 是一个用于绘制图表和可视化数据的
库。pyplot 是 matplotlib 的一个子库,提供了类似于 MATLAB 的绘图接口,可以方便地
绘制各种类型的图表。plt. rcParams['font. family'] = ['sans-serif']用于设置字体族为
无衬线字体。plt. rcParams['font. sans-serif'] = ['SimHei']用于设置无衬线字体为中文字
体 SimHei。这可以确保在绘制图表时使用的无衬线字体是中文字体,以适应中文环境。

```
import pandas as pd
import statsmodels.api as sm
import matplotlib.pyplot as plt
plt.rcParams['font.family'] = ['sans - serif']
plt.rcParams['font.sans - serif'] = ['SimHei']
```

(2) 读取数据集:

```
df = pd.read_csv('beijingdata.csv')
```

使用 pandas 的 read_csv 函数读取名为"data. csv"的数据集,将其存储在名为 df 的
DataFrame 中。

(3) 添加常数列:

```
df = sm.add_constant(df)
```

使用 statsmodels 的 add_constant 函数向数据集中添加一个常数列。这是为了进行
线性回归分析时,能够拟合截距项。

(4) 定义自变量和因变量:

```
X = df[['const', '居民人均可支配收入(元)']]
y = df['居民人均消费支出(元)']
```

将自变量和因变量分别定义为 DataFrame 中的列。在这里,自变量 X 是一个包含常
数列和居民人均可支配收入的 DataFrame,因变量 y 是居民人均消费支出的一列。

(5) 创建线性回归模型:

```
model = sm.OLS(Y, X)
```

使用 statsmodels 的 OLS() 函数创建一个线性回归模型。OLS 代表普通最小二乘法,用于拟合线性回归模型。

(6)拟合模型:

```
results = model.fit()
```

使用创建的模型调用 fit 方法,拟合线性回归模型,并将结果存储在 results 中。

(7)打印回归结果:

```
print(results.summary())
```

使用 summary 方法打印回归结果。如图 4-4 所示,显示了包括回归系数、截距、标准误差、t 值、p 值等统计信息的回归结果摘要。

```
                            OLS Regression Results
==============================================================================
Dep. Variable:        居民人均消费支出(元)   R-squared:                       0.998
Model:                            OLS   Adj. R-squared:                  0.998
Method:                 Least Squares   F-statistic:                 1.557e+04
Date:                Tue, 10 Oct 2023   Prob (F-statistic):           4.54e-49
Time:                        12:48:32   Log-Likelihood:                -277.89
No. Observations:                  38   AIC:                             559.8
Df Residuals:                      36   BIC:                             563.0
Df Model:                           1
Covariance Type:            nonrobust
==============================================================================
                     coef    std err          t      P>|t|      [0.025      0.975]
------------------------------------------------------------------------------
const            412.7756     84.166      4.904      0.000     242.078     583.473
居民人均可支配收入(元)  0.6812      0.005    124.766      0.000       0.670       0.692
==============================================================================
Omnibus:                       11.068   Durbin-Watson:                   0.669
Prob(Omnibus):                  0.004   Jarque-Bera (JB):               10.729
Skew:                          -1.043   Prob(JB):                      0.00468
Kurtosis:                       4.558   Cond. No.                     2.15e+04
==============================================================================
```

图 4-4　回归结果摘要图

(8)绘制散点图和回归线图:

```
plt.scatter(df['居民人均可支配收入(元)'], df['居民人均消费支出(元)'])
plt.plot(df['居民人均可支配收入(元)'], results.fittedvalues, color = 'r')
plt.xlabel('居民人均可支配收入(元)')
plt.ylabel('居民人均消费支出(元)')
plt.title('一元线性回归分析')
plt.show()
```

使用 matplotlib.pyplot 库绘制散点图和回归线图。首先,使用 scatter 函数绘制散点图,其中 x 轴是居民人均可支配收入,y 轴是居民人均消费支出。然后,使用 plot 函数绘制回归线图,其中 x 轴是居民人均可支配收入,y 轴是拟合的因变量值。其次,使用 xlabel、ylabel 和 title 函数添加合适的标签和标题。最后,使用 show 函数显示绘制的图表。案例结果运行如图 4-5 所示。

例 4-3　针对 GDP 的影响因素的研究,可以让相关部门了解影响 GDP 的因素有哪

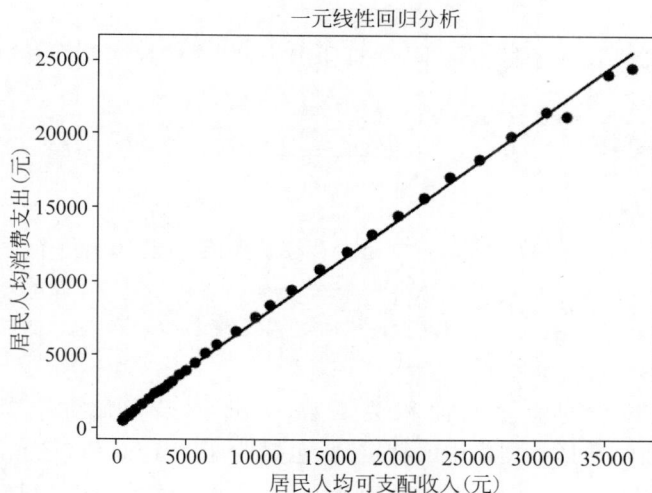

图 4-5 案例散点和回归线图

些,以及他们对 GDP 影响的权重的多少,便于有关单位在决策、计划时,考虑到其决策、计划对上述因素的影响。本案例收集了 1980—2022 年的国内生产总值(GDP)和居民消费水平(元)、年末总人口(万人)、出口总额(人民币)(亿元)、进口总额(人民币)(亿元)、进出口差额(人民币)(亿元)、国民总收入(亿元)数据,并作为数据集,调查这 7 个因素与国内生产总值(GDP)的关系。

(1) 导入所需的库。

导入 pandas、numpy、seaborn、matplotlib. pyplot、statsmodels. api 和 sklearn. metrics 中的模块。导入上述库的作用如下。

① pandas:用于数据处理和分析。

② numpy:用于数值计算和数组操作。

③ seaborn:用于数据可视化。

④ matplotlib. pyplot:用于绘图和数据可视化。

⑤ statsmodels. api:用于进行统计模型分析。

⑥ sklearn. metrics 中的 mean_absolute_error:用于计算平均绝对误差。

```
import pandas as pd
import numpy as np
import seaborn as sns
import matplotlib.pyplot as plt
import statsmodels.api as sm
from sklearn.metrics import mean_absolute_error
```

(2) 读取数据。

使用 pandas 的 read_csv() 函数读取名为 "gdp.csv" 的数据文件,并将数据存在名为 data 的 DataFrame 中。

```
data = pd.read_csv("D:\桌面\数据挖掘\gdp.csv", encoding = 'gbk')
```

（3）抽查数据。

从数据中随机抽取 5 条样本数据，并打印出来，以检查数据是否有缺失值。

```
sample_data = data.sample(5)
print(sample_data)
```

（4）检查缺失值。

使用 isnull().sum() 函数检查数据中是否存在缺失值，并打印出每个变量的缺失值数量。

```
print(data.isnull().sum())
```

（5）分析数据间的相关性。

计算数据中各个变量之间的相关系数，并将结果存储在名为 correlation 的 DataFrame 中。通过选择数据集中的特定列，包括'国内生产总值(亿元)'，'居民人均消费支出(元)'，'年末总人口(万人)'，'出口总额(人民币)(亿元)'，'进口总额(人民币)(亿元)'，'进出口差额(人民币)(亿元)'，'国民总收入(亿元)'，我们可以使用 pandas DataFrame 对象的 .corr() 方法计算这些列之间的相关性。该方法返回一个相关性矩阵，其中每个单元格显示了两个变量之间的相关系数。

（6）输出热力图可视化相关系数。

使用 seaborn 的 heatmap() 函数绘制热力图，可视化各个变量之间的相关性。热力图可以帮助我们观察和分析不同变量之间的相关性程度，颜色越深表示相关性越强。通过使用 plt.figure(figsize=(10,8))创建一个大小为 10 英寸×8 英寸(1 英寸=2.54 厘米)的图形窗口，然后使用 seaborn 库中的 heatmap() 函数绘制相关性热力图。该函数使用之前计算得到的相关性矩阵 correlation，并通过设置 annot=True 参数在热力图中显示相关系数的数值，同时使用 cmap="YlGnBu"参数设置热力图的颜色映射。接下来，通过 plt.title("Correlation Heatmap")设置图形的标题为"Correlation Heatmap"，最后使用 plt.show()显示绘制的图形。

如图 4-6 所示，可以看到本案例结果图显示'国内生产总值(亿元)'与'居民人均消费支出(元)'，'年末总人口(万人)'，'出口总额(人民币)(亿元)'，'进口总额(人民币)(亿元)'，'进出口差额(人民币)(亿元)'和'国民总收入(亿元)'各因素之间呈现正相关。并且'国内生产总值(亿元)'与'居民人均消费支出(元)'和'国民总收入(亿元)'关系最为密切。

```
plt.figure(figsize=(10, 8))
sns.heatmap(correlation, annot=True, cmap="YlGnBu")
plt.title("Correlation Heatmap")
plt.show()
```

（7）进行多元回归。

在多元线性回归中，我们希望找到一组自变量(X)与因变量(y)之间的线性关系。X 是一个包含多个自变量的数据帧(DataFrame)，包括 '居民人均消费支出(元)'，'年末总人口(万人)'，'出口总额(人民币)(亿元)'，'进口总额(人民币)(亿元)'，'进出口差额(人民币)(亿元)'，'国民总收入(亿元)'这些列。y 是一个包含因变量 '国内生产总值(亿元)'

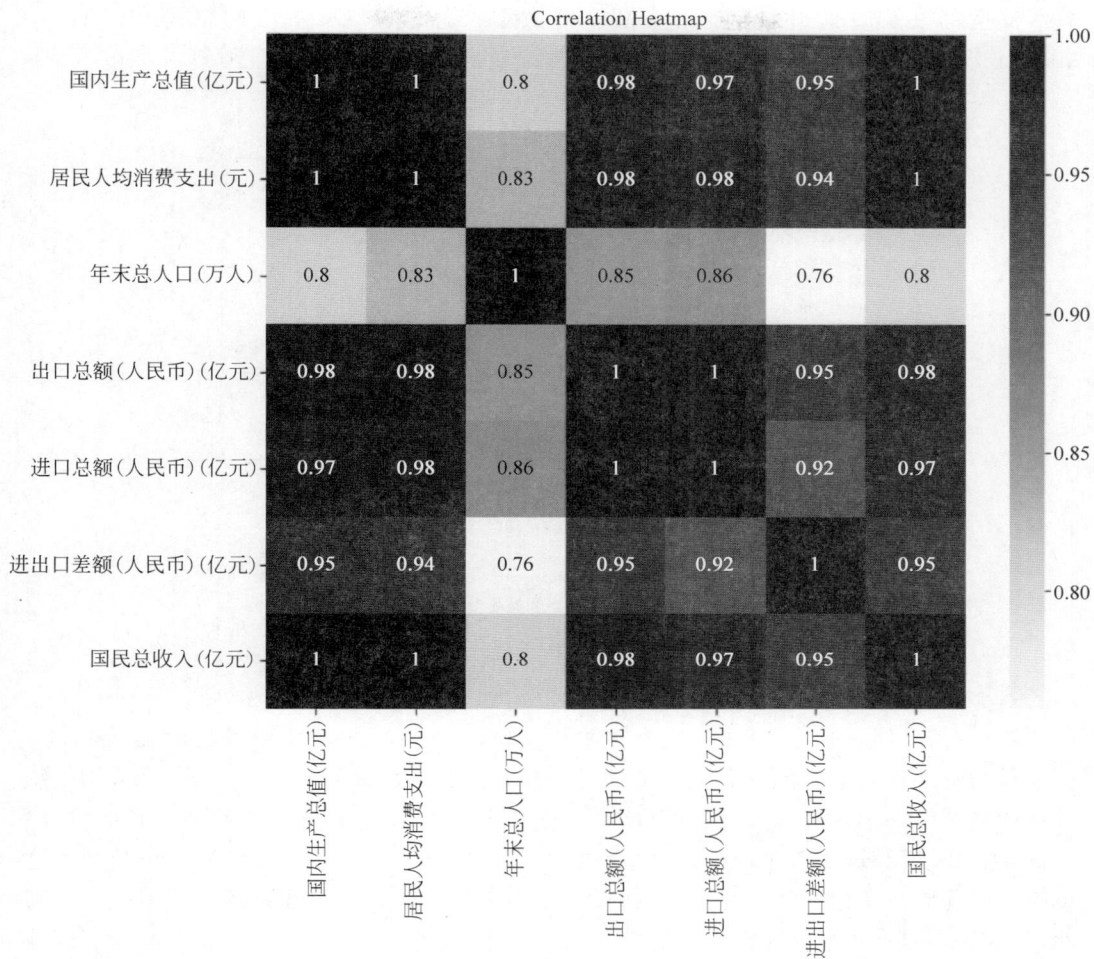

图 4-6 建模结果输出图

的数据列。接下来,通过 X = sm.add_constant(X) 将自变量数据帧 X 添加到一个常数列,以便在回归模型中拟合截距。然后,使用 sm.OLS(y, X).fit() 进行多元线性回归拟合。sm.OLS() 表示使用最小二乘法进行拟合,fit() 表示拟合模型。拟合后的模型存储在 model 中。

```
X = data[['居民人均消费支出(元)', '年末总人口(万人)', '出口总额(人民币)(亿元)', '进口总额(人民币)(亿元)', '进出口差额(人民币)(亿元)', '国民总收入(亿元)']]
y = data['国内生产总值(亿元)']
X = sm.add_constant(X)
model = sm.OLS(y, X).fit()
```

(8)输出回归模型结果。

使用 model.summary() 打印回归模型的结果,包括参数估计值、标准误差、t 值、p 值、置信区间和模型的拟合优度等信息。如图 4-7 所示,根据提供的输出结果,可以看出模型的拟合优度(R-squared 和 Adj. R-squared 均为 1.000)非常高,说明模型可以完全解释因变量的变异。此外,F 统计量也非常大(4.737e+05),对应的概率(Prob(F-statistic))非常小(1.34e−86),表明模型整体显著。

```
==============================================================================
Dep. Variable:         国内生产总值(亿元)   R-squared:                    1.000
Model:                           OLS   Adj. R-squared:               1.000
Method:                Least Squares   F-statistic:              4.737e+05
Date:               Tue, 10 Oct 2023   Prob (F-statistic):        1.34e-86
Time:                       21:01:11   Log-Likelihood:            -368.37
No. Observations:                 43   AIC:                         750.7
Df Residuals:                     36   BIC:                         763.1
Df Model:                          6
Covariance Type:           nonrobust
==============================================================================
                     coef    std err          t      P>|t|      [0.025      0.975]
------------------------------------------------------------------------------
const            -1.169e+04   5397.833     -2.166      0.037   -2.26e+04    -744.204
居民人均消费支出(元)  -3.1190      0.946     -3.297      0.002     -5.038      -1.200
年末总人口(万人)      0.1178      0.050      2.339      0.025      0.016       0.220
出口总额(人民币)(亿元) -1.35e+04   8709.081     -1.551      0.130   -3.12e+04    4159.356
进口总额(人民币)(亿元)  1.35e+04   8709.082      1.551      0.130   -4159.387    3.12e+04
进出口差额(人民币)(亿元) 1.35e+04   8709.064      1.551      0.130   -4159.320    3.12e+04
国民总收入(亿元)      1.0722      0.019     55.842      0.000      1.033       1.111
==============================================================================
Omnibus:                       4.620   Durbin-Watson:                2.113
Prob(Omnibus):                 0.099   Jarque-Bera (JB):             3.350
Skew:                         -0.578   Prob(JB):                     0.187
Kurtosis:                      3.729   Cond. No.                  3.49e+07
==============================================================================
```

图 4-7　初次建模结果输出图

然而,需要注意的是,输出结果中存在一些问题。首先,模型中的常数项(const)的 t 统计量为 −2.166,对应的 p 值为 0.037。虽然 p 值小于通常的显著性水平 0.05,但 t 统计量的绝对值并不是特别大,因此常数项的显著性可能还需要进一步验证。其次,出口总额、进口总额和进出口差额的人民币数额的系数都为 1.35e+04,标准误差也相同。这可能表明这些自变量之间存在强的共线性(multicollinearity),导致系数估计不准确。因此,需要进一步检查数据和模型中是否存在共线性问题。最后,输出结果中提到了条件数(condition number)为 3.49e+07,这可能表明数据或模型中存在较强的共线性或其他数值问题。因此,需要进一步检查数据和模型的准确性。

```
print(model.summary())
```

(9)逐步回归。

这段代码的目的是通过遍历所有可能的自变量组合来寻找最优的模型。最优模型的选择标准是 BIC 最小,即在给定模型拟合优度的情况下,选择自变量数量最少的模型。通过这种方式,可以避免过度拟合和多重共线性等问题,选择一个更简单和解释性更强的模型。

模型选择的目标是找到最优的模型,即能够在解释变量的数量和模型拟合优度之间取得平衡的模型。代码中使用了 itertools 库的 combinations 函数,对自变量进行了组合。然后,对于每个组合,将自变量和因变量构建成一个新的数据集 X_subset,并使用 sm.add_constant 函数为 X_subset 添加常数项。接下来,使用 sm.OLS 函数拟合线性回归模型,并计算模型的 BIC(贝叶斯信息准则)、条件数(condition number)和 R-squared(拟合优度)等指标。将这些指标以及对应的自变量组合存储在一个字典中,并将字典添加到 results 列表中。最后,将 results 列表转换为 DataFrame,并按照 BIC 指标进行排序,得到一个按照 BIC 从小到大排列的模型选择结果。

```
from itertools import combinations
variables = X.columns[1:]
results = []
for i in range(1, len(variables) + 1):
combs = list(combinations(variables, i))
for comb in combs:
X_subset = X[list(comb)]
X_subset = sm.add_constant(X_subset)
model = sm.OLS(y, X_subset).fit()
results.append({
            'Variables': ' + '.join(comb),
            'BIC': model.bic,
            'Cond. No.': model.condition_number,
            'R - squared': model.rsquared
        })
results_df = pd.DataFrame(results)
results_df = results_df.sort_values(by = 'BIC')
```

(10) 输出参数组合数据表。

打印参数组合数据表,包括自变量组合、BIC 值、条件数和拟合优度等信息。

如图 4-8 所示,输出表格中包含了不同自变量组合的信息,包括自变量的组合 (Variables)、贝叶斯信息准则(BIC)和拟合优度(R-squared)等指标。每一行代表一个不同的自变量组合,Variables 列显示了自变量的组合情况。BIC 列显示了对应模型的贝叶斯信息准则,BIC 越小表示模型越好。R-squared 列显示了对应模型的拟合优度,R-squared 越接近 1 表示模型对因变量的解释能力越强。通过观察这个表格,可以根据 BIC 和 R-squared 指标来选择最优的自变量组合。在这个表格中,可以看到最优的自变量组合是"居民人均消费支出(元)+年末总人口(万人)+国民总收入(亿元)",对应的 BIC 和 R-squared 指标都非常接近 1,说明这个模型的解释能力很强。

	Variables	...	R-squared
24	居民人均消费支出(元)+年末总人口(万人)+国民总收入(亿元)	...	0.999985
45	居民人均消费支出(元)+年末总人口(万人)+进口总额(人民币)(亿元)+国民总收入(亿元)	...	0.999986
43	居民人均消费支出(元)+年末总人口(万人)+出口总额(人民币)(亿元)+国民总收入(亿元)	...	0.999986
10	居民人均消费支出(元)+国民总收入(亿元)	...	0.999983
46	居民人均消费支出(元)+年末总人口(万人)+进出口差额(人民币)(亿元)+国民总收入(亿元)	...	0.999986
..	...	...	...
3	进口总额(人民币)(亿元)	...	0.943455
12	年末总人口(万人)+进口总额(人民币)(亿元)	...	0.946552
13	年末总人口(万人)+进出口差额(人民币)(亿元)	...	0.912592
4	进出口差额(人民币)(亿元)	...	0.895511
1	年末总人口(万人)	...	0.643115

图 4-8 参数组合数据图

```
print(results_df)
```

(11) 选择最优模型。

选择 BIC 值最小的模型作为最优模型,并将最优模型的自变量和因变量存储在 X_

best 和 y_best 中。使用 sm.OLS 进行最优模型的回归分析,将结果存储在 best_model 中。

```
best_model = results_df.iloc[0]
best_variables = best_model['Variables'].split('+')
X_best = X[best_variables]
X_best = sm.add_constant(X_best)
best_model = sm.OLS(y, X_best).fit()
```

(12) 输出最优模型结果。

使用 best_model.summary() 打印最优模型的结果。对比图 4-8 和图 4-9 可见,第一个模型的自变量组合包括了"居民人均消费支出(元)""年末总人口(万人)""出口总额(人民币)(亿元)""进口总额(人民币)(亿元)""进出口差额(人民币)(亿元)""国民总收入(亿元)"。该模型的 R-squared 值为 1.000,说明模型可以完美解释因变量的变化。然而,需要注意的是,自变量之间可能存在强多重共线性或其他数值问题,因为条件数为 3.49e+07。此外,居民人均消费支出、年末总人口和国民总收入的系数是显著的(p 值小于 0.05),而其他自变量的系数不显著。第二个模型的自变量组合包括了"居民人均消费支出(元)""年末总人口(万人)""国民总收入(亿元)"。该模型的 R-squared 值也为 1.000,说明模型可以完美解释因变量的变化。与第一个模型相比,这个模型只包含了 3 个自变量,条件数为 1.05e+07,较第一个模型更小。此外,所有自变量的系数都是显著的(p 值小于 0.05)。

```
                         OLS Regression Results
==============================================================================
Dep. Variable:          国内生产总值(亿元)   R-squared:                   1.000
Model:                            OLS   Adj. R-squared:              1.000
Method:                 Least Squares   F-statistic:             8.904e+05
Date:                Tue, 10 Oct 2023   Prob (F-statistic):       2.57e-94
Time:                        21:01:12   Log-Likelihood:            -371.43
No. Observations:                  43   AIC:                         750.9
Df Residuals:                      39   BIC:                         757.9
Df Model:                           3
Covariance Type:            nonrobust
==============================================================================
                    coef    std err          t      P>|t|      [0.025      0.975]
------------------------------------------------------------------------------
const           -1.102e+04   4861.057     -2.268      0.029   -2.09e+04   -1191.739
居民人均消费支出(元)   -3.7617      0.866     -4.342      0.000      -5.514      -2.009
年末总人口(万人)       0.1125      0.045      2.488      0.017       0.021       0.204
国民总收入(亿元)        1.0819      0.017     62.727      0.000       1.047       1.117
==============================================================================
Omnibus:                        6.135   Durbin-Watson:               1.929
Prob(Omnibus):                  0.047   Jarque-Bera (JB):            4.845
Skew:                          -0.711   Prob(JB):                   0.0887
Kurtosis:                       3.827   Cond. No.                 1.05e+07
==============================================================================
```

图 4-9　参数组合数据图

综上所述,第二个模型相对于第一个模型具有以下优点。

① 模型的条件数较少,可能没有强多重共线性问题。

② 模型的自变量数量较少,更简单,更易于解释。

③ 所有自变量的系数都是显著的,没有不显著的自变量。

```
print(best_model.summary())
```

(13)数据预测。

使用最优模型对自变量进行预测,并计算预测结果与原始数据的平均绝对值误差。

```
y_pred = best_model.predict(X_best)
mae = mean_absolute_error(y, y_pred)
```

(14)输出预测结果和平均绝对值误差。

打印预测结果和原始数据的平均绝对值误差。

```
print("平均绝对值误差:", mae)
```

(15)绘制回归的预测结果和原始数据的差异图。

使用 matplotlib.pyplot 绘制回归的预测结果和原始数据的差异图。回归预测结果图显示了原始数据和回归模型预测值之间的差异。图中实线代表原始数据的国内生产总值,虚线代表回归模型的预测值。我们可以通过比较两条线的走势来评估模型的预测准确性。如图 4-10 所示,虚线与实线趋势相似且接近,说明回归模型的预测结果与实际数据较为一致,模型的预测准确性较高。并且虚线相对平稳且与实线的波动趋势相似,说明模型具有较好的稳定性。

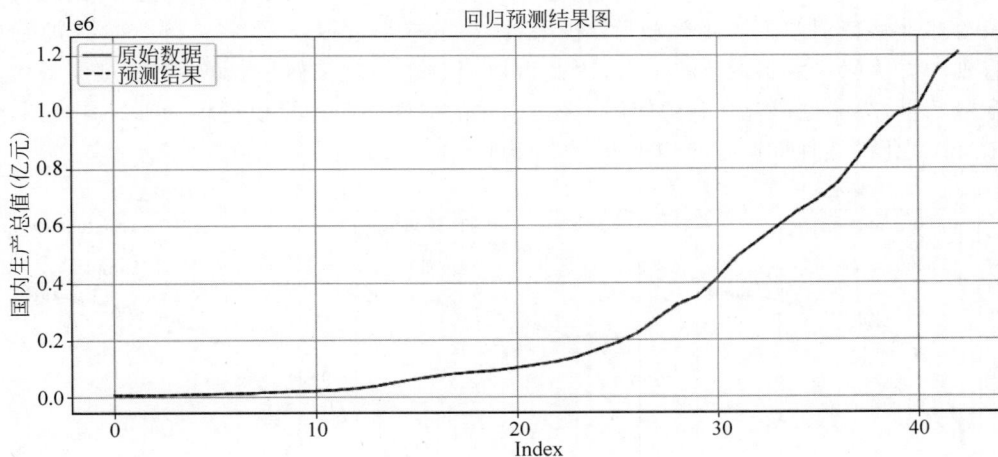

图 4-10 回归预测结果图

```
index = np.argsort(y)
plt.figure(figsize = (12, 5))
plt.plot(np.arange(len(y)), y[index], "r", label = "原始数据")
plt.plot(np.arange(len(y)), y_pred[index], "b--", label = "预测结果")
plt.legend()
plt.grid(True)
plt.xlabel("Index")
```

```
plt.ylabel("国内生产总值(亿元)")
plt.title("回归预测结果图")
plt.show()
```

案例引用：[1]王金霞，罗天勇.GDP影响因素的相关研究——基于多元线性回归模型[J].智库时代，2017(09)：71，253.

实验视频

4.3 其他回归模型

在线性回归中，我们学习了如何建立关于因变量和自变量之间的线性关系的模型。然而，现实世界中的数据往往更加复杂，并且可能存在多重共线性问题或需要处理分类任务。为了解决这些问题，我们引入了岭回归、Lasso回归和逻辑回归等方法。在接下来的讨论中，我们将详细介绍岭回归、Lasso回归和逻辑回归的原理、公式和应用。这些方法为我们处理更复杂的数据和问题提供了有力的工具，帮助我们更好地理解和预测现实世界的现象。

4.3.1 Lasso回归模型

在线性回归的拟合过程中会出现欠拟合、理想状态和过拟合，如图4-11所示。欠拟合出现的原因往往是特征量少，模型不够复杂。那么参数越多，其越能拟合更复杂的特征，但是一味地增加模型的复杂度就会造成过拟合现象。一旦过拟合，模型的泛化能力以及鲁棒性将特别差。从数学方面分析来看，为了减小过拟合，要将一部分参数置为0，最直观的方法就是限制参数的个数，因此可以通过正则化来解决，即减小模型参数大小或参数数量，缓解过拟合。其中使用L1正则化的线性回归优化模型称为Lasso模型，使用L2正则化的线性回归优化模型称为岭回归。

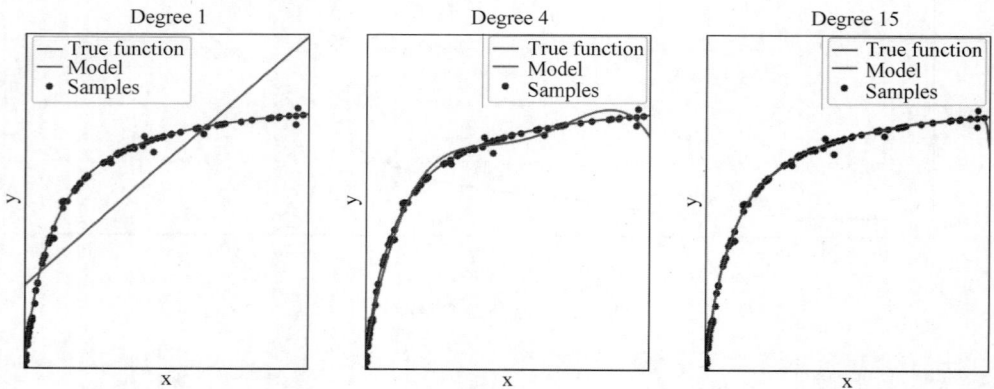

图4-11 拟合状态图

例4-4 假设我们有一个数据集，包括房屋面积和房屋价格。我们可以使用这些数据来构建线性回归模型，其中房屋面积是自变量(特征)，房屋价格是因变量(目标)。分别创建一次、四次和十五次多项式模型。最后绘制真实模型、模型的拟合曲线以及训练数据点。如图 4-11 所示,在第一个子图中,我们可以看到一次多项式模型(线性模型)无法很好地拟合数据。拟合曲线几乎是一条直线,无法捕捉到数据中的复杂关系。这是典型的欠拟合情况。在第二个子图中,我们可以看到 4 次多项式模型过度拟合了数据。拟合曲线在数据集之外产生了不合理的波动,试图在数据中寻找过多的细节。这是典型的过拟合情况。在第三个子图中,我们可以看到 15 次多项式模型能够很好地拟合数据,并且与真实模型非常接近。拟合曲线具有一定的弯曲,能够更好地适应数据的非线性特征。这是理想状态下的拟合情况。

1. 模型的原理

L1 正则化的定义如下:

$$正则化项 = \lambda * \sum |\omega| \tag{4-14}$$

其中,λ 是正则化参数,用于调节正则化的强度;ω 是模型的参数。

L1 正则化的目标是最小化损失函数和正则化项之和:

$$J(\beta) = L(y, \hat{y}) + \lambda * \sum |\omega| \tag{4-15}$$

其中,$J(\beta)$ 是总的目标函数;$L(y, \hat{y})$ 是损失函数,衡量实际值 y 和预测值 $\hat{y}$ 之间的差异。

通过引入 L1 正则化,模型在训练过程中会倾向于使得部分参数 ω 变为 0,从而实现特征选择(即自动选择重要的特征)。当某个特征的系数为 0 时,说明该特征对目标变量没有贡献,可以将其去除,从而简化了模型,提高了模型的解释能力。

2. 参数求解

在 L1 正则化中因为使用的范数是绝对值,所以存在无法直接求导的情况。因此在 Lasso 回归函数中最重要的就是确定 ω 的数值。目前,最常用的方法是坐标下降法和最小角回归法。

1)坐标下降法

坐标下降法(Coordinate Descent)是一种优化算法,用于求解无约束优化问题。它适用于目标函数可分解为各个变量的子问题的情况,即目标函数可以表示为各个变量的函数的和。

坐标下降法的基本思想是,在每次迭代中,固定除一个变量以外的其他变量,通过求解仅关于该变量的子问题来更新该变量的值。然后依次对每个变量进行更新,直到满足停止准则或达到最大迭代次数。坐标下降法的迭代步骤如下:①初始化变量的初始值。②选择一个变量 w_i。③将除变量 w_i 以外的其他变量固定,将目标函数表示为只关于变量 w_i 的函数。④求解子问题,更新变量 w_i 的值,使得目标函数最小化。重复步骤②~④,对下一个变量进行更新,直到所有变量都被更新一遍。检查停止准则(当所有权重系数的变化不大或者到达最大迭代次数时,结束迭代;如果满足停止准则,则停止迭代,否则返回步骤②)。在第 k 次迭代时,更新权重系数的方法如下所示:

$$w_1^k = \underset{w_1}{\text{argmin}}(\text{Cost}(w_1, w_2^{k-1}, \cdots, w_{m-1}^{k-1}, w_m^{k-1})) \tag{4-16}$$

$$w_2^k = \underset{w_2}{\text{argmin}}(\text{Cost}(w_1^{k-1}, w_2, \cdots, w_{m-1}^{k-1}, w_m^{k-1}))$$

$$\vdots$$
$$w_m^k = \underset{w_m}{\mathrm{argmin}}(\mathrm{Cost}(w_1^k, w_2^k, \cdots, w_{m-1}^k, w_m))$$

其中，w_m^k 表示第 k 次迭代，第 m 个权重系数。

　　2）最小角回归法

　　最小角回归法可以看作一种介于前向逐步回归和最小二乘法之间的方法。最小角回归法的基本思想是，在每一步选择与响应变量具有最强相关性的预测变量，并沿着与之相关的方向移动。它通过计算预测变量与残差之间的相关性来确定每一步的移动方向和步长。

　　（1）初始化：将所有自变量的系数设为零。

　　（2）计算残差：计算模型残差向量，表示目标变量与当前模型预测之间的差异。

　　（3）选择自变量：选择与残差向量具有最大相关性的自变量。可以使用内积或相关系数来度量相关性。在初始阶段，与残差具有最大相关性的自变量将被选为第一个加入模型的自变量。

　　（4）移动向量：将当前自变量的系数朝着它与残差向量之间的夹角最小的方向移动。这可以通过计算自变量与残差向量的内积来实现，如图 4-12 所示。

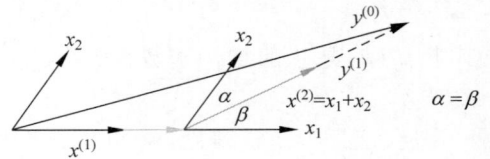

图 4-12　最小角回归法示意图

　　（5）跟踪相关性：跟踪已选定自变量与其他自变量之间的相关性变化。为此，计算每个自变量与残差向量之间的相关系数。

　　（6）更新系数：根据相关性的变化，更新自变量的系数。具体而言，增加具有最大相关系数的自变量的系数，使其逐渐接近其最终值。

　　（7）跟踪变量：在更新系数后，重新计算已选定自变量与其他自变量之间的相关系数，以跟踪相关性的变化。

　　（8）重复步骤（4）～（7）：重复移动向量、跟踪相关性和更新系数的步骤，直到选择的自变量数值达到预设的阈值或满足其他停止准则。停止准则可以是预先确定的自变量数目，也可以是基于交叉验证或信息准则的模型选择方法。

4.3.2　岭回归模型

1. 模型的原理

　　L2 正则化，是一种常用的正则化方法，用于控制模型的复杂度和防止过拟合。它通过在损失函数中添加模型参数的平方和作为惩罚项来实现正则化。

　　L2 正则化的数学定义如下：
$$损失函数 = 原始的目标函数 + \alpha * L2 范数 \tag{4-17}$$
其中，α 是正则化强度的超参数，L2 范数表示模型参数的平方和。

　　根据定义，对于一个线性回归模型，L2 正则化的目标函数可以表示为
$$目标函数 = \mathrm{RSS}(残差平方和) + \alpha * \sum \beta^2 \tag{4-18}$$
　　在这个公式中，RSS 表示残差平方和，即实际值与预测值之间的差异的平方和。

$\sum \beta^2$ 表示所有模型参数 β 的平方和。

L2 正则化的作用是通过惩罚模型参数的平方和,迫使模型选择较小的系数来减少模型的复杂度。较小的系数意味着模型对训练数据中的噪声更不敏感,从而减少了过拟合的风险。L2 正则化的效果可以通过求解带有 L2 正则化项的最小二乘问题来实现。具体来说,在线性回归中,最小二乘问题的解可以通过以下公式求解:

$$\beta = (\boldsymbol{X}^{\mathrm{T}} * \boldsymbol{X} + \alpha * \boldsymbol{I})^{-1} * \boldsymbol{X}^{\mathrm{T}} * y \tag{4-19}$$

其中,$\boldsymbol{X}$ 是输入特征矩阵,y 是目标变量向量,$\boldsymbol{I}$ 是单位矩阵。

通过这个公式,可以看到 L2 正则化影响了模型参数的估计,加上 $\alpha * \boldsymbol{I}$ 使得矩阵 $\boldsymbol{X}^{\mathrm{T}} * \boldsymbol{X} + \alpha * \boldsymbol{I}$ 可逆。总结来说,L2 正则化通过添加模型参数平方和作为惩罚项,减小模型复杂度,降低过拟合风险。它的效果可以通过控制正则化强度 α 来调整,较大的 α 会导致模型更倾向于选择较小的系数。

2. 参数求解

相对 Lasso 回归函数的参数求解,岭回归更为简单些。

1)岭迹图法

就是对所有的解释变量 x_i 绘制岭回归估计 $\tilde{\beta}_i(k)$ 的变化曲线,这里的 $\tilde{\beta}_i(k)$ 是随 k 值变化的。岭迹图法的直观目的是当自变量之间存在着多重共线性时,如果最小二乘法的估计有看似不合理的情况,比如估计值与实际内容不符或者符号违背了实际意义等情况,那么人们希望通过岭估计的方法对这些情况加以改善,对问题的解决有所帮助。选择岭参数的一般准则是:各回归系数的岭估计基本稳定。用最小二乘估计时符号不合理的回归系数,其岭估计的符号变得合理。回归系数没有不合乎经济意义的绝对值。残差平方和增大不太多。

2)残差平方和法

岭估计在减小均方误差的同时增大了残差平方和,我们希望在岭回归的残差平方和 $\mathrm{SSE}(k)$ 的增加幅度控制在一定范围内,可以给定一个大于 1 的 C 值,要求 $\mathrm{SSE}(k) < C\mathrm{SSE}$。

4.3.3 逻辑回归模型

逻辑回归是一种常用的分类算法,它在许多实际问题中都得到了广泛的应用。与线性回归不同,逻辑回归的目标不是预测连续的数值,而是预测样本属于某个特定类别的概率。它在广告点击率预测、疾病诊断、信用风险评估等领域都有着重要的应用。

1. 逻辑回归的数学原理

逻辑回归是一种用于分类问题的统计学习方法,常用于数据挖掘和机器学习中。逻辑回归通过一个线性函数与一个非线性的逻辑函数(称为 sigmoid 函数)的组合来建立分类模型。给定输入特征向量 x,逻辑回归模型输出对应样本属于某个类别的概率。逻辑回归模型的核心思想是使用逻辑函数将线性函数的输出转换为概率值,并根据这些概率进行分类预测。

1)设置逻辑回归函数

逻辑回归假设决策边界是一个超平面,其方程可以表示为

$$h(x) = \boldsymbol{w}^{\mathrm{T}}\boldsymbol{x} + b \tag{4-20}$$

其中,w 是特征权重向量,b 是偏置项。$h(x)$ 代表了线性函数的输出。

为了将线性函数的输出转换为概率值,使用 sigmoid 函数(也称为逻辑函数)作为激活函数,公式如下:

$$P(Y=1 \mid \boldsymbol{X}) = \frac{1}{1 + \mathrm{e}^{-\boldsymbol{w}^{\mathrm{T}}\boldsymbol{X}+b}} \tag{4-21}$$

$$P(Y=0 \mid \boldsymbol{X}) = 1 - P(Y=1 \mid \boldsymbol{X}) = \frac{1}{1 + \mathrm{e}^{\boldsymbol{w}^{\mathrm{T}}\boldsymbol{X}+b}} \tag{4-22}$$

其中,$P(Y=1|\boldsymbol{X})$ 代表给定输入 x 时,样本属于类别 1 的概率,$P(Y=0|X)$ 则表示属于类别 0 的概率。

2) 损失函数和参数估计

逻辑回归模型的参数估计是通过最大似然估计方法来实现的。通常使用对数似然损失函数作为优化目标,公式如下:

$$\mathrm{Loss}(\boldsymbol{w}, b) = -\frac{1}{N}\sum y_i \log P(y=1 \mid x_i) + (1-y_i)\log P(y=0 \mid x_i) \tag{4-23}$$

其中,N 表示样本数量,y_i 是样本的真实类别标签。参数 w 和 b 的估计可以通过梯度下降等优化算法来求解。目标是最小化损失函数,找到使损失函数最小的参数值。

3) 参数更新规则

梯度下降是一种常用的优化算法,在逻辑回归中可以使用梯度下降来更新参数 w 和 b。参数的更新规则如下:

$$\boldsymbol{w} := \boldsymbol{w} - \mathrm{learning\_rate} * \frac{\partial \mathrm{Loss}(\boldsymbol{w}, b)}{\partial \boldsymbol{w}} \tag{4-24}$$

$$b := b - \mathrm{learning\_rate} * \frac{\partial \mathrm{Loss}(\boldsymbol{w}, b)}{\partial b} \tag{4-25}$$

其中,learning_rate 是学习率,控制每次更新的步长。$\frac{\partial \mathrm{Loss}(\boldsymbol{w}, b)}{\partial \boldsymbol{w}}$ 和 $\frac{\partial \mathrm{Loss}(\boldsymbol{w}, b)}{\partial b}$ 分别是损失函数关于 w 和 b 的偏导数。

2. 逻辑回归的一般步骤

与线性回归不同,逻辑回归函数是用来解决离散数据的分类问题,所以本节将单独介绍逻辑回归的运算步骤。逻辑回归的运算步骤主要包括模型定义、目标函数构建和参数估计三个主要阶段。以下是逻辑回归的详细运算步骤。

1) 模型定义

设定输入特征变量 x 和输出目标变量 y 之间的关系,并假设它们之间存在线性关系。使用 sigmoid 函数将线性组合的结果映射到 0 到 1 之间的概率范围内,以进行二分类预测。

2) 目标函数构建

使用最大似然估计法来构建逻辑回归模型的目标函数。最大似然估计法基于给定数据条件下的最大概率原则,通过最大化样本观测值产生的似然函数来求解最优参数。

构建逻辑回归的对数似然函数：

$$I(\theta) = \sum \left[y_i * \log p_i + (1 - y_i) * \log(1 - p_i) \right] \tag{4-26}$$

其中，y_i 是样本 i 的实际类别（0 或 1），p_i 是样本 i 属于类别 1 的预测概率。

3）参数估计

使用梯度下降法或者其他优化算法，最小化对数似然函数来估计模型参数。梯度下降法通过计算目标函数对于参数的偏导数，不断迭代调整参数值，使得目标函数逐步接近最小值。更新参数的函数公式如下：

$$\theta_j = \theta_j - \alpha * \frac{\partial I(\theta)}{\partial \theta_j} \tag{4-27}$$

其中，θ_j 表示模型参数的 j 维度，α 是学习率，$\frac{\partial I(\theta)}{\partial \theta_j}$ 是对数似然函数对参数 θ_j 的偏导数。

总结来说，逻辑回归的详细运算步骤包括模型定义、目标函数构建和参数估计。在模型定义阶段，我们设定特征和目标之间的关系，并应用 sigmoid 函数将线性组合结果转换为概率。在目标函数构建阶段，我们利用最大似然估计法构建对数似然函数作为优化目标。在参数估计阶段，我们使用梯度下降法（或其他优化算法）迭代更新参数，最小化对数似然函数来估计模型的最优参数。

4.3.4 实战准备

使用 Python 来实现岭回归、Lasso 回归以及逻辑回归算法，通常可以借助一个 scikit-learn 的工具包来实现。在使用这个工具包前，使用"pip install 工具包名"命令下载安装工具包。

1. Lasso 回归以及岭回归

在 scikit-learn 中，进行 Lasso 回归和岭回归的相关函数包括 Lasso、LassoCV、Ridge 和 RidgeCV。

1）Lasso 回归

```
from sklearn.linear_model import Lasso, LassoCV
from sklearn.preprocessing import StandardScaler
# 使用 Lasso 回归进行特征选择和预测
lasso = Lasso(alpha = 0.1)
lasso.fit(X_scaled, y)
y_pred = lasso.predict(X_scaled)
# 交叉验证
lasso_cv = LassoCV(cv = 5)
lasso_cv.fit(X_scaled, y)
best_alpha = lasso_cv.alpha_
```

常用参数说明如下。

alpha：这是 Lasso 回归的正则化参数，控制着模型的复杂度和稀疏性。较大的 alpha 值会导致更多的特征系数被压缩为零，从而实现特征选择。在示例中，我们将 alpha 设置为 0.1。

X_scaled：这是经过特征标准化处理后的特征矩阵。在示例中，我们使用 StandardScaler 对特征进行标准化，然后将标准化后的特征存储在 X_scaled 中。

y：这是目标变量（或因变量）的向量。在示例中，我们将目标变量存储在 y 中。

fit 方法：这是用于拟合模型的方法。通过调用 fit 方法，我们可以将特征矩阵和目标变量传递给 Lasso 对象，从而拟合 Lasso 回归模型。

predict 方法：这是用于进行预测的方法。通过调用 predict 方法，可以使用拟合好的 Lasso 回归模型对特征矩阵进行预测，得到预测结果。

cv：这是交叉验证的折数（fold number）。在示例中，将 cv 设置为 5，表示使用 5 折交叉验证。

LassoCV 类：这是 scikit-learn 中用于进行 Lasso 回归和交叉验证的类。通过创建 LassoCV 对象，我们可以使用交叉验证来选择最佳的 alpha 值。

lasso_cv.fit(X_scaled，y)：这是使用 LassoCV 对象进行拟合的过程。通过调用 fit 方法，我们可以传递特征矩阵和目标变量，并自动选择最佳的 alpha 值。

best_alpha：这是通过交叉验证选择得到的最佳的 alpha 值。在示例中，我们通过访问 lasso_cv.alpha_ 属性获取最佳的 alpha 值。

2）岭回归

```
from sklearn.linear_model import Ridge, RidgeCV
from sklearn.preprocessing import StandardScaler
# 使用岭回归进行预测
ridge = Ridge(alpha = 1.0)
ridge.fit(X_scaled, y)
y_pred = ridge.predict(X_scaled)
# 交叉验证
ridge_cv = RidgeCV(cv = 5)
ridge_cv.fit(X_scaled, y)
best_alpha = ridge_cv.alpha_
ridge_regression(X, y, alpha, * , sample_weight = None, solver = 'auto', max_iter = None, tol
= 0.001, verbose = False, random_state = None, return_n_iter = False, return_intercept =
False, check_input = True, ** kwargs)
```

常用参数说明如下。

alpha：这是岭回归的正则化参数，控制着模型的复杂度和稳定性。较大的 alpha 值会导致特征系数的收缩，从而减小过拟合的风险。在示例中，我们将 alpha 设置为 1.0。

X_scaled：这是经过特征标准化处理后的特征矩阵。在示例中，我们使用 StandardScaler 对特征进行标准化，然后将标准化后的特征存储在 X_scaled 中。

y：这是目标变量（或因变量）的向量。在示例中，我们将目标变量存储在 y 中。

fit 方法：这是用于拟合模型的方法。通过调用 fit 方法，我们可以将特征矩阵和目标变量传递给 Ridge 对象，从而拟合岭回归模型。

predict 方法：这是用于进行预测的方法。通过调用 predict 方法，我们可以使用拟合好的岭回归模型对特征矩阵进行预测，得到预测结果。

cv：这是交叉验证的折数（fold number）。在示例中，我们将 cv 设置为 5，表示使用

5 折交叉验证。

RidgeCV 类：这是 scikit-learn 中用于进行岭回归和交叉验证的类。通过创建 RidgeCV 对象，我们可以使用交叉验证来选择最佳的 alpha 值。

ridge_cv.fit(X_scaled, y)：这是使用 RidgeCV 对象进行拟合的过程。通过调用 fit 方法，我们可以传递特征矩阵和目标变量，并自动选择最佳的 alpha 值。

best_alpha：这是通过交叉验证选择得到的最佳的 alpha 值。在示例中，我们通过访问 ridge_cv.alpha_ 属性获取最佳的 alpha 值。

2. 逻辑回归

在 scikit-learn 中，进行逻辑回归的相关函数和类包括 LogisticRegression、LogisticRegressionCV 和 logistic_regression_path。

1）LogisticRegression 类

LogisticRegression 类使用逻辑回归模型来进行分类。逻辑回归是一种广义的线性模型，通过将线性函数的输出映射到[0，1]区间上的概率来进行分类。它使用最大似然估计方法来拟合模型参数，包括特征系数和截距项。在拟合过程中，LogisticRegression 类使用优化算法来求解模型参数，例如 liblinear、lbfgs 等。拟合完成后，可以使用 predict 方法进行预测，predict_proba 方法获取样本属于各个类别的概率，coef_ 属性获取特征系数，intercept_ 属性获取截距项。

用法如下：

```
from sklearn.linear_model import LogisticRegression
# 创建逻辑回归模型对象,并设置参数
model = LogisticRegression(
    penalty = 'l2',            # 正则化项,可选值为'l1''l2''elasticnet''none'
        C = 1.0,               # 正则化强度的倒数,较小的值表示更强的正则化
    solver = 'lbfgs',          # 优化算法,可选值为'newton-cg''lbfgs''liblinear''sag''saga'
    max_iter = 100,            # 最大迭代次数
    random_state = 42          # 随机种子,用于重现结果
)
```

常用参数说明如下。

penalty：正则化项的类型。可选值为'l1''l2''elasticnet''none'。默认为'l2'。

C：正则化强度的倒数。较小的值表示更强的正则化。默认为 1.0。

solver：优化算法。可选值为'newton-cg''lbfgs''liblinear''sag''saga'。默认为'lbfgs'。

max_iter：最大迭代次数。默认为 100。

random_state：随机种子,用于重现结果。默认为 None。

2）LogisticRegressionCV 类

LogisticRegressionCV 类是 LogisticRegression 的交叉验证版本。它在拟合逻辑回归模型时，自动进行交叉验证来选择最佳的正则化参数。交叉验证是一种模型评估方法，将训练数据集分成若干个折（默认为 5 折），每次使用其中一部分作为验证集，剩余部分作为训练集。通过对不同正则化参数进行评估，选择具有最佳性能的参数。LogisticRegressionCV 类使用交叉验证的平均分数来选择最佳的正则化参数。拟合完成

后，可以使用 predict 方法进行预测，predict_proba 方法获取样本属于各个类别的概率，coef_属性获取特征系数，intercept_属性获取截距项，C_属性获取交叉验证选择的最佳正则化参数。

用法如下：

```
from sklearn.linear_model import LogisticRegressionCV
# 创建 LogisticRegressionCV 类的实例，并设置参数
lr_cv = LogisticRegressionCV(Cs = Cs, fit_intercept = fit_intercept, solver = solver,
penalty = penalty, cv = cv, scoring = None, max_iter = max_iter, tol = tol, class_weight =
class_weight,
    verbose = verbose, random_state = random_state, n_jobs = None,
    refit = True, intercept_scaling = 1.0, multi_class = 'auto',
    l1_ratios = None, cv_scaling = True, dual = False,
    scoring_type = None, error_score = 'raise',
    early_stopping = early_stopping, validation_fraction = validation_fraction)
```

常用参数说明如下。

Cs：正则化参数的候选值列表。默认为 10 个候选值的对数网格。

fit_intercept：是否拟合截距项。默认为 True。

solver：求解优化问题的算法。可以选择的值有：'newton-cg''lbfgs''liblinear''sag''saga'。默认为'lbfgs'。

penalty：正则化项的类型。可以选择的值有：'l1''l2''elasticnet''none'。默认为'l2'。

cv：交叉验证的折数。默认为 5。

scoring：用于评估模型性能的指标。可以是字符串、可调用对象或 None。默认为 None，表示使用模型的默认评估方法。

max_iter：最大迭代次数。默认为 100。

tol：迭代收敛的容忍度。默认为 0.0001。

class_weight：类别权重。可以是字典、'balanced'字符串或 None。默认为 None，表示不进行类别权重调整。

verbose：是否输出拟合过程中的详细信息。默认为 False。

random_state：随机种子。默认为 None。

n_jobs：并行运行的作业数。默认为 None，表示使用单个作业。

refit：是否在找到最佳参数后重新拟合整个数据集。默认为 True。

intercept_scaling：截距项缩放因子。仅在 solver 为'liblinear'时有效。默认为 1.0。

multi_class：多分类问题的策略。可以选择的值有'auto''ovr''multinomial'。默认为'auto'。

l1_ratios：Elastic-Net 混合参数。仅在 penalty 为'elasticnet'时有效。默认为 None。

cv_scaling：是否对交叉验证的训练集进行缩放。默认为 True。

dual：对偶或原始优化问题。仅在 penalty 为'l2''l1''elasticnet'时有效。默认为 False。

scoring_type：评分类型。默认为 None。

error_score：当评估器返回错误时的行为。默认为'raise'。

early_stopping：是否启用早停策略。默认为 False。

validation_fraction：用于早停策略的验证集比例。仅在启用早停策略时有效。默认为 0.1。

3）logistic_regression_path()函数

logistic_regression_path()函数用于计算逻辑回归路径,即一系列逻辑回归模型的特征系数路径。逻辑回归路径是通过指定一系列正则化参数（C 的倒数）来计算的。正则化参数控制了模型的复杂度,较大的正则化参数会导致特征系数趋向于零,从而降低过拟合的风险。logistic_regression_path()函数使用坐标下降法来计算逻辑回归路径。在每个正则化参数的取值上,使用坐标下降法迭代更新特征系数,直到收敛为止。函数返回特征系数路径和对应的正则化参数。特征系数路径是一个数组,每一行表示一个特征系数路径,对应于不同的正则化参数。

用法如下：

```
from sklearn.linear_model import logistic_regression_path
# 设置正则化参数的候选值
Cs = [0.1, 1, 10]
# 设置是否拟合截距项
fit_intercept = True
# 设置求解优化问题的算法
solver = 'lbfgs'
# 设置正则化项的类型
penalty = 'l2'
# 设置正则化参数的数量
n_alphas = 100
# 调用 logistic_regression_path 函数计算逻辑回归路径
coefs, Cs = logistic_regression_path(X, y, Cs = Cs, fit_intercept = fit_intercept, solver =
solver, penalty = penalty, n_alphas = n_alphas)
```

常用参数说明如下。

X：输入特征矩阵,形状为（n_samples，n_features）。这是用于训练逻辑回归模型的输入特征数据。

y：目标变量,形状为（n_samples,）。这是用于训练逻辑回归模型的目标变量数据。

Cs＝None：正则化参数的候选值,默认为 None。如果为 None,则会自动选择一组正则化参数。

fit_intercept＝True：是否拟合截距项,默认为 True。如果为 True,则模型会拟合截距项。

solver＝'lbfgs'：用于求解优化问题的算法,默认为'lbfgs'。可选的取值有'newton-cg''lbfgs''liblinear''sag''saga'。

penalty＝'l2'：正则化项的类型,默认为'l2'。可选的取值有'l1''l2''elasticnet''none'。

n_alphas＝100：正则化参数的数量,默认为 100。这是在路径中生成的正则化参数的数量。

return_n_iter=False：是否返回每个正则化参数下的迭代次数，默认为 False。如果为 True，则会返回每个正则化参数下的迭代次数。

4.3.5 模型案例分析

本节主要介绍岭回归和 Lasso 回归的对比案例以及逻辑回归的相关案例。

例 4-5 空气质量是衡量一个城市环境质量的重要指标之一。北京市作为中国的首都，空气质量问题一直备受关注。为了研究北京市空气质量的影响因素以及建立预测模型，我们收集了一份包含空气质量指数(AQI)以及其他相关参数的数据集。我们希望通过岭回归和 Lasso 回归两种方法对这些数据进行分析和建模，找出对 AQI 影响最大的因素，并建立一个能够准确预测 AQI 的模型。

(1) 导入所需的库和模块，以及设置 matplotlib 库的配置参数。

这段代码的作用是导入了 numpy 和 pandas 库用于数据处理和分析，同时引入了 RidgeCV 和 LassoCV 模块进行岭回归和 Lasso 回归，使用 RFECV 模块进行特征选择，以及利用 train_test_split 和 cross_val_score 模块进行数据集的拆分和交叉验证。此外，还导入了 matplotlib.pyplot 模块用于绘制图形，并设置了 matplotlib 库的配置参数，包括设置中文字体为 SimHei 以及设置负号的显示方式。整体来看，这些操作可能是为了进行机器学习模型的构建和评估，包括数据处理、特征选择、模型训练和交叉验证等步骤。

```python
import numpy as np
import pandas as pd
from sklearn.linear_model import RidgeCV, LassoCV
from sklearn.feature_selection import RFECV
from sklearn.model_selection import train_test_split, cross_val_score
import matplotlib.pyplot as plt
# - * - coding: utf - 8 - * -
import matplotlib.pyplot as plt
plt.rcParams['font.sans - serif'] = ['SimHei']       # 用来正常显示中文标签
plt.rcParams['axes.unicode_minus'] = False           # 用来正常显示负号
```

(2) 数据读取和预处理。

这段代码的具体作用如下：首先，使用 pd.read_excel() 函数读取名为"北京市空气质量数据.xlsx"的 Excel 文件中的数据，并将其存储为一个 DataFrame 对象 df。然后，对数据进行预处理，将"质量等级"列的文本值转换为数值型，将"优"对应为 1，"良"对应为 2，"轻度污染"对应为 3，"中度污染"对应为 4，"重度污染"对应为 5，"严重污染"对应为 6。这样做的目的是将质量等级转换为数值型，以便后续建模和分析。接下来，使用 df.mean() 计算每列的均值，并使用 fillna() 函数将缺失值填充为均值。这样做是为了处理数据中的缺失值，使得数据完整。通过这段代码，数据被读取并进行了预处理，为后续的特征选择和建模做好准备。

```python
# 将数据存储到 data.csv 文件中
df = pd.read_excel("D:\桌面\北京市空气质量数据.xlsx")
```

```
# 进行数据预处理
df['质量等级'] = df['质量等级'].map({'优': 1, '良': 2, '轻度污染': 3, '中度污染': 4, '重度污染': 5, '严重污染': 6})
df.fillna(df.mean(), inplace = True)
```

（3）特征选择和岭回归。

具体作用如下：

① 通过 df.drop()函数将"AQI"和"日期"列从特征矩阵 X 中删除，得到新的特征矩阵 X 和目标变量 y。

② 初始化一个 RidgeCV 对象 ridge，用于进行岭回归。

③ 初始化一个 RFECV 对象 rfecv，用于进行特征选择。其中 estimator 参数指定岭回归作为基模型。

④ 使用 rfecv.fit_transform()函数对特征矩阵 X 和目标变量 y 进行特征选择，得到经过特征选择后的特征矩阵 X_selected。

⑤ 使用 train_test_split()函数将数据集拆分为训练集和测试集，其中测试集占总样本的 20%。

⑥ 使用 ridge.fit()函数对训练集进行岭回归模型的训练。

⑦ 计算均方差（MSE）作为评估指标，使用 np.mean()函数计算预测值与真实值之差的平方的均值。

⑧ 使用 plt.scatter()函数绘制散点图，横坐标为真实 AQI 值，纵坐标为岭回归模型预测的 AQI 值，用于直观比较预测结果和真实值。

⑨ 使用 plt.bar()函数绘制条形图，横坐标为特征参数，纵坐标为岭回归模型的系数，用于展示各个特征对 AQI 的影响率。

通过这段代码，进行了特征选择和逐步岭回归，并对结果进行了评估和可视化，以便更好地理解模型的表现和特征的重要性。

在上述代码中，进行了特征选择和逐步岭回归，并对结果进行了评估和可视化。

岭回归均方差：489.0406964493809

这是通过计算预测值与真实值之差的平方的均值得到的评估指标，表示岭回归模型的预测误差的平均大小。该值越小，表示模型的预测能力越好。

如图 4-13 所示的散点图，横坐标为实际 AQI 值，纵坐标为岭回归模型预测的 AQI 值。通过观察散点图，可以直观地比较预测结果和真实值，判断模型的拟合效果。如果散点分布在一条直线附近，则表示预测结果与真实值较为接近。

图 4-14 是条形图，横坐标为特征参数，纵坐标为岭回归模型的系数。条形图展示了各个特征对 AQI 的影响率，系数的绝对值越大，表示该特征对 AQI 的影响越大。通过观察条形图，可以了解到哪些特征对 AQI 的影响较大。

```
# 特征选择和逐步岭回归
X = df.drop(['AQI', '日期'], axis = 1)
y = df['AQI']
ridge = RidgeCV()
```

126

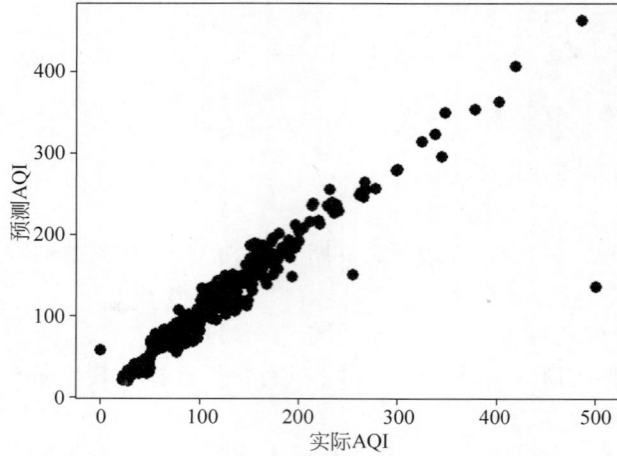

图 4-13 预测与实际 AQI 值对比图

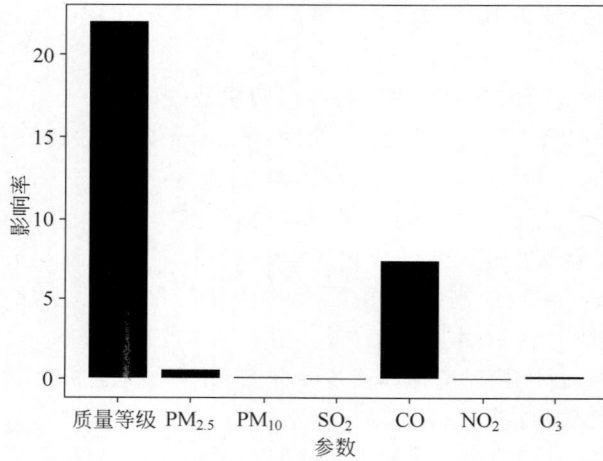

图 4-14 各个因素影响率图

```
rfecv = RFECV(estimator = ridge)
X_selected = rfecv.fit_transform(X, y)
X_train, X_test, y_train, y_test = train_test_split(X_selected, y, test_size = 0.2, random_
state = 0)
ridge.fit(X_train, y_train)
mse = np.mean((ridge.predict(X_test) - y_test) ** 2)
print("岭回归均方差:", mse)
plt.scatter(y_test, ridge.predict(X_test))
plt.xlabel('实际 AQI')
plt.ylabel('预测 AQI')
plt.show()
plt.bar(X.columns, ridge.coef_)
plt.xlabel('参数')
plt.ylabel('影响率')
plt.show()
```

（4）Lasso 回归和交叉验证。

通过这段代码，进行了 Lasso 回归和交叉验证调整模型，并对结果进行了评估和可视化，以便更好地理解模型的表现和特征的重要性。对结果解释如下。

① Lasso 回归均方差：726.7653030758477。

这是通过计算 Lasso 回归模型的预测值与真实值之差的平方的均值得到的评估指标，表示 Lasso 回归模型的预测误差的平均大小。该值越小，表示模型的预测能力越好。

② 岭回归系数表。

如图 4-15 所示，这是一个 DataFrame 表格，展示了岭回归模型的系数。其中参数列表示特征参数，系数列表示该特征对 AQI 的影响率。观察系数的值可以了解到各个特征对 AQI 的影响程度。

③ Lasso 回归系数表。

如图 4-16 所示，这是一个 DataFrame 表格，展示 Lasso 回归模型的系数。其中参数列表示特征参数，系数列表示该特征对 AQI 的影响率。观察系数的值可以了解到各个特征对 AQI 的影响程度。

	参数	系数
0	质量等级	21.956501
1	PM2.5	0.510334
2	PM10	0.103607
3	SO2	-0.055089
4	CO	7.324820
5	NO2	-0.073742
6	O3	0.147522

图 4-15 岭回归系数表图

	参数	系数
0	质量等级	7.088190
1	PM2.5	0.778882
2	PM10	0.131483
3	SO2	0.024364
4	CO	0.000000
5	NO2	0.093178
6	O3	0.231941

图 4-16 Lasso 回归系数表图

④ 交叉验证调整模型均方差：248.01675263717866。

这是通过进行交叉验证调整模型得到的均方差。交叉验证通过将数据集划分为多个子集，然后用不同的子集进行训练和测试，将最终得到的均方差的平均值作为评估指标。该值越小，表示模型的泛化能力越好。

Lasso 回归均方差：726.7653030758477

交叉验证调整模型均方差：248.01675263717866

```
# lasso 回归和交叉验证调整模型
lasso = LassoCV(cv = 5)
lasso.fit(X_train, y_train)
mse = np.mean((lasso.predict(X_test) - y_test) ** 2)
print("Lasso 回归均方差:", mse)
print("岭回归系数表:")
print(pd.DataFrame({'参数': X.columns, '系数': ridge.coef_}))
print("Lasso 回归系数表:")
print(pd.DataFrame({'参数': X.columns, '系数': lasso.coef_}))
scores = cross_val_score(ridge, X_selected, y, cv = 5, scoring = 'neg_mean_squared_error')
print("交叉验证调整模型均方差:", np.mean( - scores))
```

（5）输出 lasso 模型的散点图和关系柱状图。

这段代码用于输出模型的散点图和 AQI 与其他参数的关系柱状图。具体解释如下。

- 第一部分代码

① plt. scatter(y_test, lasso. predict(X_test))：绘制散点图，横轴为实际 AQI 值(y_ test)，纵轴为预测 AQI 值(lasso. predict(X_test))。

② plt. xlabel('实际 AQI')：设置横轴标签为"实际 AQI"。

③ plt. ylabel('预测 AQI')：设置纵轴标签为"预测 AQI"。

④ plt. show()：显示图像。

这部分代码的作用是绘制实际 AQI 和预测 AQI 之间的散点图如图 4-17 所示，用于评估模型的拟合效果。如果散点分布接近一条直线，则说明模型的预测结果与实际值较为接近。

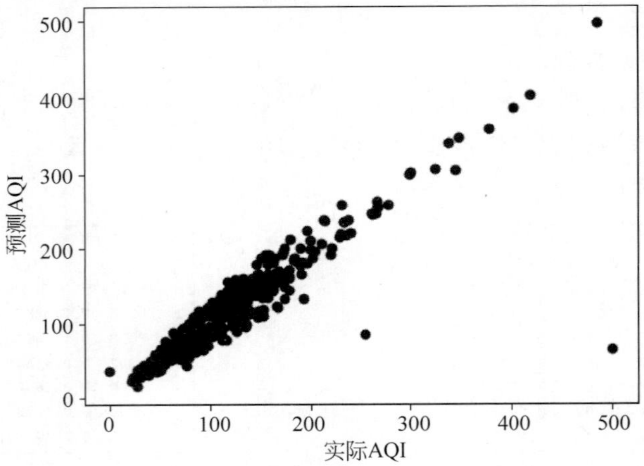

图 4-17　实际和预测 AQI 对比图

- 第二部分代码

① plt. bar(X. columns，lasso. coef_)：绘制柱状图，横轴为特征参数(X. columns)，纵轴为 Lasso 回归模型的系数值(lasso. coef_)。

② plt. xlabel('参数')：设置横轴标签为"参数"。

③ plt. ylabel('影响率')：设置纵轴标签为"影响率"。

④ plt. show()：显示图像。

这部分代码的作用是绘制特征参数与 AQI 之间的关系柱状图如图 4-18 所示，用于分析各个特征对 AQI 的影响程度。柱状图的高度表示特征对 AQI 的影响率，通过观察柱状图可以了解各个特征对 AQI 的正向或负向影响以及影响的相对大小。

```
# 输出模型的拟合曲线图和 AQI 及其他参数的关系柱状图
plt.scatter(y_test, lasso.predict(X_test))
plt.xlabel('实际 AQI')
plt.ylabel('预测 AQI')
plt.show()
plt.bar(X.columns, lasso.coef_)
plt.xlabel('参数')
```

```
plt.ylabel('影响率')
plt.show()
```

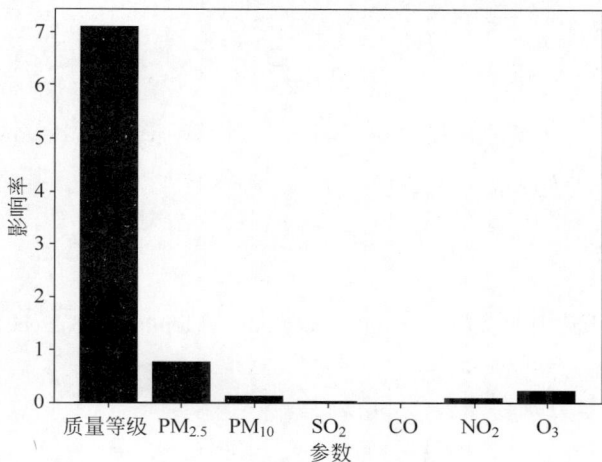

图 4-18 各影响因素影响概率图

例 4-6 针对银行客户流失数据进行建模和预测。数据集包含了客户的一些个人信息(如信用评分、年龄、性别等)以及其他相关特征(如账户余额、产品数量、是否活跃会员等),并标注了客户是否流失的标签。目标是通过构建逻辑回归模型来预测客户的流失情况,并评估模型的准确率、AUC 值和 KS 值。

(1) 导入所需的库和模块,以及设置 matplotlib 库的配置参数。

① pandas:用于数据处理和分析。

② numpy:用于数值计算。

③ train_test_split:用于划分训练集和测试集。

④ LogisticRegression:用于构建逻辑回归模型。

⑤ accuracy_score、roc_auc_score、roc_curve:用于模型评估。

⑥ matplotlib.pyplot:用于绘图。

```
import pandas as pd
import numpy as np
from sklearn.model_selection import train_test_split
from sklearn.linear_model import LogisticRegression
from sklearn.metrics import accuracy_score, roc_auc_score, roc_curve
import matplotlib.pyplot as plt
```

(2) 读取数据并进行数据清洗和转换:

① 读取 CSV 文件并存储为 DataFrame。

② 删除不需要的列('RowNumber''CustomerId''Surname')。

③ 对'Geography'和'Gender'进行映射转换,将其转换为数值型。

④ 使用均值填充缺失值。

```
# 读取数据并进行数据清洗和转换
df = pd.read_csv("D:\桌面\银行客户流失.csv")
df = df.drop(['RowNumber', 'CustomerId', 'Surname'], axis=1)
df['Geography'] = df['Geography'].map({'France': 0, 'Spain': 1, 'Germany': 2})
df['Gender'] = df['Gender'].map({'Female': 0, 'Male': 1})
df = df.fillna(df.mean())
```

（3）特征工程：创建新的特征'Age_Balance'，计算'Age'和'Balance'的乘积。

```
# 特征工程
df['Age_Balance'] = df['Age'] * df['Balance']
```

（4）特征选择：

① 选择需要用于建模的特征（'CreditScore','Age','Tenure','Balance','NumOfProducts', 'IsActiveMember','Age_Balance'）。

② 将特征和标签分别存储为 X 和 y。

```
# 特征选择
selected_features = ['CreditScore', 'Age', 'Tenure', 'Balance', 'NumOfProducts', 'IsActiveMember',
'Age_Balance']
X = df[selected_features]
y = df['Exited']
```

（5）划分训练集和测试集：使用 train_test_split 函数将数据集划分为训练集和测试集。

```
# 划分训练集和测试集
X_train, X_test, y_train, y_test = train_test_split(X, y, test_size=0.2, random_state=42)
```

（6）使用逻辑回归模型进行训练和预测：

① 创建逻辑回归模型对象，并设置正则化参数 C 的值为 0.1。

② 使用训练集数据训练模型。

③ 使用测试集数据进行预测，得到预测结果和预测概率。

```
# 使用逻辑回归模型进行训练和预测
model = LogisticRegression(C=0.1)              # 调整正则化参数 C 的值
model.fit(X_train, y_train)
y_pred = model.predict(X_test)
y_pred_proba = model.predict_proba(X_test)[:, 1]
```

（7）计算模型的准确率和 AUC 值：

① 使用 accuracy_score 函数计算模型的准确率。

② 使用 roc_auc_score 函数计算模型的 AUC 值。

③ 准确率（Accuracy），该模型的准确率为 0.795，表示模型预测正确的概率为 79.5%。

AUC(Area Under the Curve)是 ROC 曲线下的面积,用于评估二分类模型的性能。AUC 值介于 0.5～1,值越接近 1,模型性能越好。该模型的 AUC 值为 0.6877,表示模型的分类能力较一般,但仍具有一定的预测能力。

准确率:0.795

AUC 值:0.6877077227333975

```
# 计算模型的准确率和 AUC 值
accuracy = accuracy_score(y_test, y_pred)
auc = roc_auc_score(y_test, y_pred_proba)
print("准确率:", accuracy)
print("AUC 值:", auc)
```

(8)获取逻辑回归模型的系数:

① 构建 DataFrame 对象,存储特征和对应的系数值。

```
   Feature    Coefficient
0  CreditScore    -2.599767e-03
1  Age            -1.416580e-04
2  Tenure         -2.036142e-05
3  Balance        -1.674505e-05
4  NumOfProducts  -7.002683e-06
5  IsActiveMember -3.050122e-06
6  Age_Balance    5.200600e-07
```

图 4-19 特征相关性图

② 逻辑回归模型的系数用于衡量特征对目标变量的影响程度。如图 4-19 所示的输出结果展示了每个特征系数值。

③ -Feature 列显示了模型中选定的特征名称。

④ -Coefficient 列显示了对应特征的系数值。

根据输出结果,可以得出以下结论:

① 'CreditScore'特征对客户流失的影响最大,其系数为 -0.0026。每增加一个单位的'CreditScore',流失的概率将减少 0.0026。

② 'Age'特征对客户流失的影响较小,其系数为 -0.0001。每增加一个单位的'Age',流失的概率将减少 0.0001。

③ 'Tenure''Balance''NumOfProducts''IsActiveMember''Age_Balance'特征对客户流失的影响都非常小,其系数值接近于 0。

```
# 获取逻辑回归模型的系数
coefficients = pd.DataFrame({'Feature': selected_features, 'Coefficient': np.transpose
(model.coef_[0])})
print(coefficients)
```

(9)使用 ROC 曲线和 KS 曲线进行模型评估和绘图:

① fpr 表示 False Positive Rate,即实际为负样本但被预测为正样本的比例。

② tpr 表示 True Positive Rate,即实际为正样本且被预测为正样本的比例。

③ thresholds 表示分类阈值。

代码中,roc_curve()函数用于计算 fpr、tpr 和阈值,接着使用 plt.plot()函数绘制 ROC 曲线。其中,label 参数用于显示 ROC 曲线的面积(AUC 值)。plt.plot([0, 1], [0, 1], 'k--')绘制了一条对角线,表示随机猜测的情况。接下来的几行代码设置了图形的横轴、纵轴范围、标签和标题。plt.legend()函数用于显示图例,plt.show()函数显示生成的 ROC 曲线图。该图形可以帮助我们直观地评估模型的分类能力。

ROC 曲线越接近左上角,说明模型的性能越好。如果 ROC 曲线下的面积(AUC 值)越接近 1,则模型的分类能力越强。如图 4-20 所示,本案例的 ROC 曲线靠近左上角

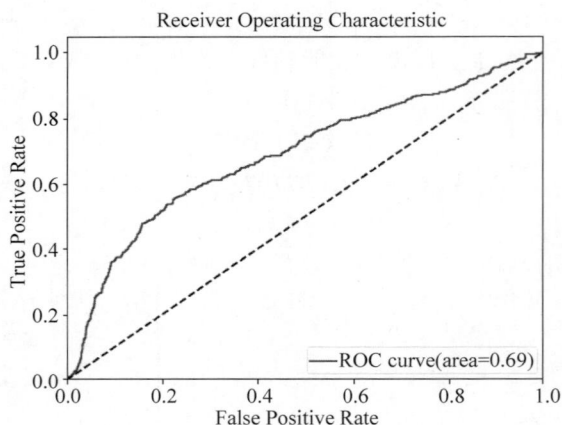

图 4-20 ROC 曲线图

且 AUC 值超过 0.5 说明本案例的模型性能不错,模型分类能力较好。

```
fpr, tpr, thresholds = roc_curve(y_test, y_pred_proba)
plt.plot(fpr, tpr, label = 'ROC curve (area = %0.2f)' % auc)
plt.plot([0, 1], [0, 1], 'k--')
plt.xlim([0.0, 1.0])
plt.ylim([0.0, 1.05])
plt.xlabel('False Positive Rate')
plt.ylabel('True Positive Rate')
plt.title('Receiver Operating Characteristic')
plt.legend(loc = "lower right")
plt.show()
```

(10) 计算 KS 值。

通过计算 TPR 和 FPR 的差值,找到最大值作为 KS 值。KS 值是衡量模型预测能力的指标,其计算方式为真正例率(TPR)减去假正例率(FPR)。KS 值的取值范围为 0 到 1,值越大表示模型的预测能力越好。代码中,max(tpr-fpr)计算了 TPR 和 FPR 的差值,并取得最大值作为 KS 值。最后,通过 print()函数输出了 KS 值。根据输出结果,KS 值为 0.3307,说明模型具有一定的预测能力,但仍有改进的空间。较高的 KS 值表示模型能够较好地区分正负样本,对于二分类问题的模型评估来说,KS 值是一个重要的指标之一。

KS 值:0.3307428853726778

```
ks = max(tpr - fpr)
print("KS 值:", ks)
```

(11) 绘制 KS 曲线:

① 使用 plt.plot()函数绘制 KS 曲线。

② 使用 plt.xlabel()和 plt.ylabel()函数设置坐标轴标签。

③ 使用 plt.title()函数设置图表标题。

④ 使用 plt.legend()函数添加图例。

⑤ 使用 plt. show()函数显示图像。

KS曲线图可以帮助我们直观地评估模型在不同阈值下的预测能力。当阈值较低时,模型会更倾向于将样本预测为正例,从而提高 TPR,但同时也会增加 FPR。随着阈值的增加,TPR 和 FPR 都会逐渐减小。曲线越靠近左上角,说明模型的预测性能越好。而 KS 值则是一个数值化的指标,用于衡量模型的预测能力,数值越大表示模型的预测能力越好。

通过生成的 KS 曲线图和输出的 KS 值,我们可以对模型的预测能力进行评估和比较。如图 4-21 所示,图中曲线明显偏向左半部分,结合上一步骤的 KS 值,可以看出本案例的模型预测能力不错。

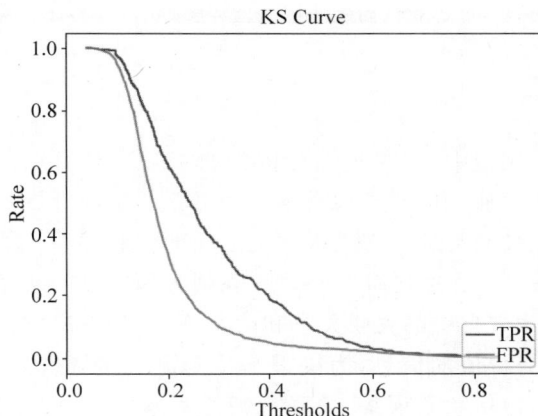

图 4-21 KS 曲线曲线图

习题 4

1. 在线性回归模型中,我们可以使用哪些方法来评估模型的拟合程度和参数的显著性?

2. 查找相关资料,描述回归分析与分类分析的区别与联系。

3. 如何评估线性回归模型的拟合优度?

4. 针对例 4-7 中的银行客户流失数据集,利用逻辑回归算法进行回归分析并分析其结果。

5. 寻找一个数据集进行岭回归和 Lasso 回归分析和建模,找出对 AQI 影响最大的因素,并建立一个能够准确预测 AQI 的模型。这个案例涵盖了数据处理、特征选择、模型训练和评估等关键步骤。

第 **5** 章

关联规则分析

在数据挖掘的广袤领域中,关联规则分析犹如一束明亮的光芒,照亮了我们探索数据中隐藏规律的道路。正如一位冒险家需要一个可靠的指南针一样,我们在数据的海洋中也需要一种强大的工具来帮助我们发现项集之间的关联关系。关联规则分析,作为数据挖掘的重要技术之一,正是为此而生。关联规则分析是一项非常重要的数据挖掘技术,它能够帮助我们揭示数据中的关联关系和隐含规律。通过分析数据集中的项之间的相关性,我们可以获得有价值的信息,为决策和预测提供支持。本章将介绍关联规则的概念、原理和应用领域,包括频繁项集、关联规则等基本概念以及支持度、置信度等衡量指标,并探讨关联规则挖掘的常用算法,如 Apriori 算法和 FP-growth 算法,并通过实战准备和案例来演示如何应用关联规则挖掘方法解决实际问题。

5.1 关联规则分析概述

关联规则分析是数据挖掘中一种重要的分析方法,用于发现数据集中不同项之间的相关性。通过分析数据中项集之间的关联规则,可以揭示出项集之间的潜在关系和规律,从而为实际应用提供决策依据。关联规则分析的历史可以追溯到 20 世纪 80 年代,早期主要集中在市场篮子分析领域,即分析顾客在购物时购买的商品之间的关联关系。在数据挖掘中,挖掘大规模数据集中的关联规则,可以帮助我们发现隐藏在数据背后的有价值的信息,促进决策的制定和优化。

5.1.1 概念

20 世纪 80 年代,美国一家大型零售商在对顾客购买行为数据进行分析时发现,很多顾客在购买尿布时会同时购买啤酒。这种购买组合现象让人感到新奇,因为尿布和啤酒看似没有明显的联系。于是,该零售商决定进一步研究这个现象;研究结果表明,这种购买行为主要发生在年轻的父亲身上;这些年轻父亲通常在下班后会顺便去超市购买尿布,但他们又不愿意只购买尿布就回家,因此他们会顺便购买一些啤酒作为对自己的奖励或放松。基于这个研究,零售商将尿布和啤酒放在了相邻位置,还提供了针对购买尿布顾客的啤酒优惠券或推广活动,以进一步提高销售额,这便是非常经典的关联规则分析与应用案例"啤酒+尿布"。

关联规则分析又称关联挖掘,就是在交易数据、关系数据或其他信息载体中,查找存在于项目集合或对象集合之间的频繁模式、关联、相关性或因果结构,从而捕捉那些看起来不相关事物之间的关联,以便更深刻地认识事物之间的关联。关联规则分析主要关注在大规模数据集中找到项之间的相关性和关联关系,以揭示数据中的模式和规律,为预测与决策提供支持。

最早的关联规则分析算法是由 Agrawal 等于 1993 年提出的 Apriori 算法,该算法通过扫描数据集多次来发现频繁项集,然后根据频繁项集构建关联规则。Apriori 算法在关联规则分析领域有着重要的地位,是后续关联规则的研究基础。

为了提高关联规则的质量和效果,研究者不断提出了新的算法和改进方法,其中比较有代表性的是韩家炜于 2000 年提出的 FP-growth 算法,该算法将提供频繁项集的数据库压缩到一棵频繁模式树,但仍保留项集关联信息,在处理大规模数据集时,较 Apriori 算法具有更高的效率和准确性。

为了更好地理解与应用关联规则分析,下面先来了解几个重要的概念和衡量指标。

1. 基本概念

在关联规则分析中,基本概念主要包括事务与事务集、项与项集、频繁项集、关联规则等。

1) 事务与事务集

事务(Transaction)是指在数据集中的一个事件或记录,可以是一个交易、一个购物篮、一个用户行为等。事务集(Transaction Set)是指数据集中的所有事务的集合。

2) 项与项集

项(Item)是指事务中的一个元素或特征,可以是一个单独的商品、一个关键词、一个症状等。项集(Itemset)是指在一个事务中同时出现的项的集合,如{牛奶,面包,尿布}是一个三项集。

3) 频繁项集

"频繁"是指某一项集在事务数据集中出现的次数达到了一个预先设定的最小阈值。频繁项集是指出现频率较高的项的集合,从项集中按照预先设定的最小阈值(包含某个项集的事务数与总事务数之间的比例)而筛选出来的,当项集大于或等于最小阈值时,即被筛选出来,构成频繁项集。

4) 关联规则

关联规则是一种"如果……那么……"形式的规则,描述了数据集中的项之间的关系,可以将这种关系记为形如 $A = > B$ 的蕴涵式。它由两部分组成:前项(Antecedent)和后项(Consequent),前项是关联规则的先决条件,后项是关联规则的结论。例如,一个关联规则可以是"如果顾客购买了尿布,那么他们也有可能购买啤酒"。

假设有一个小型咖啡馆的 5 条购买记录,记录了每位顾客的购买情况,数据如图 5-1 所示。

(1) 事务与事务集。订单中,每一行数据代表一个顾客的购物篮,比如顾客 1 的订单

顾客ID	购买商品
1	咖啡，橙汁
2	咖啡，面包
3	咖啡，橙汁，面包
4	橙汁，面包
5	咖啡，橙汁，面包

图 5-1　咖啡馆顾客订单

包含了咖啡和橙汁，这就是一个事务。所有这些订单的集合就构成了事务集。

（2）项与项集。在每个订单中，商品就是项。比如，顾客 1 的订单中的项是咖啡和橙汁。而项集则是在同一个订单中同时出现的项的集合。比如，顾客 3 的订单中同时出现了咖啡、橙汁和面包，这就是一个三项集。

（3）频繁项集。如果我们设定一个最小阈值，比如出现次数超过 2 次，那么{咖啡}{橙汁}{面包}都可以被称为频繁项集，因为它们在订单中的出现次数都超过了 2 次。

（4）关联规则。基于频繁项集可以找到关联规则，比如{咖啡，橙汁}＝＞{面包}规则，这意味着如果顾客购买了咖啡和橙汁，那么他们也有可能购买面包。

2. 衡量指标

在关联规则分析中，常用的衡量指标包括支持度、置信度和提升度，用于评估关联规则的重要性和相关性。

1）支持度（support）

支持度指一个事务数据集中包含某个项集的事务数与总事务数之间的比例，即同时包含项集内事务的概率。支持度越高，说明该项集出现的频率越高，计算公式如式（5-1）：

$$\text{support}(A \rightarrow B) = P(A \cap B) = \frac{A, B \text{ 同时发生的事务个数}}{\text{所有事务个数}} \tag{5-1}$$

2）置信度（confidence）

置信度指在一个项集出现的事务中，另一个项集也出现的概率。置信度越高，说明两个项集之间的关联性越强，计算公式如式（5-2）：

$$\text{confidence}(A \rightarrow B) = P(B \mid A) = \frac{\text{support}(A \cap B)}{\text{support}(A)} \tag{5-2}$$

3）提升度（lift）

提升度用于衡量两个项集之间的关联程度。提升度的值越大，表示两个项集之间的关联性越强，其计算公式如式（5-3）：

$$\text{lift}(A \rightarrow B) = \frac{\text{confidence}(A \rightarrow B)}{\text{support}(B)} \tag{5-3}$$

因此，为使关联规则分析更具有实际应用的价值，应该优先选择支持度高、置信度高、提升度高的关联规则，依次获得具有较高频率、较高可信度和较大关联性的规则。

5.1.2　原理步骤

关联规则分析的核心是寻找数据集中项之间存在的频繁项集和关联规则。对于一个包含 n 项的总项集来讲，它的子项集有个 $2^n - 1$（不考虑空项集）个，可以产生 $3^n - 2^{n+1} + 1$ 条规则。然而不是每一个子项集都有意义，且不是每一个挖掘到的规则都有意义。那么如何判断挖掘到的子项集或者规则是否有意义呢？实际分析过程中通常通过设定支持度阈值来区分频繁项集和非频繁项集，实现从数据集中寻找频繁项集；设定置信度阈值区分强关联规则与弱关联规则,实现从频繁项集中生成关联规则。因此,在进行关联规则分析时,可以通过两个步骤来实现,即从数据集中寻找频繁项集和从频繁项集中生成关联规则。

1. 从数据集中寻找频繁项集

该过程需要计算各候选项集的支持度,通过剪枝操作和迭代方式找到所有的频繁项集。以下是从数据集中寻找频繁项集的流程。

(1)遍历对象之间所有可能的组合,每种组合构成一个候选项集。

(2)对于每一个项集 A,计算 A 的支持度(A 出现的次数除以记录总数)。

(3)返回所有支持度大于指定阈值的项集,作为频繁项集,其余项集删除剪枝。

(4)通过迭代的方式生成更大的候选项集和频繁项集,直到没有更大的候选项集可以生成为止。

2. 从频繁项集中生成关联规则

该过程需要计算每个频繁项集子集的置信度,从频繁项集中生成关联规则,找到频繁项集中的项之间的关联关系,来确定这些关联关系的强度。以下是从频繁项集中生成关联规则的流程。

(1)对于每个频繁项集,根据其包含的项数,生成关联规则。

(2)对于每个频繁项集的子集,计算置信度并与最小置信度阈值进行比较。

(3)返回置信度大于或等于最小置信度阈值的强关联规则。

基于以上关联规则的原理和流程,便可挖掘频繁项集来发现数据中的关联关系,计算置信度来筛选出强关联规则,通过调整最小支持度和最小置信度阈值控制挖掘结果的数量和质量。

5.1.3　应用领域

关联规则分析的应用领域非常广泛,涵盖了市场营销、推荐系统、医疗、交通、社交网络等多个领域。通过挖掘数据中的关联关系,关联规则分析为各行各业提供了有力的决策支持和业务优化的方法。以下是几个常见的应用领域。

(1)市场篮子分析。关联规则分析被广泛应用于市场篮子分析中,帮助零售商了解消费者购买行为和购物偏好。通过发现频繁项集和强关联规则,零售商可以进行个性化营销,推荐相关产品,提高销售额和客户满意度。

(2)电子商务推荐系统。关联规则分析在电子商务推荐系统中扮演着重要角色。通过分析用户历史购买记录和浏览行为,系统可以发现相关商品之间的关联规则,为用户提供个性化的推荐,提高购买转化率和用户体验。

(3)医疗诊断和预测。关联规则分析在医疗领域有着广泛的应用。通过分析大量的病例数据,可以发现不同病症之间的关联关系,辅助医生进行疾病诊断和预测,这有助于提高医疗效率和准确性,促进患者的康复。

(4)交通流量分析。关联规则分析可以帮助交通管理部门理解交通流量和道路使用模式。通过分析车辆的出行习惯和行驶轨迹,可以发现不同道路之间的关联规则,为交通规划和交通管理提供依据,提高交通流畅度和减少拥堵。

（5）社交网络分析。关联规则分析也可以应用于社交网络中，分析用户之间的关系和交互模式。通过发现用户之间的关联规则，可以进行社交网络推荐、社群发现、舆情分析等，帮助人们更好地了解社交网络中的信息流动和社交行为。

5.2 Apriori 算法

实验视频

Apriori 算法是一种用于频繁项集挖掘的经典算法。频繁项集挖掘是数据挖掘领域的一个重要任务，旨在从大规模数据集中发现经常一起出现的项集合。Apriori 算法通过逐层搜索的方式，快速且高效地找到频繁项集，从而帮助我们了解数据中的关联关系，识别数据中的潜在模式和规律，为进一步的数据分析和决策提供重要支持。Apriori 算法的提出填补了频繁项集挖掘领域的空白，成为该领域的重要里程碑，为高效地发现大规模数据集中的频繁项集和关联规则提供了一种有效的方法。

5.2.1 基本原理

频繁项集挖掘面临的最大难题就是项集的组合爆炸，随着商品数量的增多，该商品网络的规模将变得特别庞大，以至于难以根据传统方法进行统计和计算。为了解决挖掘大规模频繁项集时项集组合爆炸这一问题，Apriori 算法提出了两个基本原理。

1. 先验原理

如果某个项集是频繁的，那么它的所有子集也是频繁的。假设$\{B,C\}$为频繁项集，那么$\{B\}$和$\{C\}$也一定为频繁项集。

2. 支持度反单调性

支持度反单调性是指如果某个项集不是频繁项集，那么它的超集（即包含它的所有项集）也一定不是频繁项集。具体来说，如果一个项集不满足最小支持度要求，那么它的所有超集一定不满足最小支持度要求。因为如果一个项集出现的次数不足以满足最小支持度要求，那么包含它的项集出现的次数一定更少，也就更不可能达到最小支持度要求。例如，假设要挖掘一个超市的交易数据，如果$\{$牛奶,面包$\}$的出现频率不满足最小支持度，那么它的所有超集，如$\{$牛奶$\}$、$\{$面包$\}$，也一定不满足最小支持度要求。因此，可以直接排除这些项集，避免对它们进行不必要的搜索，从而提高算法效率。

可以说，Apriori 算法是一个驾轻熟路的"老司机"，对错误的"道路"进行了提前预判，一旦找到某个不满足条件的"非频繁项集"，包含该集合的其他项集就不需要计算，直接绕开。

5.2.2 算法流程

Apriori 算法能够通过逐层搜索的方式快速发现频繁项集，并利用频繁项集生成关联规则。其算法流程包括频繁项集的生成和剪枝，以及关联规则的生成和过滤。深入理解 Apriori 算法的流程，有助于更好地应用它来挖掘数据中的有用信息。

1. 频繁项集的生成和剪枝

Apriori 算法中频繁项集的生成和剪枝的流程如下。

（1）扫描数据集，从数据集中生成候选 k 项集。

（2）计算每个项集的支持度，删除低于阈值的项集（剪枝），构成频繁项集。

（3）将频繁项集中的元素进行组合，生成候选 $k+1$ 项集。

（4）重复步骤（2）和（3），直到满足以下两个条件之一时，算法结束。

① 频繁 k 项集无法组合生成候选 $k+1$ 项集。

② 所有候选 k 项集支持度都低于指定的最小支持度，无法生成频繁 k 项集。

2. 关联规则的生成和过滤

强关联规则是指置信度高于预设阈值的关联规则。在关联规则中，置信度是指在前提条件（前项）成立的情况下，结论（后项）也成立的概率。当置信度较高时，可以认为前项和后项之间存在较强的依赖关系。如果某个关联规则的置信度高于预设的阈值，就可以认为该关联规则是强关联规则。

当产生频繁项集后，将每个频繁项集拆分成两个非空子集，使用这两个子集来构成关联规则。针对每一个关联规则，分别计算其置信度，仅保留大于或等于最小置信度的关联规则，得到强关联规则。

例 5-1 已知一频繁项集为 $\{A,B,C\}$，能够生成哪些关联规则？

由于频繁项集 $\{A,B,C\}$ 能够被拆分为 3 种两个非空子集的组合：

$\{A\}$ 和 $\{B,C\}$，$\{B\}$ 和 $\{A,C\}$，$\{C\}$ 和 $\{A,B\}$；

因此频繁项集 $\{A,B,C\}$ 能够生成 6 种关联规则：

$\{A \rightarrow B,C\}$，$\{B \rightarrow A,C\}$，$\{C \rightarrow A,B\}$，$\{A,B \rightarrow C\}$，$\{A,C \rightarrow B\}$，$\{B,C \rightarrow A\}$。

例 5-2 有 5 条购物商品订单记录，每条记录表示一个顾客的购物篮内容，如图 5-2 所示。假设最小支持度为 0.5，最小置信度为 0.7，通过 5 条记录，生成频繁项集和关联规则。

订单编号	购买的商品
1	牛奶、面包、尿布
2	可乐、面包、尿布、啤酒
3	牛奶、尿布、啤酒、鸡蛋
4	面包、牛奶、尿布、啤酒
5	面包、牛奶、尿布、可乐

订单编号	购买的商品
①	1，2，3
②	4，2，3，5
③	1，3，5，6
④	2，1，3，5
⑤	2，1，3，4

图 5-2　订单数据处理

（1）准备工作。

将商品用 ID 来代表，牛奶、面包、尿布、可乐、啤酒、鸡蛋的商品 ID 分别设置为 1～6。设置最小支持度为 0.5，最小置信度为 0.7，所有的候选 k 项集为 C_k，所有的频繁 k 项集为 L_k，$k=1,2,3,4,5$，如图 5-2 所示。

（2）频繁项集的生成和剪枝。

① 寻找候选 1 项集 C_1，并计算支持度，过滤低于阈值的项集，构成频繁 1 项集 L_1。以商品项集 $\{1\}$ 为例，其在订单记录中分别出现在编号为 ①、③、④、⑤ 的订单中，共 4 次，因此商品项集 $\{1\}$ 的支持度为 4/5，如图 5-3 所示。

② 寻找候选 2 项集 C_2（将频繁项集 L_1 中的元素进行两两组合），并计算支持度。以商品项集 $\{1,2\}$ 为例，其在订单记录中分别出现在编号为 ①、④、⑤ 的订单中，共 3 次，因此商品

商品项集	支持度
1	4/5
2	4/5
3	5/5
4	2/5
5	3/5
6	1/5

商品项集	支持度
1	4/5
2	4/5
3	5/5
5	3/5

图 5-3　频繁项集的生成和剪枝第①步

项集{1,2}的支持度为 3/5。过滤低于阈值的项集,构成频繁 2 项集 L_2,如图 5-4 所示。

商品项集	支持度
1,2	3/5
1,3	4/5
1,5	2/5
2,3	4/5
2,5	2/5
3,5	3/5

商品项集	支持度
1,2	3/5
1,3	4/5
2,3	4/5
3,5	3/5

图 5-4　频繁项集的生成和剪枝第②步

③ 寻找候选 3 项集 C_3(将频繁项集 L_2 中的元素进行两两组合),并计算支持度。以商品项集{1,2,3}为例,其在订单记录中分别出现在编号为①、④、⑤的订单中,共 3 次,因此商品项集{1,2,3}的支持度为 3/5。过滤低于阈值的项集,构成频繁 3 项集 L_3,如图 5-5 所示。

商品项集	支持度
1,2,3	3/5
1,3,5	2/5
2,3,5	2/5

商品项集	支持度
1,2,3	3/5

图 5-5　频繁项集的生成和剪枝第③步

(3) 关联规则的生成和过滤。

① 当 $k=1$ 时,L_1 频繁项集无法生成关联规则。

② 当 $k=2$ 时,从 L_2 频繁 2 项集得到关联规则{1→2},{2→1},{1→3},{3→1},{2→3},{3→2},{3→5},{5→3},分别计算其置信度,并筛选掉置信度小于 0.7 的关联规则,得到强关联规则,如图 5-6 所示。

商品关联规则	置信度
{1→2}	3/4
{2→1}	3/4
{1→3}	1
{3→1}	4/5
{2→3}	1
{3→2}	4/5
{3→5}	3/5
{5→3}	1

商品强关联规则	置信度
{1→2}	3/4
{2→1}	3/4
{1→3}	1
{3→1}	4/5
{2→3}	1
{3→2}	4/5
{5→3}	1

图 5-6　关联规则的生成和过滤第②步

③ 当 $k=3$ 时,从 L_3 频繁 3 项集得到关联规则 $\{1\rightarrow2,3\}$,$\{2\rightarrow1,3\}$,$\{3\rightarrow1,2\}$,$\{1,2\rightarrow3\}$,$\{1,3\rightarrow2\}$,$\{2,3\rightarrow1\}$,分别计算其置信度,并筛选掉置信度小于 0.7 的关联规则,得到强关联规则,如图 5-7 所示。

商品关联规则	置信度
{1→2,3}	3/4
{2→1,3}	3/4
{3→1,2}	3/5
{1,2→3}	1
{1,3→2}	3/4
{2,3→1}	3/4

商品强关联规则	置信度
{1→2,3}	3/4
{2→1,3}	3/4
{1,2→3}	1
{1,3→2}	3/4
{2,3→1}	3/4

图 5-7 关联规则的生成和过滤第③步

5.2.3 实战准备

使用 Python 来实现关联规则分析的 Apriori 算法,通常可以借助三个实用的工具包来实现,分别为 efficient_apriori、Mlxtend、apyori。在使用这三个工具包前,使用"pip install 工具包名"命令下载安装工具包。

1. efficient_apriori

efficient_apriori 是一个用于实现 Apriori 算法的 Python 库。工具包 efficient_apriori 的优点是效率较高,运行速度快,但返回参数较少,指标相对简单,只能通过置信度生成关联规则,没有相应的提升度指标生成关联规则。

efficient_apriori 相比其他 Apriori 算法的实现,具有更高的效率和更低的内存消耗。它通过优化算法实现了更快的频繁项集和关联规则的生成过程,适用于大规模数据集的挖掘。

使用 efficient_apriori 非常简单,只需要将数据集作为输入,指定最小支持度和最小置信度的阈值,就可以生成频繁项集和关联规则。其主要函数是 apriori(),提供了可选的参数,用于进一步控制算法的挖掘过程,具体如下:

```
from efficient_apriori import apriori
# 假设 transactions 是一个包含交易数据的列表
itemsets, rules = apriori(transactions, min_support = 0.5, min_confidence = 0.2)
```

其中,itemsets 是一个字典,键是项集的长度,值是满足最小支持度要求的项集和它们的支持度。rules 是一个列表,包含满足最小置信度要求的关联规则。

常用参数说明如下。

transactions:数据集,必须是一个列表,其中每个元素是一个集合(表示一条交易记录)。

min_support:最小支持度阈值,用于筛选频繁项集,默认为 0.5。

min_confidence:最小置信度阈值,用于筛选关联规则,默认为 0.5。

max_length:频繁项集的最大长度,默认为 None,表示不限制最大长度。

verbosity:输出信息的详细程度,默认为 1,可选值为 0(不输出)和 1(输出)。

target:关联规则的目标类型,默认为"rules",可以选择"associations"或"items"。

2. MLxtend

MLxtend 是一个用于机器学习的 Python 工具包,它的目标是提供简单易用、高效可靠的机器学习工具,包括特征选择、特征提取、降维、模型评估、集成学习等,使机器学习的实践变得更加简单和高效。其中的 apriori() 和 association_rules() 函数主要用于进行关联规则学习。

1) apriori() 函数

apriori() 是一个用于频繁项集挖掘的函数。在函数中,我们需要提供数据集和最小支持度两个参数,函数会返回一个包含所有满足最小支持度要求的频繁项集的 DataFrame。

用法如下:

```
from mlxtend.frequent_patterns import apriori
# 假设 df 是一个数据集的 DataFrame
frequent_itemsets = apriori(df, min_support = 0.5, use_colnames = True)
```

常用参数说明如下。

df:需要进行关联规则挖掘的数据集,这是必须提供的参数,没有默认值。

min_support(默认为 0.5):最小支持度,用于筛选频繁项集。

use_colnames(默认为 False):是否将列名用作项名。如果为 True,则项名将是列名的字符串,否则将是列名的整数索引。

max_len(默认为 None):频繁项集的最大长度。如果为 None,则不限制长度。

verbose(默认为 0):用于控制输出的详细程度。0 表示不输出任何信息,大于 0 的数表示输出频繁项集的数量。

2) association_rules() 函数

association_rules() 是一个用于生成关联规则的函数。在函数中,我们需要提供频繁项集和评估规则的度量两个参数,函数会返回一个包含所有满足度量阈值要求的关联规则的 DataFrame。

用法如下:

```
from mlxtend.frequent_patterns import association_rules
# 假设 frequent_itemsets 是 apriori 函数返回的频繁项集
rules = association_rules(frequent_itemsets, metric = "confidence", min_threshold = 0.8)
```

常用参数说明如下。

df:需要生成关联规则的频繁项集,这是必须提供的参数,没有默认值。

metric(默认为"confidence"):用于评估关联规则的度量。可以选择"support" "confidence" "lift" "leverage" "conviction"。

min_threshold(默认为 0.8):度量的最小阈值,用于筛选关联规则。

3. apyori

apyori 是一个轻量级的 Python 库,专门用于实现 Apriori 算法。它提供了一个简单而高效的 apriori() 函数,可以用于发现频繁项集和关联规则,其目标是尽量简单和易于使用,因此没有很高的灵活性。

用法如下:

```
from apyori import apriori
# 假设 transactions 是一个包含交易数据的列表
rules = apriori(transactions, min_support = 0.5, min_confidence = 0.2, min_lift = 1.0, max_
length = 2)
```

常用参数说明如下。

transactions:一个包含交易数据的可迭代对象,如列表或集合。这是唯一一个必须提供的参数。

min_support(默认为 0.1):最小支持度,用于筛选频繁项集。支持度是项集在所有交易中出现的频率。

min_confidence(默认为 0.0):最小置信度,用于筛选关联规则。置信度是一条规则的前项和后项同时出现的概率。

min_lift(默认为 0.0):最小提升度,用于筛选关联规则。提升度是一条规则的置信度除以其后项的支持度。

max_length(默认为 None):频繁项集的最大长度。如果为 None,则不限制长度。

根据具体需求,可以调整这些参数来获取所需的频繁项集和关联规则。

表 5-1 展示了上述三个工具包的优缺点,efficient_apriori 和 mlxtend 在功能和灵活性上更强大,适用于大规模数据集和复杂场景;apyori 则更简洁易用,适用于需要快速计算关联规则的场景。根据具体需求和数据情况,我们可以选择合适的工具包。

表 5-1　工具包的优缺点

算　法	优　点	缺　点
efficient_apriori	算法效率高,适用于大规模数据集的频繁项集和关联规则挖掘;提供了较为简洁的 API,易于使用和理解;支持自定义的数据格式,灵活性较高	功能相对比较简单,仅支持关联规则挖掘
Mlxtend	功能丰富,除了 Apriori 算法,还提供了其他常用的数据挖掘算法和工具;集成了 pandas 数据结构,方便数据预处理和结果分析;提供了可视化工具,便于结果展示和解释	算法效率较低,处理大规模数据集时速度较慢;对于一些数据类型(如文本数据)的处理能力相对较弱
apyori	简洁轻量,代码量少,易于理解和修改;不依赖于其他第三方库,安装和使用简单	功能相对较少,仅支持 Apriori 算法进行关联规则挖掘

5.2.4　Apriori 算法案例

例 5-3　以例 5-2 数据为例,使用 efficient_apriori 实现商品关联规则分析。

```
from efficient_apriori import apriori
# 定义数据集
transactions = [['牛奶', '面包', '尿布'],
                ['可乐', '面包', '尿布', '啤酒'],
```

```
                    ['牛奶', '尿布', '啤酒', '鸡蛋'],
                    ['面包', '牛奶', '尿布', '啤酒'],
                    ['面包', '牛奶', '尿布', '可乐']]
# 使用 Apriori 算法生成频繁项集和关联规则
itemsets, rules = apriori(transactions, min_support = 0.5, min_confidence = 0.7)
# 输出频繁项集
print("频繁项集:\n",itemsets)
# 输出关联规则
print("关联规则:\n",rules)
```

如图 5-8 所示,在频繁项集中,"{1:{('牛奶',):4,('面包',):4,('尿布',):5,('啤酒',):3}}"表示该 4 个项集为频繁 1 项集,且('牛奶')和('面包')出现 4 次,('尿布')出现 5 次,('啤酒')出现 3 次。在一元频繁项集中,尿布、牛奶、面包、啤酒是最常被购买的商品。在二元频繁项集中,尿布和牛奶、尿布和面包、牛奶和面包的组合出现的次数较多。在三元频繁项集中,尿布、牛奶和面包的组合出现的次数最多。

```
频繁项集:
{1: {('牛奶',): 4, ('面包',): 4, ('尿布',): 5, ('啤酒',): 3}, 2: {('啤酒', '尿布'): 3,
('尿布', '牛奶'): 4, ('尿布', '面包'): 4, ('牛奶', '面包'): 3}, 3: {('尿布', '牛奶',
'面包'): 3}}
关联规则:
[{啤酒} -> {尿布}, {牛奶} -> {尿布}, {尿布} -> {牛奶}, {面包} -> {尿布}, {尿布} -> {面
包}, {面包} -> {牛奶}, {牛奶} -> {面包}, {牛奶, 面包} -> {尿布}, {尿布, 面包} -> {牛
奶}, {尿布, 牛奶} -> {面包}, {面包} -> {尿布, 牛奶}, {牛奶} -> {尿布, 面包}]
```

图 5-8　使用 efficient_apriori 实现 Apriori 算法案例代码运行结果

从关联规则中可知,购买啤酒的人往往也会购买尿布,购买牛奶的人往往也会购买尿布……,这些商品存在强烈的关联性,可以为超市的销售策略提供有价值的参考。

例 5-4　利用自行车购买情况数据(表 5-2 为部分数据),使用 Mlxtend 实现自行车商品 Apriori 算法关联规则分析。假设最小支持度为 0.02,最小置信度为 0.5。

表 5-2　金融产品购买数据(部分)

OrderNumber	LineNumber	Model
cumid51178	1	山地英骑
cumid51178	2	山地车水壶架
cumid51178	3	运动水壶
cumid51184	1	山地英骑
cumid51184	2	hl 山地外胎
cumid51184	3	山地车内胎
cumid51184	4	运动型头盔
cumid51181	1	普通公路车
cumid51181	2	公路车内胎
cumid51181	3	hl 公路外胎
cumid51181	4	运动型头盔
cumid51188	1	竞速公路车
cumid51180	1	普通公路车
cumid51180	2	公路车水壶架

续表

OrderNumber	LineNumber	Model
cumid51180	3	运动水壶
cumid51180	4	运动型头盔
cumid51180	5	长袖骑车衣

```python
import pandas as pd
from mlxtend.preprocessing import TransactionEncoder
from mlxtend.frequent_patterns import apriori
from mlxtend.frequent_patterns import association_rules

# 导入数据集
bike = pd.read_csv('./data/bike_data.csv', encoding = 'gbk')
bike.head(10)                                # 显示前10条数据
baskets = bike.groupby('OrderNumber')['Model'].apply(lambda x :x.tolist())
                                             # 对数据进行分组聚合
baskets = list(baskets)
baskets[:5]
# 转换为算法可接受的形式(布尔值)
te = TransactionEncoder()
baskets_tf = te.fit_transform(baskets)
df = pd.DataFrame(baskets_tf,columns = te.columns_)
# 设置支持度求频繁项集
frequent_itemsets = apriori(df,min_support = 0.02,use_colnames = True)
# 求关联规则,设置最小置信度为0.15
rules = association_rules(frequent_itemsets,metric = 'confidence',min_threshold = 0.5)
# 设置最小提升度
# rules = rules.drop(rules[rules.lift < 1.0].index)
# 设置标题索引并打印结果
rules.rename(columns = {'antecedents':'前项','consequents':'后项','support':'支持度',
'confidence':'置信度'}, inplace = True)
rules = rules[['前项','后项','支持度','置信度']]
print(rules)
```

以上代码首先通过 pandas 处理数据,然后将数据按照订单编号进行分组聚合,每个分组代表一次交易,分组中的元素是购买的自行车相关产品。使用 Mlxtend 库的 TransactionEncoder 将数据转换为布尔值形式,再使用 Apriori 函数对数据进行处理,设置最小支持度为 0.02。最后,使用 association_rules()函数求出关联规则,设置最小置信度为 0.5,并打印出所有的关联规则。

由图 5-9 输出结果可知,每一条规则表示一种自行车相关商品购买的模式。例如,'hl 公路外胎 → 公路车内胎'表示购买了 hl 公路外胎的人,往往也会购买公路车内胎。这些规则可以帮助我们理解产品之间的关联性,以便进行更有效的自行车相关商品市场策略定制。

例 5-5 利用金融产品购买数据(表 5-3 为部分数据),使用 apyori 实现金融产品交叉销售数据 Apriori 算法关联规则分析。假设最小支持度为 0.06,最小置信度为 0.5。

	前项	后项	支持度	置信度
0	(h1公路外胎)	(公路车内胎)	0.025970	0.686567
1	(h1山地外胎)	(山地车内胎)	0.043049	0.687453
2	(11公路车外胎)	(公路车内胎)	0.024277	0.526531
3	(11山地胎)	(山地车内胎)	0.021077	0.560701
4	(m1公路外胎)	(公路车内胎)	0.027288	0.651685
5	(m1山地外胎)	(山地车内胎)	0.034204	0.671283
6	(公路车水壶架)	(运动水壶)	0.071183	0.888954
7	(山地车水壶架)	(运动水壶)	0.076359	0.836167
8	(旅游自行车外胎(通用))	(旅游车内胎)	0.035662	0.860386
9	(旅游车内胎)	(旅游自行车外胎(通用))	0.035662	0.542591
10	(运动水壶, 竞速公路车)	(公路车水壶架)	0.022818	1.000000
11	(竞速公路车, 公路车水壶架)	(运动水壶)	0.022818	0.867621
12	(运动水壶, 山地英骑)	(山地车水壶架)	0.027711	1.000000
13	(山地英骑, 山地车水壶架)	(运动水壶)	0.027711	0.812414
14	(运动型头盔, 山地车水壶架)	(运动水壶)	0.020983	0.838346

图 5-9   使用 Mlxtend 实现 Apriori 算法案例代码运行结果

（数据来源：https://www.heywhale.com/mw/dataset/6143752707bcea0017fb3c79）

表 5-3   金融产品购买数据（部分）

用户编号	购买产品
0	华小智 2 号产品,华小智 4 号产品,华小智 5 号产品,华小智 6 号产品
1	华大智 1 号产品,华大智 2 号产品,华大智 5 号产品,华大智 6 号产品
2	华小智 9 号产品,华小智 10 号产品,华小智 12 号产品
3	华大智 1 号产品,华大智 5 号产品
4	华大智 5 号产品,华大智 6 号产品
5	华中智 2 号产品
6	华大智 2 号产品,华大智 3 号产品,华大智 6 号产品
7	华小智 7 号产品,华小智 8 号产品,华小智 11 号产品
8	华大智 1 号产品,华大智 3 号产品,华大智 4 号产品,华大智 5 号产品
9	华中智 2 号产品,华中智 5 号产品
10	华大智 3 号产品,华大智 4 号产品,华大智 5 号产品,华大智 6 号产品

（数据来源：https://www.heywhale.com/mw/dataset/63b6dc26d7cb371f6b1bc437/file）

```python
import pandas as pd
from apyori import apriori

# 导入数据集
df = pd.read_excel('./data/金融产品购买数据.xlsx')
df.head(10)                          # 显示列表前 10 条数据

# 转换为双重列表结构
products = []
for i in df['购买产品'].tolist():
    products.append(i.split(','))
products[:10]                        # 显示列表前 10 条记录

# 通过 apyori 库来实现 Apriori 算法
rules = apriori(products, min_support = 0.06, min_confidence = 0.5)
results = list(rules)
print(" ================= 关联规则 ================= ")
for i in results:                    # 遍历 results 中的每一个频繁项集
```

```
for j in i.ordered_statistics:          # 获取频繁项集中的关联规则
    X = j.items_base                     # 关联规则的前件
    Y = j.items_add                      # 关联规则的后件
    x = ', '.join([item for item in X])  # 连接前件中的元素
    y = ', '.join([item for item in Y])  # 连接后件中的元素
    if x != '':                          # 防止出现关联规则前件为空的情况
        print(x + '→' + y)               # 通过字符串拼接的方式更好地呈现结果
```

以上代码首先使用 pandas 处理数据,然后将数据转换为双重列表结构,每个列表代表一次交易,列表中的元素是购买的产品。使用 apyori 库的 Apriori() 函数对数据进行处理,设置最小支持度为 0.06,最小置信度为 0.5。最后,遍历结果,打印出所有的关联规则。

由图 5-10 输出结果可知,每一条规则表示一种产品购买的模式,例如,'华中智 1 号产品 → 华中智 3 号产品'表示购买了华中智 1 号产品的人,往往也会购买华中智 3 号产品。其中有很多产品之间存在强烈的关联性,例如华大智 1 号产品和华大智 2 号产品、华大智 3 号产品、华大智 4 号产品、华大智 6 号产品,以及华小智 10 号产品和华小智 11 号产品、华小智 7 号产品、华小智 8 号产品、华小智 9 号产品等。这些关联规则可以为金融产品的销售策略提供有价值的参考。

```
================关联规则================
华中智1号产品  →  华中智3号产品
华中智3号产品  →  华中智1号产品
华中智3号产品  →  华中智6号产品
华中智6号产品  →  华中智3号产品
华大智1号产品  →  华大智2号产品
华大智1号产品  →  华大智3号产品
华大智1号产品  →  华大智4号产品
华大智4号产品  →  华大智1号产品
华大智1号产品  →  华大智6号产品
华大智6号产品  →  华大智1号产品
华大智2号产品  →  华大智6号产品
华大智3号产品  →  华大智6号产品
华大智6号产品  →  华大智3号产品
华大智4号产品  →  华大智5号产品
华大智5号产品  →  华大智4号产品
华大智4号产品  →  华大智6号产品
华小智10号产品  →  华小智11号产品

华小智10号产品  →  华小智7号产品
华小智7号产品  →  华小智10号产品
华小智10号产品  →  华小智8号产品
华小智8号产品  →  华小智10号产品
华小智10号产品  →  华小智9号产品
华小智9号产品  →  华小智10号产品
华小智11号产品  →  华小智7号产品
华小智7号产品  →  华小智11号产品
华小智11号产品  →  华小智8号产品
华小智8号产品  →  华小智11号产品
华小智11号产品  →  华小智9号产品
华小智9号产品  →  华小智11号产品
华小智12号产品  →  华小智7号产品
华小智7号产品  →  华小智12号产品
华小智1号产品  →  华小智3号产品
华小智3号产品  →  华小智1号产品
华小智1号产品  →  华小智6号产品
华小智6号产品  →  华小智1号产品

华小智7号产品  →  华小智8号产品
华小智8号产品  →  华小智7号产品
华小智7号产品  →  华小智9号产品
华小智9号产品  →  华小智7号产品
```

图 5-10 使用 apyori 实现 Apriori 算法案例代码运行结果

5.3 FP-growth 算法

FP-growth 算法的开端可以追溯到 20 世纪 90 年代末,当时数据集规模日益增大,传统的关联规则挖掘算法面临着效率低下的问题。为了解决这个问题,Jiawei Han 和 Jian Pei 等学者提出了 FP-growth 算法,其中 FP 代表频繁模式(Frequent Pattern),growth 表示通过树的生长来实现频繁模式的挖掘。

FP-growth 算法在实际应用中具有广泛的应用价值。它可以用于挖掘大规模数据集中的频繁模式,例如购物篮分析、网络日志分析等。通过挖掘频繁模式,FP-growth 算法可以生成关联规则,用于分析商品之间的关联性,例如超市中商品的搭配销售,还可以应用于推荐系统,通过挖掘用户行为数据中的频繁模式,为用户提供个性化的推荐。

5.3.1 基本原理

FP-growth 算法的基本原理是通过构建 FP 树来压缩事务数据集。与传统的基于候选项集的算法相比,FP-growth 算法通过 FP 树的构建和遍历,避免了生成候选项集的过程,从而大大减少了时间和空间的开销。在挖掘过程中,FP-growth 算法会递归地处理 FP 树的每个节点,通过连接该节点的条件模式基,构建新的 FP 树,然后继续挖掘频繁模式,这种递归的方式使得 FP-growth 算法能够高效地挖掘频繁模式。相比于 Apriori 对每个潜在的频繁项集都扫描数据集判定是否满足支持度,FP-growth 算法只需要遍历两次数据库,因此它在大数据集上的速度显著优于 Apriori。

为更好地理解该算法的原理,下面介绍两个关于 FP-growth 的基本概念。

1. FP-Tree(FP 树)

FP 树是一种紧凑的数据结构,它将具有相同前缀的项集连接在一起来表示频繁模式,根节点是空集,节点上是单个元素,保存了它在数据集中的出现次数,出现次数越多的元素越接近根。此外,节点之间通过链接(link)相连,只有相似元素会被连起来,连起来的元素又可以看成链表。同一个元素可以在 FP 树中多次出现,根据位置不同,对应着不同的频繁项集。

构建 FP 树的具体方法是把事务数据表中的各个事务数据项按照支持度排序后,把每个事务中的数据项按降序依次插入到一棵以 NULL 为根节点的树中,如图 5-11 所示,同时在每个节点处记录该节点出现的支持度。通过构建 FP 树,FP-growth 算法可以将原始数据进行合并整合,将共现过的元素放在树的同一分支下,这样可以快速找到与目标元素共现过的元素集合,高效地挖掘频繁模式。

2. 条件模式基

在构建 FP 树的过程中,会为每个项维护一个条件模式基。条件模式基是指从某个项的节点到根节点的路径上的所有事务集合。当插入一个事务到 FP 树中时,更新所有项的条件模式基。创建条件模式基的过程即是去发现双项集、三项集、四项集等的过程,每个条件模式基中的项头表中保存的元素的计数,即表示了在以目标元素为条件出现的前提下,该元素出现的次数。

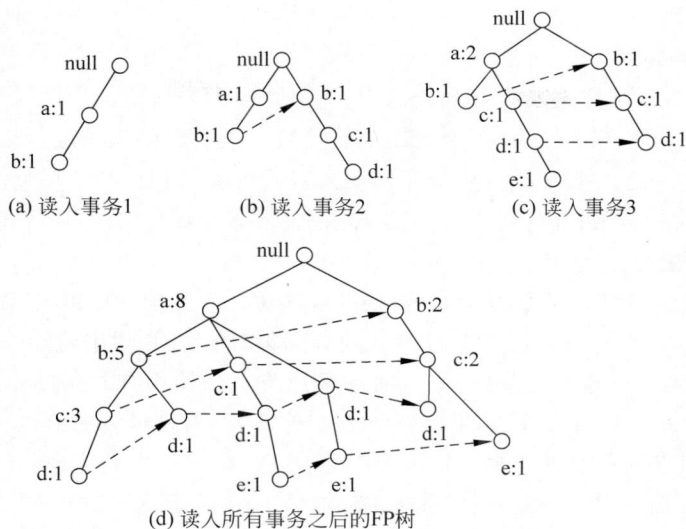

(a) 读入事务1　　(b) 读入事务2　　(c) 读入事务3

(d) 读入所有事务之后的FP树

图 5-11　构建 FP 树

FP-growth 算法引入了一些数据结构来临时存储数据,该数据结构包括三部分,如图 5-12 所示。第一部分是项头表,其中记录了所有的频繁 1 项集出现的次数,按照次数降序排列,如图中 A 在所有 5 组数据中出现了 4 次,因此排在第一位;第二部分是 FP树,它将原始数据集映射到了内存中的一棵 FP 树;第三部分是节点链,所有项头表里的 1 项频繁集都是一个节点链的头,它依次指向 FP 树中该 1 项频繁集出现的位置,方便项头表和 FP 树之间的联系查找和更新。

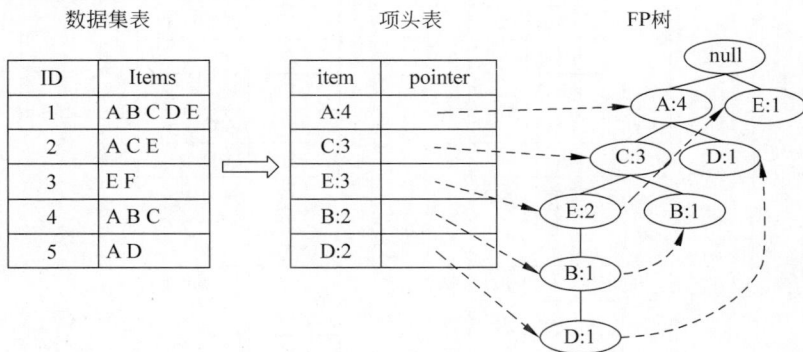

图 5-12　FP-growth 算法数据结构

5.3.2　算法流程

FP 树算法包括以下几步:首先统计每个项的频率,并按照频率降序对每个事务进行排序。接着构建 FP 树,对于每个事务,按照排序后的顺序,将项插入 FP 树中。为每个项构建条件模式基,从 FP 树的叶节点向上遍历,找到每个项的条件模式基。对于每个项递归挖掘频繁模式,以其条件模式基为事务数据集,重复以上步骤,直到不能再构建 FP 树为止。本节将对其中几个关键步骤进行详细的介绍,包括项头表的建立、FP 树的建立和

FP 树的挖掘。

1. 项头表的建立

FP 树的建立需要首先依赖项头表的建立,建立项头表需要经历两次扫描数据集。

第一次扫描数据,得到所有频繁 1 项集的计数。然后删除支持度低于阈值的项,将 1 项频繁集放入项头表,并按照支持度降序排列。为了在建立 FP 树时,可以尽可能地共用祖先节点,在第二次扫描数据时,对于每条数据剔除非频繁 1 项集,并按照支持度降序排列。

2. FP 树的建立

基于项头表和排序后的数据集,开始建立 FP 树。开始时 FP 树没有数据,只有一个空的根节点,建立 FP 树时遍历读取排序后的数据集,插入 FP 树中,插入时按照排序后的顺序,排序靠前的节点是祖先节点,靠后的是子孙节点。如果有共用的祖先,则对应的共用祖先节点计数加 1。插入后,如果有新节点出现,则项头表对应的节点会通过节点链表链接上新节点。直到所有的数据都插入 FP 树后,FP 树的建立完成。

例 5-6 假设有一数据集包含 5 条数据,如图 5-12 所示,假设最小支持度为 30%,对其进行 FP 树的建立。

(1)项头表的建立。

第一次扫描数据,对 1 项集计数,其中可以发现 A、B、C、D、E、F 分别出现 4、3、3、2、2、1 次,根据设定的支持度阈值 30%,过滤掉 F,那么剩下的 A、C、E、B、D 按照支持度的大小降序排列,组成项头表。通过两次扫描,项头表建立完毕,并得到排序后的数据集,如图 5-13 所示。

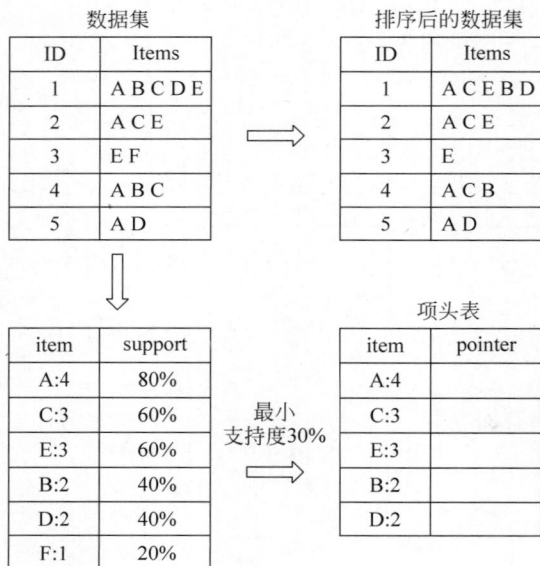

数据集	
ID	Items
1	A B C D E
2	A C E
3	E F
4	A B C
5	A D

排序后的数据集	
ID	Items
1	A C E B D
2	A C E
3	E
4	A C B
5	A D

item	support
A:4	80%
C:3	60%
E:3	60%
B:2	40%
D:2	40%
F:1	20%

最小支持度30%

项头表	
item	pointer
A:4	
C:3	
E:3	
B:2	
D:2	

图 5-13 建立项头表和排列数据集

(2)FP 树的建立。

插入第 1 条数据 ACEBF,如图 5-14 左侧所示,此时 FP 树没有节点,因此 ACEBD 是一个独立的路径,所有节点计数为 1,项头表通过节点链表链接上对应的新增节点。

第1条数据：A C E B D
项头表

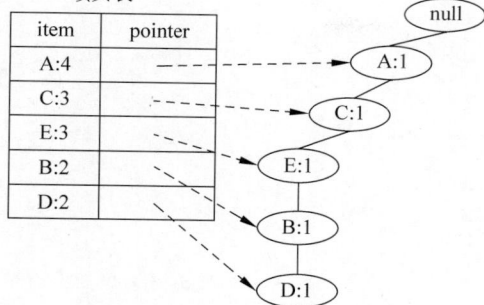

第2条数据：A C E
项头表

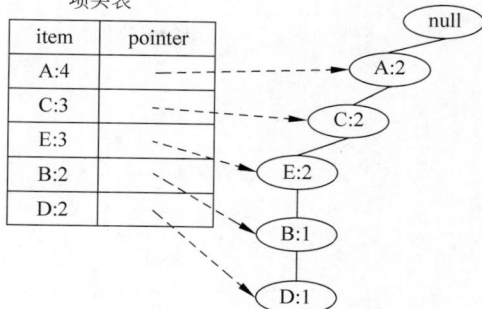

图 5-14　插入第 1 条和第 2 条数据的 FP 树

插入第 2 条数据 ACE，如图 5-14 右侧所示。由于 ACE 和现有的 FP 树可以有共同的祖先节点序列 ACE，因此只需要将 A、C、E 节点的计数加 1 成为 2。

参考以上步骤更新后面 3 条数据，如图 5-15 和图 5-16 所示，得到最终的 FP 树。

第3条数据：E
项头表

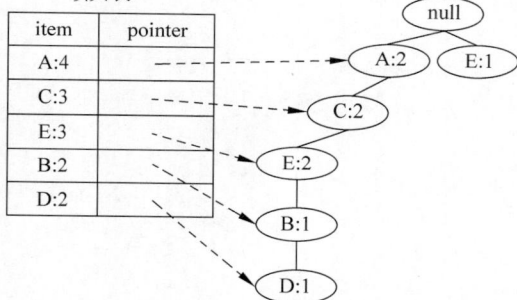

第4条数据：A C B
项头表

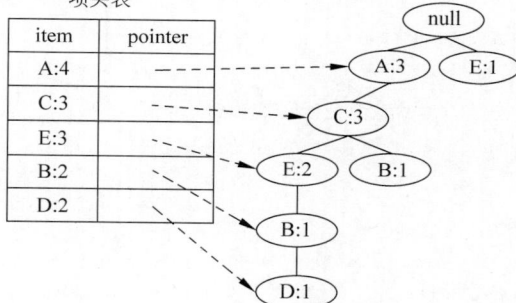

图 5-15　插入第 3 条和第 4 条数据的 FP 树

第5条数据：A D
项头表

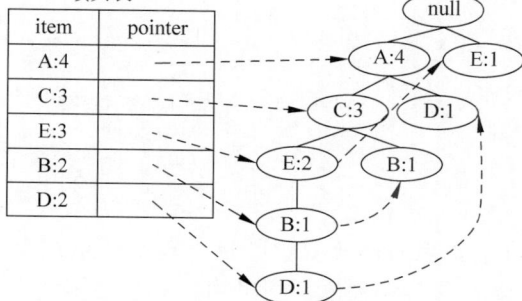

图 5-16　插入第 5 条数据的 FP 树

在实际使用过程中，构建 FP 树的 Python 代码如下：

定义树节点代码如下：name 存放节点名字，count 用于计数，nodeLink 用于连接相似节点（即图中虚线箭头），parent 用于存放父节点，children 存放子节点（即实线），disp

用于输出调试。

```
class treeNode:
    def __init__(self, nameValue, numOccur, parentNode):
        self.name = nameValue
        self.count = numOccur
        self.nodeLink = None
        self.parent = parentNode
        self.children = {}

    def inc(self, numOccur):
        self.count += numOccur

    def disp(self, ind = 1):
        print ' ' * ind, self.name, ' ', self.count
        for child in self.children.values():
            child.disp(ind + 1)
```

更新 FP 树代码如下：首先判断 items 的第一个节点是否已经作为子节点存在，如果存在则增加该节点的计数，如果不存在则创建新的分支。然后根据频繁项集的链表的情况更新链表。

```
def updateHeader(nodeToTest, targetNode):
    while nodeToTest.nodeLink != None:
        nodeToTest = nodeToTest.nodeLink
    nodeToTest.nodeLink = targetNode
def updateFPtree(items, inTree, headerTable, count):
    if items[0] in inTree.children:
        # 判断 items 的第一个节点是否已作为子节点
        inTree.children[items[0]].inc(count)
    else:
        # 创建新的分支
        inTree.children[items[0]] = treeNode(items[0], count, inTree)
        # 更新相应频繁项集的链表，往后添加
        if headerTable[items[0]][1] == None:
            headerTable[items[0]][1] = inTree.children[items[0]]
        else:
            updateHeader(headerTable[items[0]][1], inTree.children[items[0]])
    # 递归
    if len(items) > 1:
        updateFPtree(items[1::], inTree.children[items[0]], headerTable, count)
```

创建 FP 树代码如下：首先统计数据集中每个元素的出现次数，然后根据最小支持度删除不满足条件的元素。接着根据统计结果构建频繁项集的链表。最后遍历数据集，对每个样本进行过滤和排序，并使用 updateFPtree 函数更新 FP 树。

```
def createFPtree(dataSet, minSup = 1):
    headerTable = {}
    for trans in dataSet:
```

```
        for item in trans:
            headerTable[item] = headerTable.get(item, 0) + dataSet[trans]
    for k in headerTable.keys():
        if headerTable[k] < minSup:
            del(headerTable[k])              ♯ 删除不满足最小支持度的元素
    freqItemSet = set(headerTable.keys())    ♯ 满足最小支持度的频繁项集
    if len(freqItemSet) == 0:
        return None, None
    for k in headerTable:
        headerTable[k] = [headerTable[k], None] ♯ element: [count, node]

    retTree = treeNode('Null Set', 1, None)
    for tranSet, count in dataSet.items():
        ♯ dataSet:[element, count]
        localD = {}
        for item in tranSet:
            if item in freqItemSet:          ♯ 过滤, 只取该样本中满足最小支持度的频繁项
                localD[item] = headerTable[item][0]   ♯ element : count
        if len(localD) > 0:
            ♯ 根据全局频数从大到小对单样本排序
            orderedItem = [v[0] for v in sorted(localD.items(), key = lambda p:p[1],
reverse = True)]
            ♯ 用过滤且排序后的样本更新树
            updateFPtree(orderedItem, retTree, headerTable, count)
    return retTree, headerTable
```

3. 频繁项集的挖掘

基于 FP 树、项头表以及节点链表来挖掘频繁项集,首先要从项头表的底部项依次向上挖掘。对于项头表对应于 FP 树的每一项,要找到它的条件模式基,即要挖掘的节点作为叶节点所对应的 FP 子树,得到这个 FP 子树,将子树中每个节点的计数设置为叶节点的计数,并删除计数低于支持度的节点。基于该条件模式基,可以递归挖掘得到频繁项集。找到一个项目对应的所有条件模式基之后,可以利用条件模式基的集合创建条件 FP 树迭代收集频繁项集。

例 5-7 以例 5-6 数据集的 5 条数据为例,假设最小支持度为 30%,对其进行条件模式基和频繁项集的挖掘。

先从最底下的 D 节点开始,寻找 D 节点的条件模式基。由于 D 在 FP 树中有 2 个节点,因此候选就有图 5-17 左侧所示的 2 条路径,对应{A:4,C:3,E:2,B:1,D:1,D:1}。接着将所有的祖先节点计数设置为叶节点的计数,即 FP 子树变成{A:2,C:1,E:1,B:1,D:1,D:1}。一般情况下条件模式基可以不写叶节点,因此 D 的条件模式基如图 5-17 右侧所示。

得到 D 的频繁 2 项集为{A:2,D:1},{C:1,D:1},{E:1,D:1},{B:1,D:1}。递归合并 2 项集,得到频繁 3 项集为{A:2,C:1,D:1},{A:2,E:1,D:1}……一直递归下去,最大的频繁项集为频繁 5 项集,为{A:2,C:1,E:1,B:1,D:1}。

D 挖掘完后,开始挖掘 B 节点。由于 B 节点有两个叶节点,比 D 节点更复杂,首先得到 FP 子树如图 5-18 左侧所示。接着将所有的祖先节点计数设置为叶节点的计数,即变

项头表

item	pointer
A:4	
C:3	
E:3	
B:2	
D:2	

D的条件模式基

item	pointer
A:1	
C:1	
E:1	
B:1	

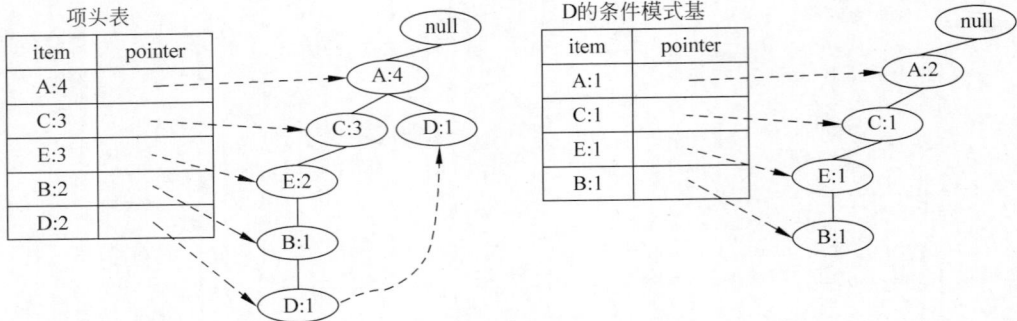

图 5-17　D 的条件模式基

成{A:2，C:2，E:1，B:1，B:1}，此时由于 E 节点在条件模式基里面的支持度低于阈值，因此被删除，最终在去除低支持度节点并不包括叶节点后 B 的条件模式基为{A:2，C:2}。通过它，能够得到 B 的频繁 2 项集为{A:2,B:2},{C:2,B:2}。B 对应的最大的频繁项集为频繁 3 项集，递归合并 2 项集，得到频繁 3 项集为{A:2,C:2,B:2}。D 的条件模式基如图 5-18 右侧所示。

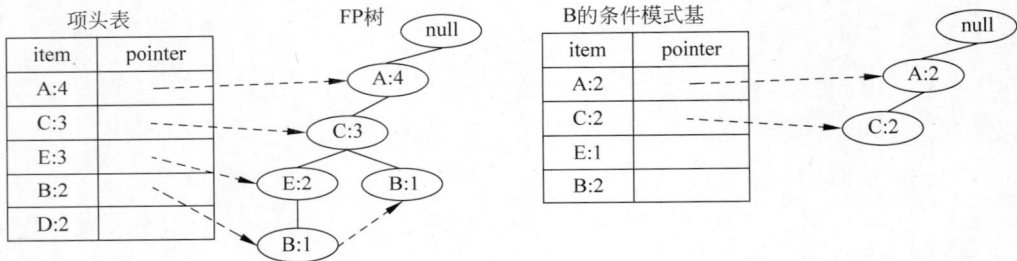

项头表

item	pointer
A:4	
C:3	
E:3	
B:2	
D:2	

B的条件模式基

item	pointer
A:2	
C:2	
E:1	
B:2	

图 5-18　B 的条件模式基

E 的条件模式基如图 5-19 所示，递归挖掘到 E 的最大频繁项集为频繁 3 项集{A:2，C:2，E:2}。

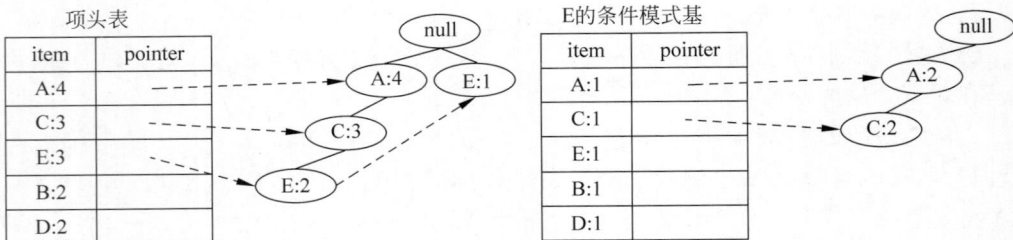

项头表

item	pointer
A:4	
C:3	
E:3	
B:2	
D:2	

E的条件模式基

item	pointer
A:1	
C:1	
E:1	
B:1	
D:1	

图 5-19　E 的条件模式基

C 的条件模式基如图 5-20 所示，递归挖掘到 C 的最大频繁项集为频繁 2 项集{A:3，C:3}。

对于 A，由于它的条件模式基为空，无须挖掘，至此便挖掘到了所有的频繁项集。

这里给出迭代收集频繁项集的代码。

项头表

item	pointer
A:4	- - - - - - -
C:3	- - - - - - -
E:3	
B:2	
D:2	

null

A:4

C:3

C的条件模式基

item	pointer
A:4	- - - - - - -
C:3	- - - - - - -
E:2	
B:2	

null

A:3

C:3

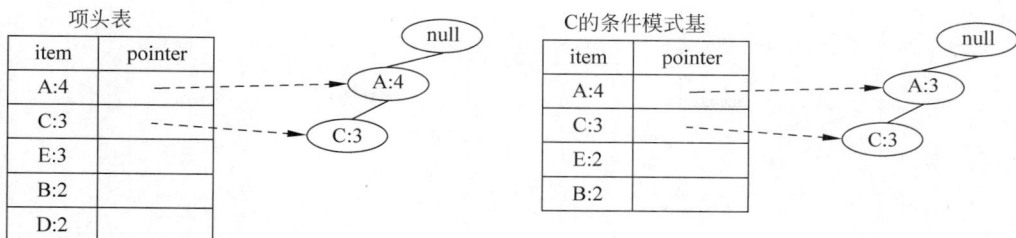

图 5-20   C 的条件模式基

```
# 递归回溯
def ascendFPtree(leafNode, prefixPath):
    if leafNode.parent != None:
        prefixPath.append(leafNode.name)
        ascendFPtree(leafNode.parent, prefixPath)
# 条件模式基
def findPrefixPath(basePat, myHeaderTab):
    treeNode = myHeaderTab[basePat][1]        # basePat 在 FP 树中的第一个节点
    condPats = {}
    while treeNode != None:
        prefixPath = []
        ascendFPtree(treeNode, prefixPath)    # prefixPath 是从 treeNode 开始到根
        if len(prefixPath) > 1:
            condPats[frozenset(prefixPath[1:])] = treeNode.count
                                              # 关联 treeNode 的计数
        treeNode = treeNode.nodeLink          # 下一个 basePat 节点
return condPats
```

以上代码是实现 FP-growth 算法中的递归回溯和查找条件模式基的过程。函数 ascendFPtree 用于递归回溯 FP 树，找到给定叶节点到根节点的路径。它首先判断叶节点的父节点是否为空，如果不为空，则将叶节点的名称添加到 prefixPath 列表中，并继续递归回溯父节点。这样最终得到的 prefixPath 列表就是从叶节点到根节点的路径。函数 findPrefixPath() 用于查找给定元素的条件模式基。它首先通过 myHeaderTab 字典找到给定元素在 FP 树中的第一个节点。然后在 FP 树中沿着 nodeLink 属性遍历该元素的所有节点。对于每个节点，调用 ascendFPtree 函数得到从该节点到根节点的路径，并将路径的第二个元素到最后一个元素构成一个新的频繁项集，并将该频繁项集与节点的计数关联存储在 condPats 字典中。最后返回 condPats 字典，其中存储了所有满足条件的频繁项集及其计数。

```
def mineFPtree(inTree, headerTable, minSup, preFix, freqItemList):
    # 最开始的频繁项集是 headerTable 中的各元素
    bigL = [v[0] for v in sorted(headerTable.items(), key = lambda p:p[1])]
                                              # 根据频繁项的总频次排序
for basePat in bigL:                          # 对每个频繁项
        newFreqSet = preFix.copy()
        newFreqSet.add(basePat)
        freqItemList.append(newFreqSet)
        condPattBases = findPrefixPath(basePat, headerTable)
                                              # 当前频繁项集的条件模式基
```

```
        myCondTree, myHead = createFPtree(condPattBases, minSup)
                                        # 构造当前频繁项的条件 FP 树

        if myHead != None:
            # print 'conditional tree for: ', newFreqSet
            # myCondTree.disp(1)
            mineFPtree(myCondTree, myHead, minSup, newFreqSet, freqItemList)
                                        # 递归挖掘条件 FP 树
```

（参考代码：https://github.com/SongDark/FPgrowth）

以上代码是实现 FP-growth 算法中的挖掘 FP 树的过程。函数 mineFPtree()用于挖掘 FP 树并生成频繁项集。它首先通过对 headerTable 进行排序，得到频繁项集的列表 bigL。然后对于每个频繁项，创建一个新的频繁项集 newFreqSet，将其添加到 freqItemList 中。接着调用 findPrefixPath()函数找到当前频繁项集的条件模式基 condPattBases，再调用 createFPtree()函数构建当前频繁项的条件 FP 树 myCondTree 和条件 FP 树的头指针表 myHead。如果 myHead 不为空，说明当前频繁项的条件 FP 树非空，可以继续挖掘。然后递归调用 mineFPtree()函数，传入条件 FP 树和头指针表，以及新的频繁项集 newFreqSet 和 freqItemList，继续挖掘条件 FP 树，这个函数通过递归调用自身，不断构建条件 FP 树并挖掘，直到没有更多频繁项集为止。最终得到的 freqItemList 中存储了所有满足最小支持度的频繁项集。

5.3.3 实战准备

在 Python 中，有一些常用的工具包可以实现 FP-growth 算法，包括 MLxtend 和 pyfpgrowth，这些工具包都提供了方便的 API 和函数来实现 FP-growth 算法，并且可以适用于不同的数据集和应用场景。

1. MLxtend

MLxtend 是一个功能强大的机器学习扩展库，其中包含了 FP-growth 算法的实现。可以使用 mlxtend.frequent_patterns.fpgrowth()函数来运行 FP-growth 算法。使用前需使用命令 pip install mlxtend 进行安装。

用法如下：

```
from mlxtend.frequent_patterns import fpgrowth
# 假设 df 是一个包含交易数据的 DataFrame
itemsets = fpgrowth(df, min_support = 0.5, use_colnames = True)
```

常用参数说明如下。

df：一个 pandas DataFrame，其中每一列代表一个项，每一行代表一个交易。项的值应为布尔值或二进制值。

min_support（默认为 0.5）：最小支持度，用于筛选频繁项集。

use_colnames（默认为 False）：如果为 True，则使用项的名称而不是列标签。

max_len（默认为 None）：频繁项集的最大长度。如果为 None，则不限制长度。

verbose（默认为 0）：控制执行过程的详细程度。如果大于 0，则打印进度。

2. pyfpgrowth

pyfpgrowth 是一个专门用于频繁模式挖掘的 Python 库,使用前需使用命令 pip install pyfpgrowth 进行安装。其主要函数有两个:find_frequent_itemsets()和 generate_association_rules()。

1) find_frequent_itemsets()

用法如下:

```
pyfpgrowth.find_frequent_itemsets(transactions, minimum_support, include_support = False)
```

常用参数说明如下。

transactions:一个包含交易数据的可迭代对象,如列表或集合。这是唯一一个必须提供的参数。

support_threshold:一个整数,表示支持度阈值,只有当一个项集在所有交易中出现的次数达到这个阈值时,才会被认为是频繁的。

2) generate_association_rules()

用法如下:

```
mport pyfpgrowth
# 假设 transactions 是一个包含交易数据的列表
patterns = pyfpgrowth.find_frequent_itemsets(transactions, minimum_support = 2, include_support = True)
```

常用参数说明如下。

patterns:一个字典,键是项集,值是项集的支持度计数。这个字典通常是 find_frequent_patterns()函数的输出。

confidence_threshold:一个浮点数,表示置信度阈值,只有当一个规则的置信度达到这个阈值时,才会被输出。

5.3.4　FP-growth 算法案例

例 5-8　利用自行车购买情况数据,使用 MLxtend 实现自行车商品 FP-growth 算法关联规则分析。假设最小支持度为 0.02,最小置信度为 0.5。

```
import pandas as pd
from mlxtend.preprocessing import TransactionEncoder
from mlxtend.frequent_patterns import fpgrowth
from mlxtend.frequent_patterns import association_rules

# 导入数据集并转换形式
bike = pd.read_csv('./data/bike_data.csv', encoding = 'gbk')
baskets = bike.groupby('OrderNumber')['Model'].apply(lambda x :x.tolist())
                              # 使用 groupby 方法将同一 OrderNumber 的商品合成一条数据
baskets = list(baskets)
baskets_df = pd.DataFrame(baskets)
df_arr = baskets_df.stack().groupby(level = 0).apply(list).tolist()
```

```
te = TransactionEncoder()
df_tf = te.fit_transform(df_arr)
df = pd.DataFrame(df_tf, columns = te.columns_)

# 求频繁项集
frequent_itemsets = fpgrowth(df, min_support = 0.05, use_colnames = True)
              # use_colnames = True 表示使用元素名字,默认的 False 表示使用列名代表元素
frequent_itemsets.sort_values(by = 'support', ascending = False, inplace = True)
                                             # 频繁项集可以按支持度排序
print("频繁项集:")
print(frequent_itemsets[frequent_itemsets.itemsets.apply(lambda x: len(x)) >= 2])
                                        # 选择长度 >= 2 的频繁项集并打印

# 求关联规则
association_rule = association_rules(frequent_itemsets, metric = 'confidence', min_
threshold = 0.1)
association_rule.sort_values(by = 'confidence', ascending = False, inplace = True)
                                             # 关联规则可以按置信度排序
print("\n 关联规则:")
print(association_rule)
```

以上代码使用 pandas 进行数据处理,TransactionEncoder 用于将数据集转换为适用于 fpgrowth 算法的格式,fpgrowth 用于进行频繁项集挖掘,association_rules 用于挖掘关联规则。通过调用 fpgrowth()函数,并指定最小支持度 min_support 和 use_colnames 参数,函数将返回一个包含频繁项集的 DataFrame。其中,min_support 表示频繁项集的最小支持度阈值,use_colnames 表示是否使用商品名称作为频繁项集的列名。最后,使用 association_rules()函数对频繁项集进行关联规则挖掘。通过调用 association_rules()函数,并指定 metric 和 min_threshold 参数,函数将返回一个包含关联规则的 DataFrame,metric 表示评估关联规则质量的指标,min_threshold 表示关联规则的最小阈值。

由图 5-21 输出结果可知,由于关联规则按照置信度从大到小依次排列输出,因此,购买'公路车水壶架'的人中,有约 88.89％的人也购买了'运动水壶',这两个产品的关联度最高,可以进行捆绑销售或作为共同推荐的产品。

```
频繁项集:
     support                itemsets
19  0.076359    (山地车水壶架, 运动水壶)
18  0.071183    (公路车水壶架, 运动水壶)
20  0.058339    (运动型头盔, 山地车内胎)

关联规则:
   antecedents  consequents  antecedent support  consequent support   support  \
2   (公路车水壶架)    (运动水壶)            0.080075             0.191767  0.071183
0   (山地车水壶架)    (运动水壶)            0.091320             0.191767  0.076359
5   (山地车内胎)     (运动型头盔)          0.136815             0.290332  0.058339
1   (运动水壶)      (山地车水壶架)         0.191767             0.091320  0.076359
3   (运动水壶)      (公路车水壶架)         0.191767             0.080075  0.071183
4   (运动型头盔)     (山地车内胎)          0.290332             0.136815  0.058339

   confidence      lift  leverage  conviction  zhangs_metric
2    0.888954  4.635604  0.055827    7.278377       0.852546
0    0.836167  4.360336  0.058846    4.933273       0.848109
5    0.426410  1.468699  0.018618    1.237239       0.369707
1    0.398184  4.360336  0.058846    1.509898       0.953512
3    0.371197  4.635604  0.055827    1.462978       0.970361
4    0.200940  1.468699  0.018618    1.080251       0.449682
```

图 5-21 使用 MLxtend 实现 FP-growth 算法案例代码运行结果

例 5-9 利用金融产品购买数据（表 5-3 为部分数据），使用 pyfpgrowth 实现金融产品交叉销售数据 FP-growth 算法关联规则分析。假设最小支持度为 200，最小置信度为 0.5。

```python
import pandas as pd
from pyfpgrowth import find_frequent_patterns, generate_association_rules

# 导入数据集
df = pd.read_excel('./data/金融产品购买数据.xlsx')
df.head(10)                          # 显示列表前 10 条数据

# 转换为双重列表结构
products = []
for i in df['购买产品'].tolist():
    products.append(i.split(','))

# 使用 FP-growth 算法查找频繁项集
frequent_patterns = find_frequent_patterns(products, 200)

# 使用关联规则生成规则
association_rules = generate_association_rules(frequent_patterns,0.5)

# 打印频繁项集
print("频繁项集:")
for pattern, support in frequent_patterns.items():
    print(pattern,":", support)

# 打印关联规则
print("\n 关联规则:")
for rule, confidence in association_rules.items():
    print(rule,":", confidence)
```

以上代码使用了 pyfpgrowth 库中的 find_frequent_patterns() 和 generate_association_rules() 函数来进行频繁项集和关联规则的挖掘。通过调用 find_frequent_patterns 函数，并指定数据集和最小支持度阈值，函数将返回一个字典，其中键是频繁项集，值是对应的支持度。通过调用 generate_association_rules() 函数，并指定频繁项集和最小置信度阈值，函数将返回一个字典，其中键是关联规则，值是对应的置信度。

图 5-22 输出结果中，频繁项集的结果显示了每种金融产品被购买的次数，例如'华小智 3 号产品'被购买了 313 次，'华大智 6 号产品'被购买了 376 次，帮助我们理解哪些产品更受欢迎。关联规则的结果显示了购买'华小智 7 号产品'的人中，有约 54.16% 的人也购买了'华小智 9 号产品'；购买'华小智 9 号产品'的人中，有约 56.74% 的人也购买了'华小智 7 号产品'，意味着'华小智 7 号产品'和'华小智 9 号产品'的关联度很高，可以进行捆绑销售或作为共同推荐的产品。

```
频繁项集:
('华小智3号产品',) : 313
('华小智4号产品',) : 316
('华中智2号产品',) : 319
('华小智2号产品',) : 325
('华小智12号产品',) : 325
('华小智5号产品',) : 330
('华中智4号产品',) : 331
('华中智5号产品',) : 338
('华小智1号产品',) : 342
('华中智6号产品',) : 347
('华小智6号产品',) : 348
('华大智5号产品',) : 349
('华小智8号产品',) : 351
('华中智1号产品',) : 351
('华中智3号产品',) : 353
('华小智9号产品',) : 356
('华小智7号产品', '华小智9号产品') : 202
('华小智10号产品',) : 356
('华大智4号产品',) : 356
('华大智1号产品',) : 357
('华大智2号产品',) : 368
('华大智3号产品',) : 370
('华小智11号产品',) : 371
('华小智7号产品',) : 373
('华大智6号产品',) : 376

关联规则:
('华小智7号产品',) : (('华小智9号产品',), 0.5415549597855228)
('华小智9号产品',) : (('华小智7号产品',), 0.5674157303370787)
```

图 5-22 使用 pyfpgrowth 实现 FP-growth 算法案例代码运行结果

实验视频

5.4 关联规则分析案例

当进行大气污染物的数据挖掘分析时，关联规则分析是一种强大的工具，能够揭示不同大气污染物之间，以及大气污染物与气象要素之间的潜在关联关系。通过对大气污染物监测数据的挖掘，我们可以发现在何种气象条件下某种污染物浓度会显著增加或减少，或者不同污染物之间是否存在潜在的相关性。这种分析有助于我们更好地理解大气污染物的时空分布规律，为环境保护和公共健康提供重要参考。本案例将使用包含大气污染物浓度和气象要素的监测数据集，通过关联规则分析来揭示其中隐藏的规律和关联性，为环境保护和污染防治提供数据支持。

1. 数据集

该数据集为中国某城市从 2013 年 3 月 1 日到 2017 年 2 月 28 日的空气质量，共 35064 条数据，字段包含大气污染物（如 $PM_{2.5}$、PM_{10}、SO_2、NO_2、CO、O_3）、气象要素（如温度、气压、露点、降雨、风向、风速）等信息，通常用于分析大气污染物的时空分布规律、气象要素对污染物的影响等方面。

图 5-23 为数据集部分数据，其中字段包括 No：序号、year：年份、month：月份、day：日、hour：小时。$PM_{2.5}$：可吸入颗粒物（直径小于或等于 2.5μm）浓度、PM_{10}：可吸入颗粒物（直径小于或等于 10μm）浓度、SO_2：二氧化硫浓度、NO_2：二氧化氮浓度、CO：一氧化碳浓度、O_3：臭氧浓度、TEMP：温度、PRES：气压、DEWP：露点、RAIN：降雨、wd：风向、WSPM：风速、station：监测站点名称。

2. 挖掘过程

(1) 数据收集。获得大气污染物监测数据和气象要素数据，包括 $PM_{2.5}$、PM_{10}、SO_2、NO_2、CO、O_3、温度、气压、露点、降雨、风向和风速等信息。

	A	B	C	D	E	F	G	H	I	J	K	L	M	N	O	P	Q	R
1	No	year	month	day	hour	$PM_{2.5}$	PM_{10}	SO_2	NO_2	CO	O_3	TEMP	PRES	DEWP	RAIN	wd	WSPM	station
2	1	2013	3	1	0	6	6	4	8	300	81	-0.5	1024.5	-21.4	0	NNW	5.7	Tiantan
3	2	2013	3	1	1	6	29	5	9	300	80	-0.7	1025.1	-22.1	0	NW	3.9	Tiantan
4	3	2013	3	1	2	6	6	4	12	300	75	-1.2	1025.3	-24.6	0	NNW	5.3	Tiantan
5	4	2013	3	1	3	6	6	4	12	300	74	-1.4	1026.2	-25.5	0	N	4.9	Tiantan
6	5	2013	3	1	4	5	5	7	15	400	70	-1.9	1027.1	-24.5	0	NNW	3.2	Tiantan
7	6	2013	3	1	5	10	10	12	15	400	70	-2.4	1027.5	-21.3	0	NW	2.4	Tiantan
8	7	2013	3	1	6	8	19	12	14	400	72	-2.5	1028.2	-20.4	0	NW	2.2	Tiantan
9	8	2013	3	1	7	7	7	12	19	400	67	-1.4	1029.5	-20.4	0	NNW	3	Tiantan
10	9	2013	3	1	8	3	6	14	29	500	56	-0.3	1030.4	-21.2	0	NW	4.6	Tiantan
11	10	2013	3	1	9	8	2	11	22	500	65	0.4	1030.5	-23.3	0	N	5.5	Tiantan
12	11	2013	3	1	10	9	9	8	17	400	72	1.4	1030.2	-22.5	0	N	5.2	Tiantan
13	12	2013	3	1	11	9	23	8	16	400	75	2.9	1029.8	-22.9	0	NNW	5.3	Tiantan
14	13	2013	3	1	12	9	19	7	16	400	76	4	1028.6	-21.2	0	W	4.6	Tiantan
15	14	2013	3	1	13	10	34	7	12	400	81	5	1027.8	-21.2	0	NW	4.5	Tiantan
16	15	2013	3	1	14	10	19	6	12	400	83	6.2	1027.6	-22.2	0	NW	4	Tiantan
17	16	2013	3	1	15	3	6	6	15	400	81	6	1027.7	-21.3	0	NNW	2.1	Tiantan
18	17	2013	3	1	16	8	22	7	14	300	82	5.6	1027.7	-20.7	0	N	1.8	Tiantan
19	18	2013	3	1	17	10	28	9	21	400	75	4.4	1028.2	-20.9	0	N	3.5	Tiantan
20	19	2013	3	1	18	11	21	10	28	500	66	3.2	1029.4	-20.3	0	NNW	0.5	Tiantan

图 5-23　空气质量数据集部分数据截图

(2) 数据预处理。对数据进行清洗、去除异常值、处理缺失值等预处理工作，以确保数据质量。

(3) 关联规则挖掘。应用关联规则挖掘算法，发现大气污染物之间以及大气污染物与气象要素之间的关联规则，例如某种污染物浓度的增加是否会导致其他污染物浓度的变化，或者某种气象条件是否会影响污染物的浓度等。

(4) 规则评价和解释。对挖掘得到的关联规则进行评价和解释，识别出具有实际意义的规则，理解不同污染物之间的关联关系，以及气象要素对污染物浓度的影响规律。

3. 代码实现

```
import pandas as pd
from mlxtend.frequent_patterns import apriori
from mlxtend.frequent_patterns import association_rules

# 读取数据集
data = pd.read_csv('./data/air_quality.csv')

# 去除指定的列
data = data.drop(['No', 'year', 'month', 'day', 'hour', 'wd', 'station'], axis = 1)

# 计算每列的平均值
mean_values = data.mean()

# 将数值型变量转换为二元变量(高于平均值记为 1,低于平均值记为 0)
for column in data.columns:
    data[column] = (data[column] > mean_values[column])

# 使用 Apriori 算法挖掘频繁项集
frequent_itemsets = apriori(data, min_support = 0.3, use_colnames = True)

# 根据频繁项集生成关联规则
rules = association_rules(frequent_itemsets, metric = "lift", min_threshold = 1.2)

# 打印关联规则
print(rules)
```

以上代码中，首先导入了 pandas 库和 MLxtend 库中的 apriori()和 association_rules()函数。通过 pandas 的 read_csv()函数读取了一个名为"air_quality.csv"的数据集，并且使用 drop()函数去除了指定的列('No','year','month','day','hour','wd','station')。通

过计算每列的平均值,得到了一个包含每列平均值的 Series 对象 mean_values,对数据集中的每个数值型变量进行了处理,将它们转换为二元变量:对于每一列,如果数值大于该列的平均值,则将其设为1,否则设为0。使用 MLxtend 库中的 apriori() 函数来挖掘频繁项集。这里设置了支持度阈值为 0.3,即只保留支持度大于 0.3 的频繁项集。使用 MLxtend 库中的 association_rules() 函数根据频繁项集生成关联规则。这里设置了使用提升度作为度量标准,且提升度阈值为 1.2。最后,打印生成的关联规则。

4. 结果分析

通过图 5-24 运行结果可得,当大气中的 $PM_{2.5}$ 浓度较高时,大气中的 PM_{10} 浓度也可能会较高,两者之间存在较强的关联性;当大气中的 PM_{10} 浓度较高时,大气中的 $PM_{2.5}$ 浓度也可能较高,两者之间存在较强的关联性;当露点温度(DEWP)较高时,气温(TEMP)也可能会较高,这两者之间也存在一定的关联性;当气温较高时,露点温度也可能较高,两者之间也存在一定的关联性。这些规则可以帮助我们理解大气中不同污染物浓度之间以及气象因素之间的关联关系。

```
   antecedents consequents  antecedent support  consequent support  support   \
0      (PM2.5)     (PM10)             0.364362            0.386379  0.313712
1      (PM10)      (PM2.5)            0.386379            0.364362  0.313712
2      (DEWP)      (TEMP)             0.509212            0.521446  0.444216
3      (TEMP)      (DEWP)             0.521446            0.509212  0.444216

   confidence      lift  leverage  conviction  zhangs_metric
0    0.860989  2.228353  0.17293    4.414200       0.867221
1    0.811928  2.228353  0.17293    3.379756       0.898337
2    0.872361  1.672963  0.17869    3.749264       0.819616
3    0.851892  1.672963  0.17869    3.313727       0.840571
```

图 5-24 气象因素关联规则分析结果

习题 5

1. 比较关联规则分析中的 Apriori 算法和 FP-growth 算法,分析它们的原理、优缺点以及在不同数据集上的适用情况。

2. 请解释频繁项集和关联规则之间的关系,并说明频繁项集是如何用于发现关联规则的。

3. 请讨论关联规则分析中的算法优化方法,例如对候选项集的剪枝策略和数据压缩技术等。

4. 针对关联规则分析案例中的空气质量数据集,利用 FP-growth 算法进行关联规则分析并分析其结果。

5. 寻找一个适合用于关联规则分析的数据集,利用关联规则分析算法找出频繁项集,并生成关联规则。要求包括以下步骤。

(1)数据预处理:加载数据集、处理缺失值、转换数据格式等。

(2)频繁项集挖掘:使用 Apriori 算法或 FP-growth 算法找出频繁项集。

(3)关联规则生成:根据频繁项集生成关联规则,并计算支持度和置信度。

(4)结果解释与分析:解释找到的关联规则,说明其代表的行为模式,并分析结果的实际意义和潜在应用价值。

第 **6** 章

聚 类 分 析

教学视频

在数据挖掘的广袤海洋中,聚类分析犹如一双隐形的慧眼,悄然洞察着数据的内在秩序与联系。它是数据科学的探险家,游走于数据的密林中,发现隐藏在表面之下的规律和模式。聚类分析为我们勾勒出数据的拓扑图,让我们能够窥探其中的景观与奥秘。然而,与探险一样,聚类分析也充满着挑战与探索,需要我们运用智慧与技巧,穿越数据的迷雾,寻找那些隐藏在深处的宝藏。在这个神奇而又充满未知的领域里,让我们携手踏上一段奇妙的探索之旅,探寻数据世界中的聚类之美。

6.1 聚类分析概述

6.1.1 聚类分析的基本概念

数据挖掘这本书如同一场奇妙的音乐会,每个数据点都是一段独特的旋律,而聚类分析则是指挥家的魔棒,将这些旋律编织成和谐的乐章。它是数据世界的调和者,将看似杂乱无章的数据呈现出内在的秩序和美感。就如同一幅抽象画作,聚类分析为我们揭示了数据背后的意义和关联,让我们能够更深入地理解和解读其中的信息。在这个充满想象力和探索的领域里,聚类分析为我们打开了一扇通往数据世界的窗户,让我们能够窥探其中的奥秘和精彩。让我们跟随聚类分析的旋律,一同漫步在数据的海洋中,感受其中的无限可能性和魅力。聚类分析是一种无监督学习的数据分析方法,它将数据集中的对象根据它们之间的相似度或距离分成多个组或类别,以发现数据集中的内在结构和模式。聚类分析的目的是将一组对象(如观察值、个体、案例等)根据各种属性的相似性或差异性,分成若干不同的组或“簇”。在同一个簇中的对象相对于其他簇的对象应该更相似。聚类分析在很多领域都有广泛应用,包括机器学习、数据挖掘、市场研究、图像分析、信息检索等。

1. 聚类分析的定义

在数据挖掘领域中,聚类分析通过将数据集中的对象分组成若干类别,使得同一类别内的对象相似度高,不同类别之间的相似度低。聚类分析的目标是找到数据集中的内在结构和模式,从而更好地理解数据,并发现其中的规律和趋势。聚类分析的原理是将数据集中的对象看作 n 维空间中的点,通过计算这些点之间的距离来进行聚类。

相似度度量是聚类算法中非常重要的一环。在聚类算法中相似度度量可以帮助确定簇数以及对象之间和簇之间的距离。这些距离可以更好地衡量对象之间的相似度以及评估聚类结果的质量和准确性。

2. 聚类算法的作用

聚类分析是数据挖掘中常用的一种无监督学习方法,它可以将数据点分成不同的簇,使得同一簇内的数据点彼此相似度高,而不同簇之间的数据点相似度低。聚类分析在数据挖掘中具有以下作用。

(1)揭示数据结构和特征。通过聚类分析,可以发现数据集中的潜在结构、模式和规律,并揭示数据的特征和属性。例如,聚类分析常被用于生物信息学和基因表达分析中,帮助鉴定群体之间的差异,发现基因相关的功能模块及其编码蛋白质等。

(2)数据预处理。聚类分析可以用于数据预处理,通过将数据点分成不同的簇来减少数据的维度和噪声,从而提高数据质量。例如,聚类分析可以用于社交网络分析中,通过将用户分成不同的群体或类型,了解他们的交互方式和影响力,从而为社交推荐和广告投放等提供支持。

(3)分析用户行为。聚类分析可以用于分析用户行为,通过将用户分成不同的群体或类型,了解他们的兴趣爱好、需求和行为方式,从而为营销和推荐等提供支持。例如,通过对市场数据或用户数据进行聚类分析,可以发现潜在的用户群体并了解他们的兴趣爱好、需求和行为方式,从而更好地定位市场和为他们提供个性化的服务。

(4)识别异常点。聚类分析可以帮助识别异常点,即与其他数据点相比较为特殊或不寻常的数据点,这对于异常检测和安全等应用有重要意义。例如,聚类分析可以将图像分成不同的区域或对象,并进行目标跟踪和识别等。

(5)提高效率和准确性。聚类分析可以将大规模的数据集划分成多个簇,从而降低数据处理和分析的复杂度,提高效率和准确性。例如,聚类分析可以用于地理信息系统中,例如将城市划分成不同的区域、将土地分成不同的类型等,从而对城市规划和资源管理等提供支持。

3. 聚类分析的发展史

聚类分析在数据挖掘领域中的应用非常广泛,可以用于探索性分析、特征提取、分类、预测、异常检测等任务。图 6-1 是聚类分析在数据挖掘中的发展史。

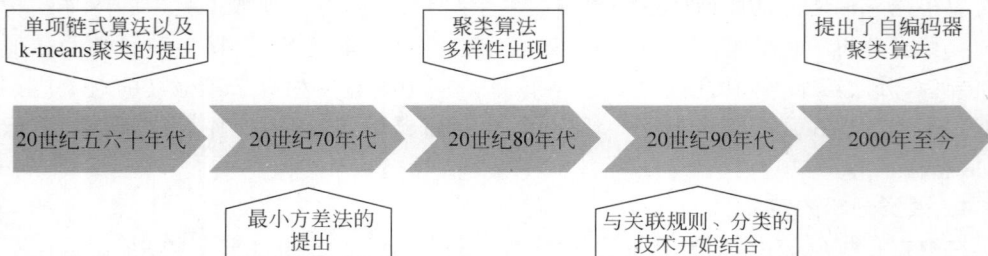

图 6-1 聚合分析的发展史

(1) 20世纪五六十年代。聚类分析的早期方法主要基于数学统计的原理。1955年，统计学家 Dorothy Wrinch 和数学家 Rosalind Frankling 提出了最早的聚类分析算法——单向链式法。该阶段最著名的是1967年，数学家 S. S. Wilks 提出了最早的 k-means 值聚类算法，该算法是基于原型的聚类算法中最为经典的算法之一。

(2) 20世纪70年代。这个时期出现了更多的聚类算法，它采用自底向上的策略，从每个数据点开始逐渐合并形成簇。1973年，数学家 J. A. Hartigan 和 M. A. Wong 提出了最早的基于层次的聚类算法——最小方差法。

(3) 20世纪80年代。随着计算机性能的提升，聚类分析在计算能力方面取得突破。同时，也出现了更多的聚类算法。例如，基于图论的聚类算法利用图的连通性和密度划分簇；模糊聚类算法引入了隶属度的概念，使得数据点可以属于多个簇。

(4) 20世纪90年代。聚类分析开始与其他数据挖掘技术结合。关联规则挖掘、分类等技术与聚类分析相互补充，形成全面的数据挖掘解决方案。这个时期出现了更多综合性的聚类算法，如自组织映射(Self-Organizing Map, SOM)算法，它通过将高维数据映射到二维空间来实现聚类。1996年，计算机科学家 Martin Ester 等提出了 DBSCAN 聚类算法，该算法是基于密度的聚类算法中最为经典的算法之一。1998年，计算机科学家 Jian Pei 等提出了 CLIQUE 聚类算法，该算法是基于网格的聚类算法中最为经典的算法之一。

(5) 2000年至今。随着大数据时代的到来，聚类分析在处理大规模数据集上的能力受到关注。针对海量数据，出现了基于流式数据处理、增量学习和并行计算的聚类算法。这些算法可以快速处理大量数据，并适应动态变化的环境。2010年，计算机科学家 Geoffrey Hinton 等提出了自编码器聚类算法，该算法是深度学习领域中的一种自监督学习方法，可以实现无监督特征学习和聚类分析。

总的来说，聚类分析技术在数据挖掘中经历了从最初的基本方法到更复杂、高效的算法的发展。随着技术的进步和应用需求的不断演变，聚类分析技术在数据挖掘中发挥着越来越重要的作用，并被广泛应用于各个领域。

6.1.2 聚类分析的原理和步骤

聚类分析是一种定量方法，从数据分析的角度看，它是对多个样本进行定量分析的多元统计分析方法，可以分为两种：对样本进行分类的 Q 型聚类分析和对指标进行分类的 R 型聚类分析。R 型也称为外部指标，指用事先指定的聚类模型作为参考来评判聚类结果的好坏，Q 型也称为内部指标，是指不借助任何外部参考，只用参与聚类的样本评判聚类结果的好坏。从数据挖掘的角度看，又可以大致分为5种：基于划分的聚类、基于层次的聚类、基于密度的聚类、基于网格的聚类以及基于模型的聚类。

(1) 基于划分的聚类：该聚类的分析方法主要是通过样本与样本之间的距离确定是否为同簇。其原理如下：给定一个 n 个对象的集合，划分方法构建数据的 k 个分区，其中每个分区表示一个簇。大部分划分方法是基于距离的，给定要构建的 k 个分区数，划分方法首先创建一个初始划分，然后使用一种迭代的重定位技术将各个样本重定位，直到满足条件为止。

（2）基于层次的聚类：该聚类将样本集作为一棵树，将样本通过相似性进行合并。凝聚也称自底向上法，开始便将每个对象单独划为一个簇，然后逐次合并相近的对象，直到所有组被合并为一个簇或者达到迭代停止条件为止。分裂也称自顶向下，开始将所有样本当成一个簇，然后迭代分解成更小的值。

（3）基于密度的聚类：该聚类主要是通过判断某区域内样本数（或者称为密度）是否超过阈值，来判断样本相似度。如图 6-2 所示其主要思想是只要"邻域"中的密度（对象或数据点的数目）超过某个阈值，就继续增长给定的簇。也就是说，对给定簇中的每个数据点，在给定半径的邻域中必须包含最少数目的点。这样的主要好处就是过滤噪声，剔除离群点。

（4）基于网格的聚类：一种高效的数据聚类方法，主要通过将数据空间量化成多个网格单元来实现。在这种方法中，数据空间被划分成有限的网格结构，每个网格作为一个单元。聚类的过程不是直接在原始数据对象上进行，而是在这些网格单元上进行，聚类的关键在于比较和分析各网格内的数据点数量。由于聚类操作依赖于网格数量而非数据对象的数量，这大大提高了聚类的计算效率。如图 6-3 所示，这是一个基于网格的聚类模拟图。在这个模拟中，我们将数据空间划分成 10×10 的网格，每个网格单元记录了落入该单元的数据点数量。根据设定的阈值（本例中为 3），我们将网格单元内数据点数量超过阈值的区域视为一个聚类区域（白色部分），而其他区域则保持为非聚类区域（黑色部分）。这种方法的效率非常高，因为它的计算复杂度主要依赖于网格的数量，而不是数据点的数量。这种可视化展示清楚地揭示了基于网格的聚类方法如何在实际操作中划分数据空间并快速识别出密集的数据聚集区域。

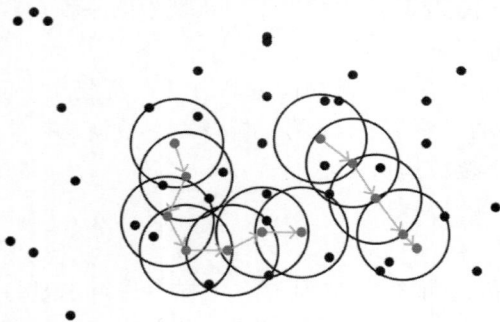

图 6-2　基于密度的聚类分析模拟图　　　　图 6-3　基于网格的聚类分析模拟图

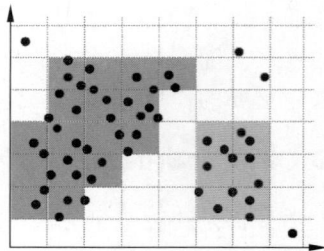

（5）基于模型的聚类：该聚类主要通过假设数据点是从一个或多个概率分布中生成的，并使用统计方法来确定这些概率分布的参数。其原理可以简要概括如下：假设数据点服从某种概率分布，比如高斯分布、泊松分布等。基于最大似然估计（Maximum Likelihood Estimation，MLE）或贝叶斯推断（Bayesian Inference）等方法，估计每个分布的参数，例如均值、方差等。将数据点划分到最符合它们概率分布的簇中，通常使用软聚类方法，如期望最大化（Expectation Maximization，EM）算法。不断迭代优化聚类结果，直到达到停止准则，例如收敛或达到最大迭代次数等。

6.2 基于划分的聚类

基于划分的聚类是一种将数据集划分为不相交的子集或簇的聚类方法。在基于划分的聚类中,每个数据点只属于一个簇,且簇与簇之间是互斥的。最常用的基于划分的聚类算法是 k-means 算法。k-means 算法通过迭代的方式将数据点划分为 k 个簇,其中 k 是预先设定的簇的个数。除了 k-means 算法外,还有其他一些基于划分的聚类算法,如 k-medoids 算法和 CLARA 算法。k-medoids 算法是 k-means 算法的一种变体,它将簇中心点限制为实际的数据点,而不是数据点的均值。CLARA 算法是一种在大型数据集上进行 k-medoids 聚类的改进算法,它通过随机抽样的方式来加速聚类过程。总的来说,基于划分的聚类方法通过将数据集划分为不相交的子集或簇来进行聚类,其中 k-means 算法是最常用的基于划分的聚类算法。

6.2.1 k-means 算法

1. 算法原理

k-means 是一种基于划分的聚类算法,用于将数据集划分为 k 个不相交的簇。它的目标是最小化簇内数据点与其所对应簇中心点的距离的总和,即最小化簇内的误差平方和。它是最常用和简单的聚类算法之一。它的基本算法是一个迭代的过程,通过不断更新簇中心点的位置,使得簇内数据点与其所对应的簇中心点的距离最小化。这样可以将数据集划分为 k 个不相交的簇,每个簇内的数据点相似度较高,而不同簇之间的数据点相似度较低。

```
k-means 原理伪代码:
输入:数据集 D,簇的个数 k
输出:聚类结果 C


1. 选择 k 个初始的簇中心点
2. while 簇中心点发生变化 do
3.     for each 数据点 x in 数据集 D do
4.         计算数据点 x 与各个簇中心点的距离
5.         将数据点 x 分配到与其距离最近的簇中
6.     end for
7.     for each 簇 C in 聚类结果 C do
8.         更新簇 C 的中心点位置为簇内数据点的均值
9.     end for
10. end while


输出聚类结果 C
```

k-means 算法聚类过程如图 6-4 所示,先在图中(1,1)画面随机选择两个聚类中心,随后根据距离两个中心的距离远近分成两个簇。随后,如图(1,2)再将两个簇的均值作为新的聚类中心不断迭代。事实上,如果初始聚类中心选择合适,k-means 聚类收敛速度会非常快,极端情况是,聚类中心恰巧选在了每个簇的中心,无须迭代该聚类问题就已经完成。

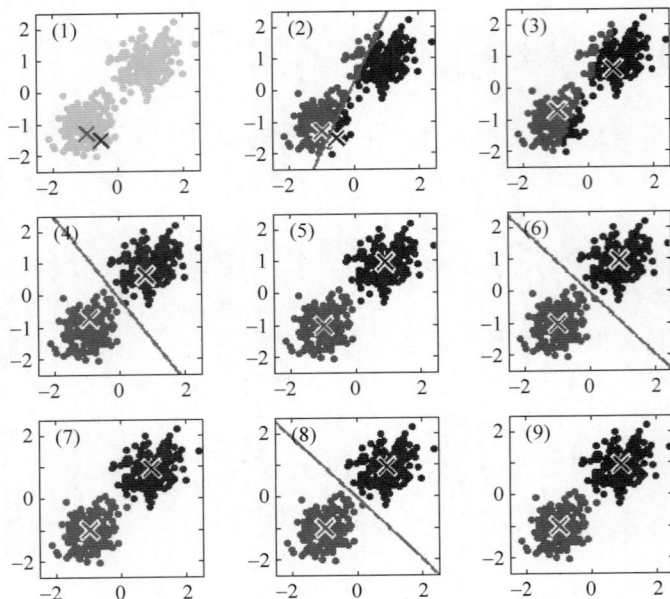

图 6-4　k-means 迭变过程图

2. 算法优缺点

　　k-means 算法将数据点划分为 k 个簇,每个簇有一个簇心代表中心位置,方便直观理解聚类结果。可视化簇心和数据点有助于观察结果。这一简单直观的算法易于理解和实现,常用于聚类问题。

　　然而,k-means 算法对初始簇心敏感,可能导致不同聚类结果和局部最优解。需要预先指定簇的数量 k,选择合适的 k 是非常有挑战的。对异常值和噪声敏感,处理非凸形簇数据效果差。算法假设簇是球形且方差相同,若数据不符合这些假设,结果可能不准确。

　　综上,k-means 是简单高效的聚类算法,适用于大规模数据和凸形簇。但需谨慎选择初始簇心、预处理数据,考虑问题的特点。

6.2.2　k-means＋＋算法

　　k-means 是最常用的基于欧氏距离的聚类算法,其认为两个目标的距离越近,相似度就越大。其核心思想是首先随机选取 k 个点作为初始簇中心,然后计算各个对象到所有聚类中心的距离,把对象归到离它最近的那个聚类中心所在的类。重复以上过程,直到达到终止条件。

　　k-means 算法得到的聚类结果严重依赖于初始簇中心的选择,如果初始簇中心选择不好,就会陷入局部最优解,因此提出了 k-means＋＋算法,它改进了 k-means 算法初始中心点的选取,其核心思想是:再选择一个新的聚类中心时,距离已有聚类中心越远的点,被选取作为聚类中心的概率越大。

　　k-means＋＋算法选择初始聚类中心的基本原则是:初始的聚类中心之间的相互距离要尽可能地远。因此,它的基本步骤为从数据集中随机选择一个点作为第一个聚类中心。计算每个样本与当前已有聚类中心之间的最短距离 $D(x)$,即与最近的一个聚类中心的距离(以概率选择距离最大的样本作为新的聚类中心)。这个值越大,表示被选取作为聚类中心的概率越大;并计算每个样本被选为下一个聚类中心的概率 $\dfrac{D(x)^2}{\sum\limits_{x \in X} D(x)^2}$,最后用轮盘法选出下一个聚类中心,重复上述过程直到找到 k 个聚类中心。

以下是一个使用 k-means++算法的演算过程:假设我们有一个简单的二维数据集,包含 10 个样本点,如表 6-1 所示。

表 6-1 数据集

X	[1,1]	[1,2]	[2,1]	[4,4]	[5,5]	[5,6]	[6,5]	[8,8]	[9,9]	[9,10]

运算过程如下。

(1)选择第一个簇心:从数据集中随机选择一个样本作为第一个簇心,假设选择[1,1]。

(2)计算距离:计算每个样本与已选择的簇心之间的距离。距离使用欧氏距离进行计算,如表 6-2 所示。

表 6-2 计算距离

样本点	[1,1]	[1,2]	[2,1]	[4,4]	[5,5]	[5,6]	[6,5]	[8,8]	[9,9]	[9,10]
距离[1,1]	0	1	1	9	16	17	17	50	72	82

(3)计算选择下一个簇心的概率:根据距离计算选择每个样本点作为下一个簇心的概率,如表 6-3 所示。

表 6-3 计算选择下一个簇心的概率

样本点	[1,1]	[1,2]	[2,1]	[4,4]	[5,5]	[5,6]	[6,5]	[8,8]	[9,9]	[9,10]
距离[1,1]	0	1	1	9	16	17	17	50	72	82
概率	0.0	0.01	0.01	0.09	0.16	0.17	0.17	0.5	0.72	0.82

(4)选择下一个簇心:根据概率选择下一个簇心。使用轮盘法或其他随机选择方法,按照概率选择下一个簇心。较大的概率值意味着该样本更有可能被选择为下一个簇心。假设选择了样本点 [5,5]。

(5)重复步骤(2)至步骤(4),直到选择出 k 个簇心。在这个例子中,假设我们选择 $k=2$,因此需要选择一个额外的簇心,如表 6-4 所示。

表 6-4 选择下一个簇心

样本点	[1,1]	[1,2]	[2,1]	[4,4]	[5,5]	[5,6]	[6,5]	[8,8]	[9,9]	[9,10]
距离[1,1]	0	1	1	9	16	17	17	50	72	82
概率	0.0	0.01	0.01	0.09	0.16	0.17	0.17	0.5	0.72	0.82

在这个例子中,根据概率选择了样本点 [9,9] 作为第二个簇心。

演算图片如图 6-5 展示了 k-means++算法选择初始聚类中心的过程。黑色的 x 表示第一个随机选择的聚类中心,虚线圈表示根据 k-means＋＋算法选择的第二个聚类中心。

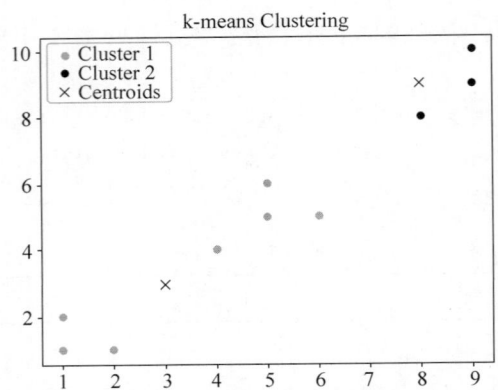

图 6-5　k-means＋＋选择初始聚类中心的过程图

请注意,每次运行 k-means＋＋算法可能会得到不同的结果,因为初始聚类中心的选择是随机的。

6.2.3　实战准备

在 Python 中,用于 k 均值(k-means)聚类的包是 scikit-learn,通过使用 pipinstall 工具包进行安装,工具包中常用的类和函数主要有以下几种。

1．sklearn. cluster. KMeans

这是一个用于 k 均值聚类的类。它提供了一种基于距离度量的无监督聚类算法,将数据点划分为预先指定数量的簇。

用法如下:

```
from sklearn.cluster import KMeans
# 创建 k - means 聚类模型的实例
kmeans = KMeans(n_clusters = 3, init = 'k - means++', random_state = 42)
# 使用模型拟合数据
kmeans.fit(X)
# 获取聚类结果
labels = kmeans.labels_
# 获取聚类中心
centroids = kmeans.cluster_centers_
```

常用参数说明如下。

$n\_clusters$：指定要形成的簇的数量。在这个例子中,设置为 3,表示希望将数据分为 3 个簇。

init：指定簇中心的初始化方法。在这里,使用了 'k-means＋＋',这是一种改进的初始化方法,能够更好地选择初始簇中心。它通常比随机初始化更有效。

$random\_state$：随机数种子,用于控制初始化的随机性。在这个例子中,设置为 42,这意味着每次运行时都会得到相同的随机初始化结果。

2. sklearn.cluster.MiniBatchKMeans

这是一个用于小批量 k 均值聚类的类。它是对 k-means 的一种变体，通过使用小批量样本来加速聚类过程。

用法如下：

```
from sklearn.cluster import MiniBatchKMeans
# 创建 MiniBatchKMeans 聚类模型的实例
minibatch_kmeans = MiniBatchKMeans(n_clusters = 3, random_state = 42)
# 使用模型拟合数据
minibatch_kmeans.fit(X)
# 获取聚类结果
labels = minibatch_kmeans.labels_
# 获取聚类中心
centroids = minibatch_kmeans.cluster_centers_
```

常用参数说明如下。

n_clusters：指定要形成的簇的数量。在这个例子中，设置为 3，表示希望将数据分为 3 个簇。

random_state：随机数种子，用于控制初始化的随机性。在这个例子中，设置为 42，这意味着每次运行时都会得到相同的随机初始化结果。

3. sklearn.metrics.pairwise_distances

这是一个用于计算样本之间距离的函数。在 k 均值聚类中，通常需要计算样本之间的距离来衡量相似性。

用法如下：

```
from sklearn.metrics import pairwise_distances
# 计算样本之间的欧氏距离
distances = pairwise_distances(X, metric = 'euclidean')
```

常用参数说明如下。

X：输入的样本数据。它是一个二维数组，形状为（n_samples，n_features），其中 n_samples 是样本数量，n_features 是每个样本的特征数量。

metric：指定要使用的距离度量方法。在这个例子中，使用了 'euclidean'，表示计算欧氏距离。欧氏距离是最常用的距离度量方法，用于测量两个样本之间的直线距离。

4. sklearn.cluster.kmeans_plusplus

这是一个用于初始化簇中心的函数。在 k-means 聚类中，可以使用 k-means＋＋算法来选择初始簇中心。

用法如下：

```
from sklearn.cluster import kmeans_plusplus
# 使用 k-means++算法选择初始簇中心
initial_centers = kmeans_plusplus(X, n_clusters = 3, random_state = 42)
```

常用参数说明如下。

X：输入的样本数据。它是一个二维数组，形状为($n\_samples$，$n\_features$)，其中 n_samples 是样本数量，n_features 是每个样本的特征数量。

n_clusters：指定要形成的簇的数量。在这个例子中，设置为 3，表示希望将数据分为 3 个簇。

random_state：随机数种子，用于控制初始化的随机性。在这个例子中，设置为 42，这意味着每次运行时都会得到相同的随机初始化结果。

6.2.4 划分聚类案例

例 6-1 对 2000 名个体在商店时的购买行为信息进行收集并分析。所有数据均通过他们在结账时使用的会员卡收集而来。数据已经经过预处理，没有缺失值。此外，数据集的数量已经受限并进行了匿名化处理，以保护客户的隐私。

（1）导入库。

这部分是导入所需的 Python 库，包括 Pandas 用于数据处理，NumPy 用于数值计算，scikit-learn 中的 KMeans 用于聚类，StandardScaler 用于数据标准化，以及 matplotlib 和 Seaborn 用于数据可视化。

```
import pandas as pd
import numpy as np
from sklearn.cluster import KMeans
from sklearn.preprocessing import StandardScaler
import matplotlib.pyplot as plt
import seaborn as sns
import matplotlib
matplotlib.rcParams['font.sans-serif'] = ['SimHei']          # 显示中文
# 为了坐标轴负号正常显示。matplotlib默认不支持中文，设置中文字体后，负号会显示异常。
# 需要手动将坐标轴负号设为 False 才能正常显示负号
matplotlib.rcParams['axes.unicode_minus'] = False
```

（2）数据读取。

这行代码使用 Pandas 的 read_csv()函数从指定路径的 CSV 文件中读取数据，并将其存储在名为 df 的数据框中。在这里，r"D:\新建文件夹\archive(7)\segmentation data.csv"是 CSV 文件的路径。

```
# 读取数据集
df = pd.read_csv(r"D:\新建文件夹\archive(7)\segmentation data.csv")
```

（3）数据预处理。

这部分代码使用 StandardScaler 对数据进行标准化处理。首先，创建了一个 StandardScaler 对象，然后使用 fit_transform 方法对数据框中除了 'ID'列以外的所有列进行标准化处理，将标准化后的数据存储在 scaled_data 中。标准化的过程是将数据按列进行标准化，使每一列的数据都满足均值为 0，标准差为 1 的正态分布。预处理结果如图 6-6 所示。

```
# 对数据进行标准化
scaler = StandardScaler()
scaled_data = scaler.fit_transform(df.drop('ID', axis = 1))  # 移除ID列并标准化剩余数据
```

变量	数据类型	范围	描述
ID	数值型	整数	显示客户的唯一标识符。
性别	分类	{0,1}	客户的生物性别（性别）。在此数据集中只有两种不同的选择。
0	男性		
1	女性		
婚姻状况	分类	{0,1}	客户的婚姻状况。
0	单身		
1	非单身（离异/分居/已婚/丧偶）		
年龄	数值型	整数	客户的年龄，以年为单位，计算为数据集创建时的当前年份减去客户出生年份。
18	最小值（数据集中观察到的最小年龄）		
76	最大值（数据集中观察到的最大年龄）		
教育程度	分类	{0,1,2,3}	客户的教育程度。
0	其他/未知		
1	高中		
2	大学		
3	研究生院		
收入	数值型	实数	客户自报的年收入（美元）。
35832	最小值（数据集中观察到的最低收入）		
309364	最大值（数据集中观察到的最高收入）		
职业	分类	{0,1,2}	客户的职业类别。
0	失业/无技术		
1	技术员工/官员		
2	管理/自雇/高素质员工/官员		
居住地规模	分类	{0,1,2}	客户所居住城市的规模。
0	小城市		
1	中等规模城市		

图 6-6 数据预处理

（4）k-means 聚类。

这段代码使用了 scikit-learn 中的 k-means 模型对经过标准化处理的数据进行了 k-means 聚类。在这里选择了将数据分为 3 个簇（聚类数为 3），并使用了随机种子 random_state＝42 以确保结果的可重复性。随后，调用 fit 方法对标准化后的数据进行聚类。将 k-means 聚类的标签结果添加到原始的 DataFrame 中，新的一列名为'Cluster'存储了每个样本所属的簇的标签。

```
# 执行k-means聚类
kmeans = KMeans(n_clusters = 3, random_state = 42)        # 根据具体问题选择聚类数(k)
kmeans.fit(scaled_data)
# 将聚类标签添加到原始DataFrame
df['Cluster'] = kmeans.labels_
```

（5）绘制可视化图表。

创建了一个新的图形,并设置其大小为宽 12 英寸,高 6 英寸。创建了一个包含两个子图的图形,并指定当前要操作的是第一个子图。1 表示子图的总行数,2 表示子图的总列数,1 表示当前操作的是第一个子图。绘制了一个散点图。其中,df['Age']是横坐标数据,df['Income']是纵坐标数据,c＝df['Cluster']表示使用 df['Cluster']中的值来确定每个点的颜色,cmap＝'viridis'表示使用 viridis 颜色映射方案。这几行代码分别设置了横坐标的标签为"年龄",纵坐标的标签为"收入",并设置了整个图的标题为"年龄 vs. 收入的 k-means 聚类"。指定当前要操作的是第二个子图。计算了每个聚类簇中样本的数量,并将结果存储在 cluster_counts 中。绘制了一个饼图,使用 cluster_counts 中的数据,labels＝cluster_counts.index 表示使用 cluster_counts 的索引作为标签,autopct＝'%1.1f%%'表示显示百分比,并且保留一位小数,startangle＝140 表示起始角度为140°。分别设置了饼图的长宽比为 1∶1,并设置了整个图的标题为"聚类比例"。最后一行代码展示了整个图形,如图 6-7 所示。

```
# 绘制可视化图表
plt.figure(figsize = (12, 6))
# 绘制散点图
plt.subplot(1, 2, 1)
plt.scatter(df['Age'], df['Income'], c = df['Cluster'], cmap = 'viridis')
plt.xlabel('年龄')
plt.ylabel('收入')
plt.title('年龄 vs. 收入的 k-means 聚类')
# 绘制比例图
cluster_counts = df['Cluster'].value_counts()
plt.subplot(1, 2, 2)
plt.pie(cluster_counts, labels = cluster_counts.index, autopct = '%1.1f%%', startangle = 140)
plt.axis('equal')
plt.title('聚类比例')
plt.show()
```

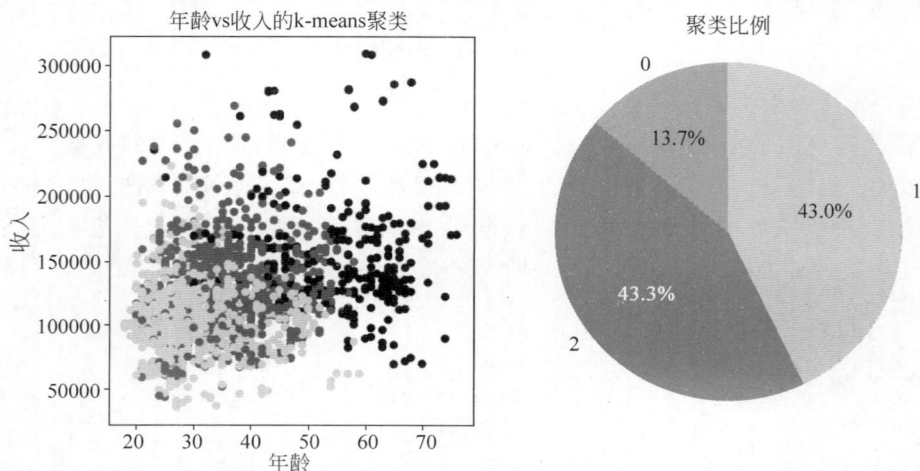

图 6-7　按照"年龄和收入"进行分类的散点图和扇形图

（6）打印各类客户数量以及比例。

这段代码用于打印每个类别的客户数量以及占比。在这里，我们使用了 DataFrame 的 value_counts()方法来计算每个类别的客户数量，然后使用 normalize＝True 参数计算了每个类别的占比。df['Cluster'].value_counts()返回了每个类别的客户数量，而 df['Cluster'].value_counts(normalize＝True)返回了每个类别的客户占比，如图 6-8 所示。

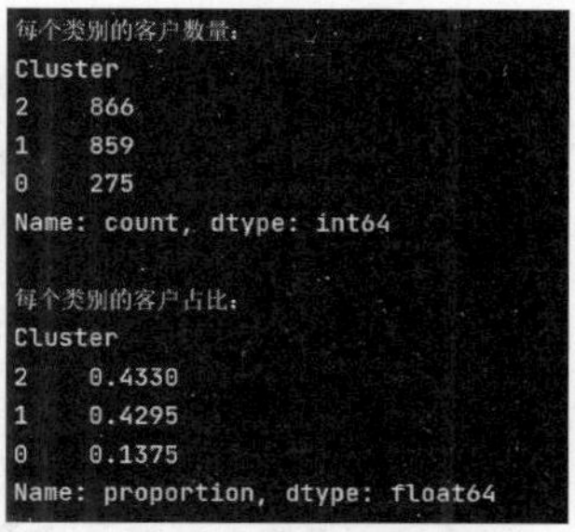

图 6-8　各类客户统计图

```
# 打印每个类别的客户数量以及占比
print("每个类别的客户数量:")
print(df['Cluster'].value_counts())
print("\n 每个类别的客户占比:")
print(df['Cluster'].value_counts(normalize = True))
```

（7）绘制影响因素热力图。

这段代码用于绘制分类影响因素的热力图。创建一个新的图形，并设置其大小为宽 10 英寸，高 6 英寸。使用 Seaborn 库中的 heatmap()函数绘制热力图。df.groupby('Cluster').mean().drop('ID'，axis＝1)用于计算每个聚类簇中各个特征的平均值，并且去除了 ID 列。annot＝True 表示在热力图中显示数值，cmap＝'coolwarm'表示使用 coolwarm 颜色映射。设置整个图的标题为"分类影响因素的热力图"。最后一行代码展示了整个图形，如图 6-9 所示。

```
# 绘制分类影响因素的热力图
plt.figure(figsize = (10, 6))
sns.heatmap(df.groupby('Cluster').mean().drop('ID', axis = 1), annot = True, cmap = 'coolwarm')
plt.title('分类影响因素的热力图')
plt.show()
```

（8）保存结果文件。

```
# 将结果保存到新的 CSV 文件
df.to_csv('segmentation_results.csv', index = False)
```

请注意，由于 k-means 算法的随机性，每次运行结果可能会有所不同。因此，为了更准确地评估初始簇心的选择对聚类结果的影响，建议多次运行并观察结果的一致性。

例 6-2　一个包含客户信用卡数据的表格，其中包括了不同客户的一些基本信息和其信用卡的使用情况，标签内容如图 6-10 所示。

（1）导入库

当导入这些库时，即准备开始对数据进行聚类分析。导入了 Pandas 库，并约定将其命名为 pd。Pandas 是 Python 中用于数据处理和分析的重要库，它提供了用于操作结构化数据的数据结构和函数。从 scikit-learn 库中的聚类模块中导入了 k-means（KMeans）算法。k-means 是一种常用的聚类算法，用于将数据点分成不同的组（簇）。从 scikit-

分类影响因素的热力图

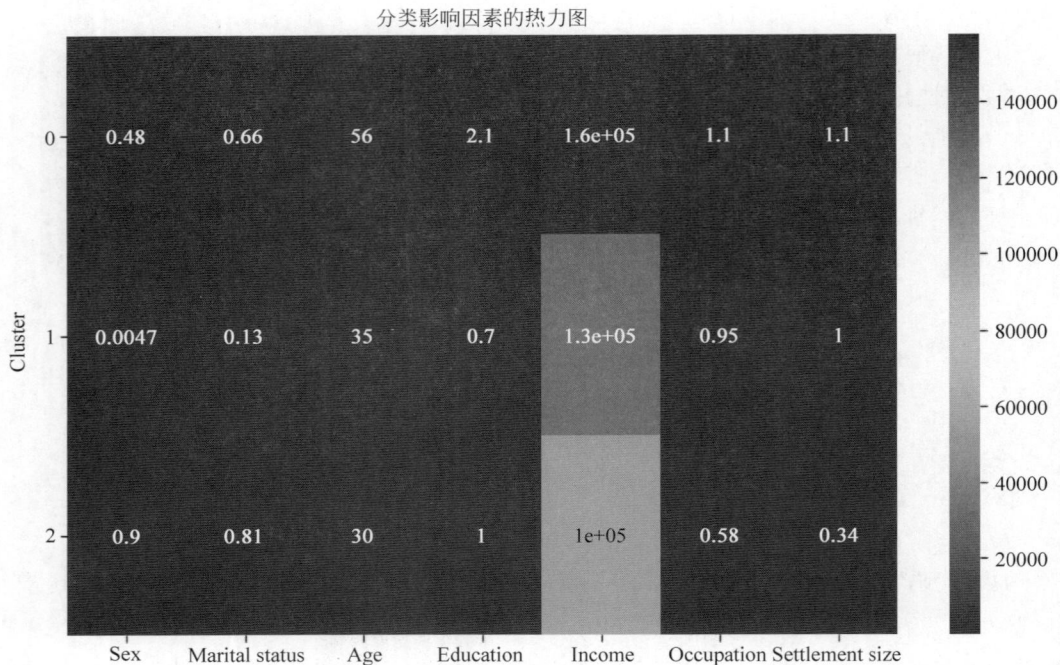

图 6-9　分类影响因素热力图

图 6-10　数据集标签图

learn 库中的预处理模块中导入了标准化缩放器(StandardScaler)。标准化是一种常见的
数据预处理技术,用于将数据特征缩放到均值为 0,方差为 1 的标准正态分布。从 scikit-
learn 库中的填充模块中导入了简单填充器(SimpleImputer)。填充器用于处理数据中的
缺失值,它可以用均值、中位数、最频繁值等填充缺失的数据。导入了 matplotlib 库的
pyplot 模块,并约定将其命名为 plt。matplotlib 是一个用于绘制数据图表的库,pyplot
模块提供了类似于 MATLAB 的绘图接口。导入了 Seaborn 库,并约定将其命名为 sns。
Seaborn 是建立在 matplotlib 之上的统计数据可视化库,它提供了更高级的界面和更多
样化的图表类型来美化数据可视化的过程。这些库和模块的导入表明我们准备对数据
进行聚类分析,并且在分析之前需要对数据进行预处理、缺失值填充和可视化。

```
import pandas as pd
from sklearn.cluster import KMeans
from sklearn.preprocessing import StandardScaler
from sklearn.impute import SimpleImputer
import matplotlib.pyplot as plt
import seaborn as sns
```

（2）读取数据集。

通过函数读取数据集内容。

```
# 读取数据集
data = pd.read_csv("D:\新建文件夹\k-means++\CC GENERAL.csv")
```

（3）数据预处理。

定义了一个名为 features 的列表，其中包含了用于聚类的各个特征，比如账户余额（BALANCE）、购买金额（PURCHASES）、现金前进（CASH_ADVANCE）等。使用了 SimpleImputer 来处理缺失值。SimpleImputer 是 scikit-learn 库中用于填充缺失值的工具。在这里，选择使用均值来填充缺失值。imputer.fit_transform(data[features])这一行代码将对数据集中的指定特征进行缺失值填充操作。通过使用 StandardScaler，对数据进行了标准化处理。标准化可以确保数据在进行聚类分析时具有相似的尺度和范围，这对于 k-means 聚类等算法的准确性非常重要。scaler.fit_transform(data[features])这一行代码将对选定的特征进行标准化处理。

总的来说，这段代码准备了用于聚类的数据，包括选择了特征、处理了缺失值并进行了数据标准化。接下来，可以使用 k-means 聚类算法对数据进行聚类分析。

```
# 选择用于聚类的特征
features = ['BALANCE', 'BALANCE_FREQUENCY', 'PURCHASES', 'ONEOFF_PURCHASES', 'INSTALLMENTS_
PURCHASES','CASH_ADVANCE', 'PURCHASES_FREQUENCY', 'ONEOFF_PURCHASES_FREQUENCY', 'PURCHASES_
INSTALLMENTS_FREQUENCY', 'CASH_ADVANCE_FREQUENCY', 'CASH_ADVANCE_TRX', 'PURCHASES_TRX',
'CREDIT_LIMIT', 'PAYMENTS','MINIMUM_PAYMENTS', 'PRC_FULL_PAYMENT', 'TENURE']
# 处理缺失值
imputer = SimpleImputer(strategy = 'mean')
data[features] = imputer.fit_transform(data[features])
# 数据标准化
scaler = StandardScaler()
data_scaled = scaler.fit_transform(data[features])
```

（4）k-means++聚类。

创建了一个 KMeans 对象，指定了要分成的簇的数量为 4(n_clusters＝4)，初始化方法选择了 k-means++(init＝'k-means++')，最大迭代次数为 300(max_iter＝300)，初始化中心点的运行次数为 10(n_init＝10)，并设置了随机种子为 0(random_state＝0)。对经过缩放的数据(data_scaled)使用 k-means 对象进行拟合和预测，将每个样本分配到对应的簇中，并将簇的标签赋值给数据中的'cluster'列。

```
# 使用 K-means++算法进行聚类
kmeans = KMeans(n_clusters = 4, init = 'k-means++', max_iter = 300, n_init = 10, random_
state = 0)
data['cluster'] = kmeans.fit_predict(data_scaled)
```

（5）可视化聚类结果。

这段代码包含了两个子图，分别用于展示聚类结果的饼图和特征之间相关性的热力图。指定了当前图形为一个 1 行 2 列的图形,并选择了第一个子图来进行后续的绘制操作。使用 Pandas 的 value_counts() 函数计算每个簇的数量,并以饼图的形式进行可视化。autopct='%1.1f%%'用于显示百分比的格式,startangle=90 用于指定饼图的起始角度,colors 参数指定了每个扇形的颜色。设置了第一个子图的标题为 'Cluster Distribution'。指定了当前图形中的第二个子图来进行后续的绘制操作。计算了数据中指定特征的相关性矩阵。使用 Seaborn 库的 heatmap() 函数绘制了相关性热力图,其中 annot=True 用于在图中显示相关系数的数值,cmap='coolwarm'用于指定颜色映射。设置了第二个子图的标题为 'Correlation Heatmap'。显示整个图形,包括两个子图,如图 6-11 所示。

```
# 可视化聚类结果
plt.figure(figsize = (15, 6))
# 饼图展示客户各类别占比
plt.subplot(1, 2, 1)
data['cluster'].value_counts().plot(kind = 'pie', autopct = '%1.1f%%', startangle = 90,
colors = ['skyblue', 'yellowgreen', 'orange', 'pink'])
plt.title('Cluster Distribution')
# 影响因素热力图
plt.subplot(1, 2, 2)
correlation_matrix = data[features].corr()
sns.heatmap(correlation_matrix, annot = True, cmap = 'coolwarm')
plt.title('Correlation Heatmap')
plt.show()
```

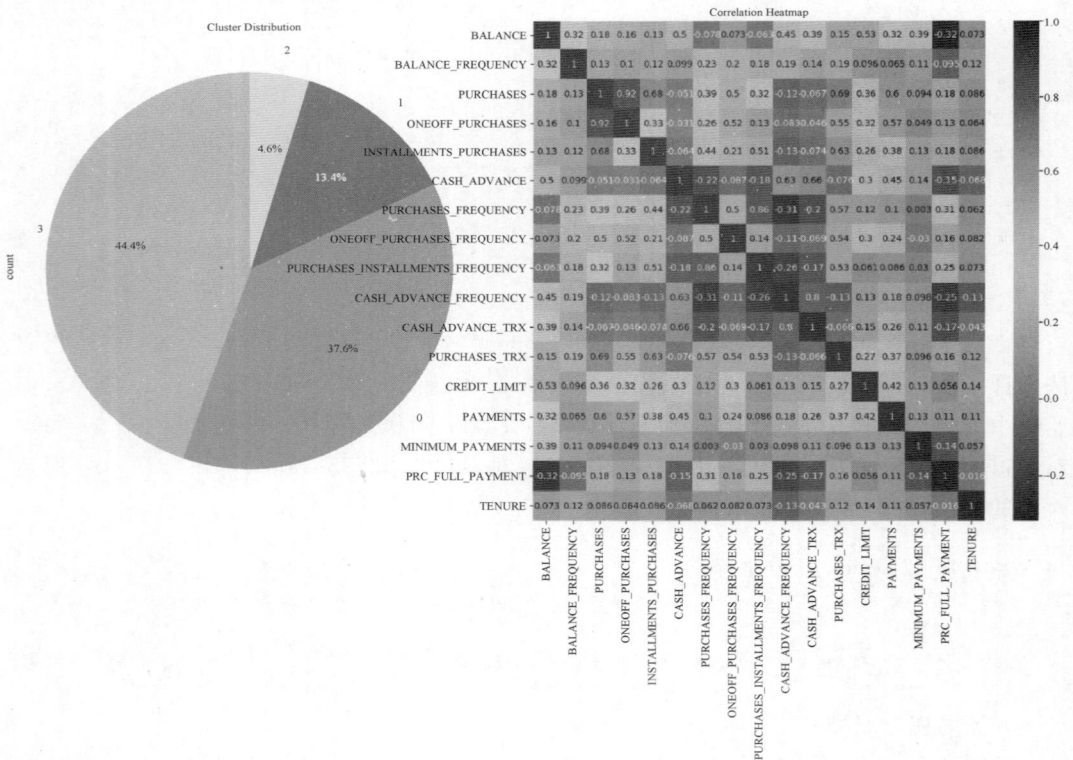

图 6-11　客户分类扇形图以及影响因素热力图

（6）可视化聚类结果。

这段代码首先打印了包含客户 ID 和对应聚类结果的数据，如图 6-12 所示，然后将整个数据集（包括聚类结果）保存到了名为'output.csv'的文件中，如图 6-13 所示。将聚类结果与客户 ID 一起打印出来，并将整个数据集保存到 CSV 文件中，这样就可以在之后的分析中使用这些数据了。

```
# 输出聚类结果
print(data[['CUST_ID', 'cluster']])
# 将输出结果存入 output.csv
data.to_csv('output.csv', index = False)
```

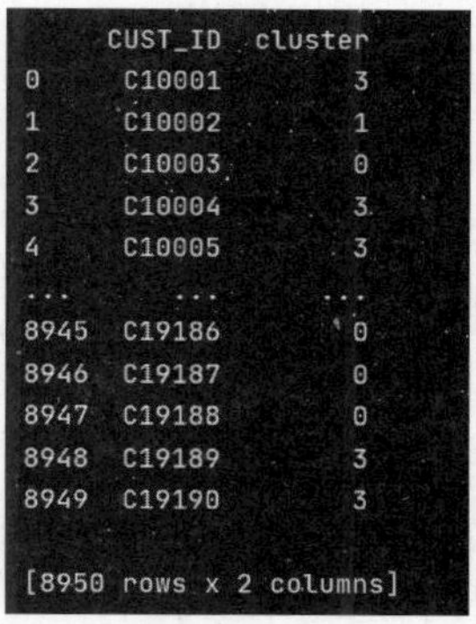

	CUST_ID	cluster
0	C10001	3
1	C10002	1
2	C10003	0
3	C10004	0
4	C10005	3
...	...	...
8945	C19186	0
8946	C19187	0
8947	C19188	0
8948	C19189	3
8949	C19190	3

[8950 rows x 2 columns]

图 6-12　客户类型打印图

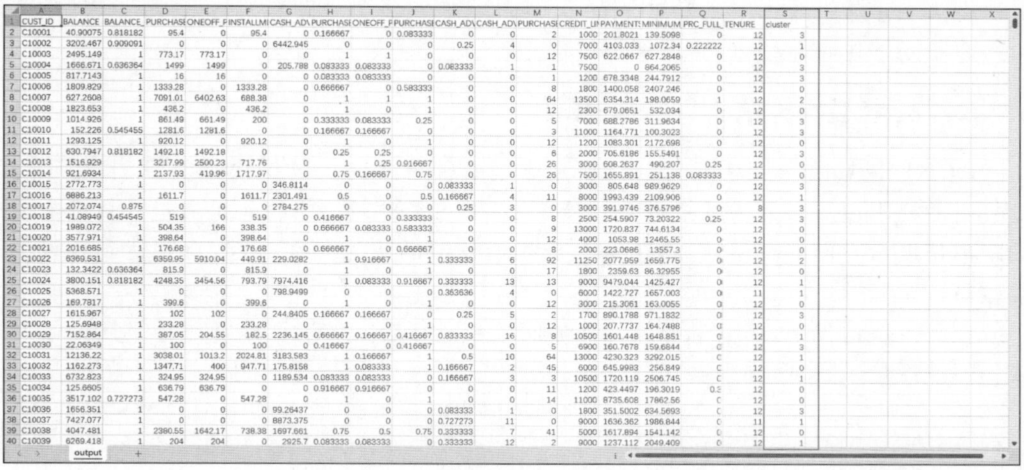

图 6-13　结果输出图

6.3　基于层次的聚类

层次聚类宛如一座神秘的迷宫，每一层都是通向数据深邃奥秘的一扇门。想象一下，数据宛如一幅缤纷的画布，而层次聚类算法则是那位睿智的画师，轻轻挥动着魔法的画笔，将看似杂乱无章的点彼此连接，渐次勾勒出一幅宏伟而有序的画卷。每个层次就如同绘画的一笔一画，都凝聚着数据间微妙而深刻的关系，它们相互交织、融合，最终呈现出一个数据之间层次分明、有机联系的精致画卷。层次聚类的引入，宛如给这幅画布添上了一份神秘的韵味，让我们能够更为细致入微地探索数据的内在结构，发现其中隐藏的规律和秘密。随着每一层次的揭示，我们就像是漫步在数据的诗意庭院中，发现其中花开花谢、生生不息的奇妙之美。跟随着层次聚类的引导，让我们一同踏上这场神秘而悠长的数据之旅，揭开层层迷雾，解读数据的精妙谜题。

实验视频

6.3.1　层次聚类的基本概念

理解层次聚类算法的不同方式可以帮助简化这些概念。凝聚层次聚类和分裂层次聚类是两种不同的层次聚类方法,它们在聚类过程中的数据点合并和分裂方式上存在着区别。

凝聚层次聚类:从每个数据点作为单独簇开始,逐渐将最相似的簇合并,直到所有数据点最终合并成一个簇。常用的合并策略包括单链接、完全链接、平均链接和离差平方和链接。这种方法通常使用平均链接法或最小距离法来计算簇之间的距离。

分裂层次聚类:从所有数据点组成一个簇开始,逐渐将当前簇分裂成更小的子簇,直到每个簇只包含一个数据对象或满足某个停止准则。常用的分裂策略包括 k-means 分裂、均值分裂、中位数分裂和方差分裂。这种方法通常使用最大链接法或最小距离法来计算簇之间的距离。

简而言之,凝聚层次聚类是从单个数据点开始合并簇,直到形成一个大的簇;而分裂层次聚类则是从一个大的簇开始分裂,直到最终形成多个小的簇。这些方法在处理数据时采取不同的逻辑路径,以实现聚类过程。

6.3.2　凝聚层次算法:AGNES 算法

AGNES(Agglomerative Nesting)算法是一种自底向上的层次聚类算法,用于将数据集中的样本逐步合并为越来越大的簇。AGNES 算法的基本思想是通过计算样本之间的距离来度量它们的相似性,并在每一步将最相似的簇合并在一起,直到达到预设的聚类数目。

在每一次迭代中,需要选择最相似的两个簇进行合并。这可以通过计算簇间的距离或相似性度量来实现,结果参考图 6-14。

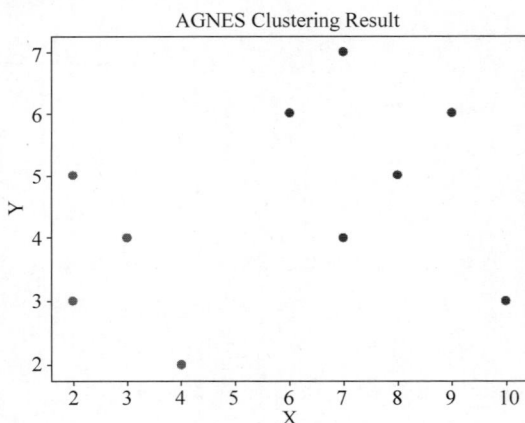

图 6-14　AGNES 算法案例图

在 AGNES 算法中,每个数据点开始时被认为是一个独立的簇,然后通过计算距离来合并最相似的簇,直到达到指定的簇数目或达到某个停止条件,常用的合并策略如图 6-15 所示。

单链接(Single Linkage):也称为最小距离合并策略,它选择两个簇之间的最小距离作为它们之间的距离。即对于两个簇 C_i 和 C_j,单链接合并策略定义它们之间的距离为 $d(C_i, C_j) = \min(d(x_i, x_j))$,其中 x_i 是簇 C_i 中的一个样本,x_j 是簇 C_j 中的一个样

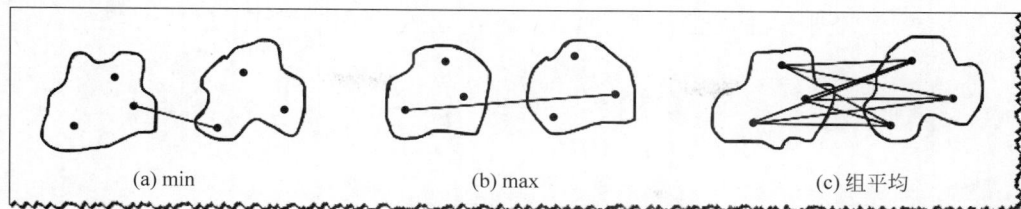

(a) min (b) max (c) 组平均

图 6-15 距离度量对比图

本。这种合并策略偏向于形成具有长而细的簇。

完全链接(Complete Linkage)：也称为最大距离合并策略，它选择两个簇之间的最大距离作为它们之间的距离。即对于两个簇 C_i 和 C_j，完全链接合并策略定义它们之间的距离为 $d(C_i, C_j) = \max(d(x_i, x_j))$，其中 x_i 是簇 C_i 中的一个样本，x_j 是簇 C_j 中的一个样本。这种合并策略偏向于形成具有紧密且球状的簇。

平均链接(Average Linkage)：它选择两个簇之间的平均距离作为它们之间的距离。即对于两个簇 C_i 和 C_j，平均链接合并策略定义它们之间的距离为 $d(C_i, C_j) = (1/|C_i| * |C_j|) * \Sigma d(x_i, x_j)$，其中 $|C_i|$ 和 $|C_j|$ 分别是簇 C_i 和 C_j 的样本数。这种合并策略通常可以产生均衡的簇。

6.3.3 分裂层次算法：DIANA 算法

DIANA(Divisive Analysis)算法是一种层次聚类算法，用于将一个数据集划分为多个不相交的聚类子集。DIANA 算法采用自顶向下的分裂策略，即从一个包含所有数据点的初始聚类开始，逐步将聚类分裂为更小的子聚类，直到满足某个停止准则。

1. 分裂聚类选择策略

在 DIANA(Divisive Analysis)聚类算法中，选择分裂聚类的策略通常是基于聚类的直径或距离。以下是两种常用的选择分裂聚类的策略。

最大直径策略：根据聚类中数据点之间的最大直径选择分裂聚类。直径是指类中任意两个数据点之间的最大距离。选择具有最大直径的聚类进行分裂，以期望将聚类划分为更小且更紧凑的子聚类。

最大距离策略：根据聚类中数据点与聚类中心之间的最大距离选择分裂聚类。选择具有最大距离的数据点作为分裂点，将聚类划分为两个子聚类。这种策略旨在选择离聚类中心最远的数据点进行分裂，以期望得到更具代表性的子聚类。

在生成的图 6-16 所示的图片中，左边的图片显示了使用最大方差分裂策略进行聚类的结果，右边的图片显示了使用最大距离分裂策略进行聚类的结果。每个聚类用不同的颜色表示。通过比较这两张图片，我们可以看到不同的分裂聚类策略会导致不同的聚类结果。在最大方差分裂策略中，聚类结果更加关注数据的方差，而在最大距离分裂策略中，聚类结果更加关注数据点之间的距离。

这些策略都旨在通过将聚类划分为更小且更紧凑的子聚类来提高聚类的质量和准确性。选择哪种策略取决于具体问题和数据集的特点。在实际应用中，可以根据数据集的分布和聚类的特点选择适合的分裂策略。

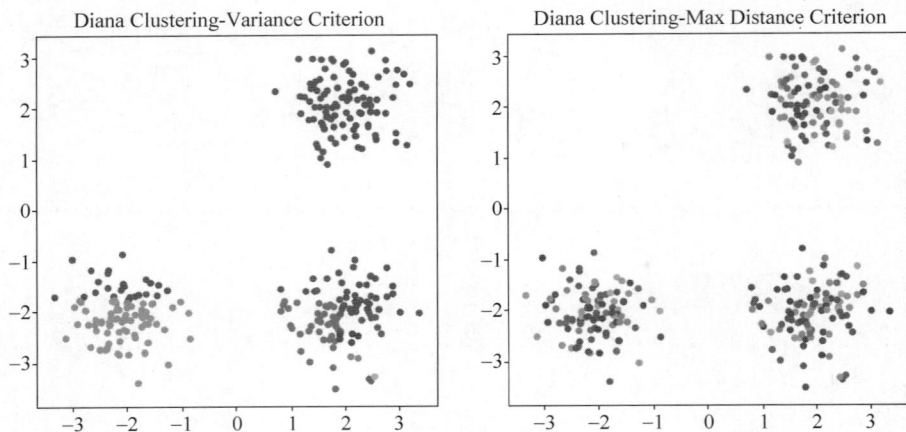

图 6-16　不同分裂聚类对比图

2. 更新距离矩阵的策略

在 DIANA（Divisive Analysis）聚类算法中，更新距离矩阵的策略通常是基于聚类间的距离计算。以下是几种常见的更新距离矩阵的策略。

最小距离策略：使用最小距离法来更新距离矩阵。对于每对聚类，计算它们之间所有数据点之间的距离，并选择最小距离作为聚类间的距离。这种策略假设最近的数据点对最能代表两个聚类之间的距离。

最大距离策略：使用最大距离法来更新距离矩阵。对于每对聚类，计算它们之间所有数据点之间的距离，并选择最大距离作为聚类间的距离。这种策略假设最远的数据点对最能代表两个聚类之间的距离。

平均距离策略：使用平均距离法来更新距离矩阵。对于每对聚类，计算它们之间所有数据点之间的距离，并计算平均距离作为聚类间的距离。这种策略考虑了所有数据点之间的距离，而不仅仅是最近或最远的数据点对。

如图 6-17 所示分别展示了使用欧氏距离和曼哈顿距离的 Diana 聚类算法对示例数据集进行的聚类结果。可以观察到不同距离矩阵策略对聚类结果的影响。这些策略都可以用来更新距离矩阵，以反映聚类间的距离。选择哪种策略取决于具体问题和数据集的特点。在实际应用中，可以根据数据集的分布和聚类的特点选择适合的更新距离矩阵的策略。

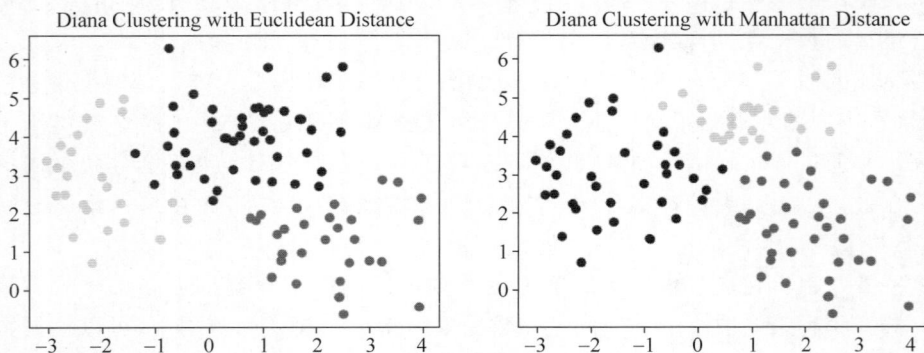

图 6-17　不同距离矩阵对比图片

DIANA 算法通过逐步分裂聚类并更新距离矩阵来构建层次聚类结构。这种自顶向下的分裂策略使得 DIANA 算法在处理大型数据集时具有较高的效率。然而,由于 DIANA 算法是一种贪婪算法,它可能陷入局部最优解,因此结果可能会受到初始聚类的选择和分裂顺序的影响。

6.3.4 实战准备

在 Python 中,用于 k 均值(k-means)聚类的包是 scikit-learn,通过使用 pip install 工具包命令进行安装,工具包中常用的函数是 AgglomerativeClustering(),在 Agnes 聚类和 Diana 聚类中有不同的用法。

1. Agnes 聚类

AgglomerativeClustering()函数是 scikit-learn 库中用于执行层次聚类的函数之一。在 AGNES(Agglomerative Nesting)聚类中,AgglomerativeClustering()函数的作用是执行层次聚类算法,将样本逐步合并为越来越大的簇。

用法如下:

```
from sklearn.cluster import AgglomerativeClustering
# 执行聚类
labels = AgglomerativeClustering(n_clusters = 3, affinity = 'euclidean', linkage = 'ward').fit_predict(X)
```

常用参数说明如下。

n_clusters:要形成的簇的数量。

affinity:用于计算链接的距离度量。

linkage:用于计算链接的方法。

connectivity:可选参数,用于指定连接矩阵,表示样本之间的连接关系。

distance_threshold:用于剪枝的距离阈值。

compute_full_tree:是否计算完整的层次树。

memory:用于缓存计算结果的内存对象。

2. Diana 聚类

在 Diana 聚类中,AgglomerativeClustering()函数用于执行聚类的合并步骤。在 Diana 聚类中,AgglomerativeClustering()函数的参数可以设置为适应 Diana 聚类算法的要求。例如,可以使用"single"链接或"complete"链接作为聚类合并的策略,这取决于 Diana 聚类算法的定义。此外,还可以设置合并的阈值或聚类数目,以控制聚类的终止条件。

用法如下:

```
from sklearn.cluster import AgglomerativeClustering
# 执行聚类
labels = AgglomerativeClustering(n_clusters = k, affinity = 'euclidean', linkage = 'single').fit_predict(X)
```

常见参数说明如下。

n_clusters：聚类的数量，即期望得到的聚类簇的个数。可以根据具体问题和数据集的特点来设置这个参数。

affinity：相似性度量的类型。它定义了计算数据点之间距离的方法。常见的取值包括：

"euclidean"：欧氏距离，常用于连续型数据。

"manhattan"：曼哈顿距离，也称为城市街区距离，适用于连续型数据。

"cosine"：余弦相似度，适用于文本数据或稀疏数据等。

linkage：聚类合并的策略，即确定哪些聚类簇应该合并的规则。常见的取值包括：

"single"：单链接，合并两个最相似的数据点或聚类簇。

"complete"：完全链接，合并两个最不相似的数据点或聚类簇。

"average"：平均链接，合并两个聚类簇的平均距离。

6.3.5　层次聚类案例

例 6-3　本案例对点评网的点评内容进行汇总。每个样本包含两部分信息，第一部分是 ID，第二部分是文本内容。文本内容涉及了各种餐厅、美食店的体验、点评和推荐，包括对餐厅环境、菜品口味、价格等方面的描述。

（1）导入库。

以下的代码是为了进行文本数据的聚类分析所需的库和模块。接下来，可以使用这些库和模块来进行文本数据的聚类分析。

```
import pandas as pd
from sklearn.feature_extraction.text import TfidfVectorizer
from sklearn.cluster import AgglomerativeClustering
import matplotlib.pyplot as plt
import seaborn as sns
from sklearn.decomposition import PCA
from sklearn import metrics
```

（2）数据读取。

这行代码是用来读取名为"test.tsv"的数据文件，并将其存储到名为"data"的 Pandas 数据框中。在这里，pd.read_csv() 函数用于从.tsv 文件中读取数据，sep＝'\t' 参数表示这是一个制表符分割的文件。

接下来，可以使用 Pandas 提供的方法和属性来探索和理解这份数据，比如 data.head() 来查看数据的前几行，data.info() 来查看数据的基本信息，以及其他数据探索的方法。如果需要对这份数据进行特征提取、聚类分析或其他处理，可以进行进一步的操作。

```
# 读取数据
data = pd.read_csv(r"D:\新建文件夹\COTE - DP\COTE - DP\test.tsv", sep = '\t')
```

（3）数据预处理。

创建了一个 TfidfVectorizer 对象。TfidfVectorizer 是用于将文本转换为 TF-IDF 特

征表示的工具。在这里,max_features=1000 意味着只选择最重要的 1000 个特征词,stop_words='english' 表示在向量化过程中会去除常见的英文停用词(例如"the""is""at"等)。将文本数据集中的'text_a'列(假设'text_a'列存储了文本数据)传递给 TfidfVectorizer 对象的 fit_transform 方法,以便将文本数据转换为 TF-IDF 特征矩阵。这将会生成一个稀疏矩阵 X,其中每行代表一个文本样本,每列代表一个特征词,而矩阵中的每个元素则代表了相应特征词在该文本样本中的 TF-IDF 值。现在,变量 X 包含了文本数据的 TF-IDF 特征表示,可以用于接下来的聚类分析或其他机器学习任务。

```
# 文本向量化
vectorizer = TfidfVectorizer(max_features = 1000, stop_words = 'english')
X = vectorizer.fit_transform(data['text_a'])
```

(4) AGNES 和 DIANA 聚类。

我们使用凝聚层次聚类算法(AGNES 和 DIANA)对文本数据进行了聚类。

使用了 scikit-learn 中的 AgglomerativeClustering 来进行 AGNES(自底向上的层次聚类)算法的聚类分析。指定了 n_clusters=3,表示希望将文本数据分成 3 个簇。然后,通过调用 fit_predict 方法,将 TF-IDF 特征矩阵 X 转换为数组(因为 AgglomerativeClustering 需要密集数组作为输入),并对文本数据进行聚类,最终将聚类标签存储在 agnes_labels 中。

同样使用了 AgglomerativeClustering 来进行 DIANA(自顶向下的层次聚类)算法的聚类分析。指定了 n_clusters=3 表示希望将文本数据分成 3 个簇,并设置了 linkage='complete'和 affinity='euclidean'来指定聚类时所使用的链接标准和距离度量。同样,将聚类标签存储在 diana_labels 中。

```
# AGNES 聚类
agnes_cluster = AgglomerativeClustering(n_clusters = 3)
agnes_labels = agnes_cluster.fit_predict(X.toarray())
# DIANA 聚类
diana_cluster = AgglomerativeClustering(n_clusters = 3, linkage = 'complete', affinity =
'euclidean')
diana_labels = diana_cluster.fit_predict(X.toarray())
```

(5) 聚类可视化。

将文本数据降维到二维空间,并使用散点图对 AGNES 和 DIANA 的聚类结果进行了可视化。

使用了主成分分析(PCA)将 TF-IDF 特征矩阵 X 降到了二维空间,然后使用 seaborn 库中的 scatterplot 函数绘制了两个子图,分别展示了 AGNES 和 DIANA 聚类的结果。在接下来的部分中,创建了一个图形窗口,并使用了 subplot 来创建两个子图,分别展示了 AGNES 和 DIANA 的聚类结果。每个子图中,使用 seaborn 的 scatterplot 函数绘制了散点图,其中 x 轴和 y 轴分别代表了降维后的两个主成分,散点的颜色表示了不同的聚类簇,点的大小和透明度则用于增强可视效果。最后,通过 plt.show()展示了整个可视化结果。这个可视化能够让我们直观地观察到文本数据在二维空间上的聚类情况,如图 6-18 所示。

```
# 可视化
pca = PCA(n_components = 2)
X_r = pca.fit_transform(X.toarray())
plt.figure(figsize = (12, 6))
plt.subplot(1, 2, 1)
sns.scatterplot(x = X_r[:, 0], y = X_r[:, 1], hue = agnes_labels, palette = "Set1", s = 100,
alpha = 0.5)
plt.title('AGNES Clustering')
plt.subplot(1, 2, 2)
sns.scatterplot(x = X_r[:, 0], y = X_r[:, 1], hue = diana_labels, palette = "Set1", s = 100,
alpha = 0.5)
plt.title('DIANA Clustering')
plt.show()
```

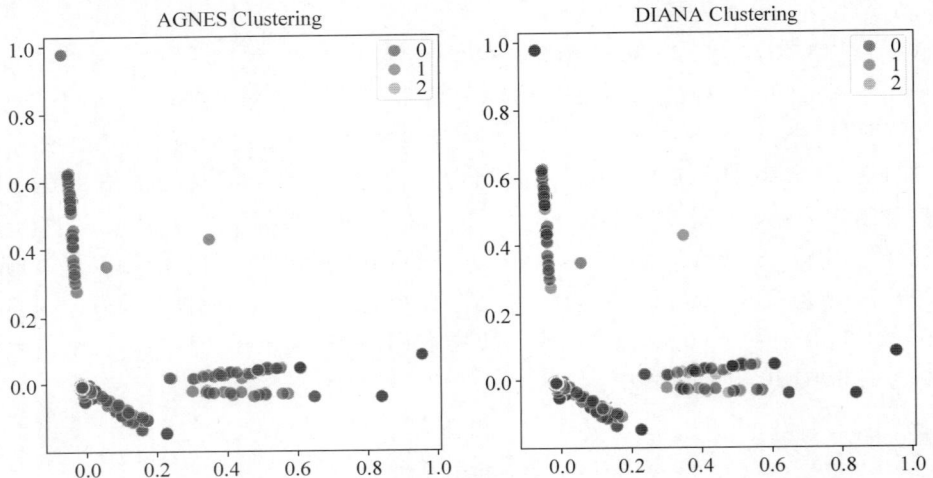

图 6-18　聚类簇分布图

（6）输出聚类统计信息。

在这段代码中,使用了 pandas 的 Series 和 value_counts 方法来获取每个聚类簇中样本的数量,并将结果打印出来。针对 AGNES 聚类的标签列表 agnes_labels,创建了一个 pandas Series,并使用 value_counts 方法统计了每个簇中样本的数量。标签列表 diana_labels,也创建了一个 pandas Series,并使用 value_counts 方法统计了每个簇中样本的数量。最后,通过 print 语句将聚类的统计信息打印出来,这样就能够清晰地了解每个聚类簇中样本的数量分布情况。

```
# 输出聚类的统计信息
print("AGNES 聚类统计信息:")
agnes_cluster_counts = pd.Series(agnes_labels).value_counts()
print(agnes_cluster_counts)
print("DIANA 聚类统计信息:")
diana_cluster_counts = pd.Series(diana_labels).value_counts()
print(diana_cluster_counts)
```

如图 6-19 所示,通过这些统计信息,可以看到每个算法产生的簇的大小差异。例如,在 AGNES 中,簇 0 包含了远远多于其他簇的样本,而在 DIANA 中,簇 1 包含了最多的样本。

(7) 聚类结果校验。

在这段代码中,使用了 scikit-learn 中的 metrics 模块下的 silhouette_score 方法来计算聚类的轮廓系数。对于 AGNES 聚类,使用了 X 的 TF-IDF 特征矩阵(通过.toarray()方法将稀疏矩阵转换为稠密矩阵)以及对应的聚类标签 agnes_labels,并使用欧氏距离作为距离度量来计算了聚类的轮廓系数。

```
AGNES 聚类统计信息:
0    10688
1       74
2       63
Name: count, dtype: int64
DIANA 聚类统计信息:
1     7850
0     2285
2      690
Name: count, dtype: int64
```

图 6-19 聚类簇大小打印截图

同样地,对于 DIANA 聚类,也使用了 X 的 TF-IDF 特征矩阵以及对应的聚类标签 diana_labels,并使用欧氏距离作为距离度量来计算了聚类的轮廓系数。最后,通过 print 语句将 AGNES 和 DIANA 的轮廓系数打印出来,这样就能够了解聚类的紧密度和分离度。

轮廓系数是一种常用的聚类评估指标,它能够帮助判断聚类的效果。通常来说,轮廓系数的取值范围为$[-1,1]$,数值越接近 1 表示聚类效果越好,数值越接近-1 则表示聚类效果越差。

```
agnes_silhouette = metrics.silhouette_score(X.toarray(), agnes_labels, metric = 'euclidean')
diana_silhouette = metrics.silhouette_score(X.toarray(), diana_labels, metric = 'euclidean')
print("AGNES Silhouette Score:", agnes_silhouette)
print("DIANA Silhouette Score:", diana_silhouette)
```

当比较 AGNES 和 DIANA 的轮廓系数时,需要考虑它们在数据聚类过程中的不同行为。以下是对这两个算法进行对比分析的一些关键点。

① AGNES (Agglomerative Nesting)。

AGNES 是一种层次聚类算法,它从每个数据点作为单独的簇开始,并逐渐将最相似的簇合并,直到满足某种停止条件为止。

由于 AGNES 是自底向上的聚类方法,因此在每一步都需要计算所有簇之间的距离,这可能会导致较高的计算复杂性。

轮廓系数 0.545 表明 AGNES 产生的聚类在一定程度上表现出较好的紧密度和分离度。

② DIANA (Divisive Analysis)。

与 AGNES 相反,DIANA 是一种自顶向下的层次聚类算法,它从所有数据点作为一个簇开始,然后逐渐分割为更小的簇,直到满足某种停止条件为止。

DIANA 的计算复杂性通常较低,因为它在每一步只需考虑将一个簇分割成两个簇的情况。

轮廓系数 0.582,表明 DIANA 产生的聚类在一定程度上表现出更好的紧密度和分离度。

AGNES Silhouette Score:0.5451841715545679

DIANA Silhouette Score:0.5819965127455939

6.4　基于密度的聚类

基于密度的聚类如同一场探险，我们置身于数据的迷雾之中，探寻着隐藏在密集数据点背后的宝藏般信息。想象一下，数据宛如一片广袤的原野，而基于密度的聚类算法则是那位勇敢的探险家，带领着我们穿越茂密的丛林、跋涉山川，一步步揭开数据世界的神秘面纱。每一个数据点都是一座座潜藏的宝藏，而密度聚类算法则是我们的导航，帮助我们发现并挖掘这些宝藏。通过测量数据点之间的距离和密度，我们能够找到那些潜藏在数据之间的微妙联系，发现它们之间的群聚和分布规律，如同在迷雾中寻找指引般，一点点揭开数据的神秘面纱。基于密度的聚类技术，不仅带领我们走进数据的深处，发现其中蕴藏的珍贵信息，更像是一场刺激而充满惊喜的探险之旅，让我们沉浸其中，体验数据探索的无穷乐趣。随着每一步的迈进，让我们一同揭开数据世界神秘面纱，探寻其中蕴藏的宝藏般信息。

6.4.1　密度聚类的基本概念

在基于密度的聚类算法中，有一些相关的概念需要了解。

1. 核心点（Core Point）

对于给定的半径 ε 和最小样本数 MinPts，如果一个样本点的 ε-邻域内包含至少 MinPts 个样本点（包括该样本点自身），则该样本点被视为核心点。核心点是聚类的中心，周围有足够的密度。

2. 边界点（Border Point）

边界点是在某个聚类的 ε-邻域内，包含少于 MinPts 个样本点的样本点。边界点位于核心点周围的低密度区域，可能属于多个聚类。

3. 噪声点（Noise Point）

噪声点是在所有聚类的 ε-邻域内都没有足够数量的样本点的样本点。噪声点位于低密度区域，无法归属于任何聚类。

例 6-4　使用 sklearn. cluster. DBSCAN 类来执行 DBSCAN 聚类算法。我们生成一个简单的二维样本数据集 X，然后创建一个 DBSCAN 对象，并通过 fit 方法拟合数据。然后，我们获取了聚类标签 labels 和核心样本的索引 core_samples_mask。接下来，根据聚类标签和核心样本的索引可视化聚类结果。核心点用大圆圈表示，边界点用小圆圈表示，噪声点用黑色表示，如图 6-20 所示。

4. 密度可达（Density Reachability）

如果样本点 p 在样本点 q 的 ε-邻域内，并且 q 是核心点，则称样本点 p 密度可达于样本点 q。这意味着通过一系列的核心点，可以从一个核心点密度可达到另一个核心点。

5. 密度相连（Density Connectivity）

如果样本点 p 和 q 都是对方的密度可达点，则称样本点 p 和 q 密度相连。密度相连是一种传递关系，如果 p 密度可达于 q，且 q 密度可达于 r，则 p 密度可达于 r。

例 6-5　如图 6-21 中，我们使用 sklearn. cluster. DBSCAN 类来执行 DBSCAN 聚类

算法。我们生成了一个简单的二维样本数据集 X,然后创建了一个 DBSCAN 对象,并通过 fit 方法拟合数据。然后,我们获取了聚类标签 labels 和核心样本的索引 core_samples_mask。我们通过可视化密度可达和密度相连的概念,首先绘制所有样本点,其中核心样本点用大圆圈表示,非核心样本点用小圆圈表示。然后,对于每个非噪声样本点,我们绘制从该样本点到其所属的核心样本点的连线。

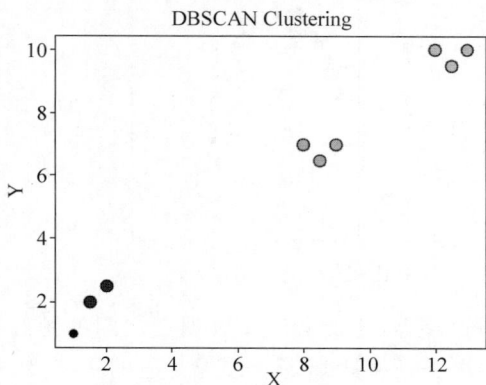

图 6-20　核心点、边界点和噪声点案例展示图　　图 6-21　密度可达和密度相连展示图

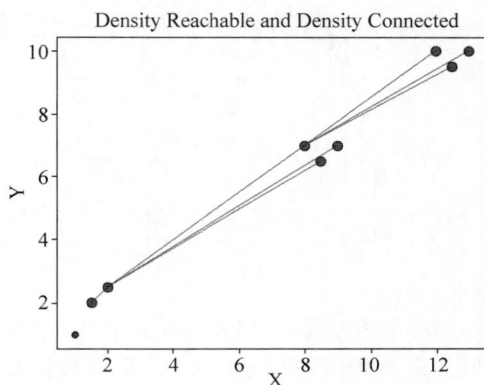

6.4.2　DBSCAN 算法

DBSCAN(Density-Based Spatial Clustering of Applications with Noise)是一种基于密度的聚类算法,用于发现具有高密度的样本组成的区域,并将低密度区域视为噪声。DBSCAN 算法不需要预先指定聚类数量,可以自动识别聚类的形状和大小。

1. DBSCAN 算法的重要参数

DBSCAN 算法的基本思想是通过定义样本之间的距离和邻域来确定样本的密度。它定义了三个重要的参数。

(1) Epsilon(ε):也称为邻域半径,它定义了一个点的 ε-邻域。对于给定的数据点,ε-邻域包括与该点的距离小于或等于 ε 的所有其他点。ε 的选择直接影响到聚类的紧密度。如果 ε 过小,可能会导致大部分点被认为是噪声点,而聚类效果不好;如果 ε 过大,可能会将不相关的点归为同一簇。因此,如图 6-22 所示选择合适的 ε 值对于获得良好的聚类结果非常重要。

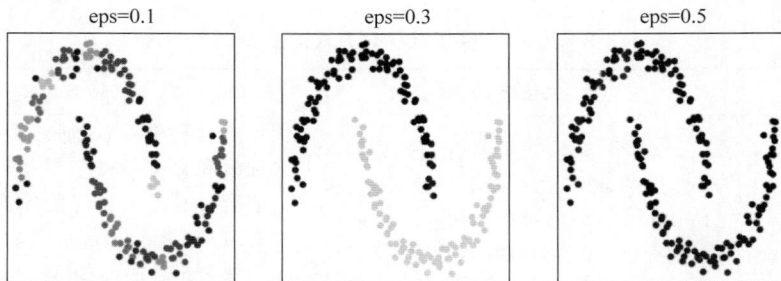

图 6-22　eps 参数对比图

（2）MinPts：如图 6-23 所示是用于定义核心点的最小邻域点数阈值。对于一个给定的数据点，如果其 ε-邻域内的点数大于或等于 MinPts，则该点被认为是核心点。核心点是聚类的基础，它们被认为是密度高的点。通过调整 MinPts 的值，可以控制聚类的紧密程度。较大的 MinPts 值将导致形成较小的簇，而较小的 MinPts 值可能会导致形成更大的簇。

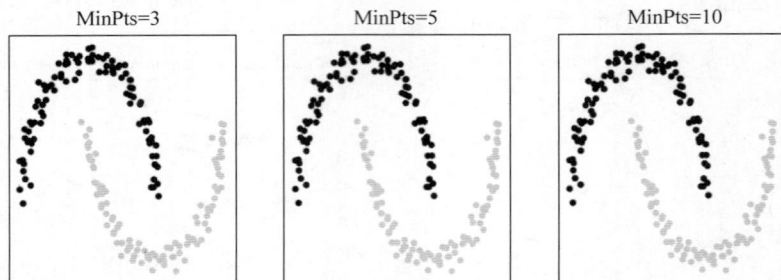

图 6-23　不同 MinPts 参数对比图

（3）距离度量：DBSCAN 算法可以使用不同的距离度量来计算数据点之间的距离。常见的距离度量包括欧氏距离、曼哈顿距离和闵可夫斯基距离等。选择合适的距离度量取决于数据的特征和问题的需求。

DBSCAN 算法是一种强大的聚类算法，特别适用于发现任意形状的聚类簇和处理噪声点。然而，在应用 DBSCAN 时需要仔细选择合适的参数，并且对于高维数据集和密度变化较大的数据集，需要考虑其他的聚类算法或使用降维技术进行预处理。

2. 优点

（1）能够发现任意形状的聚类簇。DBSCAN 不受聚类簇形状的限制，可以发现任意形状的聚类簇，包括凸形、非凸形和不规则形状。

（2）不需要预先指定聚类簇的数量。DBSCAN 不需要事先指定聚类簇的数量，它能够自动确定簇的数量并发现噪声点。

（3）能够处理噪声点。DBSCAN 能够将噪声点标记为噪声簇，不将其归为任何有效的聚类簇。

（4）对参数的鲁棒性较强。DBSCAN 的参数相对较少，主要是邻域半径（eps）和最小样本数（MinPts），对于不同的数据集，可以通过调整这两个参数来适应不同的数据特征。

3. 缺点以及优化

缺点以及优化汇总如表 6-5 所示。

表 6-5　缺点及优化方法汇总表

缺　　点	优化方法 1	优化方法 2
对参数的选择敏感	自适应参数选择：可以使用自适应的方法来选择邻域半径（eps）和最小样本数（MinPts）。例如，可以使用基于密度的方法来估计数据集的局部密度，并根据估计的密度自动选择合适的参数值	网格搜索和交叉验证：可以通过网格搜索和交叉验证来寻找最佳的参数组合。通过在一定范围内对参数进行穷举搜索，并使用交叉验证评估每个参数组合的性能，可以选择最佳的参数组合

续表

缺 点	优化方法 1	优化方法 2
对高维数据集不适用	维度约简：可以使用降维技术（如主成分分析、t-SNE等）对高维数据进行降维，将数据映射到低维空间中进行聚类	特征选择：可以通过特征选择方法选择最相关的特征，减少高维数据中的冗余信息，提高聚类效果
在数据集密度变化较大的情况下效果不佳	基于密度的聚类扩展：可以使用基于密度的聚类扩展方法	
对大规模数据集的计算复杂度较高	基于索引的加速：可以使用基于索引的数据结构（如R树、k-d树等）来加速DBSCAN算法的计算过程	并行计算：可以使用并行计算技术来加速DBSCAN算法的计算过程。通过将数据集划分为多个子集，每个子集在不同的处理单元上并行计算，可以减少计算时间

6.4.3 实战准备

在 Python 中，用于 k 均值（k-means）聚类的包是 scikit-learn，通过使用 pip install 工具包命令进行安装，工具包中常用的函数是 DBSCAN()。

DBSCAN（Density-Based Spatial Clustering of Applications with Noise）是一种基于密度的聚类算法，它通过将密度相连的数据点组成簇来进行聚类。DBSCAN 算法不需要预先指定聚类的数量，而是根据数据点的密度来确定聚类的形状和数量。它将数据点分为三类：核心点、边界点和噪声点。核心点是在邻域内有足够数量的数据点的点，边界点是在邻域内没有足够数量的数据点但位于核心点的邻域内的点，噪声点是既不为核心点也不为边界点的点。

用法如下：

```
from sklearn.cluster import DBSCAN
# 创建 DBSCAN 对象并设置参数
dbscan = DBSCAN(eps = 0.5, min_samples = 5, metric = 'euclidean', algorithm = 'auto', leaf_
size = 30, p = None)
# 拟合数据并进行聚类
labels = dbscan.fit_predict(data)
```

常用参数说明如下。

eps：邻域的半径。这里设置为 0.5。

min_samples：核心点所需的邻居数量。这里设置为 5。

metric：用于计算点之间距离的度量方法。这里设置为 'euclidean'，表示欧几里得距离。

algorithm：用于计算核心点的算法。这里设置为 'auto'，表示自动选择合适的算法。

leaf_size：用于构建球树或 k-d 树的叶节点数量。这里设置为 30。

p：用于闵可夫斯基距离的参数。这里设置为 None，表示使用默认值。

6.4.4 密度聚类案例

例 6-6 THUCNews 是根据新浪新闻 RSS 订阅频道 2005—2011 年的历史数据筛选过滤生成的,包含 74 万篇新闻文档(2.19 GB),均为 UTF-8 纯文本格式。我们在原始新浪新闻分类体系的基础上,重新整合划分出 14 个候选分类类别:财经、彩票、房产、股票、家居、教育、科技、社会、时尚、时政、体育、星座、游戏、娱乐。本案例从中选择财经、彩票、房产、股票、家居和教育数据集来进行实验,通过代码我们从以上 6 个分类中各选取 300 个样本。

(1) 合成实验数据集。

代码的作用是从指定的根目录中随机选择每个类别的文件,并将其复制到一个新的目录。首先导入必要的模块。接着创建目录,定义一个包含不同类别名称的列表 category。getfilenum 设置为 300,表示要从每个类别中随机选择的文件数量。这个循环遍历每个类别。对于每个类别,它将 root_path 和类别名称连接起来构成 file_path。然后列出该目录中的所有文件,并将列表存储在 realfile 中。接着,它使用 random.sample 从该类别的文件列表中随机选择 get_file_num 个索引。在类别循环内部,另一个循环执行 get_file_num 次。对于每次迭代,它构建原始文件的路径(使用随机选择的索引),然后构建目标文件的路径。最后,它使用 shutil.copyfile 将原始文件复制到目标路径。调用 get_random_text 函数,并传入指定的根路径和保存路径,保存结果如图 6-24 所示。

```python
import os
import shutil
import random
def get_random_text(root_path, save_path):
    if not os.path.exists(save_path):
        os.makedirs(save_path)
    category = ['财经', '彩票', '房产', '股票', '家居', '教育']
    get_file_num = 300
    for i in range(len(category)):
        file_path = os.path.join(root_path, category[i])
        realfile = os.listdir(file_path)
        random_index = random.sample(range(0, len(realfile)), get_file_num)    # 随机选取
        for j in range(get_file_num):
            raw_file_path = os.path.join(root_path, category[i], realfile[random_index[j]])
            save_file_path = os.path.join(save_path, category[i] + str(j) + ".txt")
            shutil.copyfile(raw_file_path, save_file_path)
get_random_text(r"D:\新建文件夹\数据挖掘\DSBCAN\THUCNews\THUCNews", r"D:\新建文件夹\数据挖掘\DSBCAN\data")
```

(2) 分词和停用。

接下来我们将上述的数据转换为一个 dadaframe 的格式(也可以单独进行保存),我们对数据集进行清洗、分词并去除停用词。

这段代码的作用是对中文文本进行分词处理,如图 6-25 所示,并创建一个包含索引、类别和内容的 DataFrame,然后将其保存为 CSV 文件。函数 getM2Chinese 用于从文本中匹配两个字以上的中文词语。load_stopwords 函数用于加载停用词列表。它首先初

财经0	2023/11/25 22:14	文本文档	5 KB
财经1	2023/11/25 22:14	文本文档	8 KB
财经2	2023/11/25 22:14	文本文档	3 KB
财经3	2023/11/25 22:14	文本文档	5 KB
财经4	2023/11/25 22:14	文本文档	2 KB
财经5	2023/11/25 22:14	文本文档	1 KB
财经6	2023/11/25 22:14	文本文档	6 KB
财经7	2023/11/25 22:14	文本文档	3 KB
财经8	2023/11/25 22:14	文本文档	7 KB
财经9	2023/11/25 22:14	文本文档	3 KB

图 6-24　文件筛选结果截图

始化了一些特殊字符,然后从文件中加载更多的停用词。create_corpus 函数用于创建语料库。它接收停用词列表、原始数据文件夹路径和分词后结果保存路径作为参数。列出原始数据文件夹中的所有文件,并打印出文件数量。循环遍历了每个文件,对每个文件进行了分词处理,并将处理后的文本添加到了语料库中。创建一个 DataFrame,包含了索引、类别和内容,并将其保存为 CSV 文件。代码调用了 load_stopwords 和 create_corpus 函数,并传入了相应的参数。需要注意的是,代码中的文件路径都是硬编码的,可能需要根据实际情况进行调整。

```python
import os
import re
import jieba
import pandas as pd
def getM2Chinese(s):
    # 匹配两个字词以上的中文词语
    pattern = r'^[\u4e00-\u9fa5]{2,}$'
    regex = re.compile(pattern)
    results = regex.findall(s)
    return "".join(results)
# 创建停用词列表
def load_stopwords(stopwords_file):
    # 特殊字符列表
    stopwords = ['\u3000', '\n', '']
    if stopwords_file:
        with open(stopwords_file, 'r', encoding = 'utf-8') as f:
            for line in f:
                stopwords.append(line.strip())
    return stopwords
def create_corpus(stopwords, rawfilepath, cut_sw_res_path):
    """
    Args:
        stopwords: 停用词列表
```

```
            rawfilepath: 原始数据文件夹路径
            cut_sw_res_path:各个文件分词保存结果根路径
    Returns:
"""
    realfile = os.listdir(rawfilepath)
    print('文本数量:', len(realfile))
"""创建实验数据语料库"""
    filename_list = []
    corpus = []
    for i in range(0, len(realfile)):
        filename = realfile[i]
        # 获取各个文本分类名称
        filename_list.append(filename[:2])
        file_full_path = os.path.join(rawfilepath, filename)
        with open(file_full_path, encoding = 'utf-8') as f:
            data = f.read()
            # 文本分词处理
            cut_data = jieba.cut(data, cut_all = False)
            res_cut_data = ''
            for each in cut_data:
                if each not in stopwords:
                    if getM2Chinese(each):
                        res_cut_data = res_cut_data + each + ''
        corpus.append(res_cut_data)
        # 可以将各个不同分类文本分词、去除停用词后单独保存
        # cut_sw_res_file = os.path.join(cut_sw_res_path, filename)
        # with open(cut_sw_res_file,'w', encoding = 'utf-8') as resf:
        # 写入文件
        # resf.write(res_cut_data)
        # print(data_adj, file = resf)
    # 构造 DataFrame 数据文件
    df = pd.DataFrame(columns = ['index', 'category', 'content'])
    df['index'] = [i + 1 for i in range(len(corpus))]
    df['category'] = filename_list
    df['content'] = corpus
    # 保存
    df.to_csv('D:\新建文件夹\数据挖掘\DSBCAN\myDataF.csv', index = False)
stopwords_file = r"D:\新建文件夹\数据挖掘\DSBCAN\stopwords_full.txt"
rawfilepath = r"D:\新建文件夹\数据挖掘\DSBCAN\data"
cut_sw_res_path = r"D:\新建文件夹\数据挖掘\DSBCAN\categoryfile"
stopwords = load_stopwords(stopwords_file)
create_corpus(stopwords, rawfilepath, cut_sw_res_path)
```

```
index,category,content
1,家居,台湾 第一 美女 萧蔷 豪宅 组图 萧蔷年 四十 风姿绰约 无愧 台湾 第一
2,家居,绿色 色系 好搭档 蓝色 之外 绿色 色系 好搭档 空间 有出 亮点
3,家居,爱仕达 未来 一年 代理商 近日 爱仕达 上海 举办 战略 联盟 峰会 领袖
4,家居,四川 绵阳 城市 照明 设施 现已 换装 段时间 四川 绵阳 城市 照明 管
5,家居,客厅 沙发 造价 造价 沙发 价格 长毛 地毯 价格 挂饰 价格
6,家居,成都 家具 聚焦 成都 创意 米兰 国际 家具 中国 家具 频现 展会 现场
7,家居,曲美 家具 发布 家居装饰 四种 经典 配色 方案 色彩 搭配 服装 搭配
```

图 6-25　分词处理后截图

（3）提取特征。

代码中使用了 scikit-learn 库来使用 CountVectorizer 和 TfidfTransformer 执行文本向量化和转换。初始化 CountVectorizer 对象并将语料库转换为词频矩阵。获取特征名称和词汇表，打印词频矩阵及其数组表示形式，以及其形状、特征名称和词汇表如图 6-26 所示。初始化 TfidfTransformer 并将词频矩阵转换为 TF-IDF 矩阵，打印 TF-IDF 矩阵及其数组表示形式如图 6-27 所示，它被设计用于使用 CountVectorizer 将输入文本转换为词频矩阵，然后使用 TfidfTransformer 将其转换为 TF-IDF 矩阵。

```python
from sklearn.feature_extraction.text import TfidfTransformer
from sklearn.feature_extraction.text import CountVectorizer
from sklearn.pipeline import Pipeline
# 语料库
corpus = ['this is the first document',
          'this document is the second document',
          'is this the first document'
          ]
# 初始化对象
vectorizer = CountVectorizer()
# 将文本中的词语转换为词频矩阵
X = vectorizer.fit_transform(corpus)
# 获取每一个词语的位置
loc = vectorizer.get_feature_names_out()
word = vectorizer.vocabulary_
print(X)
print(X.toarray())
print(X.shape)
print(loc)
print(word)
trainsform = TfidfTransformer()
Y = trainsform.fit_transform(X)
print(Y)
print(Y.toarray())
```

```
(0, 5)      1
(0, 2)      1
(0, 4)      1
(0, 1)      1
(0, 0)      1
(1, 5)      1
(1, 2)      1
(1, 4)      1
(1, 0)      2
(1, 3)      1
(2, 5)      1
(2, 2)      1
(2, 4)      1
(2, 1)      1
(2, 0)      1
[[1 1 1 0 1 1]
 [2 0 1 1 1 1]
 [1 1 1 0 1 1]]
(3, 6)
['document' 'first' 'is' 'second' 'the' 'this']
{'this': 5, 'is': 2, 'the': 4, 'first': 1, 'document': 0, 'second': 3}
```

图 6-26 词汇表相应内容打印图

```
(0, 5)        0.42040098658605557
(0, 4)        0.42040098658605557
(0, 2)        0.42040098658605557
(0, 1)        0.5413428136679054
(0, 0)        0.42040098658605557
(1, 5)        0.3183559679257789
(1, 4)        0.3183559679257789
(1, 3)        0.539023509507965
(1, 2)        0.3183559679257789
(1, 0)        0.6367119358515578
(2, 5)        0.42040098658605557
(2, 4)        0.42040098658605557
(2, 2)        0.42040098658605557
(2, 1)        0.5413428136679054
(2, 0)        0.42040098658605557
[[0.42040099 0.54134281 0.42040099 0.          0.42040099 0.42040099]
 [0.63671194 0.          0.31835597 0.53902351 0.31835597 0.31835597]
 [0.42040099 0.54134281 0.42040099 0.          0.42040099 0.42040099]]
```

图 6-27   TF-IDF 矩阵及其数组打印图

（4）聚类实验。

对文本数据进行聚类分析，并通过 t-SNE 进行可视化展示，最终输出一些聚类的统计信息。

calculate_tfidf（data）函数用于对输入的文本数据进行 TF-IDF 向量化，并使用 t-SNE 进行降维处理。首先使用 CountVectorizer 对文本进行词频向量化。然后使用 TfidfTransformer 提取 TF-IDF 词向量。将 TF-IDF 矩阵转换为数组形式。使用 t-SNE 进行降维处理，将 TF-IDF 矩阵降至二维，以便后续的可视化展示打印出经过 t-SNE 降维处理后的文本数据的形状（shape）。在这里，tsne_weights 是经过 t-SNE 处理后的文本数据的二维表示。通过打印其形状，可以了解降维后的数据的维度信息，即数据有多少行（样本数）和多少列（特征数），结果如图 6-28 所示。

get_text_feature（filepath）函数从给定的 CSV 文件中读取内容数据。对内容数据进行 TF-IDF 向量化，并使用 t-SNE 进行降维处理。对降维后的数据进行标准化处理，并使用 DBSCAN 算法进行聚类。将聚类结果进行可视化，并输出一些聚类的统计信息。

该部分的主要步骤是读取数据，并对文本内容进行 TF-IDF 向量化和 t-SNE 降维处理。对降维后的数据进行标准化处理。使用 DBSCAN 算法进行聚类，并将聚类结果进行可视化展示如图 6-29 所示。输出一些聚类的统计信息，包括分簇的数目、噪声点比例以及每个类别下的样本数量等，如图 6-28 所示。

图 6-28   聚类结果参数打印图

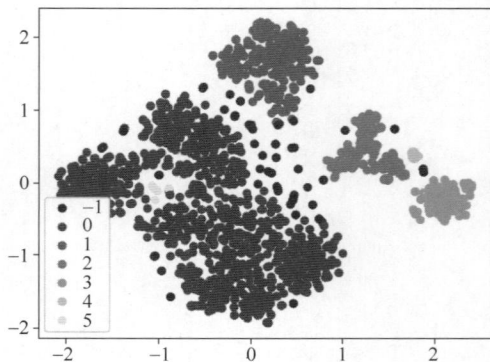

图 6-29   聚类结果可视化图

```
import random
import pandas as pd
from matplotlib import pyplot as plt
from sklearn import manifold, metrics
from sklearn.cluster import DBSCAN
from sklearn.feature_extraction.text import TfidfTransformer, CountVectorizer
from sklearn.preprocessing import StandardScaler
def calculate_tfidf(data):
    # 分词向量化
    vectorizer = CountVectorizer()
    # 将文本转为词频矩阵
    word_v = vectorizer.fit_transform(data)
    # 提取 TF-IDF 词向量
    transformer = TfidfTransformer()
    # tf-idf
    tfidf = transformer.fit_transform(word_v)
    # 转矩阵形式
    tfidf_matrix = tfidf.toarray()
    # 对 tf-idf 矩阵降维为了后续的可视化
    tsne = manifold.TSNE(n_components=2, random_state=0)
    tsne_tfidf_w = tsne.fit_transform(tfidf_matrix)
    return tsne_tfidf_w
def get_text_feature(filepath):
    # 读取数据
    df = pd.read_csv(filepath)
    text = df['content'].values.tolist()
    # 打乱数据
    random.shuffle(text)
    tsne_weights = calculate_tfidf(text)
    print('tsne_weights shape:', tsne_weights.shape)
    # StandardScaler 一下
    tsne_weights = StandardScaler().fit_transform(tsne_weights)
    # 聚类
    clf = DBSCAN(eps=0.14, min_samples=8)
    y = clf.fit_predict(tsne_weights)
    if True:
        fig, ax = plt.subplots()
        scatter = ax.scatter(tsne_weights[:, 0], tsne_weights[:, 1], c=y)
        legend1 = ax.legend(*scatter.legend_elements(), loc="lower left")
        ax.add_artist(legend1)
        plt.show()
    # labels_属性为具体的标签
    labels = clf.labels_
    df['labels'] = pd.Series(clf.labels_)
    # # labels=-1 的个数除以总数,计算噪声点个数占总数的比例
    raito = df.loc[df['labels'] == -1]['content'].count() / df['content'].count()
    # 获取分簇的数目
    n_clusters_ = len(set(labels)) - (1 if -1 in labels else 0)
    # 每一个分簇的样本数量
    every_clust_num = pd.Series(clf.labels_).value_counts()
silhouette_avg = silhouette_score(tsne_weights, labels)
```

```
    print('分簇的数目： %d' % n_clusters_)
    print('噪声比:', format(raito, '.2%'))
    print("每一个种类下的样本数:", every_clust_num)
print("The average silhouette_score is :", silhouette_avg)
filepath = r"D:\新建文件夹\数据挖掘\DSBCAN\myDataF.csv"
get_text_feature(filepath)
```

习题 6

1. 详细描述聚类分析的定义、目的与应用领域。
2. 聚类分析中的距离度量：选择哪一种，为什么？
3. 基于划分的聚类与数据可视化，如何呈现聚类结果？
4. 比较 AGNES 与 DIANA 算法：层次聚类的两种不同途径。
5. 简述密度聚类在图像分割中的应用。

第  章

随机森林

本章将探寻备受瞩目的随机森林算法,从探讨决策树的基本原理和构建过程开始,逐步揭示随机森林的全貌及其与决策树之间密不可分的关系。通过介绍 sklearn 中的分类决策树和回归决策树,揭示它们在实践中的关键应用和重要性。随后,我们将踏入随机森林的领域,准备好必要的实践步骤,为深入了解这一强大算法铺平道路。通过详细的案例分析和应用实例展示,揭开随机森林在数据科学领域中的潜力和广泛应用。随机森林犹如一座充满智慧的殿堂,让我们一同探索其中蕴藏的智慧和技术奥秘,共同展开对其神秘面纱的解读,洞悉其中无限的可能与意义。愿这段探索之旅带给读者启迪和深远的理解,丰富其学识与见解。

7.1 随机森林概述

随机森林实质上是基于决策树构建的集成学习模型。随机森林由多棵决策树组成,每棵决策树都是基本的分类或回归模型。决策树是随机森林的基本构建单元。本节主要介绍决策树与随机森林的基本问题和两者间的联系。

7.1.1 决策树概论

决策树是一种常见的监督学习算法,可用于分类和回归任务。它通过对数据集进行递归的划分,以创建一个树状结构,其中每个内部节点表示一个特征,每个叶节点表示一个类别或一个数值。

1. 决策树的发展史

决策树作为一种重要的机器学习算法,其发展历史可以追溯到 20 世纪 60 年代。1963 年,决策树的最早形式被提出。由于计算机和存储能力有限,最早的决策树算法主要是基于贪婪算法,以最小化错误分类为目标。1984 年,Quinlan 提出了 ID3(Iterative Dichotomiser 3)算法。ID3 算法使用信息增益作为选择属性的准则,这是一种衡量一个属性对数据集分类能力的度量。

到了 1993 年,Quinlan 进一步发展了 C4.5 算法,增加了对离散和连续属性的处理能力,并引入了剪枝策略。C4.5 算法相对于 ID3 算法具有更强的功能和更好的性能。2011 年,Breiman 等提出了随机森林算法,它是一种基于决策树的集成学习方法。随机森林通过随机选择特征和样本来构建多棵决策树,并通过投票或平均来做出最终预测。Google 团队在 2017 年提出了基于决策树的梯度提升(Gradient Boosting)算法。梯度提升通过逐步迭代的方式构建多个决策树,并根据前一棵树的误差来学习和修正下一棵树。

2. 决策树概念和基本原理

决策树(Decision Tree)就是帮助做出决策的树,又称为判定树,是数据挖掘技术中的一种重要的分类与回归方法,它是一种以树结构(包括二叉树和多叉树)形式来表达的预测分析模型。其每个非叶节点表示一个特征属性上的测试,每个分支代表这个特征属性在某个值域上的输出,而每个叶节点存放一个类别。一般来说,一棵决策树包含一个根节点,若干分支节点和若干叶节点。

叶节点对应于决策结果,其他每个节点对应于一个属性测试。每个节点包含的样本集合根据属性测试的结果划分到子节点中,根节点包含样本全集,从根节点到每个叶节点的路径对应了一个判定的测试序列。决策树学习的目的是产生一棵泛化能力强,即处理未见示例强的决策树。

使用决策树进行决策的过程就是从根节点开始,测试待分类项中相应的特征属性,并按照其值选择输出分支,直到到达叶节点,将叶节点存放的类别作为决策结果。

例 7-1　当我们要决定是否去看一部电影时,通常会考虑一些因素,比如电影类型、演员阵容、评价等。这个决策过程可以用一个决策树来表示。假设我们要决定是否去看一部动作片,我们的决策如表 7-1 所示。

表 7-1　看电影决策表

电 影 类 型	演 员	评 分	决 策 结 果
是动作片	有喜欢的	≥7 分	看
		<7 分	不看
	没有喜欢的	≥8 分	看
		<8 分	不看
不是动作片		≥9 分	看
		<9 分	不看

根据以上评价因素,可以构建决策树如图 7-1 所示。

在这个例子中,以电影类型和评价作为分类的标准,以演员阵容和喜好作为条件进行划分。通过递归的方式,根据属性的取值和划分条件来决定下一个节点的走向,最终到达叶节点,并得到是否去看电影的决策结果。这个例子展示了决策树的基本原理,即根据属性和划分条件来进行决策的过程。

3. 专有名词介绍

在决策树的上下文中,有一些专有名词和重要概念需要了解。

1) 根节点(Root Node)

决策树中的根节点是整个决策树的起始节点,也是决策树的入口。它代表了最初用

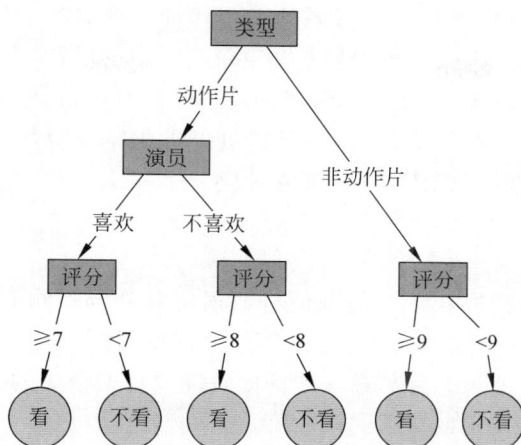

图 7-1 看电影决策树示意图

于划分数据的特征。选择哪个特征作为根节点通常依据特征的重要性、信息增益或其他衡量指标来确定。根节点基于选定的特征和相应的分割规则,将初始数据集分割成不同的子集。这种分割为接下来的决策树构建过程奠定了基础。根节点是信息传递的起点,决定了后续节点的分割特征和规则。透过根节点,模型能根据输入的特征值向下传递,最终到达叶节点并给出预测结果。

2)内部节点(Internal Node)

决策树中的内部节点是除了叶节点以外的节点,它们用于判断样本的特征,并根据特定条件将样本分割成不同的子集。内部节点代表了对特定特征的判定,它根据样本在该特征上的取值进行判断,决定样本应该沿着哪个分支前进。每个内部节点根据选定的特征和相应的分割规则,将数据集分割成不同的子集。这种分割是基于特征值的判定而进行的。

内部节点特征选择标准与根节点类似,同样是根据信息增益、基尼不纯度、熵等指标选择最优特征作为判定节点。选择具有最高信息增益或最小基尼不纯度的特征。

3)叶节点(Leaf Node)

叶节点是决策树的最终节点,它代表了对样本的最终分类或回归结果。对于分类问题,叶节点通常表示一个类别;对于回归问题,叶节点表示一个数值。叶节点不再进行特征判断或分割数据集,它是决策树的终止点,表示一个决策树的终极预测结果。在进行新样本的预测时,通过遵循从根节点到叶节点的路径,根据叶节点的类别或数值作为预测输出。

构建决策树时,选择特征并划分子集,直到满足停止条件。停止条件可以是节点中样本数量小于预设阈值,或者样本属于同一类别(对于分类问题)。一旦满足停止条件,将叶节点标记为相应的类别(对于分类问题)或计算子集样本的平均值(对于回归问题)作为预测结果。

4)特征(Feature)

特征是用于将数据集划分成不同子集的判定条件。每个特征都对应着一种分割规则,根据该特征的取值将数据分配到不同的子集。特征影响决策树的构建和预测过程。选择不同特征作为节点会导致不同的分割和决策路径,直接影响模型的预测结果。

在决策树的构建过程中,需要选择最优的特征作为判定节点。选择最优特征通常基于信息增益、基尼不纯度、熵等指标,这些指标可以量化特征对数据集划分的贡献程度。对于离散型特征,分割规则是每个可能取值对应一个分支。对于连续型特征,可以采用二分法,选择最佳的划分点,形成两个分支。

5) 分割(Split)

决策树中的分割是指根据特征的取值将数据集划分成不同的子集。分割是决策树构建的核心过程,它基于选定的特征和相应的分割规则将数据进行划分,以便在每个子集上构建子树或生成叶节点。分割过程的目标是增加数据子集的纯度,即尽量使得每个子集内的样本属于同一类别或接近同一数值。

6) 信息熵(Entropy)

信息熵(熵)是信息论中的概念,用于度量随机变量的不确定度或信息量。在决策树中,信息熵用于衡量数据集的混乱程度或无序程度。信息熵越低,数据集中样本的类别越倾向于一致,表示数据集越纯净。

对于一个数据集,假设有 c 个不同的类别,每个类别的样本占比分别为 p_1、$p_2 \cdots$、p_c,则该数据集的信息熵 $\mathrm{Entropy}(D)$ 计算公式为

$$\mathrm{Entropy}(D) = -\sum_{i}^{c} p_i \log_2(p_i) \tag{7-1}$$

其中,$\log_2$ 表示求以 2 为底的对数,p_i 是数据集中第 i 个类别的样本占比。信息熵越高,表示数据集中的样本混合程度越高,不确定度越大。在决策树构建过程中,会选择能够降低信息熵(增加信息纯度)的特征作为划分节点,以达到将数据集划分成更纯净的子集的目的。

7) 剪枝(Pruning)

剪枝是决策树模型中的一个重要概念,它旨在避免过拟合,提高模型的泛化能力。过拟合是指模型在训练数据上表现良好,但在未见过的测试数据上表现不好。剪枝通过修剪决策树的一部分来防止模型过拟合。

在决策树构建过程中,如果不进行剪枝,模型可能会出现过拟合现象。过拟合会导致模型过于复杂,对训练数据过分拟合,无法很好地泛化到新的、未见过的数据。剪枝有以下两种主要方法。

(1) 预剪枝(Pre-pruning)。

在构建决策树的过程中,提前设定停止条件。例如,限制树的最大深度、节点的最小样本数等。一旦达到这些条件,就停止树的构建,不再继续划分。

(2) 后剪枝(Post-pruning)。

首先构建完整的决策树,然后通过剪枝来降低过拟合风险。剪枝过程通过判断修剪某些子树或叶节点,将其变为叶节点或移除,从而简化模型。

8) 深度(Depth)

决策树的深度是指从根节点到叶节点的最长路径所经过的节点数,也可以理解为决

策树的层数。深度是决策树模型的一个重要参数,它直接影响了模型的复杂度和泛化能力。

深度较大的决策树通常具有更多的分支和节点,模型复杂度较高。同时,深度较大的决策树容易过拟合,即在训练集上表现很好但在测试集上表现不好。深度较小的决策树可能会欠拟合,即不能很好地捕捉数据集中的特征。可以通过剪枝、调参或交叉验证的方法控制决策树的深度。

4. 决策树的结构

决策树呈树状结构,它由根节点、内部节点和叶节点组成,每个节点代表对特征的判断或预测。把它叫作"树"是因为它看起来像一棵倒挂的树,也就是说它是根朝上,而叶朝下的。

根节点是决策树的起始节点,包含样本集中的所有样本。根节点是特征选择的起点,根据选择的特征划分数据集。内部节点是在决策树中间层的节点,表示对特征的判断。每个内部节点根据某个特征的取值将样本划分成不同的子集,子集沿着树的分支继续向下。叶节点则是决策树的末端节点,不再进行特征判断或分割。叶节点代表最终的决策结果或预测值,是模型的输出。

决策树通常以图形的形式表示,树的根节点位于顶部,叶节点位于底部,每个节点上标有判定条件、特征或预测值等信息,以清晰展示决策树的结构和逻辑。

决策树示意图采用树状结构,根节点位于顶部,叶节点位于底部,内部节点连接根节点和叶节点。通过箭头连接节点,表示判定条件和分支。箭头指向根据特征取值划分的不同分支。每个节点上标有判定条件、特征或预测值等信息,以清晰展示决策树的结构和逻辑。

如图 7-1 所示为决策树示意图,"类型"节点为该决策树的根节点;"看"和"不看"节点为该决策树的叶节点;其余节点为该决策树的内部节点。"类型""演员""评分"都是特征,"动作片""非动作片""喜欢""不喜欢""≥9""≤9"等都是特征的取值。"看"和"不看"为最终的决策结果。

5. 决策树的基本构建过程

决策树最重要的是决策树的构造。决策树构造的关键,其实就是对节点进行依次选择的过程,即首先选择哪个属性作为根节点,然后选择其余哪个属性作为第一个非叶节点……最终得到结果标签即叶节点。具体步骤如下。

(1) 数据准备:首先,准备包含特征和对应标签(分类问题)或目标值(回归问题)的训练数据集。

(2) 特征选择:选择合适的特征作为决策树的判定条件。常用的特征选择指标包括信息增益、基尼不纯度等。

(3) 构建树的根节点:将整个数据集作为根节点,开始构建决策树。

(4) 递归地选择最优特征和分割数据集:通过计算特征的信息增益或基尼不纯度等指标,选择最优特征作为当前节点的判定条件。根据选定的特征,将数据集分割成多个子集,每个子集对应特征的一个取值。

(5) 递归地构建子树:对每个子集,递归地应用步骤(3)和步骤(4),选择子集上的最优特征,再次分割数据集,构建子树或叶节点。

（6）停止条件：终止递归的条件可以是数据集已经完全分类（所有样本属于同一类别）、选定特征集为空（没有更多特征可用）、达到预定义的树的最大深度或是达到预定义的节点最小样本数。

（7）构建决策树：将递归构建的子树连接到父节点,形成完整的决策树。

（8）返回决策树：返回构建好的决策树模型。

6. 决策树的应用领域

决策树是一种多用途且广泛应用的机器学习模型,可以用于分类和回归任务。以下主要介绍决策树常见的 4 个应用领域。

1）医疗诊断

医疗决策往往依赖于多个因素,如病患的症状、疾病历史、实验室检查等。决策树可以利用这些因素构建一个树状模型,用于诊断疾病、预测疾病发展趋势、制定治疗方案等。例如,在疾病诊断方面,决策树可以根据病患的症状、体征和检查结果构建模型,帮助医生判断可能的疾病类型,从而指导后续的检查和治疗。在药物治疗方面,决策树可以根据病患的症状、疾病情况和药物特性,制定个性化的用药方案,提高治疗效果和患者的生活质量。

决策树的优势在于其模型具有可解释性,医生可以直观地理解模型的判定过程,不需要深入了解复杂的数学运算。这使得决策树在医疗领域得到了广泛应用,成为辅助医疗决策的重要工具,为患者提供更精准、个性化的医疗服务。

2）金融领域

决策树在金融领域的应用范围广泛,包括信用评估、投资决策、风险管理、欺诈检测等,为金融行业提供了强大的决策支持和优化解决方案。其中,最突出的应用之一是信用评估。决策树可以基于客户的个人信息、财务状况、信用历史等特征,构建预测模型来评估客户的信用风险。这种模型能够帮助银行和其他金融机构决定是否批准贷款或信用卡申请。通过分析客户的特征并预测信用风险,决策树能够提高信贷决策的效率和准确性。

在金融市场的投资决策方面,基于历史市场数据、宏观经济因素和特定股票或资产的特征,决策树可以构建预测模型,用于预测股票价格的走势或资产的未来表现。投资者可以利用这些模型来制定投资策略,优化投资组合,最大限度地降低风险并获得更高的收益。

3）电子商务

决策树在电子商务领域有多种应用。其中,一种主要应用是个性化推荐系统。通过分析用户的历史购买记录、浏览行为、偏好等特征,决策树可以构建个性化推荐模型,为用户推荐可能感兴趣的产品或服务,提高用户购买满意度和交易量。此外,决策树还可用于客户分类与定位、营销策略制定、售后服务等方面,为电子商务平台提供数据驱动的智能决策支持,提升用户体验和商业运营效率。

4）自然语言处理

决策树在自然语言处理（Natural Language Processing,NLP）领域的主要应用是文本分类。通过分析文本的特征,如词语、短语、句子结构等,决策树可以构建文本分类模型,将文本自动分类到预定义的类别,如垃圾邮件过滤、新闻分类、情感分析等。此外,决策树还可用于命名实体识别、情感分析、文本摘要等 NLP 任务,为处理大量文本数据提供高效、准确的解决方案,在信息挖掘、舆情分析、智能客服等方面具有重要意义。

7.1.2　随机森林概论

随机森林(Random Forest)是一种集成学习方法,它通过构建多个决策树并对它们的预测结果进行平均或投票来进行预测。随机森林通常用于分类和回归问题,并且在实践中表现出色。

1. 随机森林的发展史

随机森林是由瑞士的计算机科学家 Leo Breiman 和 Adele Cutler 于 2001 年提出的。Leo Breiman 是一位知名的统计学家和机器学习专家,他的研究涵盖了许多领域,包括随机森林、决策树和集成学习等。

Leo Breiman 最早在 2001 年的一篇论文 *Random Forests* 中详细介绍了随机森林的原理和应用。该论文提出了随机森林的核心思想和算法,并通过实验证明了随机森林在分类和回归问题上的优越性。Leo Breiman 认为,通过构建多个决策树并进行集成,可以降低过拟合的风险,并具有良好的泛化能力。

随机森林的理论基础早在 20 世纪 80 年代就已有相关研究,但直到 Leo Breiman 的论文发表后,才引起了广泛的关注和应用。随着机器学习和数据科学的发展,随机森林被证明是一种强大而灵活的集成学习方法,逐渐成为常用的机器学习算法之一。

随机森林的发展也带动了对集成学习的研究和应用。随着大数据和深度学习的兴起,随机森林仍然是一种重要的机器学习算法,被广泛应用于不同领域。

2. 随机森林的概念和原理

随机森林是一种集成学习(Ensemble Learning)方法,它由多棵决策树组成。在构建每棵决策树时,随机选择一部分特征和样本进行训练,通过多数投票(分类任务)或平均预测(回归任务)集成所有决策树的结果。这种引入随机性的方式降低了过拟合风险,提高了模型的稳定性和预测性能,使随机森林成为一个强大的机器学习模型。

随机森林的基本原理包括两个重要概念:随机性和集成。

(1)随机性(Randomness):在构建每棵决策树的过程中,随机选择一部分特征用于决策树的节点划分。这样可以避免过度依赖某些特征。在构建每棵决策树时,从原始训练集中随机选择一部分样本进行训练。这样可以使得每棵决策树都是在不同样本集上训练的,增加模型的多样性。

(2)集成(Ensemble):随机森林由多棵决策树组成,每棵决策树对输入样本进行预测。最终的预测结果由所有决策树投票或平均得到,用于分类(多数投票原则)或回归(平均预测值)。

3. 随机森林的基本构建过程

前面已经提到过,随机森林属于集成学习,其核心思想就是集成多个弱分类器以达到三个臭皮匠赛过诸葛亮的效果。随机森林采用 Bagging 的思想,所谓的 Bagging 就是:

（1）每次有放回地从训练集中取出 n 个训练样本，组成新的训练集。

（2）利用新的训练集，训练得到 M 个子模型。

（3）对于分类问题，采用投票的方法，得票最多子模型的分类类别为最终的类别；对于回归问题，采用简单的平均方法得到预测值。

随机森林以决策树为基本单元，通过集成大量的决策树，就构成了随机森林。其构造过程如下。

（1）构建多棵决策树。

① T 中共有 N 个样本，有放回地随机选择 N 个样本。这选择好了的 N 个样本用来训练一个决策树，作为决策树根节点处的样本。

② 当每个样本有 M 个属性时，在决策树的每个节点需要分裂时，随机从这 M 个属性中选取出 m 个属性，满足条件 $m \ll M$。然后从这 m 个属性中采用某种策略（比如说信息增益）来选择 1 个属性作为该节点的分裂属性。

③ 决策树形成过程中每个节点都要按照步骤②来分裂，一直到不能够再分裂为止。注意整个决策树形成过程中没有进行剪枝。

④ 按照步骤①~③建立大量的决策树，这样就构成了随机森林。

（2）产生最终结果。

众多决策树构成了随机森林，每棵决策树都会有一个投票结果，最终投票结果最多的类别，就是最终的模型预测结果。图 7-2 为随机森林示意图。

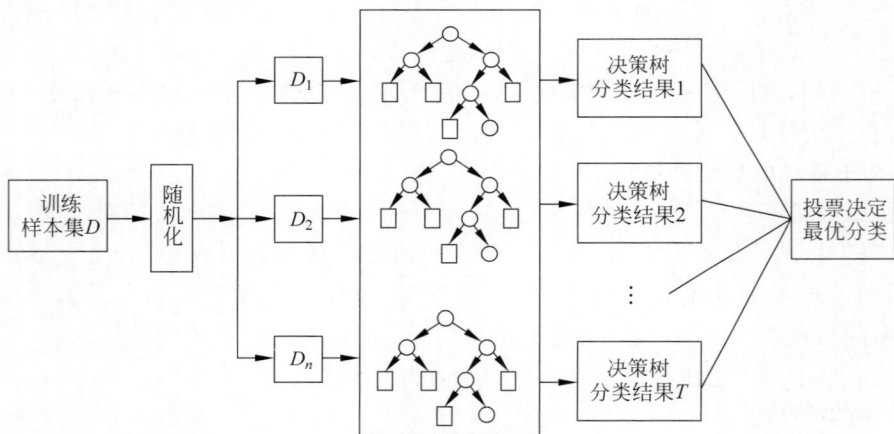

图 7-2　随机森林示意图

4. 随机森林模型的优缺点

随机森林模型有以下 4 个主要优点。

（1）非常适合回归和分类问题。回归中的输出变量是一个数字序列，例如某个街区的房价。分类问题的输出变量通常是一个单一答案，例如房屋的售价是否高于或低于要价。

（2）可以处理缺失值并保持高准确性，即使由于 Bagging 和有放回抽样而缺失大量数据时也是如此。

（3）算法由于输出的是"多数规则"，使得模型几乎不可能过拟合。

（4）该模型可以处理包含数千个输入变量的庞大数据集，因此成为降维的不错工具。其算法可用于从训练数据集中识别非常重要的特征。

其也有一些缺点，随机森林优于决策树，但其准确性低于 XGBoost 等梯度提升树集成，随机森林包含大量树，因此速度比 XGBoost 慢。

7.1.3 决策树与随机森林

决策树和随机森林都是机器学习中常用的模型，随机森林实质上是由多个决策树组成的集成学习模型。

决策树具有简单直观、可解释性强、对异常值不敏感等优点，能够自然处理混合特征，对于小到中型数据集效果良好。然而，决策树容易过拟合，稳定性较差，对数据的微小变化敏感，可能陷入局部最优解，不适合高维特征数据。

随机森林集成了多个决策树，具有较强的预测性能，能有效降低过拟合风险，对于大规模高维数据适用，且能处理缺失值和异常值。然而，随机森林模型解释性较差，训练和预测时间较长，可能产生过多的树，且在小数据集上可能表现不如其他模型。综合而言，决策树适用于简单问题、要求可解释性和计算效率的场景，而随机森林适用于复杂问题、高维数据、高预测性能和抗过拟合能力要求较高的情况。选择适当的模型应根据具体任务需求和数据特征进行权衡取舍。

决策树和随机森林的主要区别如下。

1. 模型结构和生成方式

决策树是一种树状结构，由节点和边组成。从根节点开始，根据特征的条件将数据集递归地划分成子集，直至达到叶节点，叶节点对应分类结果或数值预测。决策树通过贪心算法，以信息增益、基尼不纯度等为依据，选择最优特征进行划分。而随机森林是一个由多个决策树组成的集成学习模型。每棵决策树是独立生成的，通过随机选择特征子集和随机采样样本构建。最终的预测结果是由所有决策树的投票（分类任务）或平均（回归任务）得到。

2. 特征选择和样本选择的随机性

决策树在每个节点选择最优特征进行划分，这个选择是确定性的，取决于数据的分布和特征的评价准则。随机森林引入了两种随机性。首先，在每棵决策树的节点划分时，只考虑特征的随机子集而非全部特征，这样增加了模型的多样性。其次，在构建每棵决策树时，采用随机有放回抽样（bootstrap sampling）选取样本，这也增加了决策树之间的差异性。

3. 过拟合的抵抗能力

决策树容易过拟合，特别是当树的深度较大时。它可能学习到训练数据中的噪声和异常值，导致在测试数据上表现不佳。通过引入随机性，随机森林可以降低单棵树过拟合的风险。每棵树只看到部分特征和样本，集成多棵树的投票或平均结果可以降低方差，提高模型的稳定性和泛化能力。

4. 预测性能

单一决策树可能在某些情况下表现良好,但往往容易受到数据噪声的影响,泛化能力相对较弱。由于采用了多棵树的投票或平均结果,随机森林通常具有更好的预测性能,能够显著降低过拟合的风险,提高模型的稳定性。

5. 计算效率

决策树的训练速度较快,因为它是自顶向下递归生成的。由于要构建多棵树,随机森林的训练速度可能会比单一决策树慢一些。但可以通过并行计算进行加速。

6. 应用场景

决策树适用于简单问题、需要可解释性、特征少、要求训练速度快的场景。而随机森林适用于复杂问题、高维特征、大规模数据、要求高预测性能和抗过拟合能力的场景。在实践中往往随机森林是首选,尤其是对于分类问题。

7.2　决策树

决策树算法是一种有监督学习算法,利用分类的思想,根据数据的特征构建数学模型,从而达到数据的筛选、决策的目标。随着机器学习和人工智能领域的快速发展,决策树及其各种变体和改进算法应用越来越广泛,并在许多领域取得了显著的成果。

7.2.1　sklearn 中的决策树模型

在 scikit-learn(sklearn)库中,tree 模块提供了用于构建和应用决策树的工具。这个模块包含了几个类和函数,用于实现决策树算法的各方面,包括分类和回归任务。

1. sklearn 概述

scikit-learn(简称 sklearn)是一个用于机器学习的 Python 库,它提供了丰富的工具和算法,用于数据预处理、特征工程、模型选择、模型评估和模型部署等各个阶段。

sklearn 提供了一系列用于数据预处理的工具,包括数据清洗、特征缩放、特征选择、数据变换等。例如,可以使用 StandardScaler 进行特征标准化,使用 Imputer 填补缺失值,使用 OneHotEncoder 进行独热编码等。同时,sklearn 支持多种监督学习算法,包括线性回归、逻辑回归、决策树、支持向量机、随机森林、梯度提升等。这些算法都有对应的类,例如 LinearRegression、LogisticRegression、DecisionTreeClassifier 等。此外,sklearn 也提供了一些无监督学习算法和多种用于评估和选择模型的工具,包括交叉验证、网格搜索、学习曲线等。sklearn 是一个广泛应用于机器学习和数据科学领域的强大工具,可以帮助开发者快速构建和应用各种机器学习模型。

2. sklearn 中的 tree 模块

sklearn. tree 是 scikit-learn 库中的一个模块,用于实现决策树算法和相关的工具。它提供了用于构建、可视化和评估决策树模型的类和函数。比如 DecisionTreeClassifier、DecisionTreeRegressor 等。

(1) DecisionTreeClassifier:这个类实现了用于分类任务的决策树算法。它使用训练数据的特征和标签信息来构建决策树模型,并可以用于对新的样本进行分类预测。该类提供了许多参数和方法,可以控制决策树的构建和预测过程。

（2）DecisionTreeRegressor:这个类实现了用于回归任务的决策树算法。它使用训练数据的特征和目标值信息来构建决策树模型,并可以用于对新的样本进行回归预测。与分类器类似,该类也提供了参数和方法来控制决策树的构建和预测过程。

（3）export_graphviz:这个函数可以将决策树模型导出为 Graphviz 格式的文件,以便可视化决策树的结构。Graphviz 是一个开源的图形可视化工具,可以将图形结构以可视化的方式展示出来。

（4）plot_tree:这个函数可以直接在 Jupyter Notebook 或 matplotlib 中绘制决策树的图形。它提供了一种简便的方式来可视化决策树模型的结构。

除了上述类和函数之外,sklearn 的 tree 模块还提供了其他一些辅助函数和工具,用于评估和优化决策树模型,例如计算特征重要性、剪枝方法等。通过使用 sklearn 决策树模块,可以方便地构建和应用决策树模型,解决分类和回归问题,并对模型进行可视化和评估。

7.2.2　分类决策树

分类决策树是一种常用的机器学习算法,用于解决分类问题。它通过构建一棵树状结构来对数据进行分类,每个内部节点表示一个特征或属性,每个叶节点表示一个类别。我们通过 sklearn 中的 DecisionTreeClassifier 实现分类决策树的算法。

例 7-2　案例背景:将阿里巴巴提供的一个淘宝展示广告点击率作为数据集,使用决策树 ID3 算法来预测广告被点击的可能性。通过分析广告点击率,可以了解哪些广告在淘宝平台上更具吸引力和效果,并据此调整广告投放策略,提高广告的曝光和点击率,从而提高广告的转换率。使用阿里巴巴提供的淘宝展示广告点击率进行数据分析可以帮助优化广告投放策略,深入了解用户行为,提供个性化的购物体验,并获得市场竞争优势。

（1）导入库:

```
import pandas as pd
import seaborn as sns
import matplotlib.pyplot as plt

from sklearn import tree
from sklearn.metrics import roc_auc_score,log_loss
from sklearn.tree import DecisionTreeClassifier
from sklearn.model_selection import train_test_split
from sklearn.preprocessing import StandardScaler
```

这些导入的库和模块为接下来的数据挖掘和机器学习任务提供了基础设施和工具。

（2）读取数据集:

```
raw_df = pd.read_csv('/Users/shiff/Desktop/广告点击率数据/raw_sample.csv')
ad_fea_df = pd.read_csv('/Users/shiff/Desktop/广告点击率数据/ad_feature.csv')
```

使用 pandas 的 read_csv()函数读取名为"raw_sample.csv"的数据集,并将其存储在

raw_df 中；读取名为"ad_feature.csv.csv"的数据集，并将其存储在 ad_fea_df 中。

（3）合并两个数据集：

```
merged_df = pd.merge(raw_df, ad_fea_df, on = 'adgroup_id')
df = merged_df.sample(n = 3000, random_state = 666)
```

使用 Pandas 库中的 merge() 函数将两个数据框（DataFrame）合并在一起。pd.merge()是 Pandas 库中用于合并数据框的函数。它会将两个数据框基于一个或多个键（key）进行连接。这里 merged_df 是一个新的数据框，它是通过合并 raw_df 和 ad_fea_df 得到的结果。在这个新的数据框中，raw_df 和 ad_fea_df 中的数据将根据 adgroup_id 列中的值进行匹配和合并。通过这样的合并操作，可以将两个数据框中的信息整合在一起，以便进行后续的分析、处理和建模。

（4）查看数据集合并后的一个信息：

```
df.head()
```

运行结果如图 7-3 所示。

user ÷	time_stamp ÷	adgroup_id ÷	pid ÷	nonclk ÷	clk ÷	cate_id ÷	campaign_id ÷	cust
543582	1494254849	702628	430548_1007	1	0	6491	318435	
329145	1494233587	153446	430548_1007	1	0	6261	66086	
1076598	1494513320	683356	430539_1007	1	0	6736	381657	
551669	1494148986	480699	430539_1007	1	0	4282	373721	
672026	1494667219	465804	430548_1007	1	0	6426	341428	

图 7-3　合并后的数据集信息

（5）舍弃不需要的特征：

```
# 丢掉不用的特征
column_to_drop = ['user','time_stamp','nonclk']
df = df.drop(column_to_drop, axis = 1)

# 查看数据列有没有被丢弃
df.head()
```

这段代码的作用是从 DataFrame df 中删除名为 user、time_stamp 和 nonclk 的列。axis＝1 表示删除列，而 axis＝0 表示删除行。运行结果如图 7-4 所示。

adgroup_id ÷	pid ÷	clk ÷	cate_id ÷	campaign_id ÷	customer ÷	brand ÷	price ÷
702628	430548_1007	0	6491	318435	77998	63507.0	12.00
153446	430548_1007	0	6261	66086	104339	407835.0	714.00
683356	430539_1007	0	6736	381657	254073	429943.0	198.00
480699	430539_1007	0	4282	373721	37008	NaN	129.00
465804	430548_1007	0	6426	341428	227129	NaN	120.00

图 7-4　数据集信息查看

（6）查看价格分布图：

```
# 密度图
plt.figure(figsize = (5, 5))              # 创建一个大小为 5 英寸×5 英寸的图像
```

```
sns.kdeplot(df['price'], shade = True)
                          # 使用 seaborn 的 kdeplot()函数绘制价格的密度图,并给出阴影
plt.title('Price Distribution')  # 设置图像标题为 Price Distribution
plt.show()
```

这段代码的效果是创建一个大小为 5 英寸×5 英寸的图像,然后使用 Seaborn 的
kdeplot()函数绘制 DataFrame df 中 price 列的密度图,同时给出阴影表示密度。最后,
通过 plt.title 设置图像标题为 Price Distribution,并使用 plt.show 显示图像,如图 7-5
所示。

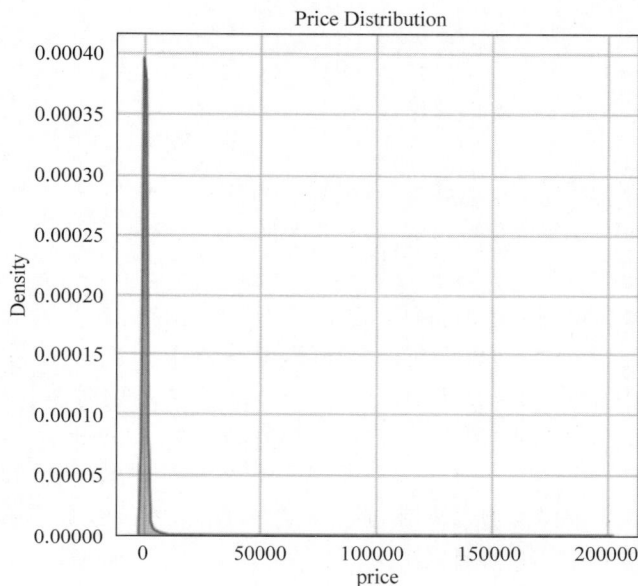

图 7-5　年龄分布图

(7)数据编码:

```
# 数据标准化:
scaler = StandardScaler()
df['price'] = scaler.fit_transform(df['price'].values.reshape( - 1,1))

# 缺失值处理和独热编码:
df['brand'] = df['brand'].fillna(' - 1')
df = pd.get_dummies(df,columns = ['pid','cate_id','campaign_id','customer','brand'],dtype =
int)
```

上述段代码进行了一些数据预处理和特征工程的操作。
数据标准化处使用了 StandardScaler 来对 price 列进行标准化处理。标准化可以使
数据符合标准正态分布,有助于一些机器学习算法的表现。
缺失值处理和独热编码部分,对 brand 列中的缺失值进行了填充,将缺失值替换为
' - 1'。然后使用 pd.get_dummies 进行独热编码,将 pid、cate_id、campaign_id、customer
和 brand 这几列进行独热编码处理,将其转换成了哑变量,并设置了数据类型为整数型。

（8）模型训练：

```
# 选出参与模型训练的特征
drop_feature = ['adgroup_id','clk']
feature = [x for x in df.columns if x not in drop_feature]

# 分割训练集和测试集
X_train, X_valid, y_train, y_valid = train_test_split(df[feature],df['clk'],random_state = 666)

# 声明决策树模型,使用 entropy 作为划分标准
model = DecisionTreeClassifier(criterion = "entropy",
                                max_depth = 5,
                                min_samples_split = 2,
                                min_samples_leaf = 1)
# 训练模型
model.fit(X_train, y_train)

# 模型性能评价
y_valid_pre = model.predict_proba(X_valid)[:,1]
print(f'{str(model)} AUC :{roc_auc_score(y_valid, y_valid_pre)}')
print(f'{str(model)} LogLoss :{log_loss(y_valid, y_valid_pre)}')
```

① 首先选取参与模型训练的特征：定义了一个要删除的特征列表 drop_feature，然后通过列表推导式选取了参与模型训练的特征，即不在 drop_feature 中的所有列。

② 分割训练集和测试集：使用 train_test_split()函数从数据集中分割出训练集和测试集，其中 X_train 和 y_train 是训练集的特征和标签，X_valid 和 y_valid 是测试集的特征和标签。

③ 声明并训练决策树模型：使用 DecisionTreeClassifier 声明了一个 ID3 决策树模型，并使用训练集进行了模型训练。

④ 模型性能评价：使用测试集评估了模型的性能，计算了模型的 AUC 和 LogLoss 值，并将结果打印出来。图 7-6 是打印的结果。

```
DecisionTreeClassifier(criterion='entropy', max_depth=5) AUC :0.5
DecisionTreeClassifier(criterion='entropy', max_depth=5) LogLoss :0.23535183889769704
```

图 7-6   使用信息增益划分的模型性能图

（9）使用基尼指数作为划分标准的训练模型：

```
# 声明决策树模型,使用 gini 作为划分标准
model = DecisionTreeClassifier(criterion = "gini",
                                max_depth = 5,
                                min_samples_split = 2,
                                min_samples_leaf = 1)
# 训练模型
model.fit(X_train, y_train)

# 模型性能评价
y_valid_pre = model.predict_proba(X_valid)[:,1]
print(f'{str(model)} AUC :{roc_auc_score(y_valid, y_valid_pre)}')
print(f'{str(model)} LogLoss :{log_loss(y_valid, y_valid_pre)}')
```

运行结果如图 7-7 所示。

```
DecisionTreeClassifier(max_depth=5) AUC :0.4999295774647887
DecisionTreeClassifier(max_depth=5) LogLoss :0.21301423413369364
```

图 7-7 使用基尼指数划分的模型性能图

（10）决策树可视化：

```
# tree.plot_tree(model);
tree.export_graphviz(
    model,
    out_file = 'tree.dot',
    max_depth = None,
    feature_names = feature,
    class_names = ['no','yes'],
    label = "root",
    filled = True,
    leaves_parallel = True,
    impurity = True,
    node_ids = False,
    proportion = True,
    rotate = False,
    rounded = True)

!dot - Tpng tree.dot - o tree.png
```

上述代码将决策树模型可视化，使用了 export_graphviz 将决策树导出为 .dot 格式的文件，并且准备使用 Graphviz 将其转换为 .png 格式的图片。图 7-8 为导出训练好的决策树模型。

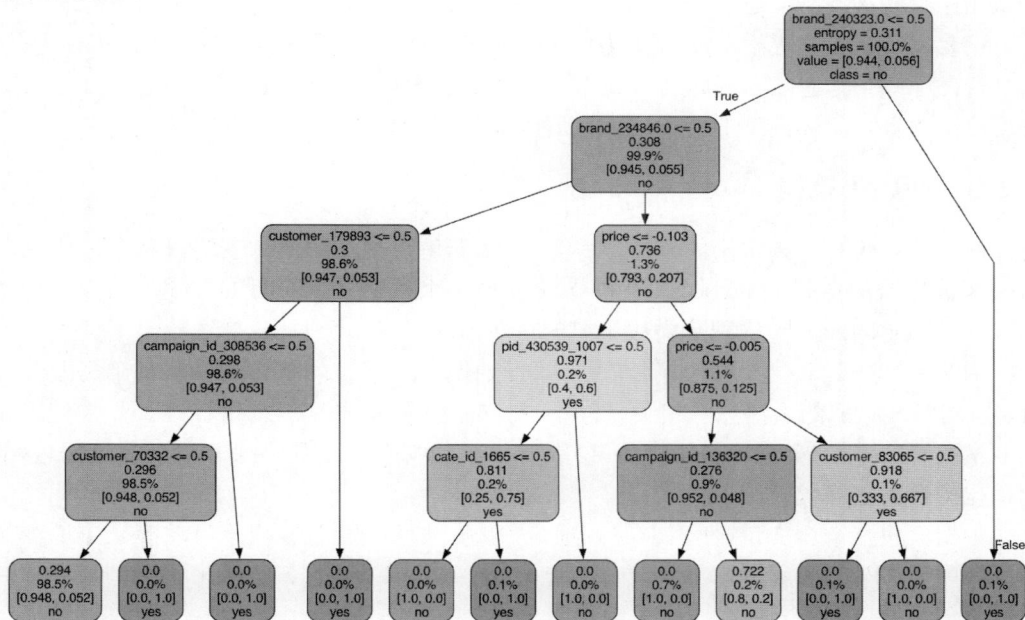

图 7-8 决策树模型

上述案例中,我们使用两种划分标准对模型进行训练,分别是信息增益和基尼指数。

(1) 定义和计算方式。

基尼指数:基尼指数衡量了从一个数据集中随机选取两个样本,其类别标签不一致的概率。基尼指数越小,表示数据集中的样本越倾向于属于同一类别。基尼指数的计算公式为

$$Gini = 1 - \sum_{i=1}^{C}(p_i)^2 \tag{7-2}$$

其中,C 表示类别的数量,p_i 表示节点属于第 i 个类别的概率。基尼指数的取值范围在 $0\sim1$,值越接近 0,表示节点的纯净度越高,节点包含的样本都属于同一类别;值越接近 1,表示节点的纯净度越低,节点包含的样本属于不同类别的可能性越大。在决策树的构建中,选择基尼指数最小的特征进行分裂,以促进决策树的生长并提高模型的预测性能。

信息增益:信息增益是基于信息论的概念,衡量了使用某个特征对数据集进行划分后,信息的减少程度。信息增益越大,表示使用该特征进行划分能够带来越多的信息收益。信息增益的计算公式为

$$IG(D,A) = H(D) - H(D \mid A) \tag{7-3}$$

其中,$IG(D,A)$ 表示特征 A 带来的信息增益,$H(D)$ 表示数据集 D 的熵,$H(D|A)$ 表示在特征 A 的条件下,数据集 D 的条件熵。

(2) 用途和特点。

基尼指数:基尼指数在每个节点上都可以计算,它是一种启发式的评价指标,用于选择能够最大程度减少数据集中混杂程度的特征。基尼指数在构建决策树时更加高效,尤其适用于处理多类别问题。

信息增益:信息增益在每个节点上也可以计算,它是一种更加严格的评价指标,基于信息论的原理。信息增益通过比较每个特征对数据集整体熵的减少程度,选择能够最大程度提高决策树整体纯度的特征。信息增益在处理二分类问题时表现良好。

7.2.3 回归决策树

实验视频

回归决策树是一种常用的机器学习算法,用于解决回归问题。它通过构建一棵树状结构来对数据的值进行推测,每个叶节点表示一个推测范围。我们通过 sklearn 中的 DecisionTreeRegressor 实现分类决策树的算法。

例 7-3 幸福感,这个涉及了哲学、心理学、社会学、经济学等多方学科的话题复杂而有趣;同时与大家的生活息息相关,每个人对幸福感都有自己的衡量标准。如果能发现影响幸福感的共性,生活中是不是将多一些乐趣;如果能找到影响幸福感的政策因素,便能优化资源配置来提升国民的幸福感。

数据集包括个体变量(性别、年龄、地域、职业、健康、婚姻与政治面貌等)、家庭变量(父母、配偶、子女、家庭资本等)、社会态度(公平、信用、公共服务等),来预测其对幸福感的评价。

（1）导入库：

```
import pandas as pd
from sklearn.tree import DecisionTreeRegressor
from sklearn.model_selection import train_test_split
from sklearn.metrics import mean_squared_error
from sklearn.preprocessing import LabelEncoder
from datetime import datetime
```

导入了一些常用的 Python 库，包括 pandas 用于数据处理、scikit-learn 中的 DecisionTreeRegressor 用于构建回归决策树模型、train_test_split 用于数据集拆分、mean_squared_error 用于评估模型性能、LabelEncoder 用于处理分类特征，以及 datetime 用于处理日期时间数据。

（2）读取数据集：

```
# 加载数据
data = pd.read_csv('happiness_abbr.csv')
```

读取名为"happiness_abbr.csv"的数据集，并将其存储在 data 中。

（3）日期格式处理：

```
# 将 'survey_time' 列转换为日期时间格式
data['survey_time'] = pd.to_datetime(data['survey_time'])
```

通过 pd.to_datetime()将数据中的'survey_time'列转换为日期时间格式，这样可以方便后续对日期时间进行各种操作和分析。这个操作可以使得原本以字符串形式存在的时间数据转换为 pandas 中的日期时间对象。

（4）处理分类特征：

```
categorical_features = ['survey_type', 'province', 'city', 'county', 'gender', 'nationality',
'religion', 'edu', 'political', 'hukou', 'class', 'work_status', 'work_type', 'work_manage',
'family_status', 'house', 'car', 'marital', 'status_peer', 'status_3_before', 'view', 'inc_
ability']
for feature in categorical_features:
    le = LabelEncoder()
    data[feature] = le.fit_transform(data[feature])
```

循环遍历了属性列表 "categorical_features"，然后对每一列使用 LabelEncoder() 将其分类特征值转换为数值型表示，从而确保机器学习模型可以在数值特征上进行训练和预测。

（5）特征提取：

```
# 提取年份、月份、小时作为新的特征
data['year'] = data['survey_time'].dt.year
data['month'] = data['survey_time'].dt.month
data['hour'] = data['survey_time'].dt.hour
```

从'survey_time'列中提取年份、月份和小时信息,并将它们作为新的特征'year''month''hour'添加到数据集中。这样做可以帮助模型更好地理解时间的影响,提高模型的预测性能。

(6)模型训练:

```python
# 选择预测变量和目标变量
X = data.drop(['happiness', 'survey_time'], axis = 1) # 删除 'survey_time'列
y = data['happiness']

# 分割数据
X_train, X_test, y_train, y_test = train_test_split(X, y, test_size = 0.2, random_state = 42)

# 创建回归决策树模型
model = DecisionTreeRegressor(max_depth = 5, random_state = 42) # 设置最大深度为 5

# 拟合模型
model.fit(X_train, y_train)

# 预测
y_pred = model.predict(X_test)

# 评估模型
mse = mean_squared_error(y_test, y_pred)
print(f'均方误差: {mse}')
```

这段代码首先从数据集中选择了预测变量和目标变量,其中预测变量 X 是去除了'happiness'和'survey_time'列的数据,目标变量 y 是'happiness'列;然后利用 train_test_split 将数据集分割为训练集和测试集;接着创建了一个最大深度为 5 的回归决策树模型,并用训练集数据拟合模型;随后对测试集进行预测并计算均方误差(mean squared error)来评估模型的性能。最后输出的均方误差为 0.7819287163411649,说明模型性能较好。

7.3 随机森林实践

机器学习中有一种大类叫集成学习(Ensemble Learning),集成学习的基本思想就是将多个分类器组合,从而实现一个预测效果更好的集成分类器。集成算法可以说从一方面验证了中国的一句老话:三个臭皮匠,赛过诸葛亮。集成算法大致可以分为 Bagging、Boosting 和 Stacking 三大类型。

随机森林是一种常用的集成学习方法,采用 Bagging 的思想,通过组合多个决策树来进行分类和回归问题的预测。随机森林结合了决策树的简单和灵活性,以及集成学习的优点,适用于各种类型的数据和问题。

7.3.1 随机森林实践准备

1. 工具包介绍

运行随机森林的代码主要用到 Python 的 scikit-learn 库,这是一个非常流行的机器

学习库,其中包含了随机森林算法的实现。

以下是一些需要安装的库。

(1) NumPy。NumPy 是 Python 的一个库,它主要用于处理大型多维数组和矩阵,以及执行与这些数组相关的各种数学操作。NumPy 为 Python 提供了许多用于执行数学运算的函数,如加法、减法、乘法、除法等。此外,NumPy 还提供了许多用于操作数组的函数,如求和、求平均值、求最大值等。

(2) scikit-learn。scikit-learn 是一个用于机器学习的 Python 库,它提供了许多用于分类、回归、聚类、降维等任务的算法和工具。它是一个广泛使用的库,因为它易于使用,且提供了高质量的代码和文档。其中包含了运行决策树和随机森林代码所需的函数。

(3) matplotlib。matplotlib 是一个 Python 的绘图库,它用于创建静态、动态、交互式的图表和可视化效果。它支持多种数据可视化类型,包括折线图、柱状图、散点图、饼图、直方图等。matplotlib 可以创建高质量的图表,并且支持多种输出格式,如 PDF、PNG、SVG 等。

2. 决策树算法 API 介绍

1) DecisionTreeClassifier

DecisionTreeClassifier 是 Python 的 scikit-learn 库中的一个类,用于实现决策树分类算法。它用于对输入数据进行分类,通过构建决策树来做出决策。以下是 DecisionTreeClassifier 的主要特性。

(1) 决策树学习:DecisionTreeClassifier 使用决策树学习算法来生成分类模型。它从根节点开始,逐步遍历数据集,并根据数据特征做出决策(分割),以最大化信息增益或某个特定标准(如基尼系数)。

(2) 并行计算:DecisionTreeClassifier 使用多线程或并行计算技术,以便更快地构建和优化决策树。

(3) 特征选择:为了提高分类精度,DecisionTreeClassifier 可以自动选择并利用数据中最有用的特征进行分类。

(4) 适应性强:由于决策树可以生成任意复杂或简单的决策模型,所以 DecisionTreeClassifier 具有很高的适应性和灵活性,能够处理各种复杂的分类问题。

以下是 DecisionTreeClassifier 函数一些常用的参数。

criterion:决策树划分标准,常用的有 gini(默认)和 entropy。gini 标准基于信息增益比来选择划分特征,而 entropy 标准基于样本类不平衡度来选择划分特征。

max_depth:决策树的最大深度,即决策树分支的最大长度。

min_samples_split:分裂内部节点所需的最小样本数,也用于控制分割阈值的选择。

min_samples_leaf:每个叶节点的最小样本数,即决定叶节点有多少个样本。

max_leaf_nodes:最大叶节点数,超过此数的分支将被剪枝。

random_state:用于随机森林的随机种子,对于决策树分类器同样适用。

class_weight:用于指定类别权重的参数,可以控制分类器对各类别的权重分配。

max_iter:决策树的最大迭代次数。

这些参数可以根据具体任务和数据集进行调整,以达到最佳的分类效果。此外,还有其他一些可选参数,如 min_impurity、splitter 等,我们可以根据需要选择使用。使用 DecisionTreeClassifier()函数时,建议进行参数调优和交叉验证,以获得更好的分类性能。

2) DecisionTreeRegressor()

DecisionTreeRegressor()是 Python 的机器学习库 scikit-learn 中的一个函数,用于实现决策树回归器。它接收一些参数,这些参数会影响决策树的构建和性能。以下是一些常用的参数。

max_depth:决策树的最大深度,即决策树分支的最大长度。

min_samples_split:分裂内部节点所需的最小样本数,也用于控制分割阈值的选择。

min_samples_leaf:每个叶节点的最小样本数,即决定叶节点有多少个样本。

max_leaf_nodes:最大叶节点数,超过此数的分支将被剪枝。

random_state:用于随机森林的随机种子,对于决策树回归器同样适用。

n_estimators:随机森林中树的数量。

algorithm:用于构建森林的算法,如'init:TREE_DECISION'或'init:RANDOM_SPLIT'等。

除了以上参数,DecisionTreeRegressor 还提供了其他一些可选参数,如 min_impurity、splitter 等,可以根据需要选择使用。

3) RandomForestClassifier()

RandomForestClassifier()是 scikit-learn 库中的一个函数,用于实现随机森林分类器。随机森林是一种基于决策树的集成学习算法,通过构建多个决策树并对它们的预测结果进行投票或平均来获得最终的分类结果。

RandomForestClassifier()函数接收以下参数。

n_estimators:指定随机森林中决策树的数量。默认值为 100。

criterion:指定决策树划分标准,常用的有 gini(默认)和 entropy。

max_depth:决策树的最大深度。

min_samples_split:分裂内部节点所需的最小样本数。

random_state:用于随机森林的随机种子。

class_weight:用于指定类别权重的参数,可以控制分类器对各类别的权重分配。

4) RandomForestClassifier()

RandomForestClassifier()是 Python 的机器学习库 scikit-learn 中的一个函数,用于实现随机森林分类器。它是一个基于决策树的集成学习方法,通过构建多个决策树,并对它们的预测结果进行投票或平均来获得最终的分类结果。

RandomForestClassifier 函数接收一些参数,这些参数可以用来调整随机森林的性能和特性。以下是一些常用的参数。

n_estimators:随机森林中树的数量。

max_depth:决策树的最大深度。

min_samples_split:分裂内部节点所需的最小样本数。

min_samples_leaf：每个叶节点的最小样本数。

random_state：用于随机森林的随机种子。

criterion：用于划分特征的阈值标准，如 gini 或 entropy 等。

7.3.2　随机森林案例分析

案例背景：将阿里巴巴提供的一个淘宝展示广告点击率作为数据集，使用随机森林来预测广告被点击的可能性。

（1）导入库：

```
import pandas as pd
import seaborn as sns
import matplotlib.pyplot as plt

from sklearn import tree
from sklearn.metrics import roc_auc_score,log_loss
from sklearn.model_selection import train_test_split
from sklearn.preprocessing import StandardScaler
from sklearn.ensemble import RandomForestClassifier
```

这些导入的库和模块为接下来的数据挖掘和机器学习任务提供了基础设施和工具。

（2）读取数据集：

```
raw_df = pd.read_csv('/Users/shiff/Desktop/广告点击率数据/raw_sample.csv')
ad_fea_df = pd.read_csv('/Users/shiff/Desktop/广告点击率数据/ad_feature.csv')
```

使用 pandas 的 read_csv 函数读取名为"raw_sample.csv"的数据集，并将其存储在 raw_df 中；读取名为"ad_feature.csv.csv"的数据集，并将其存储在 ad_fea_df 中。

（3）合并两个数据集：

```
merged_df = pd.merge(raw_df, ad_fea_df, on = 'adgroup_id')
df = merged_df.sample(n = 3000, random_state = 666)
```

使用 Pandas 库中的 merge() 函数将两个数据框（DataFrame）合并在一起。pd. merge()是 Pandas 库中用于合并数据框的函数。它会将两个数据框基于一个或多个键（key）进行连接。这里 merged_df 是一个新的数据框，它是通过合并 raw_df 和 ad_fea_df 得到的结果。在这个新的数据框中，raw_df 和 ad_fea_df 中的数据将根据 adgroup_id 列中的值进行匹配和合并。通过这样的合并操作，可以将两个数据框中的信息整合在一起，以便进行后续的分析、处理和建模。

（4）查看数据集合并后的一个信息：

```
df.head()
```

运行结果如图 7-9 所示。

user ⇕	time_stamp ⇕	adgroup_id ⇕	pid ⇕	nonclk ⇕	clk ⇕	cate_id ⇕	campaign_id ⇕	cust
543582	1494254849	702628	430548_1007	1	0	6491	318435	
329145	1494233587	153446	430548_1007	1	0	6261	66086	
1076598	1494513320	683356	430539_1007	1	0	6736	381657	
551669	1494148986	480699	430539_1007	1	0	4282	373721	
672026	1494667219	465804	430548_1007	1	0	6426	341428	

图 7-9　合并后的数据集信息

（5）舍弃不需要的特征：

```
# 丢掉不用的特征
column_to_drop = ['user','time_stamp','nonclk']
df = df.drop(column_to_drop, axis=1)

# 查看数据列有没有被丢弃
df.head()
```

这段代码的作用是从 DataFrame df 中删除名为 user、time_stamp 和 nonclk 的列。axis＝1 表示删除列，而 axis＝0 表示删除行。运行结果如图 7-10 所示。

adgroup_id ⇕	pid ⇕	clk ⇕	cate_id ⇕	campaign_id ⇕	customer ⇕	brand ⇕	price ⇕
702628	430548_1007	0	6491	318435	77998	63507.0	12.00
153446	430548_1007	0	6261	66086	104339	407835.0	714.00
683356	430539_1007	0	6736	381657	254073	429943.0	198.00
480699	430539_1007	0	4282	373721	37008	NaN	129.00
465804	430548_1007	0	6426	341428	227129	NaN	120.00

图 7-10　数据集信息查看

（6）数据编码：

```
# 数据标准化:
scaler = StandardScaler()
df['price'] = scaler.fit_transform(df['price'].values.reshape(-1,1))
# 缺失值处理和独热编码:
df['brand'] = df['brand'].fillna('-1')
df = pd.get_dummies(df,columns=['pid','cate_id','campaign_id','customer','brand'],dtype=
int)
```

上述段代码进行了一些数据预处理和特征工程的操作。

数据标准化处使用了 StandardScaler 来对 price 列进行标准化处理。标准化可以使数据符合标准正态分布，有助于一些机器学习算法的表现。

缺失值处理和独热编码部分，对 brand 列中的缺失值进行了填充，将缺失值替换为'－1'。然后使用 pd.get_dummies 进行独热编码，将 pid、cate_id、campaign_id、customer 和 brand 这几列进行独热编码处理，将其转换成了哑变量，并设置了数据类型为整数型。

（7）模型训练：

```
# 选出参与模型训练的特征
drop_feature = ['adgroup_id','clk']
feature = [x for x in df.columns if x not in drop_feature]
```

```
# 分割训练集和测试集
X_train, X_valid, y_train, y_valid = train_test_split(df[feature],df['clk'],random_state = 666)

model = RandomForestClassifier()
model.fit(X_train, y_train)                        # 训练模型

# 模型性能评价
y_valid_pre = model.predict_proba(X_valid)[:,1]
print(f'{str(model)} AUC :{roc_auc_score(y_valid, y_valid_pre)}')
print(f'{str(model)} LogLoss :{log_loss(y_valid, y_valid_pre)}')
```

运行结果如图 7-11 所示。

```
RandomForestClassifier() AUC :0.4928098591549295
RandomForestClassifier() LogLoss :1.4394316595729202
```

图 7-11 模型性能图

7.3.3 随机森林的应用案例

本案例数据集来源于 DataFountain 的竞赛数据集,用于个人贷款违约预测。数据集包括个人贷款违约记录数据(train_public. csv)和某网络信用贷产品违约记录数据(train_internet_public. csv)。

(1)导入包:

```
import pandas as pd
import numpy as np
import warnings
warnings.filterwarnings('ignore')
```

(2)读取数据集:

```
path = r'D:/jupyter/个贷违约预测/'
data_bank = pd.read_csv(path + 'train_public.csv')
data_internet = pd.read_csv(path + 'train_internet.csv')
data_test = pd.read_csv(path + 'test_public.csv')
```

(3)查看数据:

```
# 数据量
print(data_bank.shape)
print(data_internet.shape)
```

运行结果如图 7-12 所示。

```
# 数据表概况
data_bank.head()
```

```
(10000, 39)
(750000, 42)
```

图 7-12 查看数据

运行结果如图 7-13 所示。

	loan_id	user_id	total_loan	year_of_loan	interest	monthly_payment	class	employer_type	industry	work_year	...	policy_
0	1040418	240418	31818.18182	3	11.466	1174.91	C	政府机构	金融业	3 years	...	
1	1825197	225197	28000.00000	5	16.841	678.69	C	政府机构	金融业	10+ years	...	
2	1009368	209368	17272.72727	3	8.900	603.32	A	政府机构	公共服务、社会组织	10+ years	...	
3	1039708	239708	20000.00000	3	4.788	602.30	A	世界五百强	文化和体育业	6 years	...	
4	1027483	227483	15272.72727	3	12.790	478.31	C	政府机构	信息传输、软件和信息	< 1 year	...	

图 7-13　数据表概况

运行结果如图 7-14 所示。

```
# 数据列名称
data_bank.columns
```

```
Index(['loan_id', 'user_id', 'total_loan', 'year_of_loan', 'interest',
       'monthly_payment', 'class', 'employer_type', 'industry', 'work_year',
       'house_exist', 'censor_status', 'issue_date', 'use', 'post_code',
       'region', 'debt_loan_ratio', 'del_in_18month', 'scoring_low',
       'scoring_high', 'known_outstanding_loan', 'known_dero',
       'pub_dero_bankrup', 'recircle_b', 'recircle_u', 'initial_list_status',
       'app_type', 'earlies_credit_mon', 'title', 'policy_code', 'f0', 'f1',
       'f2', 'f3', 'f4', 'early_return', 'early_return_amount',
       'early_return_amount_3mon', 'isDefault'],
      dtype='object')
```

图 7-14　数据列名称

```
# 数据信息
data_bank.info()
```

运行结果如图 7-15 所示。

```
<class 'pandas.core.frame.DataFrame'>
RangeIndex: 10000 entries, 0 to 9999
Data columns (total 39 columns):
 #   Column           Non-Null Count  Dtype
---  ------           --------------  -----
 0   loan_id          10000 non-null  int64
 1   user_id          10000 non-null  int64
 2   total_loan       10000 non-null  float64
 3   year_of_loan     10000 non-null  int64
 4   interest         10000 non-null  float64
 5   monthly_payment  10000 non-null  float64
 6   class            10000 non-null  object
 7   employer_type    10000 non-null  object
 8   industry         10000 non-null  object
 9   work_year        9378 non-null   object
 10  house_exist      10000 non-null  int64
 11  censor_status    10000 non-null  int64
 12  issue_date       10000 non-null  object
 13  use              10000 non-null  int64
 14  post_code        10000 non-null  int64
 15  region           10000 non-null  int64
 16  debt_loan_ratio  10000 non-null  float64
 17  del_in_18month   10000 non-null  int64
```

图 7-15　查看 data_bank 数据信息

```
# 是否违约分布
import matplotlib.pyplot as plt
import pandas as pd

# 设置中文字体
plt.rcParams['font.sans-serif'] = ['SimSun','KaiTI','Microsoft YaHei','LiSU','Arial Unicode MS']
```

```python
# 计算违约分布
size = pd.Series(
        data_bank['isDefault']
).value_counts().rename_axis('isDefault').reset_index(name = 'counts')
size['isDefault'] = size['isDefault'].replace({0: '没有违约', 1: '违约'}) # 替换标签值

# 获取标签和数量
labels = size['isDefault']
sizes = size['counts']

# 设置颜色板
color_palette = ['#ffffb2', '#8ed3c7'] # 替换为您喜欢的颜色

# 设置图形大小和分辨率
plt.figure(figsize = (8, 8), dpi = 80)

# 创建饼图
patches, texts, autotexts = plt.pie(sizes,
                                    colors = color_palette,
                                    autopct = '%1.1f%%',
                                    pctdistance = 0.6,
                                    startangle = 90 # 使图形从正上方开始
                                    )

# 设置百分比文本的大小
for text in autotexts:
    text.set_size(15)

# 设置饼图部分的透明度和填充图案
patches[0].set_hatch('/')
patches[1].set_alpha(0.6)

# 添加标题
plt.title("是否违约分布", size = 20)

# 添加图例
plt.legend(patches, labels,
           title = "违约情况",
           loc = "center left",
           fontsize = 12,
           bbox_to_anchor = (1, 0.5, 0.5, 0.5),
           # prop = zh_font
           )

plt.show()
```

运行结果如图 7-16 所示。

是否违约分布

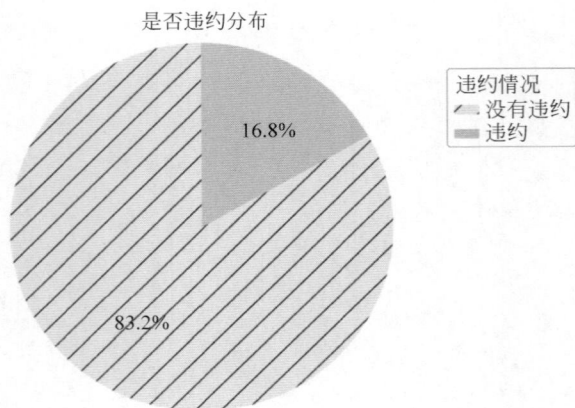

图 7-16　是否违约分布图

```
# 不同违约情况下的贷款分布
import matplotlib.pyplot as plt
import pandas as pd
import numpy as np


# 转换为 DataFrame
df = pd.DataFrame(data_bank)

# 替换标签值
df['isDefault'] = df['isDefault'].replace({0: '没有违约', 1: '违约'})

# 设置颜色板
color_palette = {'没有违约': '#ffffb2', '违约': '#9dd1c7'}

# 创建直方图
plt.figure(figsize = (10, 6), dpi = 80)

# 绘制不同违约情况下的贷款分布
for label, color in color_palette.items():
    subset = df[df['isDefault'] == label]
    plt.hist(subset['total_loan'], bins = 20, alpha = 0.9, label = label, color = color,
hatch = '/' if label == '违约' else '+')

# 添加图例
plt.legend(title = "违约情况")
# 添加标题
plt.title("不同违约情况下的贷款分布", fontsize = 20)
# 添加 x 轴标签
plt.xlabel("贷款总额(元)", fontsize = 15)
# 添加 y 轴标签
plt.ylabel("计数(人)", fontsize = 15)

# 显示图表
plt.show()
```

运行结果如图 7-17 所示。

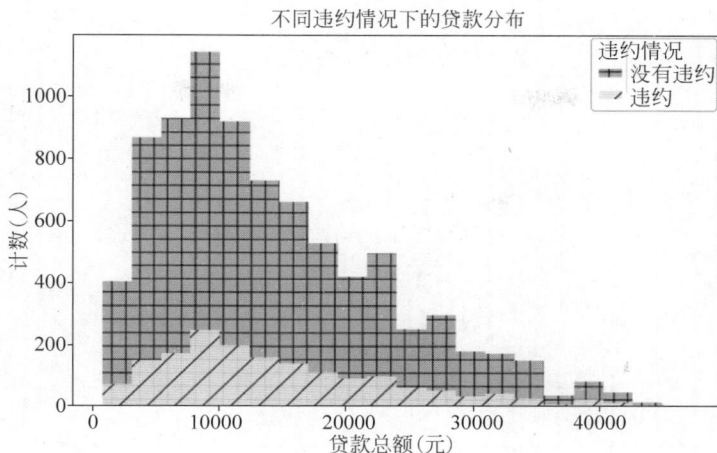

图 7-17　不同违约情况下的贷款发布

```python
# 不同违约情况下的贷款利率分布
import matplotlib.pyplot as plt
import pandas as pd
import numpy as np

# 转换为 DataFrame
df = pd.DataFrame(data_bank)

# 替换标签值
df['isDefault'] = df['isDefault'].replace({0: '没有违约', 1: '违约'})

# 设置颜色板
color_palette = {'没有违约': '#8ed3c7', '违约': '#ffffb2'}

# 创建直方图
plt.figure(figsize = (10, 6), dpi = 80)

# 绘制不同违约情况下的贷款利率分布
for label, color in color_palette.items():
    subset = df[df['isDefault'] == label]
    plt.hist(subset['interest'], bins = 20, alpha = 0.9, label = label, color = color, hatch = '/'
if label == '违约' else '+')

# 添加图例
plt.legend(title = "违约情况")
# 添加标题
plt.title("不同违约情况下的贷款利率分布", fontsize = 20)

# 添加 x 轴标签并包含单位
plt.xlabel("贷款利率(%)", fontsize = 15)

# 添加 y 轴标签
plt.ylabel("计数(人)", fontsize = 15)

# 显示图表
plt.show()
```

运行结果如图 7-18 所示。

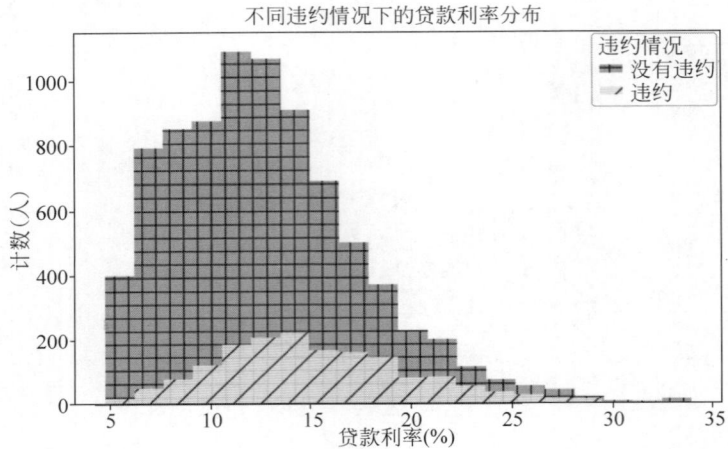

图 7-18　不同违约情况下的贷款利率发布

```python
# 不同类别变量分布
fig = px.parallel_categories(data_bank[
['class',
 'employer_type',
 'industry',
 'work_year',
 'issue_date',
 'earlies_credit_mon','monthly_payment']],
 color = "monthly_payment",
 color_continuous_scale = px.colors.sequential.Inferno)
fig.show()
```

运行结果如图 7-19 所示。

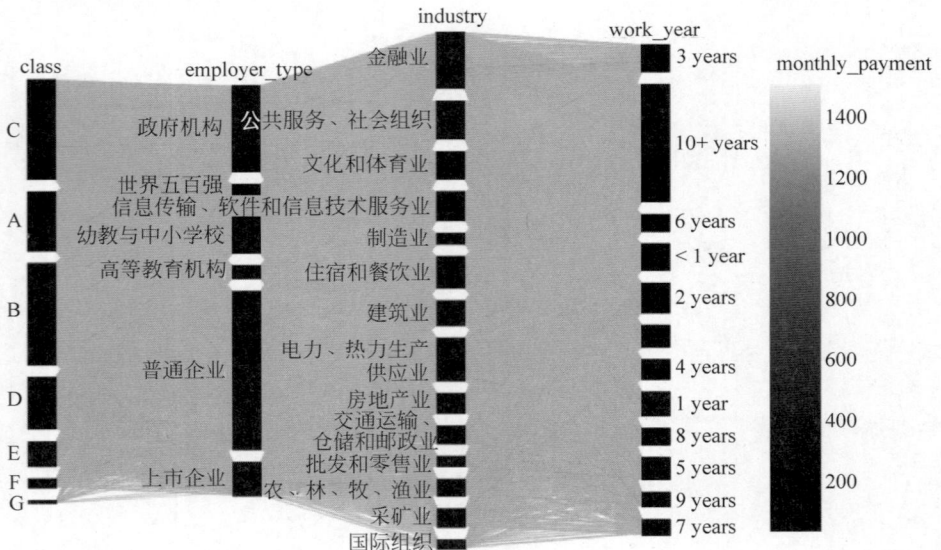

图 7-19　不同类别变量发布

```
# 月供、工作年限与违约分面箱线图

import plotly.express as px
import pandas as pd
import numpy as np

# 转换为 DataFrame
df = pd.DataFrame(data_bank)

# 替换标签值
df['isDefault_label'] = df['isDefault'].replace({0: '未违约', 1: '违约'})


# 获取工作年限的唯一值并排序
df['work_year'] = df['work_year'].astype(str).fillna('')
df = df[df['work_year'] != 'nan']
sorted_work_years = sorted([x for x in df['work_year'].unique() if x != '10 年以上']) +
['10 年以上']

# 设置颜色板
color_palette = {'未违约': '#8ed3c7', '违约': '#ffffb2'}

# 创建箱线图
fig = px.box(df,
                x = "work_year",
                y = "monthly_payment",
                color = "isDefault_label",
                color_discrete_map = color_palette ,        # 分别指定颜色
                # facet_col = "isDefault_label",            # 按违约情况分面
                 notched = True,
                labels = {"work_year": "工作年限(年)", "monthly_payment": "月供(元)",
"isDefault_label": ""},
                title = "月供、工作年限与违约分面箱线图",
                category_orders = {"work_year": sorted_work_years})
                                                    # 按排序后的工作年限展示

fig.update_layout(showlegend = True)               # 隐藏图例
fig.for_each_annotation(lambda a: a.update(text = ''))   # 移除分面列标题

fig.show()
```

运行结果如图 7-20 所示。

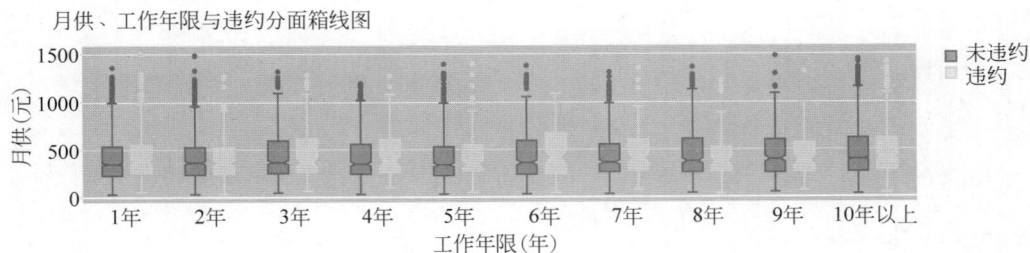

图 7-20 月供、工作年限与违约箱线图

（4）数据预处理：

```
#查看 data_bank 和 data_internet 共有的字段
data_internet.rename(columns = {'is_default':'isDefault'}, inplace = True)
common_cols = []
for col in data_bank.columns:
    if col in data_internet:
        common_cols.append(col)
    else: continue
len(common_cols)
```

上述代码的输出为 36，表示数据集中共有 36 个字段。

```
n_data_bank = data_bank[common_cols]
n_data_internet = data_internet[common_cols]
n_data = pd.concat([n_data_bank, n_data_internet]).reset_index(drop = True)
```

（5）特征工程：

```
#筛选数据列
n_data.select_dtypes(exclude = ['object']).columns.tolist()
```

运行结果如图 7-21 所示。

```
#筛选类别列
n_data.select_dtypes(include = ['object']).columns.tolist()
```

运行结果如图 7-22 所示。

```
'recircle_u',
'initial_list_status',
'title',
'policy_code',
'f0',
'f1',
'f2',
'f3',
'f4',
'early_return',
'early_return_amount',
'early_return_amount_3mon',
'isDefault']
```

图 7-21　筛选数据列

```
['class',
 'employer_type',
 'industry',
 'work_year',
 'issue_date',
 'earlies_credit_mon']
```

图 7-22　筛选类别列

```
#issue_date 处理
import datetime
#转为 pandas 中的日期类型
n_data['issue_date'] = pd.to_datetime(n_data['issue_date'])
#设置初始时间
base_time = datetime.datetime.strptime('2007 - 06 - 01','%Y - %m - %d')
#转换以天为单位
n_data['issue_date_diff'] = n_data['issue_date'].apply(lambda x: x - base_time).dt.days
n_data.drop('issue_date', axis = 1, inplace = True)
```

```
# employer_type 处理
employer_type = n_data['employer_type'].value_counts().index
employer_type_dict = dict(zip(employer_type, [0, 1,2,3,4,5]))
n_data['employer_type'] = n_data['employer_type'].map(employer_type_dict)

# industry 处理
industry = n_data_bank['industry'].value_counts().index
industry_dict = dict(zip(industry, [i for i in range(15)]))
n_data['industry'] = n_data['industry'].map(industry_dict)

# work_year 处理
n_data_bank['work_year'].fillna('10 + year', inplace = True)
n_data_internet['work_year'].fillna('10 + year', inplace = True)
work_year_dict = {'< 1 year': 0, '1 year': 1, '2 years': 2, '3 years': 3, '4 years': 4,
                  '5 years': 5, '6 years': 6, '7 years': 7, '8 years': 8,  '9 years': 9, '10 +
                  years': 10}
n_data['work_year'] = n_data['work_year'].map(work_year_dict)

# class 处理
class_dict = {'A': 0, 'B': 1, 'C': 2, 'D': 3, 'E': 4, 'F': 5, 'G': 6}
n_data['class'] = n_data['class'].map(class_dict)

# 再次查看数据情况
n_data.drop(['earlies_credit_mon', 'loan_id', 'user_id'], axis = 1, inplace = True)
n_data.info()
```

运行结果如图 7-23 所示。

```
<class 'pandas.core.frame.DataFrame'>
RangeIndex: 760000 entries, 0 to 759999
Data columns (total 33 columns):
 #   Column            Non-Null Count   Dtype
---  ------            --------------   -----
 0   total_loan        760000 non-null  float64
 1   year_of_loan      760000 non-null  int64
 2   interest          760000 non-null  float64
 3   monthly_payment   760000 non-null  float64
 4   class             760000 non-null  int64
 5   employer_type     760000 non-null  int64
 6   industry          760000 non-null  int64
 7   work_year         715531 non-null  float64
```

图 7-23　查看数据情况

（6）缺失值处理：

```
# 缺失值填补
n_data.fillna(0, inplace = True)
# 查看数据变量之间的关系
import matplotlib.pyplot as plt
import seaborn as sns
% matplotlib inline
plt.figure(figsize = (12, 6))
sns.heatmap(n_data.corr(), cmap = 'Blues', annot_kws = {'size':20})
plt.title('HeatMap for the n_data')
plt.show()
```

运行结果如图 7-24 所示。

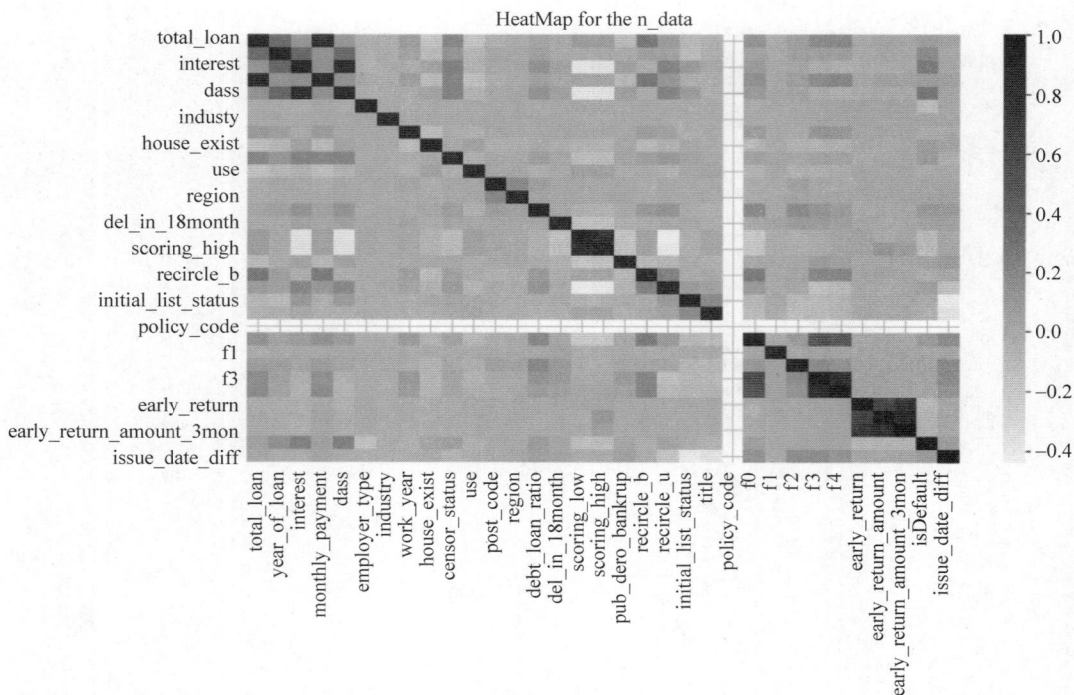

图 7-24　特征间的关联度

　　数据不平衡处理，由于发生违约的样本占比不足 20%，存在样本不平衡，通过下采样处理数据不平衡问题：

```
#下采样
normal_indices = n_data[n_data['isDefault'] == 0].index        #正常交易数据索引
fraud_indices = n_data[n_data['isDefault'] == 1].index         #欺诈交易数据索引
random_normal_indices = np.random.choice(normal_indices, len(fraud_indices), replace =
False)
#获取下采样数据框
us_indices = np.concatenate([fraud_indices, random_normal_indices])
us_dataset = n_data.iloc[us_indices, :]
us_dataset.isDefault.value_counts()
#导入建模必要的库
from sklearn.model_selection import GridSearchCV
from sklearn.ensemble import RandomForestClassifier
from sklearn.tree import DecisionTreeClassifier
from sklearn.model_selection import train_test_split
from sklearn.model_selection import cross_val_score
import sklearn.metrics as metrics
from sklearn.metrics import confusion_matrix, roc_curve, auc, accuracy_score, recall_score,
classification_report

#原始数据切分
x = us_dataset.drop('isDefault', axis = 1)
```

```
y = us_dataset['isDefault']
x_train, x_test, y_train, y_test = train_test_split(x, y, test_size = 0.3, random_state =
2022)
x_train = x_train.values
x_test = x_test.values
y_train = y_train.values
y_test = y_test.values

# 未调参时模型训练及评估
dtc = DecisionTreeClassifier()
dtc_model = dtc.fit(x_train, y_train)
dtc_y_pre = dtc_model.predict(x_test)
dtc_accuracy = accuracy_score(y_test, dtc_y_pre)
dtc_fpr, dtc_tpr, dtc_thresholds = roc_curve(y_test, dtc_y_pre)

rf = RandomForestClassifier()
rf_model = rf.fit(x_train, y_train)
rf_y_pre = rf_model.predict(x_test)
rf_accuracy = accuracy_score(y_test, rf_y_pre)
rf_fpr, rf_tpr, rf_thresholds = roc_curve(y_test, rf_y_pre)

print("未调参的决策树准确率:", dtc_accuracy)
print("未调参的随机森林准确率:", rf_accuracy)
print("未调参的决策树 AUC = %.4f" % metrics.auc(dtc_fpr, dtc_tpr))
print("未调参的随机森林 AUC = %.4f" % metrics.auc(rf_fpr, rf_tpr))
```

运行结果如图 7-25 所示。

```
未调参的决策树准确率: 0.6302662585063977
未调参的随机森林准确率: 0.7173673662651133
未调参的决策树AUC = 0.6303
未调参的随机森林AUC = 0.7174
```

图 7-25 模型性能

未调参时,随机森林的 AUC 值略高于决策树,随机森林由于集成多个弱学习器,模型分类效果有所提升。

习题 7

1. 使用 Python 中的 sklearn 库训练一个决策树模型,对给定数据集进行分类预测。

2. 解释决策树模型中的信息增益是如何帮助选择最佳的特征进行数据集分裂的。

3. 比较决策树和随机森林在处理高维数据和大规模数据集时的优势和劣势。

4. 分析一个实际案例中随机森林模型的特征重要性,并解释哪些特征对于模型的预测起着关键作用。

5. 在随机森林的实践中,如何调整模型的超参数(如树的数量、最大深度等)以优化模型性能。

6. 使用一个真实数据集,比较单独的决策树模型和随机森林模型在预测准确率上的差异。

第 **8** 章

神经网络

在现代背景下,神经网络作为一种强大的机器学习工具,具备处理大规模和高维数据的能力,随着计算机技术和互联网的快速发展,大数据在现代社会扮演着重要角色。神经网络能够从大数据中学习数据模式和隐藏的关联性,应用于数据分类、预测和决策等任务。近年来,神经网络取得了显著进展,展示出巨大的发展潜力。深度学习技术的崛起使得神经网络能够实现更加复杂的任务并提高性能。同时,硬件计算能力的提升以及数据收集和处理技术的进步,为神经网络的发展提供了有力支持,预示着其未来将取得更多突破。

在自然语言处理领域,神经网络可应用于机器翻译、语义分析和文本生成等任务。在计算机视觉领域,神经网络可实现图像分类、目标检测和图像生成等任务。此外,神经网络在语音识别、推荐系统、金融预测和医学诊断等多个领域也有着广泛应用。

神经网络作为现代大数据背景下的重要技术,具备巨大的潜力和广泛的应用前景。随着人工智能技术的不断发展和创新,神经网络有望在更多领域中发挥重要作用,推动社会进步和经济发展。

8.1 神经网络概述

神经网络是一种受到人类神经系统启发的算法模型,它由多个称为神经元的基本单元组成,这些神经元通过连接形成多层网络结构。神经网络通过学习输入数据的模式和特征来进行预测和决策。值得注意的是,随着深度学习的发展,神经网络已经取得了许多重要的成果,但是神经网络算法的优化和训练仍然是一个复杂且需要大量计算资源的任务。

8.1.1 概念

神经元,即神经元细胞,是神经系统最基本的结构和功能单位,如图 8-1 所示。神经元分为细胞体和突起两部分。细胞体由细胞核、细胞膜、细胞质组成,具有联络和整合输入信息并传出信息的作用。

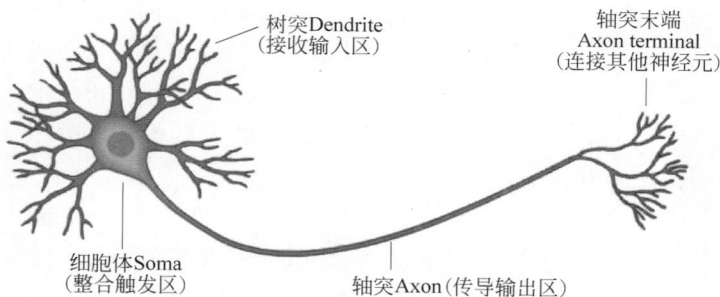

图 8-1　神经元

神经网络,也被称为人工神经网络(Artificial Neural Networks,ANN),是一种模仿人类神经系统的机器学习技术。它由大量连接在一起的人工神经元(或称为节点或单元)组成,并通过这些神经元之间的连接来模拟信息的传递和处理过程。神经网络的工作原理是通过学习数据的模式和关联性来进行预测、分类、识别或决策等任务。

通常,神经网络分为输入层、隐藏层和输出层。输入层接收原始数据或特征向量作为输入,隐藏层负责处理输入并提取特征,输出层产生最终的结果。

(1)输入层:神经网络的第一层,它接收外部输入数据并将其传递给下一层。输入层的神经元数量通常与输入数据的特征数量相匹配。每个输入神经元表示输入数据的一个特征,例如图像的像素值或文本的词向量。

(2)隐藏层:介于输入层和输出层之间的一层或多层。每个隐藏层由许多神经元组成,这些神经元通过权重和激活函数进行连接和计算。隐藏层中的神经元负责对输入数据进行非线性的转换和特征提取。这些层的存在使得神经网络能够学习和表示更为复杂的模式和关系。

(3)输出层:神经网络的最后一层,它根据隐藏层的计算结果生成最终的输出结果。输出层通常包含一个或多个神经元,每个神经元表示神经网络对应的不同类别或回归预测的输出。例如,在分类问题中,输出层的神经元数量通常与类别的数量相匹配,每个神经元表示对应类别的概率或置信度。

每个神经元接收来自上一层神经元的输入,对输入进行加权求和,并通过激活函数来产生输出。这个输出将作为下一层神经元的输入。权重是神经网络中的重要参数,它们决定了输入的相对重要性。在训练神经网络时,通过优化算法来调整权重,使得神经网络能够更准确地进行预测或分类。神经网络的训练通常是以监督学习的方式进行,即通过提供输入数据和对应的期望输出来调整权重。训练数据中的输入和输出之间的差异将被用于计算误差,并通过反向传播算法来调整权重,以最小化误差。这一过程经过多次迭代,直到神经网络能够产生满意的结果。

假设数据集 $X=\{x^1,x^2,\cdots,x^n\}$,$Y=\{y^1,y^2,\cdots,y^n\}$ 反向传播算法使用数据集中的每一个样本执行前向传播,之后根据网络的输出与真实标签计算误差,利用误差进行反向传播,更新权重,如图 8-2 所示。

使用一个样本 (x,y),其中 $x=(x_1,x_2,\cdots,x_d)$。

输入层　　隐藏层　　输出层

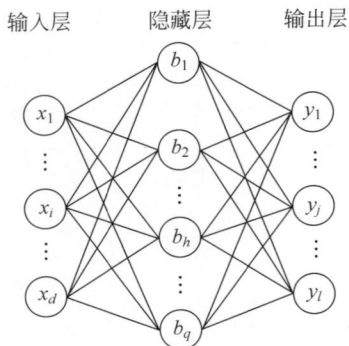

图 8-2　输入层、隐藏层和输出层

输入层：有 d 个输入节点，对应着样本 x 的 d 维特征，x_i 表示输入层的第 i 个节点。隐藏层：有 q 个节点，b_h 表示隐藏层的第 h 个节点；输出层：有 l 个输出节点，y_j 表示输出层的第 j 个节点。

神经网络在数据挖掘中承担着下列重要的作用。

（1）用于分类和预测任务，通过从数据中学习模式和关联性，可以根据输入数据预测出未知或未标记的数据的类别或结果。

（2）用于无监督学习任务，如聚类分析。它可以通过学习数据的相似性和关联性，将数据划分为多个群组或聚类。神经网络可以帮助检测数据中的异常或离群点。通过学习正常数据的模式，当出现与正常模式不一致的数据时，可以识别出异常。

（3）在自然语言处理和语音识别领域也有广泛应用，可以进行文本分类、情感分析、机器翻译、语音识别等任务。神经网络还可用于分析金融市场和预测股票价格、汇率等金融指标。

神经网络具备处理大规模和高维数据的能力，可以从复杂的数据集中学习到更准确的模式和关联性，在处理复杂数据和解决非线性问题方面具有优势。神经网络具备自适应学习的能力，可以根据数据的变化进行调整和更新，同时具备很好的泛化能力，可以处理新的未见过的数据。神经网络还可以处理噪声和缺失数据，有较强的容错能力。

与传统的统计方法相比，基于神经网络的复杂模型可以学习到更深层次的特征表示，能够提供更准确的预测和分类结果。数据挖掘技术的发展驱动了神经网络的进步，神经网络的不断发展也受益于数据挖掘领域的研究成果，例如数据集的丰富性、优化算法的改进和硬件计算能力的提升等。

神经网络在数据挖掘中扮演着重要角色，数据挖掘的发展也推动了神经网络技术的进步和创新，使其在多个领域中具有广泛的应用和不断的发展。随着深度学习的发展，深度神经网络（Deep Neural Networks，DNN）成为神经网络的重要分支。它由多个隐藏层组成，可以学习到更高级别的特征表示，从而提高了模型的性能和灵活性，更具应用前景。

8.1.2　发展历程

神经网络的发展历程可以追溯到 20 世纪 40 年代至今，发展总过程如图 8-3 所示，主要分为以下 4 个阶段。

1. 神经元阶段

神经网络是受神经元启发的，对于神经元的研究由来已久，1904 年生物学家就已经知晓了神经元的组成结构。一个神经元通常具有多个树突，主要用来接收传入信息；而轴突只有一条，轴突尾端有许多轴突末梢可以给其他多个神经元传递信息。轴突末梢跟其他神经元的树突产生连接，从而传递信号。这个连接的位置在生物学上叫作"突触"。

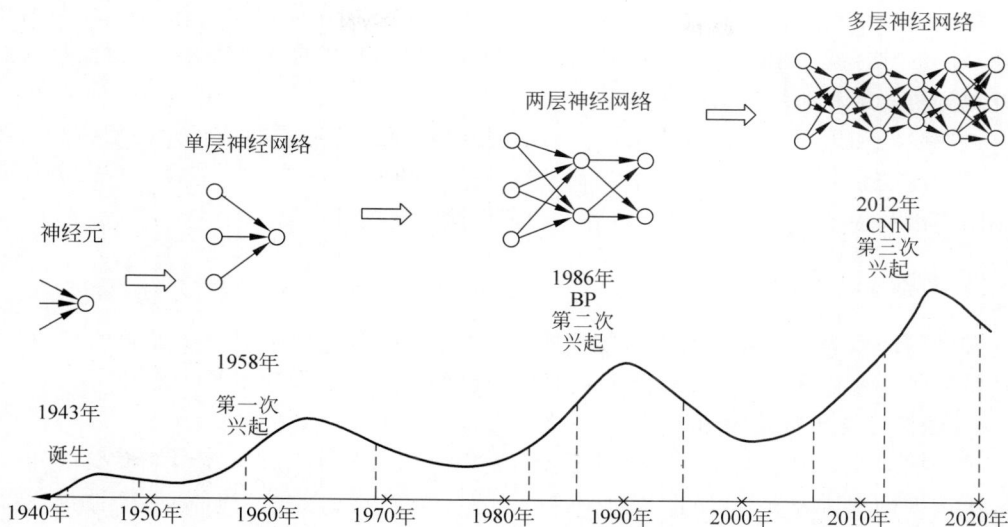

图 8-3　神经网络的发展历程

2. 单层神经网络

1958 年,计算科学家弗兰克·罗森布拉特(Frank Rosenblatt)提出了由两层神经元组成的单层神经网络。他给它起了一个名字——"感知器"(Perceptron),感知器是当时首个可以学习的人工神经网络。单层神经网络,即感知器,它通过输入与权重相乘并经过激活函数处理来产生输出。感知器主要用于解决线性可分的分类问题,其训练过程通过调整权重来提高模型的准确性。尽管感知器的应用受限,但它为神经网络的进一步发展奠定了基础。

3. 两层神经网络

单层神经网络无法解决异或问题(两个值相同得 0,不同得 1)。但是当增加一个计算层以后,两层神经网络不仅可以解决异或问题,而且具有非常好的非线性分类效果。但两层神经网络需要复杂的计算量,直到 1986 年,Rumelhar 和 Hinton 等提出了反向传播(Backpropagation,BP)算法,此问题得到解决,从而带动了业界使用两层神经网络研究的热潮。

两层神经网络,也被称为多层感知器(Multi-Layer Perceptron,MLP),是一种多层结构的神经网络模型。两层神经网络相比于单层神经网络有更强的能力,可以学习更复杂和非线性的模式。隐藏层对输入进行一系列的非线性转换和特征提取,而输出层根据隐藏层的输出进行最终的分类、预测或识别。

4. 多层神经网络(深度学习)

两层神经网络具有一定的适用性,能够处理一些中等复杂度的问题。然而,对于更复杂和高度非线性的问题,多层神经网络(深度神经网络)往往能够提供更好的性能和预测能力。多层神经网络通过增加隐藏层的数量和神经元之间的连接,可以学习到更深层次的特征表示。

2006 年,Hinton 首次提出了"深度信念网络"的概念,他给多层神经网络相关的学习方法赋予了一个新名词——"深度学习"。多层神经网络,即深度神经网络,是一种具有多个隐藏层的神经网络模型。它可以学习到更复杂、更高级别的特征表示,使得模型能够更好地解决复杂和非线性的问题。

这些阶段和里程碑事件展示了神经网络的发展历程,从最早的神经元模型到现代深度学习的高度繁荣。也展示了它们如何改变了计算机科学和人工智能领域。随着技术的不断突破和创新,神经网络的应用潜力和实用性不断提升。

8.1.3　应用领域

神经网络作为一种强大的机器学习技术,已经在许多领域中取得了显著的进展,并成功解决了一系列问题。以下是神经网络目前已经解决的一系列重要问题。

1. 图像分类和目标检测

神经网络在图像分类和目标检测领域中表现出色。通过训练神经网络模型,可以实现高准确率的图像分类,例如将图像正确分类为猫或狗等。此外,神经网络还能够检测图像中的目标物体,并进行定位和识别。

2. 自然语言处理(NLP)

神经网络在自然语言处理领域也取得了很大的突破。它能够进行文本分类、情感分析、机器翻译等任务。例如,神经网络可以实现准确的情感分析,判断文本中的情感倾向是积极、消极还是中性。

3. 语音识别和合成

神经网络在语音识别和合成方面也有很好的表现。通过训练神经网络模型,可以实现高准确率的语音识别,将语音转换为文本。同时,神经网络还可以进行语音合成,根据文本生成自然流畅的语音。

4. 人脸识别

神经网络在人脸识别领域发挥着重要作用。通过训练神经网络模型,可以进行准确的人脸检测和识别。神经网络能够从图像中提取面部特征,并与已知的人脸特征进行匹配,实现精确的人脸识别。

5. 推荐系统

神经网络在推荐系统中也非常有用。它可以根据用户的历史行为和兴趣,提供个性化的推荐。通过训练神经网络模型,可以挖掘用户的喜好和偏好,为用户推荐符合其兴趣的内容和产品。

6. 医疗诊断和预测

神经网络在医疗领域中具有广泛的应用。它可以帮助医生进行疾病预测、医疗影像分析、药物设计等。通过训练神经网络模型,可以从大量的医疗数据中学习并识别疾病模式,提供准确的诊断和治疗建议。

除了以上问题,神经网络还在金融风险分析、交通流量预测、游戏智能化、机器人控制等众多领域中取得了显著进展。随着技术的进步和数据的增加,神经网络有望解决更多复杂问题,为人类的发展和应用提供新的可能性。

8.2　长短期记忆网络算法

8.2.1　基本原理

1. 算法简介

LSTM(Long Short-Term Memory,长短期记忆网络)在处理序列数据时具有长期记忆和捕捉长距离依赖性的能力。相比于传统的 RNN,LSTM 利用门控机制有效地解决了梯度消失和梯度爆炸等问题,使得它在处理长序列数据时更为有效。LSTM 的核心思想是引入了三个门(输入门、遗忘门和输出门)来控制信息流入和流出,以及决定是否保留或遗忘一部分输入。这些门的作用机制使得 LSTM 能够对输入数据选择性地遗忘、保存或输出信息,从而实现了对长期依赖关系的建模。

以下是 LSTM 的几个关键组成部分,输入门(Input Gate)控制着新信息的流入,决定是否更新记忆状态。遗忘门(Forget Gate)控制着前一时刻的记忆状态是否更新,通过遗忘一部分信息可以增强模型对长时间依赖的记忆能力。记忆状态(Cell State)保存网络中的信息,通过输入和遗忘门进行加权操作,更新并传递到下一个时刻。输出门(Output Gate)控制着记忆状态的输出,将记忆状态加权后的输出作为本时刻的隐藏状态,供下一层或下一个时间步的网络使用,如图 8-4 所示。

通过以上这些机制,LSTM 可以有效地从输入序列中选择性地存储和遗忘信息,并在需要时输出被记忆的重要信息。这使得 LSTM 在处理自然语言处理、语音识别、时间序列预测等任务时表现出色。并且能够有效

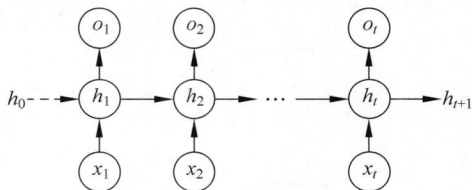

图 8-4　长短期记忆网络

地捕捉长期依赖关系并解决梯度问题,使得它在许多序列建模任务中表现出优秀的性能。

2. LSTM 与 RNN 的关系

RNN(Recurrent Neural Network)是一种具有循环连接的神经网络,它在处理序列数据(如时间序列、自然语言等)时表现出很强的能力。然而,传统的 RNN 存在着梯度消失和梯度爆炸等问题,导致长序列的远距离依赖难以被捕捉。为了解决这些问题,LSTM 被提出,并成为 RNN 的一种重要变种。

LSTM 是一种特殊的 RNN 单元,它通过引入门控机制和记忆单元来提供更强的建模能力。它具有三个关键的门控单元:输入门(Input Gate)、遗忘门(Forget Gate)和输出门(Output Gate)。这些门控单元使用激活函数和权重参数,根据输入和前一时刻的隐藏状态来控制信息的流动和存储。

传统 RNN 的内部结构如图 8-5 所示。

RNN 都具有一种重复神经网络模块的链式形式。在标准的 RNN 中,这个重复的模块只有一个非常简单的结构,例如一个 tanh 层。

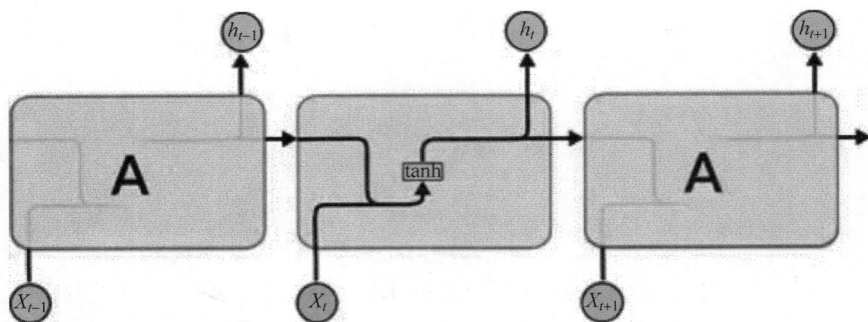

图 8-5　RNN 内部结构

而 LSTM 的内部结构就复杂得多，如图 8-6 所示，重复的模块拥有一个不同的结构。不同于单一神经网络层，整体上除了 h 在随时间流动，细胞状态 c 也在随时间流动，细胞状态 c 就代表着长期记忆。

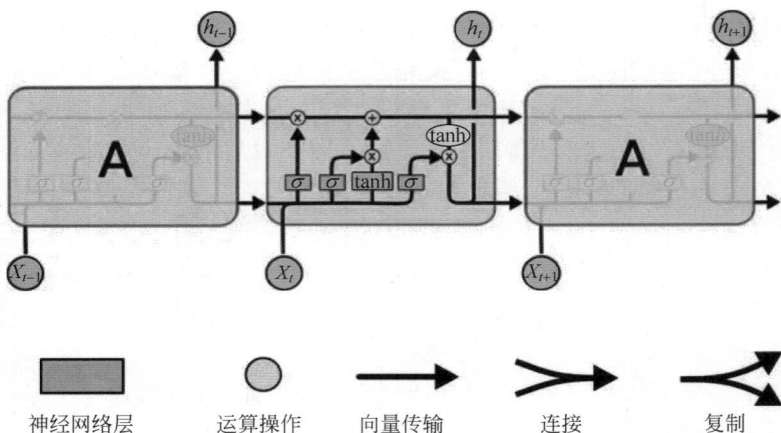

神经网络层　　运算操作　　向量传输　　连接　　复制

图 8-6　LSTM 内部结构

矩形是学习得到的神经网络层，圆形表示一些运算操作，诸如加法乘法，黑色的单箭头表示向量的传输，两个箭头合成一个表示向量的连接，一个箭头分开表示向量的复制。

8.2.2　算法流程

LSTM 的关键就是细胞状态，如图 8-7 所示，水平线在图上方贯穿运行。细胞状态

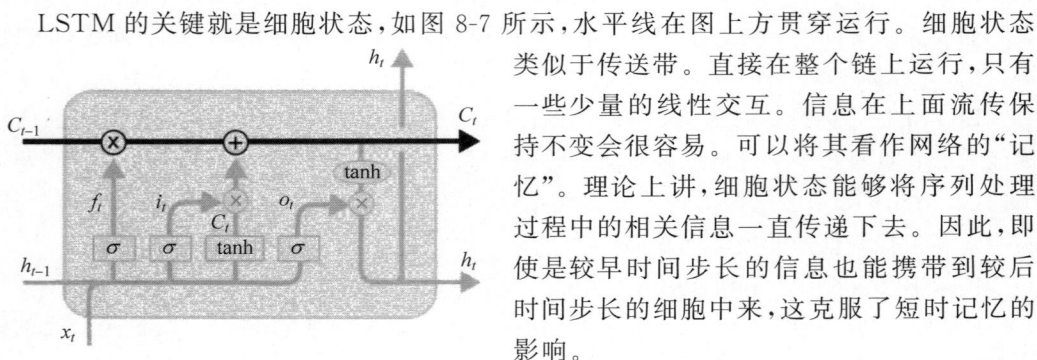

图 8-7　LSTM 细胞状态

类似于传送带。直接在整个链上运行，只有一些少量的线性交互。信息在上面流传保持不变会很容易。可以将其看作网络的"记忆"。理论上讲，细胞状态能够将序列处理过程中的相关信息一直传递下去。因此，即使是较早时间步长的信息也能携带到较后时间步长的细胞中来，这克服了短时记忆的影响。

信息的添加和移除我们通过"门"结构来实现,"门"结构在训练过程中会去学习该保存或遗忘哪些信息。也就是说,门是一种让信息选择式通过的方法。它们包含一个Sigmoid 神经网络层和一个 pointwise 乘法操作。这里 Sigmoid 层输出 0～1 的数值,描述每个部分有多少量可以通过。0 代表"不许任何量通过",1 就指"允许任意量通过"。

具体而言,LSTM 包含以下几个关键组件。

输入门决定是否更新细胞状态的部分。它通过使用 Sigmoid 激活函数来控制输入的权重。若输入门接近 0,则对应的信息被忽略;若接近 1,则对应的信息被保留。

遗忘门决定是否从细胞状态中丢弃信息的部分。它通过使用 Sigmoid 激活函数来控制细胞状态中的权重。若遗忘门接近 0,则对应的信息被完全遗忘;若接近 1,则对应的信息被完全保留。

细胞状态(Cell State)用于存储和传递信息的长期记忆。它可以被输入门和遗忘门控制性地更新。

输出门决定输出的部分。它通过使用 Sigmoid 激活函数来控制细胞状态的权重,并通过 tanh 激活函数来生成当前时刻的输出。

通过这些门控机制,LSTM 能够有效地处理长序列数据和长期依赖关系,使得网络可以记住和利用较远过去的信息,从而在许多任务中表现出色,如自然语言处理、语音识别和时间序列预测等。

具体如图 8-8 所示,可以先把方框中的内部细节忽略,观察 LSTM 在 t 时刻的输入与输出,首先,输入有三个:细胞状态 C_t,隐藏层状态 h_t,t 时刻输入向量 x_t,而输出有两个:细胞状态 C_t,隐藏层状态 h_t。其中 h_t 还作为 t 时刻的输出。

细胞状态 C_{t-1} 的信息,一直在上面那条线上传递,t 时刻的隐藏层状态 h_t 与输入 x_t 会对 C_t 进行适当修改,然后传到下一时刻去。C_{t-1} 会参与 t 时刻输出 h_t 的计算。隐藏层状态 h_{t-1} 的信息,通过 LSTM 的"门"结构,对细胞状态进行修改,并且参与输出的计算,如图 8-8 所示。

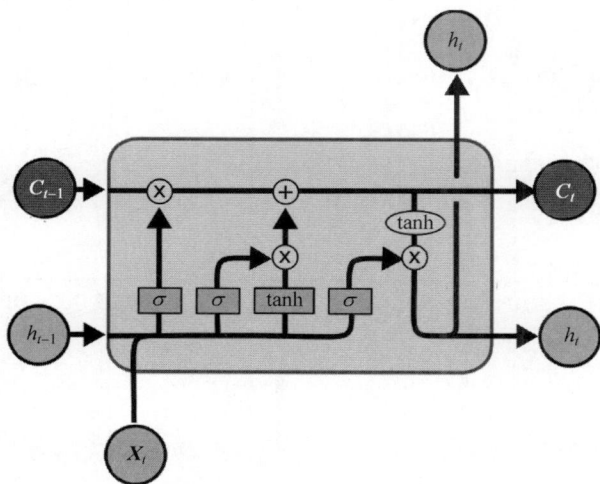

图 8-8　常见 LSTM 结构

通过以上阶段的计算,LSTM能够灵活地控制信息的传递和遗忘,从而更好地处理长期依赖关系。这使得它在许多序列数据处理任务中表现出色,如自然语言处理和时间序列预测等。

总的来说,细胞状态信息一直在上面那条线传递,隐藏状态一直在下面那条线传递,其中会有一些交互,在LSTM中,这些就是"门"结构。以上,就是LSTM的内部结构。通过门控状态来控制传输状态,记住需要长时间记忆的,忘记不重要的信息;而不像普通的RNN那样仅有一种记忆叠加方式。LSTM对很多需要"长期记忆"的任务来说,尤其好用。

8.2.3 LSTM算法案例

例 8-1 案例背景:随着各国工业化的发展,温室气体排放的增加导致全球气候变暖,而"污染无国界",温室气体排放导致的全球气候变暖已经超出一国范围成为全球性的重大问题,而气候问题早已超出了科学的范围影响到经济、能源、生态和健康等各个领域。气候变化将会增加极端天气事件发生的频率和强度,提高平均气温,并使海平面上升,由此带来的风险将对全球经济和金融体系产生深远影响,已成为全球范围内最为紧迫的问题之一。在本次研究中,我们将全球GDP数据作为衡量经济发展水平的变量,而将自1961—2019年的气温变化作为衡量全球气候变化的一个变量。使用了长短时记忆网络(LSTM)模型进行分析,最终结果显示,温度变化对经济发展的影响并不大。随着经济社会不断发展以及人类活动范围持续拓宽,全球气候变化的速度不断加快,且未来可能会进一步加剧。考虑到极端气候冲击对经济社会稳定发展的不利影响,评估气候变化的宏观经济效应,探讨能够弱化气候变化不利冲击的积极因素和政策选择,无疑具有重要的现实意义和应用价值。

(1)导入数据。

原数据集是以Excel表格的形式保存的,需要先另存为CSV格式,再导入软件。导入后查看前5行数据,如表8-1所示。

```
df = pd.read_csv(r"C:\Users\Administrator\Desktop\数据 csv",encoding = 'ANSI')
df.set_index(["年份"], inplace = True)
x = df['温度变化']
y = df['GDP 增长率(年百分比)']
df.head()
```

表 8-1 前 5 行数据

年份	温度变化	GDP(现价美元)	谷类产量(每公顷千克数)	GDP 增长率(年百分比)
1961	0.09	1.440000e+12	1428.406	3.801
1962	0.10	1.550000e+12	1518.892	5.320
1963	0.11	1.670000e+12	1583.640	5.192
1964	0.12	1.830000e+12	1585.371	6.569
1965	0.13	1.990000e+12	1633.853	5.555

（2）数据可视化。

数据可视化主要是借助于图形化手段，清晰有效地传达与沟通信息，如图 8-9 所示。

```
sns.jointplot(x = '温度变化',y = 'GDP(现价美元)',data = player_df,kind = 'reg')
```

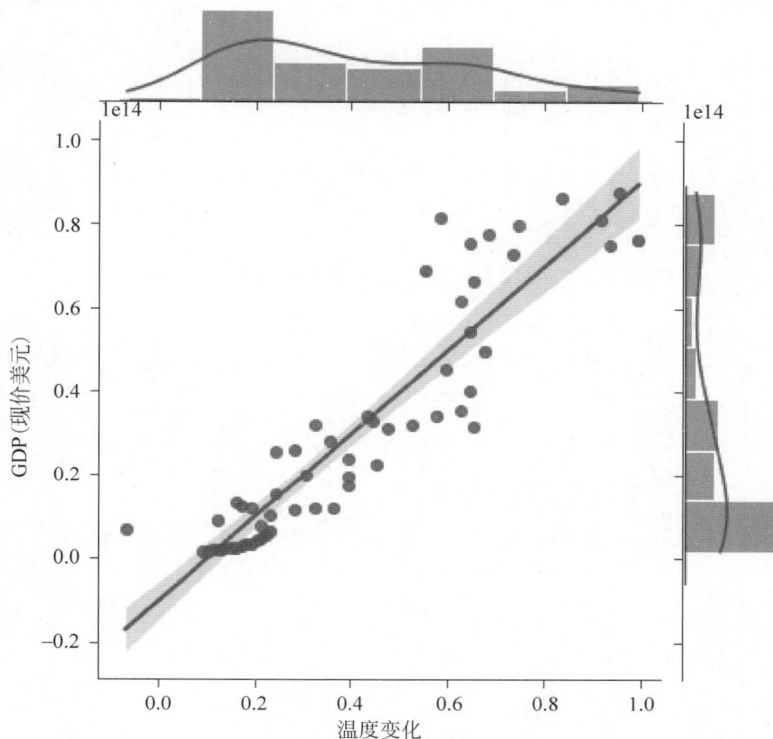

图 8-9　数据可视化

（3）LSTM 预估。

① 数据处理。

```
values = df.values
# 确保所有数据是浮点数类型
values = values.astype('float32')
## 对特征标准化
scaler = MinMaxScaler(feature_range = (0, 1))
scaled = scaler.fit_transform(values)
# 分离出特征和标签
data = scaled
label = scaled[:, 0]

def generate_pair(x, y, ts):
    length = len(x)
    start, end = 0, length - ts
    data = []
    label = []
```

```
        for i in range(end):
            data.append(x[i: i + ts, :])
            label.append(y[i + ts])
        return np.array(data, dtype = np.float64), np.array(label, dtype = np.float64)

data, label = generate_pair(data, label, ts = 40)

# 划分数据集
train_test_split = int(0.7 * len(label))
train_X = data[0: train_test_split]
train_y = label[0: train_test_split]
test_X = data
test_y = label
```

② 建立模型进行预测，如图 8-10 所示，结果对比如图 8-11 所示。

```
f __name__ == '__main__':
    history = model.fit(train_X, train_y, epochs = 100, batch_size = 20, validation_data =
(test_X, test_y), verbose = 2, shuffle = True)

    # 开始预测
    yhat = model.predict(test_X)
    plt.figure(figsize = (15,8))
    plt.plot(history.history['loss'], label = 'train')
    plt.plot(history.history['val_loss'], label = 'test')
    plt.legend()
    plt.show()

    # 绘图
    plt.figure(figsize = (15,8))
    plt.plot(yhat[train_test_split - 50: train_test_split + 50])
    plt.plot(test_y[train_test_split - 50: train_test_split + 50])
    # plt.axvline(x = 40, c = "r", ls = " -- ", lw = 2)
    plt.legend(['预测数据', '真实数据', '开始预测'])
    plt.grid()
plt.show()
```

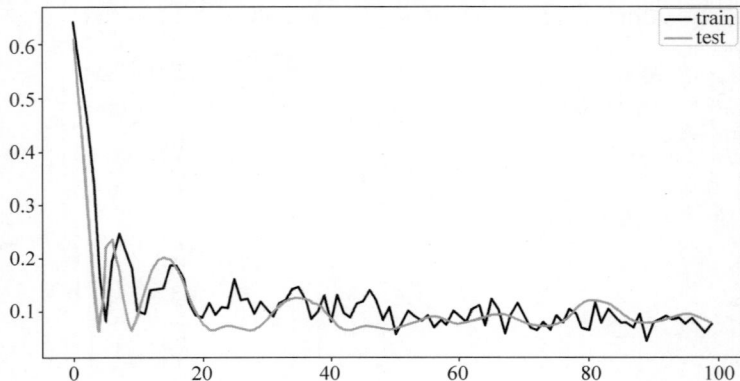

图 8-10　训练模型

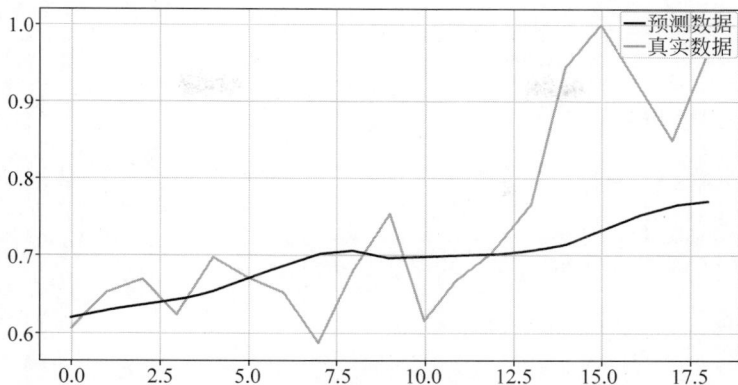

图 8-11 预测结果对比

（4）结果评估。

本案例使用了长短时记忆网络（LSTM）模型对历年温度变化和全球 GDP 进行分析，最终结果显示，温度变化对经济发展的影响并不大。

例 8-2 案例背景：近年来，股票预测还处于一个很热门的阶段，因为股票市场的波动巨大，随时可能因为一些新的政策或者其他原因，进行大幅度的波动，导致自然人股民很难对股票进行投资盈利。因此本书想利用现有的模型与算法，对股票价格进行预测，从而使自然人股民可以自己对股票进行预测。理论上，股票价格是可以预测的，但是影响股票价格的因素有很多，而且目前为止，它们对股票的影响还不能清晰定义。这是因为股票预测是高度非线性的，这就要预测模型能够处理非线性问题，并且，股票具有时间序列的特性，因此适合用循环神经网络对股票进行预测。

道琼斯指数全称为股票价格平均指数。作为世界上历史最为悠久的股票指数，它可以反映市场的变化，代表着市场的趋势。由于该指数历史悠久，从未间断，分析师易于用该指数的历史指数与现实指数做出对比，以此判断经济、股市形势。利用道琼斯指数可以比较不同时期的股票行情和经济发展情况，是观察市场动态和从事股票投资的主要参考。道琼斯股价平均指数所选用的股票都很有代表性，这些股票的发行公司都是本行业具有重要影响的著名公司，其股票行情为世界股票市场所瞩目，各国投资者都极为重视。针对道琼斯指数价格进行准确合理的预测对投资行业及各个经济领域都有着不可估量的作用。

本案例以 1980 年 12 月 23 日至 2020 年 2 月 7 日共 9866 个交易日的道琼斯指数开盘、收盘价格（并按照适当比例划分训练集、验证集、测试集）为主要数据集，利用长短期记忆循环神经网络对道琼斯指数进行收盘价格预测研究。

（1）导入库：

```
import pandas as pd
import numpy as np
import matplotlib.pyplot as plt
from sklearn.preprocessing import MinMaxScaler
from tensorflow.keras.models import Sequential
```

```
from tensorflow.keras.layers import Dense, LSTM, Dropout
from tensorflow.keras.optimizers import Adam
```

（2）数据处理，取数据集前 300 行：

```
df = pd.read_csv('/mnt/workspace/downloads/24810/daoqiongsi.csv', nrows = 300)
df = df.sort_values(by = ['交易日期_TrdDt'], ascending = True)
df.set_index('交易日期_TrdDt', inplace = True)
data = df.filter(['收盘价(元/点)_ClPr']).values
```

（3）将数据集划分为训练集和测试集：

```
#70% 作为训练集
training_data_length = int(len(data) * 0.7)
train_data = data[0:training_data_length, :]
scaler = MinMaxScaler(feature_range = (0, 1))
train_data = scaler.fit_transform(train_data)
# 创建训练集数据
X_train = []
y_train = []
# 根据窗口大小(window_size)生成训练集数据
window_size = 60
for i in range(window_size, training_data_length):
    X_train.append(train_data[i - window_size:i, 0])
    y_train.append(train_data[i, 0])
# 转换为 NumPy 数组
X_train = np.array(X_train)
y_train = np.array(y_train)
# 调整形状以符合 LSTM 的输入要求 [样本数,时间步长,特征数]
X_train = np.reshape(X_train, (X_train.shape[0], X_train.shape[1], 1))
```

（4）建立 LSTM 模型进行预测：

```
# 构建 LSTM 模型
model = Sequential()
model.add(LSTM(units = 64, return_sequences = True, input_shape = (X_train.shape[1], 1)))
model.add(Dropout(0.2))
model.add(LSTM(units = 64, return_sequences = True))
model.add(Dropout(0.2))
model.add(LSTM(units = 64))
model.add(Dropout(0.2))
model.add(Dense(units = 1))
# 编译模型
adam = Adam(lr = 0.001)
model.compile(loss = 'mean_squared_error', optimizer = adam)
# 训练模型
model.fit(X_train, y_train, epochs = 100, batch_size = 32)
# 创建测试集数据
test_data = scaler.transform(data[training_data_length - window_size:, :])
# 构建测试集数据
X_test = []
```

```
y_test = data[training_data_length:, :]
for i in range(window_size, len(test_data)):
    X_test.append(test_data[i - window_size:i, 0])
# 转换为 NumPy 数组
X_test = np.array(X_test)
# 调整形状以符合 LSTM 的输入要求 [样本数, 时间步长, 特征数]
X_test = np.reshape(X_test, (X_test.shape[0], X_test.shape[1], 1))
```

（5）预测结果可视化，如图 8-12 所示。

```
# 预测测试集数据
predicted_values = model.predict(X_test)
predicted_values = scaler.inverse_transform(predicted_values)

# 绘制原始数据和预测结果
plt.plot(data[training_data_length:, :], label = '原始数据')
plt.plot(predicted_values, label = '预测数据')
plt.legend()
plt.show()
```

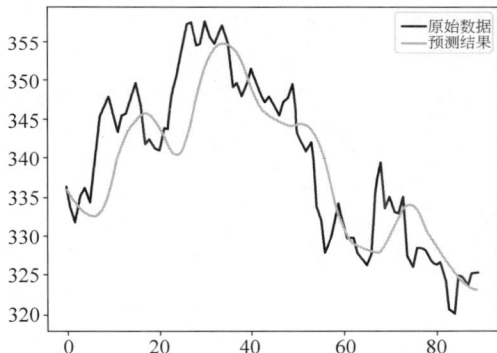

图 8-12 预测结果

（6）结论。

本案例使用了长短时记忆网络模型对股票收盘价预测进行分析，最终结果显示，在 LSTM 模型下对股票收盘价的预测值较为准确和稳定。

8.3 BP 反向传播算法

8.3.1 基本原理

1. 算法简介

反向传播算法（Backpropagation Algorithm）是一种用于训练神经网络的基本算法，它是支持深度学习的核心方法之一。通过计算网络输出与期望输出之间的误差，并将这个误差反向传播到网络的每一层，更新网络的权重，以逐渐减小误差，提高网络的性能。反向传播算法的原理是基于梯度下降的优化方法，其中梯度表示误差对于权重的变化

实验视频

率。它利用链式法则,将误差从输出层向隐藏层逐层反向传播,计算每层的权重梯度,并将其用于更新权重。

反向传播算法网络的输入输出关系实质上是一种映射关系:一个 n 输入 m 输出的 BP 神经网络所完成的功能是从 n 维欧氏空间向 m 维欧氏空间中一有限域的连续映射,这一映射具有高度非线性。

反向传播算法主要由两个环节(激励传播、权重更新)反复循环迭代,直到网络对输入的响应达到预定的目标范围为止。反向传播算法的信息处理能力来源于简单非线性函数的多次复合,因此具有很强的函数复现能力。

这是 BP 算法得以应用的基础。反向传播算法被设计为减少公共子表达式的数量而不考虑存储的开销。反向传播避免了重复子表达式的指数爆炸。

使用反向传播算法可以训练神经网络模型,将输入的逻辑值(0 或 1)映射到逻辑门的输出结果(如与门、或门、非门等)。手写数字识别通过反向传播算法,可以构建一个神经网络模型,对手写数字进行识别。通过训练样本的输入和对应的标签(数字 0~9),模型可以学习到数字的特征并进行准确的分类。花卉分类使用反向传播算法,可以训练一个神经网络模型,对花卉图像进行分类。通过输入花卉的图像数据和对应的类别标签,模型可以学习到花卉的特征,实现自动的花卉分类。情感分析通过反向传播算法,可以训练一个情感分析的神经网络模型。通过输入一段文本,模型可以自动判断其中所表达的情感倾向(如积极、消极或中性)。反向传播算法可以用于训练神经机器翻译模型。通过输入源语言的句子和目标语言的句子对,模型可以学习到语言之间的映射关系,实现自动的机器翻译功能。

以上仅是反向传播算法的一些简单应用示例,实际上,反向传播算法在各个领域都有广泛的应用。通过调整神经网络的结构和参数,利用反向传播算法进行训练,可以逐步提高模型的准确性和性能。

2. 工作原理

反向传播是神经网络中一种常用的学习算法,用于训练网络并优化网络参数。它的核心工作原理如下。

前向传播:神经网络通过前向传播将输入数据从输入层传递到输出层。每层神经元会根据输入数据和对应的权重计算输出,并将其传递给下一层。最终,输出层给出了网络对输入数据的预测结果。

反向传播:通过比较网络的预测输出和真实标签之间的差异,我们可以计算出网络的损失(即误差)。然后,反向传播算法将这个误差从输出层向隐藏层反向传播,根据每个权重对误差的贡献程度进行分配。这意味着,网络中每个权重都会根据其对总误差的贡献进行调整。

权重更新:在反向传播过程中,每个权重都会根据其对误差的贡献进行微调。通过使用梯度下降法,网络会以小步长的方式沿着误差梯度的反方向更新权重,以逐渐减小误差。这个过程会不断迭代,直到网络的误差最小化,即达到收敛。

以画画游戏的例子类比,前向传播可以看作是三个人之间传递信息的过程,第一个人给出描述,经过第二个人,最后由第三个人得出结果。这是信息的正向传播。而反向传播可以看作是第三个人根据自己说出的结果和真实答案之间的误差,向前面的人传递关于如何更准确传递信息的反馈。三个人通过不断的交流和调整,逐渐提高了传递信息的准确性。类似地,反向传播通过不断调整网络中的权重,将误差信号从输出层传递到输入层,使得网络能够逐步优化,并提高对输入数据的准确预测能力。

这种反向传播的思想使得神经网络能够通过损失函数的梯度信息来自适应地更新参数,从而优化网络的性能。通过不断的迭代和权重更新,网络可以逐渐学习到输入数据的特征和模式,从而提高预测精度。

3. BP 网络特性

反向传播算法在神经网络中展现了以下几个重要的网络特性。

隐藏层表示能力:通过反向传播算法,神经网络具有了多层隐藏层,这使得网络能够对更复杂的模式进行建模。隐藏层可以提取输入数据中的高级特征,并将其传递给输出层进行分类或回归等任务。

非线性激活函数:反向传播算法支持在每个神经元中使用非线性激活函数。这些激活函数(如 Sigmoid、ReLU、tanh 等)引入了非线性变换,使网络能够捕捉更加复杂的关系和非线性模式。

并行计算能力:反向传播算法可以在计算每层神经元的输出时,同时计算所有神经元的梯度。这使得网络的训练过程可以进行并行计算,加快了训练的速度。

逐层训练:反向传播算法使用逐层的方式进行权重更新,在每一轮迭代中,先计算输出层的误差,然后逐层向前计算隐藏层的误差。这种逐层训练的方式使得网络能够逐渐学习到数据的分布和特征,提高了训练的稳定性。

梯度下降优化:反向传播算法使用梯度下降法更新网络的权重,通过计算误差对于每个权重的导数,即权重梯度,并沿着梯度的方向更新权重。这种优化算法能够使网络朝着最小化误差的方向进行调整,逐渐改进网络的性能。

通过这些网络特性,反向传播算法能够让神经网络在训练过程中逐渐优化和学习,并能够适应不同的输入数据和任务需求。这使得神经网络成为一种强大的机器学习工具,适用于各种复杂的问题和领域。

8.3.2 算法流程

反向传播算法的核心思想是使用链式求导法则,将输出误差沿网络的每一层反向传播,计算每个参数对误差的贡献,并利用梯度下降法更新参数,从而实现神经网络的训练和优化,如图 8-13 所示。

当使用神经网络进行训练时,我们希望通过调整网络中的权重和偏置来减小训练误差。反向传播算法的核心思想是使用链式求导法则(chain rule)来计算每个参数对训练误差的贡献,并根据这些贡献值来更新参数。

具体来说,设想我们有一个多层神经网络,在网络的最后一层计算得到输出值。我们的目标是最小化预测输出与实际标签之间的差距,即我们希望网络输出的值尽可能接近真实标签。误差函数(损失函数)用于量化预测输出的误差大小。

使用链式求导法则,我们可以从误差函数开始反向传播误差信号,并通过每一层的参数来计算梯度。

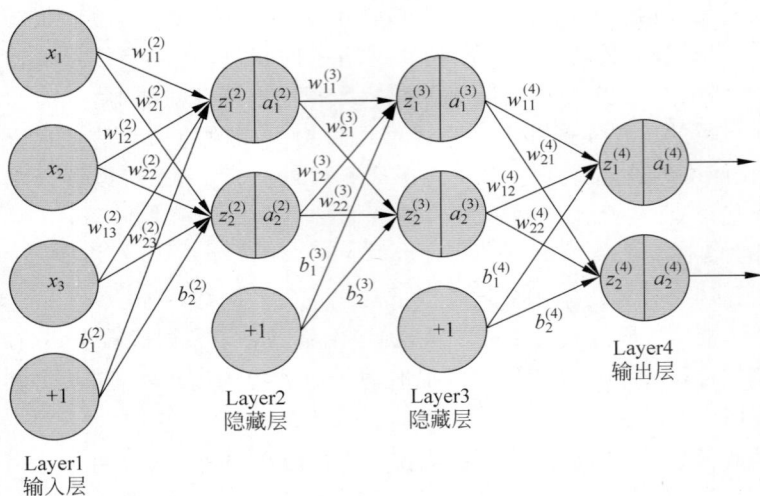

图 8-13　反向传播算法

以下是链式求导法则在反向传播算法中的应用过程。

（1）计算输出层的梯度：首先计算输出层的梯度，它告诉我们在网络输出上的误差如何影响输出层的参数。可以通过误差函数对输出层输出的导数来计算。

（2）反向传播误差到前一层：将输出层的梯度乘以权重矩阵的转置，得到将误差向后传播到前一层的梯度。这表示输出层的误差对前一层的影响。

（3）计算前一层的梯度：使用前一层的梯度和该层的激活函数的导数，计算前一层的梯度。

（4）重复步骤（2）和（3）：将梯度逐层向后传播，直到到达网络的输入层。在每一层，计算梯度并将其乘以前一层输出的转置，以传播梯度在网络中的各层之间。

通过这种逐层反向传播误差信号，我们可以计算每个参数对训练误差的贡献。最后，在训练过程中使用梯度下降法则将这些梯度应用于参数更新，逐步优化网络。

使用链式求导法则，反向传播算法能够高效地计算每个参数的梯度，从而实现神经网络的训练和优化。这种方法允许误差从输出层向后逐层传播，根据每个参数的贡献度进行调整，使网络逐渐适应训练数据并提高预测的准确性。

具体而言，反向传播算法的核心思想可以分为以下几个步骤。

（1）前向传播，从输入层开始，通过网络的每一层进行前向计算，将输入数据经过权重和偏置的线性组合，并通过激活函数得到每层的输出值。

（2）计算损失，将网络的输出与真实标签进行比较，计算出一个损失函数，用来衡量神经网络当前的性能。

（3）反向传播误差，从输出层开始，利用链式求导法则，将损失函数的梯度按照相反的方向依次传播回每一层。在每一层，根据该层的输出值和上一层传播回来的梯度，计算该层的梯度。

（4）计算梯度，利用反向传播得到的每个参数的梯度，可以衡量该参数对整体损失的贡献程度。梯度可以反映参数调整的方向和速度，可以通过梯度下降法或其变体来更新每个参数的数值。

（5）参数更新，根据梯度下降法则，对每个参数进行相应的更新，使其沿着损失函数下降的方向逐步调整，从而降低损失函数的值。

（6）重复迭代，通过反复进行前向传播、反向传播和参数更新的过程，迭代优化神经网络，直到达到预设的停止准则（如达到最大迭代次数或损失函数收敛）。

通过反向传播算法，神经网络可以根据输入与标签之间的误差信号，逐层计算每个参数的梯度，并通过梯度下降法进行参数优化。这种迭代的学习方式使得网络能够逐渐调整权重和偏置，从而提高模型的性能和泛化能力。反向传播算法是训练神经网络的核心，也是深度学习的基础之一。

BP算法的学习过程由正向传播和反向传播两个步骤组成。在正向传播过程中，输入信息从输入层开始经过神经网络的隐藏层逐层传递，最终到达输出层并产生预测结果。在每一层中，神经元根据输入数据和对应的权重进行计算，得到输出值，并将其传递到下一层。通过网络的正向传播过程，我们可以获得网络对给定输入数据的预测结果。在反向传播过程中，首先计算预测值与真实标签之间的误差。这个误差可以用损失函数来度量，例如平方误差函数。将这个损失函数传递回神经网络的输出层，并通过链式求导法则逐层计算梯度，即损失函数对各神经元权重的偏导数。这些梯度表示了每个权重对最终输出误差的贡献。根据计算出来的梯度，我们可以使用梯度下降等优化算法来修改网络中的权重，以减小误差。通过不断的迭代和权重更新，网络逐渐学习到输入数据的特征和模式，从而提高预测的准确性。当误差达到期望值时，网络的学习过程结束。

神经网络的反向传播可以分为两个步骤，下面将对这两个步骤分别进行说明。

1. 计算误差

第一步是计算神经网络的输出（预测值）和真值的误差。

图8-14中 y 为我们神经网络的预测值，由于这个预测值不一定正确，所以我们需要将神经网络的预测值和对应数据的标签来比较，计算出误差。误差的计算有很多方法，比如上面提到的输出与期望的误差的平方和，熵（Entropy）以及交叉熵等。计算出的误差记为 δ，如图8-14所示。

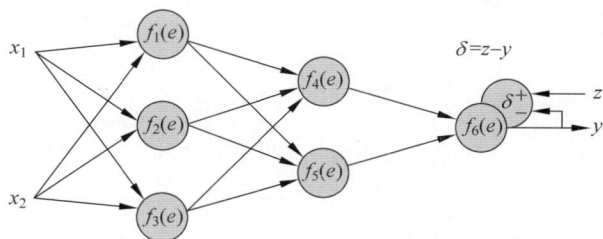

图8-14 计算 δ

反向传播是从后向前传播的一种方法。因此计算完误差后，需要将这个误差不断地向前一层传播。向前一层传播时，需要考虑到前一个神经元的权重系数（因为不同神经元的重要性不同，因此回传时需要考虑权重系数）。

例：将误差 δ 向 $f_4(e)$ 传播时，w_{46} 为 $f_4(e)$ 的权重系数，$f_4(e)$ 的误差 $\delta_4 = w_{46}\delta$，如

图 8-15 所示。

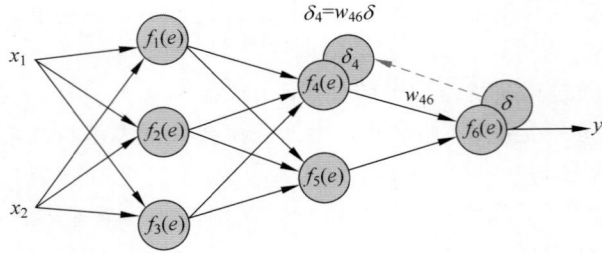

图 8-15 计算 δ_4

与前向传播时相同，反向传播时后一层的节点会与前一层的多个节点相连，因此需要对所有节点的误差求和。例如图中的神经元 $f_1(e)$ 同时与 $f_4(e)$ 和 $f_5(e)$ 相连，因此计算 $f_1(e)$ 的误差时需要考虑后一层 $f_4(e)$ 和 $f_5(e)$ 的权重系数，因此先计算 $\delta_5 = w_{56}\delta$，如图 8-16 所示，之后有 $\delta_1 = w_{14}\delta_4 + w_{15}\delta_5$，如图 8-17 所示。

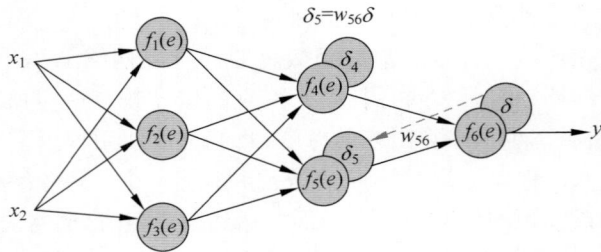

图 8-16 计算 δ_5

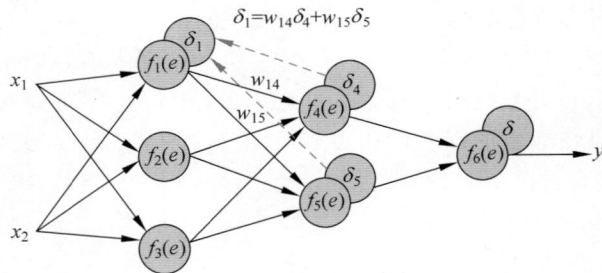

图 8-17 计算 δ_1

到此为止已经计算出了每个神经元的误差，如图 8-18 和图 8-19 所示，接下来将更新权重。

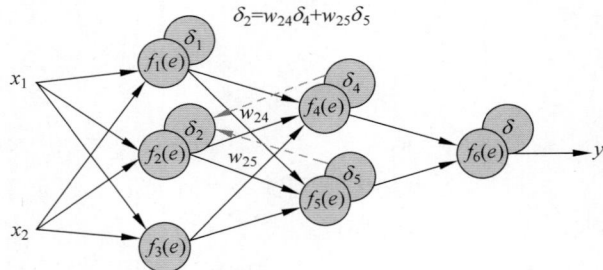

图 8-18 计算 δ_2

$$\delta_3 = w_{34}\delta_4 + w_{35}\delta_5$$

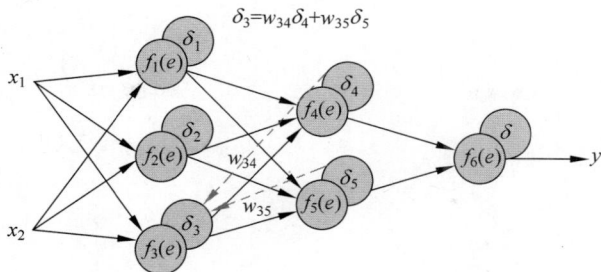

图 8-19 计算 δ_3

2. 更新权重

图 8-20 中的 η 代表学习率，w' 是更新后的权重，通过这个式子来更新权重。这个式子具体是怎么来的，如图 8-20 所示。

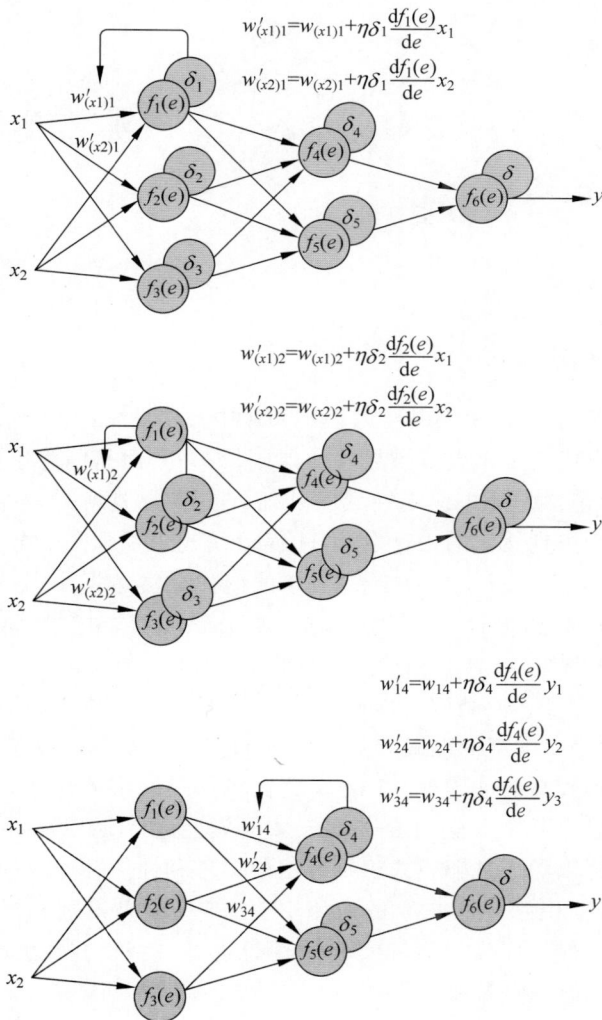

$$w'_{(x1)1} = w_{(x1)1} + \eta\delta_1\frac{\mathrm{d}f_1(e)}{\mathrm{d}e}x_1$$

$$w'_{(x2)1} = w_{(x2)1} + \eta\delta_1\frac{\mathrm{d}f_1(e)}{\mathrm{d}e}x_2$$

$$w'_{(x1)2} = w_{(x1)2} + \eta\delta_2\frac{\mathrm{d}f_2(e)}{\mathrm{d}e}x_1$$

$$w'_{(x2)2} = w_{(x2)2} + \eta\delta_2\frac{\mathrm{d}f_2(e)}{\mathrm{d}e}x_2$$

$$w'_{14} = w_{14} + \eta\delta_4\frac{\mathrm{d}f_4(e)}{\mathrm{d}e}y_1$$

$$w'_{24} = w_{24} + \eta\delta_4\frac{\mathrm{d}f_4(e)}{\mathrm{d}e}y_2$$

$$w'_{34} = w_{34} + \eta\delta_4\frac{\mathrm{d}f_4(e)}{\mathrm{d}e}y_3$$

图 8-20 推导过程

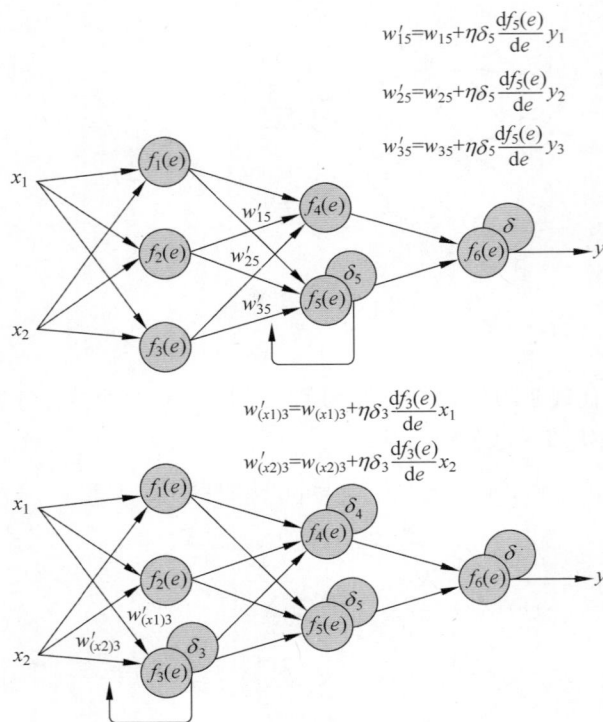

$$w'_{15}=w_{15}+\eta\delta_5\frac{\mathrm{d}f_5(e)}{\mathrm{d}e}y_1$$

$$w'_{25}=w_{25}+\eta\delta_5\frac{\mathrm{d}f_5(e)}{\mathrm{d}e}y_2$$

$$w'_{35}=w_{35}+\eta\delta_5\frac{\mathrm{d}f_5(e)}{\mathrm{d}e}y_3$$

$$w'_{(x1)3}=w_{(x1)3}+\eta\delta_3\frac{\mathrm{d}f_3(e)}{\mathrm{d}e}x_1$$

$$w'_{(x2)3}=w_{(x2)3}+\eta\delta_3\frac{\mathrm{d}f_3(e)}{\mathrm{d}e}x_2$$

图 8-20 （续）

8.3.3　BP 算法案例

　　例 8-3　案例背景：字符识别是图像识别领域中一个非常活跃的分支,一方面是由于问题本身的难度使之成为一个极具挑战性的课题,另一方面是因为字符识别不是一门孤立的应用技术,其中包含了模式识别领域的其他分支都会遇到的一些基本的、共性的问题。也正是由于字符识别技术的飞速发展,才促使模式识别和图像分析发展成为一个成熟的科学领域。Digits 数据集是一个手写数字的图像分类数据集,旨在训练和评估机器学习模型。该数据集由真实的手写数字组成,共包含 1797 个样本,每个样本都是一个 8×8 像素的手写数字图像,对应 10 个类别(即数字 0~9)。在 Digits 字体识别任务中,BP 神经网络被广泛应用。BP 神经网络能够通过学习大量手写数字的图像,自动提取并学习特征,从而实现对手写数字的准确分类。由于 Digits 数据集相对较简单,BP 神经网络在此任务上可以取得较高的准确度。Digits 数据集作为基准测试集,被广泛应用于机器视觉算法的性能评估和比较。通过在 Digits 数据集上进行 BP 神经网络的训练和测试,研究人员和开发者可以深入理解模式识别算法的原理和性能。通过训练好的 BP 神经网络模型,可以实现自动识别手写数字的应用,例如邮政编码识别和身份证号码识别等。这个数据集的简单性使其成为学习和实验的理想选择,并且可以为进一步探索更复杂、多样化的图像分类问题奠定基础。

（1）导入库：

```
import numpy as np
import matplotlib.pyplot as plt
from sklearn.datasets import load_digits
from sklearn.model_selection import train_test_split
```

（2）数据处理：

```
# 加载手写数字数据集
digits = load_digits()
X = digits.data
y = digits.target
# 数据预处理：将像素值归一化到 0 到 1 之间
X = X / 16.0
# 划分训练集和测试集
X_train, X_test, y_train, y_test = train_test_split(X, y, test_size = 0.2, random_state = 42)
```

（3）自定义函数部分：

```
# 定义神经网络的类
class NeuralNetwork:
    def __init__(self, input_size, hidden_size, output_size):
        self.input_size = input_size
        self.hidden_size = hidden_size
        self.output_size = output_size
        # 初始化权重
        self.W1 = np.random.randn(self.input_size, self.hidden_size)
        self.W2 = np.random.randn(self.hidden_size, self.output_size)
    # 定义激活函数
    def sigmoid(self, x):
        return 1 / (1 + np.exp(-x))
    # 定义前向传播函数
    def forward(self, X):
        self.z = np.dot(X, self.W1)
        self.z2 = self.sigmoid(self.z)
        self.z3 = np.dot(self.z2, self.W2)
        output = self.softmax(self.z3)
        return output
    # 定义 softmax 激活函数
    def softmax(self, x):
        exps = np.exp(x)
        return exps / np.sum(exps, axis = 1, keepdims = True)
    # 定义损失函数
    def loss(self, X, y):
        output = self.forward(X)
        loss = -np.mean(np.log(output[np.arange(len(y)), y]))
        return loss
    # 定义反向传播函数
    def backward(self, X, y, output, learning_rate):
        m = len(X)
```

```
        d_output = output
        d_output[np.arange(len(y)), y] -= 1
        d_output /= m
        d_hidden = np.dot(d_output, self.W2.T) * self.sigmoid_derivative(self.z2)
        # 更新权重
        self.W2 -= learning_rate * np.dot(self.z2.T, d_output)
        self.W1 -= learning_rate * np.dot(X.T, d_hidden)
    # 定义激活函数的导数
    def sigmoid_derivative(self, x):
        return x * (1 - x)
    # 定义训练函数
    def train(self, X, y, epochs, learning_rate):
        losses = []
        for epoch in range(epochs):
            output = self.forward(X)
            self.backward(X, y, output, learning_rate)
            # 输出当前的损失
            loss = self.loss(X, y)
            losses.append(loss)
            if epoch % 100 == 0:
                print("Epoch {}: Loss = {}".format(epoch, loss))
        # 绘制损失曲线
        plt.plot(np.arange(epochs), losses)
        plt.xlabel('Epoch')
        plt.ylabel('Loss')
        plt.show()
```

（4）初始化神经网络并预测：

```
# 初始化神经网络
nn = NeuralNetwork(input_size=64, hidden_size=32, output_size=10)
# 训练神经网络
nn.train(X_train, y_train, epochs=1000, learning_rate=0.1)
# 在测试集上评估模型
def evaluate(model, X, y):
    output = model.forward(X)
    predictions = np.argmax(output, axis=1)
    accuracy = np.mean(predictions == y)
    return accuracy
test_accuracy = evaluate(nn, X_test, y_test)
print("测试集准确率:", test_accuracy)
```

（5）预测结果可视化，如图 8-21 所示。

（6）结论。

BP 神经网络在 Digits 数据集上可以实现对手写数字的准确分类。通过适当的网络结构和参数设置，BP 神经网络能够学习到手写数字的特征，并能够识别和分类不同的数字。由于 Digits 数据集相对简单，BP 神经网络足以解决这个问题并获得较高的分类准确度。这表明 BP 神经网络在处理手写数字分类问题上具有一定的效果和潜力。

```
Epoch 0: Loss = 5.157326544113992
Epoch 100: Loss = 1.4478885663445302
Epoch 200: Loss = 1.0106335208554427
Epoch 300: Loss = 0.7856886055787022
Epoch 400: Loss = 0.6489227870658002
Epoch 500: Loss = 0.556532169592214
Epoch 600: Loss = 0.489185976555599
Epoch 700: Loss = 0.437811231817755
Epoch 800: Loss = 0.39732168523859185
Epoch 900: Loss = 0.3645671935802422
```

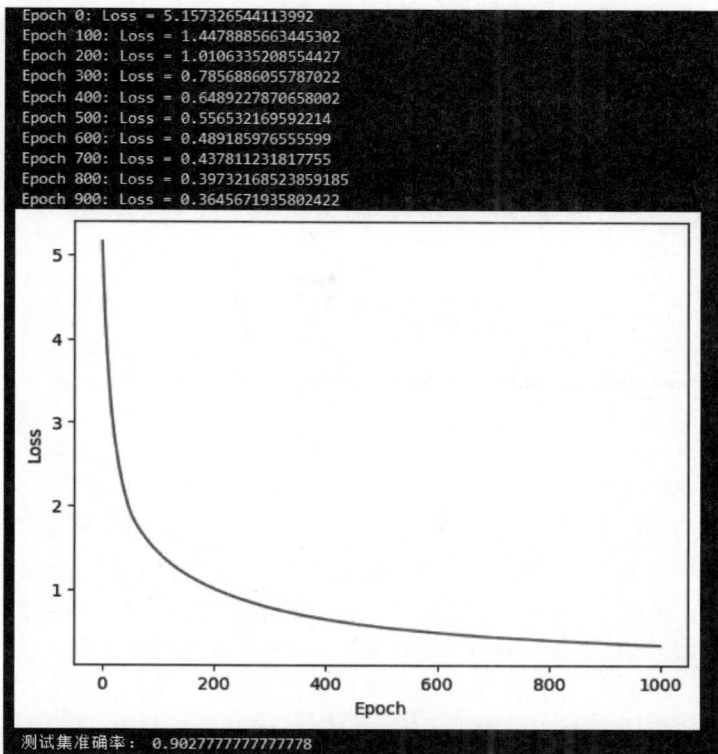

测试集准确率：0.9027777777777778

图 8-21　结果可视化

习题 8

1. 使用 LSTM 算法构建一个交通流量预测模型，通过历史交通流量数据，预测未来一段时间内的道路交通情况。可以使用带有时间序列的交通流量数据集进行训练和测试。

2. 使用 LSTM 算法构建一个电力负荷预测模型，通过历史电力负荷数据，预测未来一段时间内的电力需求。可以使用带有时间序列的电力负荷数据集进行训练和测试。

3. 使用 LSTM 算法构建一个周期性事件预测模型，通过历史周期性事件数据，预测未来一段时间内的事件发生情况。例如，预测每周的销售额波动、季节性商品需求等。

4. 使用 BP 算法构建一个房价预测模型，通过历史的房价数据及相关特征（如房屋面积、地理位置等），预测未来房屋的销售价格。

5. 使用 BP 算法构建一个销量预测模型，通过历史销量数据及相关特征（如广告投入、促销活动等），预测未来某个产品或服务的销售情况。

第 **9** 章

贝叶斯分类

  贝叶斯分类,这个听起来有些高深莫测的名字,其实是我们日常生活中不可或缺的一部分。它就像一位精通心理学的侦探,通过分析过往的案例和经验,来预测未来的可能性。想象一下,当你打开邮箱,一封封邮件如雪花般飘落,而贝叶斯分类就像是一位高效的分拣员,将垃圾邮件一一剔除,让你能够专注于那些真正重要的信息。当你在新闻网站上浏览时,它又像是一位贴心的编辑,根据你的兴趣和喜好,为你推荐那些你可能感兴趣的文章。而在社交媒体上,它则化身为一位善解人意的朋友,为你推荐那些志同道合的新朋友。

  那么,贝叶斯分类究竟是如何做到这一切的呢?这就需要我们深入了解它的工作原理和核心思想。在接下来的内容中,我们将一起揭开贝叶斯分类的神秘面纱,本章将介绍贝叶斯定理的相关知识,并探讨贝叶斯分类的常用算法,如朴素贝叶斯算法和贝叶斯网络算法,并通过案例演示如何应用这些算法解决分类及预测问题。

9.1 贝叶斯分类概述

  贝叶斯分类可以处理多类别问题和不平衡数据集,并提供类别概率估计。贝叶斯分类的历史可以追溯到 18 世纪贝叶斯定理的提出。Gerry Salton 和 Michael Lesk 最早使用贝叶斯分类方法对学术文献进行分类。此后,贝叶斯分类被应用于各种分类问题中。在 20 世纪八九十年代,随着贝叶斯网络和马尔可夫链蒙特卡洛等技术的提出,贝叶斯方法又获得了新的进展。

9.1.1 贝叶斯定理

  贝叶斯定理是贝叶斯分类技术的理论基础,由英国数学家托马斯·贝叶斯在 1763 年的一篇论文中首次提出,它实质上是为了解决逆向概率问题。通常情况下,我们在计算概率时是已知事件的概率,然后推断其结果的概率。比如:"一个袋子里有 10 个球,其中 4 个是黑球,6 个是白球。如果你随机抓取一个球,那么是黑球的概率是多少?"这个问题的答案是 0.4,非常简单,因为我们事先知道了袋子里面黑球和白球的比例,所以很容易算出摸一个颜色的球的概率。

然而逆向概率问题则是从已知结果反推事件的概率。举个例子来说明逆向概率问题:"如果一个袋子里有 10 个球,包括黑球和白球,但我们不知道它们的比例。那么,仅通过摸出的球的颜色,我们能否判断出袋子里面黑白球的比例?"贝叶斯定理可以帮助我们在已知一些信息的情况下,更新我们对未知量的估计。

在现实生活中,我们面对的大部分问题都是像逆向概率问题一样的。我们所拥有的信息都是不完整的,并且我们在做出决策时只能依赖这些有限的信息。因此,我们需要在有限信息的情况下做出最优的预测,贝叶斯定理在解决这些问题时非常有用。接下来将详细介绍贝叶斯定理的表达式以及相关概念。

对于两个事件 A 和 B,其中事件 B 已经发生,贝叶斯定理的公式可以表示为式(9-1):

$$P(A \mid B) = \frac{P(AB)}{P(B)} = \frac{P(A)P(B \mid A)}{P(B)} \qquad (9\text{-}1)$$

要理解上述公式,需要先了解以下几个概念。

1. 先验概率

先验概率是指在获得新的信息或数据之前,根据之前已有的知识、经验或观察所估计的概率值。它反映了在没有新的观察或实验数据的情况下,对某个事件或假设的可能性的主观预期。

先验概率可以是基于客观数据和统计分析得出的,也可以是基于个人经验、专业知识、专家意见或主观判断所得。它在贝叶斯推理中起到重要作用,作为进行概率推断和决策的起始点。

2. 后验概率

在贝叶斯定理中,后验概率是在考虑观测数据后,通过贝叶斯定理计算得到的事件发生概率。它是对先验概率进行更新和修正后的估计。

后验概率用 $P(A|B)$ 表示,表示在事件 B 发生的条件下,事件 A 发生的概率。由贝叶斯定理可知,后验概率可以通过观测数据和先验概率的组合来计算。

3. 条件概率

在贝叶斯定理中,条件概率也称为似然函数,指的是在已经发生或已知某个事件的前提下,另一个事件发生的概率。条件概率通常用 $P(A|B)$ 表示,表示在事件 B 发生的条件下,事件 A 发生的概率。在这里,事件 B 提供了一定的信息,用于修正对事件 A 发生概率的估计。

条件概率的公式如式(9-2)所示:

$$P(A \mid B) = \frac{P(AB)}{P(B)} \qquad (9\text{-}2)$$

综上所述,在贝叶斯定理公式中,$P(A|B)$ 表示在事件 B 已经发生的条件下事件 A 发生的概率,也被称为后验概率;$P(A)$ 表示事件 A 发生的先验概率。

9.1.2　贝叶斯分类步骤及优点

贝叶斯分类是一种基于概率统计的分类方法,它的核心思想是利用贝叶斯定理来计算样本属于某个类别的概率,并选择概率最大的类别作为分类结果。

1. 分类步骤

基于贝叶斯定理,对于给定的样本特征向量 X,贝叶斯分类算法计算每个类别的后验概率 $P(\omega_i|X)$,其中 ω_i 表示第 i 个类别,计算后验概率的步骤如下所示。

(1) 计算每个类别的先验概率 $P(\omega_i)$,根据已知数据计算每个类别的先验概率,表示在没有观测到任何特征信息时,每个类别的出现概率。

(2) 计算样本特征向量在每个类别下的条件概率密度 $P(X|\omega_i)$,即给定类别的条件下,样本特征向量为 X 的概率密度。

(3) 根据贝叶斯定理,计算每个类别的后验概率 $P(\omega_i|X) = \dfrac{P(X|\omega_i)}{\sum P(X|\omega_j)P(\omega_j)}$,

其中 $\sum P(X|\omega_j)P(\omega_j)$ 表示对所有类别求和。

(4) 选择具有最大后验概率的类别作为分类结果,即 $\max P(\omega_i|X)$。

2. 优点

(1) 简单有效。贝叶斯分类器是一种非常简单的分类方法,易于理解和实现。它只需要估计类别的先验概率和给定各个特征的条件概率,计算简单快速。

(2) 能够处理小样本问题。由于贝叶斯分类器使用概率模型,可以在有限的样本情况下进行准确性的估计。

(3) 对缺失数据不敏感。贝叶斯分类器在估计条件概率时,会考虑到数据的缺失情况,从而在处理缺失数据时表现较好。

3. 缺点

(1) 假设属性之间相互独立,这往往并不成立。例如,喜欢吃番茄和喜欢吃鸡蛋的人可能不喜欢吃番茄炒蛋,这就是属性之间的相关性。

(2) 需要知道先验概率。先验概率通常需要通过历史数据或者其他方式来估计,如果估计不准确,就会影响分类的准确性。

(3) 分类决策存在错误率。任何分类方法都存在错误率,即不能完全准确地预测每一个样本的类别。贝叶斯分类也不例外,其错误率取决于数据的分布和模型的复杂性等因素。

9.1.3 应用领域

在当今数据驱动的时代,贝叶斯分类作为一种强大而灵活的算法,在许多领域中具有广泛的应用。从文本分类到医学诊断,从金融领域到推荐系统,贝叶斯算法展现了其出色的性能和适应能力。

1. 文本分类

贝叶斯算法在文本分类方面发挥着重要作用。在垃圾邮件过滤中,通过学习用户的历史标记信息,贝叶斯分类算法可以准确地判断新邮件是否为垃圾邮件。在情感分析领域,贝叶斯算法可以根据文本的情感特征,快速而准确地判断文本的情感倾向。此外,在新闻分类、文本推荐和语义分析等任务中,贝叶斯算法也得到了广泛应用。

2．医学诊断

贝叶斯算法在医学诊断中具有重要地位。通过结合病患的症状和相关医学测试结果，贝叶斯算法可以精确地预测患者可能患有的疾病。这项技术的应用可以帮助医生做出准确的诊断，为患者提供更好的治疗方案。贝叶斯算法在药物疗效评估、基因分析和医疗决策支持系统等领域也发挥着重要作用。

3．金融领域

在金融领域，贝叶斯算法被广泛用于信用评估、风险管理和投资组合优化等任务。通过学习历史数据和特征，贝叶斯算法可以预测股票价格的波动趋势，评估借款人的信用风险，帮助投资者做出明智的投资决策。在风险管理方面，贝叶斯算法可以帮助识别潜在风险和漏洞，并制定相应的风险管理策略。

4．推荐系统

贝叶斯算法在推荐系统的个性化推荐中也起着重要作用。根据用户的历史行为和偏好，贝叶斯算法可以预测用户可能感兴趣的产品或服务，并为用户生成个性化的推荐。随着大数据的快速增长和用户需求的多样化，贝叶斯算法在推荐系统中的应用变得越来越重要。

贝叶斯算法强大的分类能力、贝叶斯定理的概率解释以及对不确定性的处理能力，使其成为许多实际问题中的首选算法之一。随着技术的不断演进和数据的不断增长，贝叶斯算法将继续发挥更大的作用，并为各行各业带来更多新的应用和机会。

9.2 朴素贝叶斯算法

在贝叶斯分类中，朴素贝叶斯是一种常用的分类器。朴素贝叶斯分类器的研究历史可以追溯到20世纪50年代，自那时以来，它一直受到广泛的关注和研究。20世纪60年代早期，它以不同的名称被引入到文本检索社区，并且至今仍是文本分类的流行方法之一。与决策树模型相比，朴素贝叶斯分类器发源于古典数学理论，有着坚实的数学基础，以及稳定的分类效率。

9.2.1 基本原理

朴素贝叶斯算法是基于贝叶斯定理与特征条件独立假设的分类方法。特征条件独立假设，也称为属性条件独立假设，是在概率图模型和机器学习中经常使用的一种假设。特征条件独立假设指出，在给定类别变量的条件下，各个特征或属性之间是相互独立的。换句话说，假设给定类别变量的情况下，不同的特征之间不存在有意义的关联或依赖关系。

特征条件独立假设的数学表达如下：假设存在一个目标变量 Y 和多个特征变量 $X_1, X_2, \cdots, X_n$，特征条件独立假设可以表示为式(9-3)。

$$P(X_1, X_2, \cdots, X_n \mid Y) = P(X_1 \mid Y) P(X_2 \mid Y) \cdots P(X_n \mid Y) \tag{9-3}$$

这意味着在给定目标变量 Y 的条件下，特征变量之间的联合概率等于每个特征变量在目标变量 Y 的条件下的概率的乘积。

这种假设的简单性使得朴素贝叶斯算法具有快速的训练和预测速度,并且对于高维度数据集效果良好。

1. 算法原理

假设有一个训练集,即样本空间 $C = \{X_1, X_2, \cdots, X_n\}$,如果一个样本 X 具有 m 条属性,把它的 m 条属性看作一个向量,即样本 $X = (x_1, x_2, \cdots, x_m)$,假设样本空间具有 s 个类别标签为 $Y = (y_1, y_2, \cdots, y_s)$,样本空间每一条样本 X_i 都对应一个类别标签 y_i。如何计算新样本 X_0 属于哪一个标签呢?

我们只需要计算新样本 X_0 属于每一个类别标签的概率 $P(y_1|X_0), P(y_2|X_0), \cdots,$ $P(y_s|X_0)$,如果 $P(y_k|X_0) = \max(P(y_1|X_0), P(y_2|X_0), \cdots, P(y_s|X_0))$,就把新样本 X_0 划分到类别 y_k,那么该如何计算 $P(y_k|X_0)$ 呢?

我们需要运用贝叶斯公式和特征独立假设,由贝叶斯公式我们可得式(9-4)。

$$P(y_k \mid X_0) = \frac{P(X_0 \mid y_k)P(y_k)}{P(X_0)} \tag{9-4}$$

而 $X = (x_1, x_2, \cdots, x_m)$,由特征独立假设我们可得式(9-5)。

$$P(X_0 \mid y_k) = P(x_1, x_2, \cdots, x_m \mid y_k) = \prod_{i=1}^{m} P(x_i \mid y_k) \tag{9-5}$$

由于各特征独立,所以可知式(9-6)。

$$P(X_0) = P(x_1, x_2, \cdots, x_m) = \prod_{i=1}^{m} P(x_i) \tag{9-6}$$

在实际计算时,由于分母都是 $P(X_0)$,可以直接比较 $P(X_0|y_k)$ 的大小。

2. 零概率问题

在朴素贝叶斯算法中,零概率问题是指在计算概率时,某个类别下的某个特征或特征组合在训练数据集中没有出现,导致计算的概率为零。这个问题会影响模型的训练和预测结果。零概率问题可能出现在以下两种情况下。

(1)训练集中某个类别下的某个特征或特征组合没有出现。如果在训练阶段计算某个类别下的特征的概率时,该特征在训练集中没有出现,那么根据朴素贝叶斯算法的公式,计算的结果将为零。这会导致模型在预测阶段无法对该特征或特征组合进行准确预测。

(2)测试集中出现了训练集中没有见过的特征或特征组合。如果在预测阶段,测试集中出现某个类别下的特征或特征组合,而该特征在训练集中没有出现,那么根据朴素贝叶斯算法的公式,该特征的概率将为零。这也会导致模型无法对测试集中的样本进行准确预测。

3. 平滑处理

在朴素贝叶斯算法中,为了避免出现零概率问题,通常会采用平滑处理方法。平滑处理的目的是在计算概率时,为那些在训练数据中没有出现的特征或组合提供一个非零的概率估计。下面介绍两种常用的平滑处理方法。

1)拉普拉斯平滑(Laplace Smoothing)

在计算概率时,对每个特征出现的次数进行加 1 处理,并对分母进行加上类别数乘以一个常数(通常为1)的调整。这样可以确保每个特征出现的概率都不为零。常见的拉普拉斯平滑公式如式(9-7)所示。

$$P(X \mid Y) = \frac{C(X,Y)+1}{C(Y)+n} \tag{9-7}$$

其中,$C(X,Y)$表示在训练数据中样本 X 在类别标签 Y 下出现的次数,$C(Y)$表示训练数据中类别标签 Y 出现的次数,n 是样本 X 的取值数量。

2) Lidstone 平滑

与拉普拉斯平滑类似,Lidstone 平滑也是对概率的分子和分母都进行一定的加权处理。不同之处在于,Lidstone 平滑引入了一个参数 alpha 来调整平滑的强度。Lidstone 平滑的公式如式(9-8)所示。

$$P(X \mid Y) = \frac{C(X,Y)+\text{alpha}}{C(Y)+\text{alpha} \times n} \tag{9-8}$$

其中,$C(X,Y)$表示在训练数据中样本 X 在类别标签 Y 下出现的次数,$C(Y)$表示训练数据中类别标签 Y 出现的次数,n 是样本 X 的取值数量。alpha 是平滑参数,通常为一个非负实数,用于控制平滑的程度。与拉普拉斯平滑相比,Lidstone 平滑通过引入参数 alpha 来灵活调节平滑的强度。当 alpha=1 时,Lidstone 平滑等价于拉普拉斯平滑。

选择平滑处理方法的关键在于根据具体的数据集和问题,选择合适的平滑参数以及平滑方法。一般来说,拉普拉斯平滑是一种简单且常用的选择。

例 9-1 假设目前有 6 封邮件,包含垃圾邮件和非垃圾邮件,现有一封新邮件,包含"参加""活动""赢取""免费""机票"这几个词,需要预测其是否为垃圾邮件,邮件内容如表 9-1 所示。

表 9-1　邮件内容

样 本 编 号	邮件清洗后的内容	是否是垃圾邮件
1	免费 抽奖 赢取 豪华 度假 套餐	是
2	明天 开会 的 议程 已经 更新	否
3	优惠 促销 限时 折扣	是
4	研讨会 即将 开始	否
5	特价 机票 机会 难得 立即 预订	是
6	优秀 员工 评选 即将 开始	否
待预测	参加 活动 赢取 免费 机票	?

根据上述算法原理,需要求出 P(垃圾|参加,活动,赢取,免费,机票)和 P(非垃圾|参加,活动,赢取,免费,机票)后进行大小比较就可以完成分类。为了方便表述,我们将类别标签垃圾记作 y_1,类别标签非垃圾记作 y_2,将"参加""活动""赢取""免费""机票"分别记为 x_1,x_2,x_3,x_4,x_5。由于给出的数据集中有三条垃圾邮件和三条非垃圾邮件,所以 $P(y_1)=P(y_2)=0.5$。

首先我们来计算 P(垃圾|参加,活动,赢取,免费,机票),由于分母是一样的,我们只需要计算分子即可,如式(9-9)所示。

$$P(y_1 \mid x_1,x_2,x_3,x_4,x_5) = \frac{P(x_1,x_2,x_3,x_4,x_5 \mid y_1)P(y_1)}{P(x_1,x_2,x_3,x_4,x_5)}$$

$$=\frac{\prod_{i=1}^{5}P(x_i\mid y_1)}{\prod_{i=1}^{5}P(x_i)}P(y_1)$$

$$=\frac{0.25\times0.25\times0.33\times0.33\times0.33}{\prod_{i=1}^{5}P(x_i)}\times0.5 \quad (9\text{-}9)$$

接着我们来计算 P（非垃圾|参加,活动,赢取,免费,机票），可以观察到待预测的样本中的词在非垃圾邮件中并未出现,出现了零概率问题,所以需要使用拉普拉斯平滑来处理,如式（9-10）所示。

$$P(x_1\mid y_1)=P(x_1\mid y_2)=P(x_2\mid y_2)=P(x_3\mid y_2)$$

$$=P(x_4\mid y_2)=P(x_5\mid y_2)=\frac{1}{3+1}=0.25 \quad (9\text{-}10)$$

计算结果如式（9-11）所示。

$$P(y_2\mid x_1,x_2,x_3,x_4,x_5)=\frac{P(x_1,x_2,x_3,x_4,x_5\mid y_2)P(y_2)}{P(x_1,x_2,x_3,x_4,x_5)}$$

$$=\frac{\prod_{i=1}^{5}P(x_i\mid y_2)}{\prod_{i=1}^{5}P(x_i)}P(y_2)$$

$$=\frac{0.25\times0.25\times0.25\times0.25\times0.25}{\prod_{i=1}^{5}P(x_i)}\times0.5 \quad (9\text{-}11)$$

通过计算结果,可以清晰地看到 $P(y_1\mid x_1,x_2,x_3,x_4,x_5)>P(y_2\mid x_1,x_2,x_3,x_4,x_5)$,所以该邮件预测为垃圾邮件。

对于上述问题可以用 Python 代码来解决。

```
# 导入需要的模块和类
from sklearn.feature_extraction.text import TfidfVectorizer
from sklearn.naive_bayes import MultinomialNB

# 定义了一个数据集 data,包含了一些文本数据,每个文本数据对应一个标签 label
data = ['免费 抽奖 赢取 豪华 度假 套餐',
        '明天 开会 的 议程 已经 更新',
        '优惠 促销 限时 折扣',
        '研讨会 即将 开始',
        '特价 机票 机会 难得 立即 预订',
        '优秀 员工 评选 即将 开始']
label = [0, 1, 0, 1, 0, 1]

# 创建了一个 TfidfVectorizer 的实例 vectorizer_word,并用 fit()方法对数据进行训练,以便提
# 取文本的 TF - IDF 特征:
```

```
vectorizer_word = TfidfVectorizer()
vectorizer_word.fit(data)

#使用 transform()方法将训练数据转换为 TF-IDF 特征表示,得到训练集 train
train = vectorizer_word.transform(data)

#定义了一个测试数据 test,使用 transform()将其转换为与训练集相同的特征表示
test = vectorizer_word.transform(['参加 活动 赢取 免费 机票'])

#创建了一个 MultinomialNB 的实例 clf,并用 fit()方法对训练数据进行拟合,训练朴素贝叶斯
#分类器
clf = MultinomialNB()
clf.fit(train.toarray(), label)

#使用训练好的分类器对测试数据进行预测,得到预测结果 prediction
prediction = clf.predict(test.toarray())
print(prediction)
#使用训练好的分类器对测试数据的每个类别进行概率预测,得到概率结果 probabilities
probabilities = clf.predict_proba(test.toarray())
print(probabilities)
```

运算结果如图 9-1 所示。

```
[0]
[[0.63556183 0.36443817]]
```

图 9-1　是否为垃圾邮件的运行结果

根据运算结果,我们可以清晰地看到,该邮件属于垃圾邮件。

9.2.2 算法分类

根据不同类型的数据,朴素贝叶斯算法可以分为三种：多项式朴素贝叶斯、伯努利朴素贝叶斯和高斯朴素贝叶斯。这三种算法分别针对不同类型的数据,具有不同的特点和适用范围。

1. 多项式朴素贝叶斯算法

多项式朴素贝叶斯算法是一种常用的分类算法,特别适用于文本分类和离散特征的分类问题。

多项式朴素贝叶斯是基于贝叶斯定理和多项式分布的条件概率模型,假设特征的条件概率服从多项式分布,即特征是离散型的,通过估计每个类别的条件概率以及各个特征对于每个类别的影响,多项式朴素贝叶斯算法可以对新的样本进行分类预测。

在训练阶段,首先统计每个类别下每个特征出现的次数,然后计算每个特征在每个类别下的条件概率。在预测阶段,使用贝叶斯准则计算出后验概率,并选择具有最高后验概率的类别作为预测结果。

2. 伯努利朴素贝叶斯算法

伯努利朴素贝叶斯是朴素贝叶斯分类算法的一个变种,适用于处理二元离散型特征的分类问题。

伯努利分布是概率论中最简单的离散型概率分布之一。它描述的是一个随机试验只有两个可能结果的情况,比如成功和失败、正面和反面、1 和 0 等。

伯努利朴素贝叶斯算法基于伯努利分布,通过计算给定类别的条件概率来进行分类。在该算法中,我们关注每个特征在给定类别下的出现与否,而不考虑特征出现的次数。因此,对于每个特征,我们仅考虑它是否出现,而不关心它在文档中出现的频率。

3. 高斯朴素贝叶斯算法

高斯朴素贝叶斯算法与其他朴素贝叶斯算法不同的是,高斯朴素贝叶斯算法假设特征的条件概率符合高斯分布。

高斯分布的形状呈现出典型的钟形曲线,以均值为中心对称。它的两个关键参数是均值和标准差。均值决定曲线的中心位置,标准差决定曲线的宽度。标准差越大,曲线越平缓,表示数据的分布越分散;标准差越小,曲线越陡峭,表示数据的分布越集中。

在高斯朴素贝叶斯算法中,每个特征的条件概率分布 $P(x|y)$ 都被建模为一个独立的高斯分布。在训练阶段,算法会统计每个类别下每个特征的均值和方差。然后,在预测阶段,它使用贝叶斯定理计算给定特征的类别后验概率,并选择具有最高后验概率的类别作为预测结果。

9.2.3 实战准备

在 Python 中,有几个用于实现朴素贝叶斯算法的相关库可供选择。scikit-learn 就是其中一个,在 sklearn 中,朴素贝叶斯算法的实现主要涉及以下几个类:MultinomialNB 用于处理离散型特征的多项式朴素贝叶斯算法。它假设特征的概率分布服从多项式分布,适用于文本分类等任务。BernoulliNB 用于处理二值特征的伯努利朴素贝叶斯算法。它假设特征的概率分布服从伯努利分布,适用于二值化的特征。GaussianNB 用于处理连续型特征的高斯朴素贝叶斯算法。它假设特征的概率分布服从高斯分布。

这些朴素贝叶斯算法的实现都遵循相同的基本原理,但使用不同的概率分布模型来处理不同类型的特征数据。使用这些算法实现朴素贝叶斯分类时,通常需要先通过 fit 方法对训练数据进行模型训练,然后使用 predict 方法对新的数据进行预测。

1. MultinomialNB

在 Python 中,MultinomialNB 函数是 scikit-learn 库中的一个类,用于实现 Multinomial Naive Bayes 分类算法。具体算法流程如下:

```
# 导入所需的库
from sklearn.naive_bayes import MultinomialNB

# 创建 MultinomialNB 类的实例
classifier = MultinomialNB()

# 准备训练集和目标变量,并将其传递给 MultinomialNB 类的 fit 方法进行模型训练
classifier.fit(X_train, y_train)
# 这里的 X_train 是训练集的特征数据,y_train 是训练集的目标变量(类别标签)

# 对新样本进行预测,使用 MultinomialNB 类的 predict 方法
```

```
y_pred = classifier.predict(X_test)
# 这里的 X_test 是新样本的特征数据,y_pred 是预测的类别标签
```

除了上述基本用法外,MultinomialNB 类还提供其他参数和方法,如下所示。

alpha 参数:用于控制平滑处理,设置为较小的值可以减轻特征缺失的影响,默认为 1.0。

class_prior 参数:指定类别的先验概率分布,可以手动设置不同类别的先验概率,默认为 None,表示每个类别的先验概率相等。

fit_prior 参数:用于控制是否学习类别的先验概率,默认为 True,表示从训练数据中估计先验概率。

class_count_ 属性:训练后,用于存储每个类别在训练数据中的样本数量。

feature_count_ 属性:训练后,用于存储每个类别中每个特征的计数统计。

2. BernoulliNB

与 MultinomialNB 类似,BernoulliNB 也是朴素贝叶斯算法的一种变体,适用于处理二元特征数据。以下是使用 BernoulliNB 函数的基本步骤。

```
# 导入所需的库
from sklearn.naive_bayes import BernoulliNB

# 创建 BernoulliNB 类的实例
classifier = BernoulliNB()

# 准备训练集和目标变量,并将其传递给 BernoulliNB 类的 fit 方法进行模型训练
classifier.fit(X_train, y_train)

# 对新样本进行预测,使用 BernoulliNB 类的 predict 方法
y_pred = classifier.predict(X_test)
```

除了上述基本用法外,BernoulliNB 类还提供其他参数和方法,如下所示。

binarize 参数:用于将特征二值化(转换为 0 和 1),设置为阈值,特征值大于阈值的将被转换为 1,否则转换为 0,默认为 0。

alpha 参数:用于控制平滑处理,设置为较小的值可以减轻特征缺失的影响,默认为 1.0。

class_prior 参数和 fit_prior 参数:与 MultinomialNB 类似,用于指定类别的先验概率分布和控制是否学习类别的先验概率。

class_log_prior_ 属性:训练后,用于存储每个类别的对数先验概率。

feature_log_prob_ 属性:训练后,用于存储每个类别中每个特征的对数条件概率。

3. GaussianNB

与 MultinomialNB 和 BernoulliNB 不同,GaussianNB 适用于处理连续特征的数据。以下是使用 GaussianNB 函数的基本步骤。

```
# 导入所需的库
from sklearn.naive_bayes import GaussianNB
```

```
# 创建 GaussianNB 类的实例
classifier = GaussianNB()

# 准备训练集和目标变量,并将其传递给 GaussianNB 类的 fit 方法进行模型训练
classifier.fit(X_train, y_train)

# 对新样本进行预测,使用 GaussianNB 类的 predict 方法
y_pred = classifier.predict(X_test)
```

除了上述基本用法外,GaussianNB 类还提供其他参数和方法,如下所示。

priors 参数:指定类别的先验概率分布,可以手动设置不同类别的先验概率,默认为 None,表示每个类别的先验概率相等。

fit_prior 参数:用于控制是否学习类别的先验概率,默认为 True,表示从训练数据中估计先验概率。

class_prior_ 属性:训练后,用于存储每个类别的先验概率。

theta_ 属性:训练后,用于存储每个类别中每个特征的均值。

sigma_ 属性:训练后,用于存储每个类别中每个特征的方差。

9.2.4 朴素贝叶斯算法案例

1. 多项式朴素贝叶斯

对于离散型数据,特别是在文本分类等任务中,使用多项式模型来实现朴素贝叶斯算法是一种常见的做法。在 Python 中,scikit-learn 库中的 MultinomialNB 是一个朴素贝叶斯分类器,它主要用于处理多项式分布的数据,常见应用包括文本分类、垃圾邮件过滤等。

例 9-2 现在我们有一个古诗分类数据集,每个样本包含两个主要部分:诗句的文本内容和分类标签。数据集中有四类,分别是"边塞诗""田园诗""闺怨诗""酬赠诗",分别用 1,2,3,4 标识。部分数据展示如表 9-2 所示。

表 9-2 唐诗分类部分数据集展示

label	content
1	单车欲问边,属国过居延。征蓬出汉塞,归雁入胡天。大漠孤烟直,长河落日圆。萧关逢候骑,都护在燕然。
1	北风卷地白草折,胡天八月即飞雪。忽如一夜春风来,千树万树梨花开。散入珠帘湿罗幕,狐裘不暖锦衾薄。将军角弓不得控,都护铁衣冷难着。瀚海阑干百丈冰,愁云惨淡万里凝。
2	空山新雨后,天气晚来秋。明月松间照,清泉石上流。竹喧归浣女,莲动下渔舟。随意春芳歇,王孙自可留。
2	故人具鸡黍,邀我至田家。绿树村边合,青山郭外斜。开轩面场圃,把酒话桑麻。待到重阳日,还来就菊花。

续表

label	content
3	红藕香残玉簟秋,轻解罗裳,独上兰舟。云中谁寄锦书来?雁字回时,月满西楼。花自飘零水自流,一种相思,两处闲愁。此情无计可消除,才下眉头,却上心头。
3	梳洗罢,独倚望江楼。过尽千帆皆不是,斜晖脉脉水悠悠。肠断白蘋洲。
4	巴山楚水凄凉地,二十三年弃置身。怀旧空吟闻笛赋,到乡翻似烂柯人。沉舟侧畔千帆过,病树前头万木春。今日听君歌一曲,暂凭杯酒长精神。
4	李白乘舟将欲行,忽闻岸上踏歌声。桃花潭水深千尺,不及汪伦送我情。

(1)导入必要的模块:

```
import pandas as pd
from sklearn.feature_extraction.text import CountVectorizer
from sklearn.naive_bayes import MultinomialNB
from sklearn.model_selection import train_test_split
from sklearn import metrics
import re
import jieba
from sklearn.metrics import classification_report
```

(2)读取 Excel 文件并存储到 DataFrame:

```
df = pd.read_csv('poem.csv')
```

(3)数据预处理:

```
#定义文本预处理函数
def clean_text(text):
    text = text.lower()
    text = re.sub(r'[^\w\s]', '', text)
    text = re.sub(r'\d+', '', text)
    text = re.sub(r'\s+', '', text)
    text = ''.join(jieba.cut(text))
    return text
```

该函数对文本进行一系列的处理操作,包括将文本转换为小写、去除标点符号、去除数字、合并多余的空格以及进行中文分词。

```
#检查 DataFrame 中的缺失值
null_counts = df.isnull().sum()
print('缺失值数量:\n', null_counts)
```

该代码段调用了 DataFrame 的 isnull 函数来检查每一列是否存在缺失值,并使用 sum()函数计算缺失值的总数。

```
#使用 fillna 函数将缺失值替换为空字符串
df['content'] = df['content'].fillna('')
```

此处假设 DataFrame 中包含一个名为 content 的列,该代码段将缺失值用空字符串替换。

```
# 对 content 列应用 clean_text() 函数
df['content'] = df['content'].apply(clean_text)
```

该代码段使用 apply() 函数将 clean_text() 函数应用于 content 列中的每个文本,以预处理文本数据。

(4) 划分训练集和测试集:

```
x_train, x_test, y_train, y_test = train_test_split(df['content'], df['label'], test_size = 0.2,
random_state = 42)
```

该代码段将数据集划分为训练集和测试集。训练集占 80%,测试集占 20%。

(5) 将文本转换为数值特征向量:

```
vectorizer = CountVectorizer()
x_train_vectorized = vectorizer.fit_transform(x_train)
x_test_vectorized = vectorizer.transform(x_test)
```

该代码段使用 CountVectorizer 将文本转换为数值特征向量。首先创建一个 CountVectorizer 对象,然后使用 fit_transform 函数对训练集进行拟合和转换,使用 transform 函数对测试集进行转换。

(6) 训练多项式朴素贝叶斯分类器:

```
clf = MultinomialNB()
clf.fit(x_train_vectorized, y_train)
```

该代码段创建一个多项式朴素贝叶斯分类器对象,并使用 fit() 函数将训练集的向量化表示和对应的标签拟合到分类器上。

(7) 预测和评估分类器性能:

```
# 进行预测
y_pred = clf.predict(x_test_vectorized)
# 计算准确率
accuracy = metrics.accuracy_score(y_test, y_pred)
# 生成分类报告
report = classification_report(y_test, y_pred)
# 输出准确率和分类报告
print(f"准确率: {accuracy}")
print("分类报告:")
print(report)
```

该代码段使用测试集上的数据对训练好的分类器进行评估。首先使用 predict() 函数对测试集进行预测,并使用一些评估指标如准确率、精确率、召回率和 F1 分数来评估分类器的性能,运行代码之后,结果如图 9-2 所示。

根据给出的分类报告,可以进行分类结果的分析。

准确率(Accuracy): 0.6538461538461539,表示模型对于测试数据集中的样本总体上预测正确的比例为 65.38%。

```
准确率: 0.6538461538461539
分类报告:
              precision    recall  f1-score   support

           1       0.71      0.89      0.79        27
           2       0.73      0.58      0.65        19
           3       0.57      0.72      0.63        18
           4       0.50      0.21      0.30        14

    accuracy                           0.65        78
   macro avg       0.63      0.60      0.59        78
weighted avg       0.64      0.65      0.63        78
```

图 9-2　多项式朴素贝叶斯分类结果报告

精确率(Precision)：精确率衡量了模型在预测为某个类别时的准确程度。由结果我们可知，类别 1 的精确率为 0.71，类别 2 的精确率为 0.73，类别 3 的精确率为 0.57，类别 4 的精确率为 0.50。

召回率(Recall)：召回率衡量了模型对于某个类别识别的能力。对于每个类别来说：类别 1 的召回率为 0.89，表示模型成功识别出类别 1 样本的比例为 89%。类别 2 的召回率为 0.58，类别 3 的召回率为 0.72，类别 4 的召回率为 0.21。

F1 分数(F1-score)：F1 分数综合考虑了精确率和召回率，是一个综合评价指标。

支持(Support)：支持表示每个类别在测试数据集中的实际样本数。类别 1 的支持为 27，表示测试数据集中实际属于类别 1 的样本数为 27。同理类别 2、类别 3、类别 4 的支持为 14。

Macro Avg：对所有类别的指标取算术平均值，给每个类别统一权重。这里 Macro Avg 的精确率为 0.63，召回率为 0.60，F1 分数为 0.59。

Weighted Avg：对所有类别的指标加权平均，权重由每个类别的支持(样本数)决定，在本案例中 Weighted Avg 的精确率为 0.64，召回率为 0.65，F1 分数为 0.63。

总体而言，该模型在准确率和 F1 分数方面表现一般，类别 1 和类别 3 的预测结果相对较好，而类别 2 和类别 4 的预测结果较差。可以进一步优化模型以提高分类性。

(8) 添加测试诗句：

```
# 添加测试诗句
test_poem = "独立窗前望,寒灯照闺阁。夜深思君远,轻嘘对明月。相思化离恨,斜射入庭院。
无人知里许,红泪湿绣帏。"
test_text = clean_text(test_poem)
test_vectorized = vectorizer.transform([test_text])
predicted_category = clf.predict(test_vectorized)
print('预测的分类:', predicted_category)
```

预测结果显示为分类[3]，即为闺怨诗。

2. 伯努利贝叶斯算法

对于离散性数据且取值仅为 0 和 1 的情况，伯努利模型是一种常用的选择。在伯努利模型中，每个特征的取值为布尔型，通常表示特征是否在文档中出现。在文本分类等任务中，我们可以将每个特征表示为一个布尔值，用来表示该特征是否在一个文档中出现。例如，对于某个特定的单词，如果它在文档中出现，则对应的特征取值为 1，否则为 0。

例 9-3 现有一个关于电影评论的数据集，其中文本已经预处理过，部分数据集如表 9-3 所示，评论有正向(label 为 0)和负向(label 为 1)两个类别，使用伯努利贝叶斯进行文本分类。

表 9-3 电影评论部分数据集

label	comment
1	死囚 爱 刽子手 女贼 爱 衙役 我们 爱 你们 难道 还有 别的 选择 没想到 胡军 除了 蓝宇 还有 东宫 西宫 我 个 去
1	只能 说 自己 欣赏 无能 我 无法 接受 杨峥 与 文慧 再续 前缘 无论 哪个 结局 我 心中 杨峥 与 文慧 爱情 永远 停留 那个 夏天 只能 自己 偶尔 回味 回味 纪念 那个 曾经 葱白 青春
1	视效 一点 不好 很 劣质 很 廉价 什么 魔幻 场景 浪费 胶片 BUG 无限 等到 最后 不 知道 怎么 被 杀害 动机 什么 唯一 亮点 就是 外婆 可以 脑补 末路 狂花　主角 如果 没死 老 就是 这样
0	玉墨 与 书娟 背景 经历 完全 不同 却 很 相似 两个 人 书娟 一开始 讨厌 带 害怕 害怕 被 自己 认为 不好 人 吸引 她们 可以 成为 惺惺相惜 朋友 对于 那段 历史 不想 说 什么 它 发生
0	温馨 童话 依然 拨动 我 内心 温柔 弦 冰川 也 会 被 融化 格鲁 也 懂得 表达 爱 其实 我们 爱 童话 只是 长大 后 忘 而已 那个 月亮 我 倒 更 相信 送给 三个 小女孩
0	两个 字 经典 对 我 来说 已经 不仅 一部 剧集 他们 也 不再 活 剧集 人物 他们 我 熟悉 朋友 他们 陪 我 度过 多少 个 心情 低落 夜晚 那些 被人 伤心 日子 因为 他们 我 不是 哭 入睡 热 爱 这部 剧 感谢 这些 美好 人

(1) 导入所需的库，加载数据集并准备特征和标签。

首先，需要导入所需的库，包括 pandas 用于读取和处理数据，CountVectorizer 用于将文本转换为特征向量，BernoulliNB 用于伯努利贝叶斯分类，以及其他辅助库如 accuracy_score 和 classification_report。将评论和对应的标签分别存储在变量 X 和 y 中。

```
# 导入相关库
import pandas as pd
from sklearn.feature_extraction.text import CountVectorizer
from sklearn.naive_bayes import BernoulliNB
from sklearn.metrics import accuracy_score, classification_report
from sklearn.model_selection import train_test_split

# 读取 CSV 数据集
data = pd.read_csv('film.csv')

# 拆分评论和对应的标签
X = data['comment']
y = data['label']
```

(2) 特征提取。

实例化一个 CountVectorizer 对象，通过调用 fit_transform 方法将文本数据 X 转换为特征向量表示，即将文本转换为二进制特征矩阵。

```
# 实例化 CountVectorizer 对象，并进行文本特征提取
vectorizer = CountVectorizer(binary=True)
X_vec = vectorizer.fit_transform(X)
```

（3）数据集划分。

使用了 sklearn 库中的 train_test_split() 函数，将 X_vec（特征向量）和 y（标签）按照指定的测试集比例和随机种子进行了拆分，并将拆分后的训练集和测试集分别赋值给 X_train、X_test、y_train 和 y_test 变量。

```
# 划分训练集和测试集
X_train, X_test, y_train, y_test = train_test_split(X_vec, y, test_size = 0.2, random_
state = 42)
```

通过以上代码，将数据集拆分为了训练集和测试集，其中测试集占比为 20%（test_size＝0.2），设置了随机种子为 42（random_state＝42），以保证每次运行代码时得到的训练集和测试集的划分是一致的。

（4）创建并训练模型。

使用 sklearn 库中的 BernoulliNB 类实例化了伯努利贝叶斯分类器对象，并使用 X_train（训练集的特征向量）和 y_train（训练集的标签）调用 fit 方法进行模型的训练。

```
# 实例化伯努利贝叶斯分类器,并进行训练
clf = BernoulliNB()
clf.fit(X_train, y_train)
```

（5）预测和模型评估。

使用训练好的模型对新的数据进行预测，调用 predict 方法，将新的特征向量传入，得到预测结果。可以使用适当的评估指标（如 accuracy_score）计算预测结果和实际标签之间的准确率。

```
# 进行预测
y_pred = clf.predict(X_test)

# 计算准确率
accuracy = accuracy_score(y_test, y_pred)

# 生成分类报告
report = classification_report(y_test, y_pred)

# 输出准确率和分类报告
print(f"准确率: {accuracy}")
print("分类报告:")
print(report)
```

运行上述代码之后，结果如图 9-3 所示。

根据得到的准确率和分类报告的结果来看，准确率（Accuracy）为 0.84475，表示模型在整个数据集上正确分类的样本占总样本数的比例。

对于类别 0，模型的精确率（Precision）为 0.86，召回率（Recall）为 0.82，F1 分数为 0.84。这意味着模型在预测类别 0 时，86% 的预测结果是正确的，从实际类别 0 中正确预测出了 82% 的样本，F1 分数代表了精确率和召回率的加权平衡度。

```
准确率: 0.84475
分类报告:
                  precision    recall  f1-score   support

              0       0.86      0.82      0.84      2026
              1       0.83      0.87      0.85      1974

       accuracy                           0.84      4000
      macro avg       0.85      0.85      0.84      4000
   weighted avg       0.85      0.84      0.84      4000
```

图 9-3　伯努利朴素贝叶斯分类结果报告

对于类别 1,模型的精确率为 0.83,召回率为 0.87,F1 分数为 0.85。模型在预测类别 1 时,83% 的预测结果是正确的,从实际类别 1 中正确预测出了 87% 的样本。

macro avg(宏平均)计算了精确率、召回率和 F1 分数在各个类别上的平均值,其值为 0.85。weighted avg(加权平均)在计算时考虑了每个类别的样本权重,其值也为 0.84,这是在全数据集上的加权平均值。

综合来看,模型的整体表现良好,准确率较高,且在各个类别上的评估指标都比较均衡。然而,在具体研究问题时,还需要根据具体情况和需求来解读这些指标,并可能针对性地进行调整和改进。

3. 高斯朴素贝叶斯算法

对于连续型数据,推荐使用高斯模型(Gaussian Model)来实现朴素贝叶斯算法。高斯模型基于正态分布(也称为高斯分布),可以更好地描述连续型特征的分布情况。

在高斯模型中,假设每个特征的取值服从正态分布,通过计算给定类别下特征的均值和方差来建模条件概率。对于给定的测试样本,我们可以使用正态分布的概率密度函数来计算样本在每个类别下的条件概率,并选择具有最大条件概率的类别作为预测结果。

例 9-4　基于朴素贝叶斯高斯模型来实现 Pima 印第安人数据集分类,该数据集最初来自美国国立糖尿病/消化/肾脏疾病研究所。数据集的目的是基于数据集中包含的某些诊断指标,来诊断性地预测患者是否患有糖尿病。数据集由多个医学预测变量和一个目标变量组成。预测变量包括患者的怀孕次数、BMI、胰岛素水平、年龄等。目标变量是 Outcome,部分数据如表 9-4 所示。

表 9-4　Pima 印第安人数据集部分数据

Pregnancies	Glucose	BloodPressure	SkinThickness	Insulin	BMI	DiabetesPedigreeFunction	Age	Outcome
6	148	72	35	0	33.6	0.627	50	1
1	85	66	29	0	26.6	0.351	31	0
8	183	64	0	0	23.3	0.672	32	1
1	89	66	23	94	28.1	0.167	21	0

数据集的特征值如下。

Pregnancies:怀孕次数。

Glucose:葡萄糖(口服葡萄糖耐量试验中血浆葡萄糖浓度)。

BloodPressure:血压(舒张压)(mm Hg)。

SkinThickness:皮层厚度(三头肌组织褶厚度)(mm)。

Insulin:胰岛素(2 小时血清胰岛素)(mu U/ml)。

BMI：BMI 体重指数（体重/身高）^{2}。

DiabetesPedigreeFunction：糖尿病谱系功能（糖尿病系统功能）。

Age：年龄（岁）。

Outcome：类标变量（0 或 1）。

（1）导入了需要用到的库和加载数据集。

首先，分别导入 pandas、sklearn. model_selection、sklearn. naive_bayes 和 sklearn. metrics 库。然后加载数据集，使用 pd. read_csv()函数从名为'Indian diabetes. CSV'的 CSV 文件中读取数据，并将其存储在 data 变量中。

```python
# 加载必要的库
import pandas as pd
from sklearn.model_selection import train_test_split
from sklearn.naive_bayes import GaussianNB
from sklearn.metrics import accuracy_score
# 加载数据集
data = pd.read_csv('Indian diabetes.CSV')
print(data.head())
```

（2）特征和目标变量的准备。

定义了特征名列表 feature_names，其中包括了 Pregnancies、Glucose、BloodPressure、Insulin、BMI、DiabetesPedigreeFunction 和 Age 这些特征名。然后，使用 data[feature_names]选取了这些特征作为特征变量 X，并使用 data['Outcome']作为目标变量 y。

```python
# 准备特征变量 X 和目标变量 y
feature_names = ['Pregnancies', 'Glucose', 'BloodPressure', 'Insulin', 'BMI',
'DiabetesPedigreeFunction', 'Age']                          # 特征值选择
X = data[feature_names]                                     # 特征值选择
y = data['Outcome']                                        # 特征值选择
```

（3）数据集拆分。

使用 train_test_split()函数将数据集拆分为训练集和测试集。其中，参数 test_size＝0.2 表示将 20％的数据作为测试集，random_state＝42 确保每次运行代码时得到的划分结果相同。

```python
# 数据集拆分为训练集和测试集
X_train, X_test, y_train, y_test = train_test_split(X, y, test_size = 0.2, random_state = 42)
```

（4）创建并训练朴素贝叶斯模型。

使用 GaussianNB() 创建了一个高斯朴素贝叶斯分类器，并将其存储在 model 变量中。接着，使用训练集数据 X_train 和目标变量 y_train 来训练模型，即调用 model. fit (X_train，y_train)。

```python
# 创建朴素贝叶斯模型
model = GaussianNB()
# 训练模型
model.fit(X_train, y_train)
```

（5）预测和评估模型。

使用训练后的模型 model 对测试集数据 X_test 进行预测，将预测结果存储在 y_pred 中。接着，使用 accuracy_score() 函数计算预测准确率，并将结果存储在 accuracy 变量中。最后，打印出准确率，即 print("准确率：", accuracy)。使用 classification_report() 函数生成针对测试集的分类报告，并将结果存储在 report 变量中。最后，打印出分类报告，即 print(report)。

```
# 在测试集上进行预测
y_pred = model.predict(X_test)
# 评估模型性能
accuracy = accuracy_score(y_test, y_pred)
print("准确率: ", accuracy)
# 结果报告
report = classification_report(y_test, y_pred)
print(report)
```

运行上述代码之后，结果如图 9-4 所示。

```
准确率: 0.7662337662337663
              precision    recall  f1-score   support

           0       0.83      0.80      0.81        99
           1       0.66      0.71      0.68        55

    accuracy                           0.77       154
   macro avg       0.75      0.75      0.75       154
weighted avg       0.77      0.77      0.77       154
```

图 9-4　高斯朴素贝叶斯分类结果报告

根据准确率和分类报告的结果来看：

准确率（Accuracy）为 0.7662337662337663，表示模型在整个测试集上正确分类的样本占总样本数的比例。

对于类别 0，模型的精确率（Precision）为 0.83，召回率（Recall）为 0.80，F1 分数为 0.81。这意味着模型在预测类别 0 时，83% 的预测结果是正确的，从实际类别 0 中正确预测出了 80% 的样本，F1 分数代表了精确率和召回率的加权平衡度。

对于类别 1，模型的精确率为 0.66，召回率为 0.71，F1 分数为 0.68。模型在预测类别 1 时，66% 的预测结果是正确的，从实际类别 1 中正确预测出了 71% 的样本。

macro avg（宏平均）计算了精确率、召回率和 F1 分数在各个类别上的平均值，其值为 0.75。weighted avg（加权平均）在计算时考虑了每个类别的样本权重，其值也为 0.77，这是在全测试集上的加权平均值。

综合来看，模型的整体表现还不错，准确率在 0.77 左右，且在各个类别上的评估指标都比较均衡。然而，精确率和召回率的差异可能表示模型在某个类别上的表现相对较差。

实验视频

9.3　贝叶斯网络

9.2 节中讲述的朴素贝叶斯模型是基于贝叶斯定理的一种简单且高效的分类方法，具有坚实的数学基础和稳定的分类效果，但是朴素贝叶斯模型中的一个限制是它假设特征属性之间是条件独立或基本独立的。这在实际应用中很难完全满足，因为现实世界中的特征属性通常具有一定的相关性。当特征属性之间存在较强相关性时，朴素贝叶斯模型的分类能力就会受到限制。

为了克服这个限制，贝叶斯网络应运而生。贝叶斯网络在处理复杂问题、处理有关联特征的数据时表现较好,它能够处理不完全条件独立的情况,并能够根据观测数据进行概率推理和决策。

9.3.1　基本原理

贝叶斯网络(Bayesian Network)也被称为信度网络(Belief Network),它是贝叶斯方法在不确定性知识表达和推理领域的扩展,并且是一种非常有效的理论模型。它在人工智能、机器学习、数据挖掘等领域具有广泛的应用,并被认为是一种强大且有效的模型。

1. 贝叶斯网络的定义与原理

贝叶斯网络是一种概率图模型,用有向无环图(Directed Acyclic Graph,DAG)表示变量之间的依赖关系。它采用概率论作为基础,通过使用条件概率表来描述节点之间的条件依赖关系和相互独立性。

贝叶斯网络由两部分组成:有向无环图和条件概率表(Conditional Probability Table,CPT)。DAG 是由节点和有向边组成的图形结构,每个节点代表一个随机变量,有向边表示变量之间的依赖关系。CPT 是存储每个节点的条件概率分布(Conditional Probability Distribution)的表格。贝叶斯网络的基本组成如下所示。

(1)节点。贝叶斯网络的节点表示随机变量。每个节点代表一个事件或属性,可以是离散的或连续的。节点通常具有概率分布以及可能的取值集合。

(2)有向边。贝叶斯网络中的有向边表示变量之间的依赖关系。有向边从一个节点指向另一个节点,表示一个节点是其父节点的条件依赖。

(3)条件概率表。贝叶斯网络的每个节点都有一个条件概率表,它描述了该节点在给定其父节点的取值情况下的概率分布。CPT 中的概率指定了每个可能的取值情况和对应的概率。

要构造一个贝叶斯网络实例,我们需要首先定义随机变量及其状态,然后定义条件概率表,这些表将描述一个变量在给定其父变量状态下的概率分布。

我们举一个具体的实例(医疗诊断的例子)来说明贝叶斯网络的构造,首先假设有以下随机变量和它们的状态。

S(吸烟者):状态集合 = {1(是),0(否)}

C(煤矿矿井工人):状态集合 = {1(是),0(否)}

L(肺癌):状态集合 = {1(是),0(否)}

E(肺气肿):状态集合 = {1(是),0(否)}

其中,S 是 L 的父节点,S 和 C 是 E 的父节点。

然后定义条件概率表。这些表将基于以下假设进行填充,这些假设基于真实世界的统计或专家知识,但为了示例,我们将使用简化的数字。这些条件概率表定义了贝叶斯网络的结构,并允许我们进行各种推理,例如"一个吸烟且是煤矿矿井工人的患者患肺癌的概率是多少?"或者"给定患者患有肺气肿,他是吸烟者的概率是多少?"等等。变量之间的关系可以描绘成如图 9-5 所示的贝叶斯网络。

根据图 9-5 可知贝叶斯网络的两个要素:一个是贝叶斯网络的结构,即各节点的继承关系,另一个是条件概率表。如果要保证一个贝叶斯网络可计算,则这两个条件缺一不可。

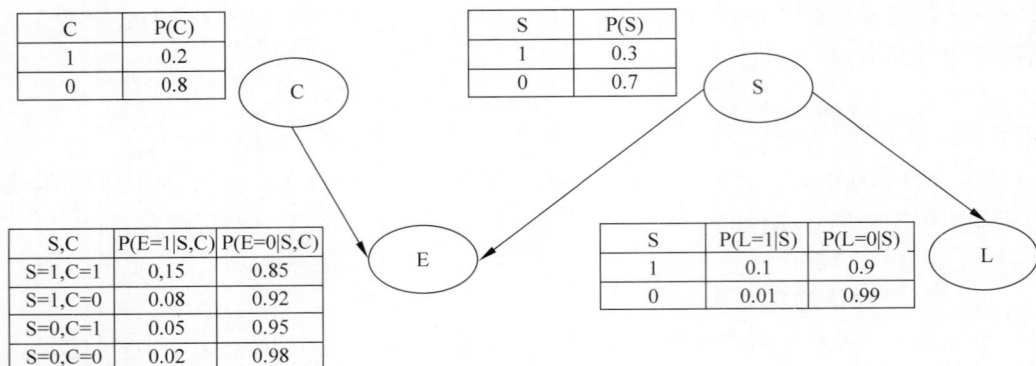

C	P(C)
1	0.2
0	0.8

S	P(S)
1	0.3
0	0.7

S,C	P(E=1|S,C)	P(E=0|S,C)
S=1,C=1	0,15	0.85
S=1,C=0	0.08	0.92
S=0,C=1	0.05	0.95
S=0,C=0	0.02	0.98

S	P(L=1|S)	P(L=0|S)
1	0.1	0.9
0	0.01	0.99

图 9-5 医疗诊断贝叶斯网络

2. 结构学习

在贝叶斯网络的学习研究中,结构学习则是比较困难和复杂的问题。结构学习的目标是找到一个最优的网络结构,在这个网络中,能够最准确地表示观测数据的概率分布。

从 20 世纪 90 年代以来,研究者从不同的角度对贝叶斯网络的结构学习问题进行了深入研究,提出了许多经典的结构学习算法。这些算法大致可以归为以下三大类。

(1) 基于评分搜索的方法。这类方法通过定义一个评分函数,在不同的网络结构中搜索并评估其适应度。常见的算法包括贝叶斯信息准则(Bayesian Information Criterion,BIC)、最大边缘似然准则(Maximum Marginal Likelihood Criterion,MML)等。

(2) 基于依赖分析的方法。这类方法通过分析变量之间的依赖关系来构建网络结构。常见的算法包括基于约束的学习(Constraint-based Learning)和独立分布假设(Independence-based Assumption)等。

(3) 混合学习方法。这类方法综合了评分搜索和依赖分析的思想,通过联合使用不同的学习策略来进行网络结构学习。常见的算法包括贝叶斯搜索(Bayesian Search)和基于遗传算法的学习(Genetic Algorithm-based Learning)等。

3. 参数学习

参数学习是贝叶斯网络学习中的一个重要环节,它是在给定网络结构的情况下,估计贝叶斯网络中各个节点之间的概率参数。

在贝叶斯网络中,每个节点表示一个随机变量,节点之间的连接表示它们之间的依赖关系。参数学习的目标是通过观测数据来估计网络中的条件概率分布,即给定父节点的条件下子节点的概率。在贝叶斯网络的参数学习中,最大似然估计(Maximum Likelihood Estimation,MLE)和期望最大化算法(Expectation-Maximization,EM)是两种常用的方法。这两种方法在处理不同情况的数据集时各有优势,下面将详细解释这两种方法及其在参数学习中的应用。

1) 最大似然估计(MLE)

最大似然估计是一种基于观测数据来估计模型参数的方法。在贝叶斯网络的参数学习中,MLE 的目标是找到能够最大化观测数据出现概率的参数值。

MLE 的优点是直观且计算相对简单。然而,它也有一些局限性。例如,当数据集不完整或存在噪声时，MLE 的估计结果可能不够准确。此外，MLE 还可能受到过拟合的影响，即过度拟合训练数据而忽略了泛化能力。

2) 期望最大化算法（EM）

期望最大化算法是一种迭代方法，用于在含有隐变量或缺失数据的情况下进行参数学习。EM 算法通过在期望步骤（E 步骤）和最大化步骤（M 步骤）之间交替进行，逐步逼近真实的参数值。

EM 算法在处理含有隐变量或缺失数据的情况时非常有效。它能够利用观测数据和隐变量的关系来估计参数，从而得到更准确的结果。然而，EM 算法也可能受到初始参数选择的影响，不同的初始值可能导致不同的收敛结果。此外，EM 算法的收敛速度也可能受到数据集大小和复杂性的影响。

4. 贝叶斯网络的推理

贝叶斯网络的推理原理实质上就是概率计算过程。在已知某些变量（证据变量）取值的情况下，可以计算感兴趣的节点变量或节点变量集合（查询变量）的条件概率分布。推理过程主要包括以下步骤。

（1）对所有可观察随机变量节点用观察值实例化，对不可观察节点实例化为随机值。

（2）对有向无环图（DAG）进行遍历，对每一个不可观察节点 y，进行计算，其中 w_i 表示除 y 以外的其他所有节点，a 为正规化因子，s_j 表示 y 的第 j 个子节点。

（3）使用上一步计算出的各个 y 作为未知节点的新值进行实例化，重复第（2）步，直到结果充分收敛。

（4）将收敛结果作为推断值。

贝叶斯网络的推理形式主要有三种：因果推理、诊断推理和反证推理。因果推理是由原因推导出结果，已知一定的原因（证据），经推理计算，求出在该原因的情况下结果发生的概率。诊断推理则是在已知结果时，找出产生该结果的原因。反证推理则是从观察到的结果出发，通过推理计算出与结果最相关的原因或条件。

9.3.2　算法流程及实战准备

在 Python 中，有几个库可用于实现贝叶斯网络。其中最常用的是 pgmpy，pgmpy 是一个专门用于概率图模型的 Python 库，提供了构建贝叶斯网络和马尔可夫网络的功能。它提供了贝叶斯网络、概率因子、概率推理等相关功能，并且易于使用和学习。以下是使用 pgmpy 库实现贝叶斯网络的算法流程。

（1）安装库：

```
pip install pgmpy
```

（2）创建一个贝叶斯网络：

```
from pgmpy.models import BayesianModel
# 创建一个贝叶斯网络
model = BayesianModel()
# 添加变量
```

```
model.add_nodes_from(['A', 'B', 'C'])
# 添加边
model.add_edges_from([('A', 'B'), ('B', 'C')])
```

（3）学习贝叶斯网络的结构：

```
from pgmpy.estimators import HillClimbSearch, BicScore
# 构建学习算法对象
hc = HillClimbSearch(data)
# 使用贝叶斯信息准则评估模型的得分
scoring = BicScore(data)
# 使用学习算法进行学习并获取网络结构
best_model = hc.estimate(scoring)
```

（4）参数学习：

```
from pgmpy.estimators import MaximumLikelihoodEstimator
# 创建一个参数学习器
mle = MaximumLikelihoodEstimator(model, data)
# 学习估计参数
model.fit(data, estimator = mle)
```

（5）推理：

```
from pgmpy.inference import VariableElimination
# 创建一个推理引擎
infer = VariableElimination(model)
# 进行推理并计算后验概率
posterior = infer.query(variables = ['C'], evidence = {'A': 1, 'B': 0})print(posterior['C'])
```

9.3.3　贝叶斯网络算法案例

例 9-5　诊断癌症贝叶斯网络。

案例提供如下数据信息，美国有 30％的人吸烟，每 10 万人中就有 70 人患有肺癌，每 10 万人中就有 10 人患有肺结核，每 10 万人中就有 800 人患有支气管炎，10％的人存在呼吸困难症状，大部分人是哮喘、支气管炎和其他非肺结核、非肺癌性疾病引起。贝叶斯网络结构如图 9-6 所示，相关参数如表 9-5 所示。

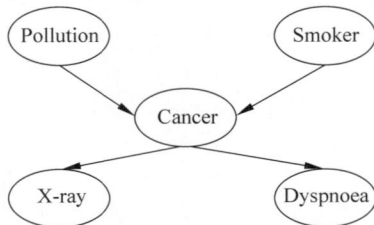

图 9-6　诊断癌症贝叶斯网络结构

表 9-5　诊断癌症相关参数

Pollution	Pollution(0)	Pollution(0)	Pollution(1)	Pollution(1)
Smoker	Smoker(0)	Smoker(1)	Smoker(0)	Smoker(1)
Cancer(0)	0.03	0.05	0.001	0.02
Cancer(1)	0.97	0.95	0.999	0.98

基于 python 的 pgmpy 库构建贝叶斯网络,其步骤是先建立网络结构,然后填入相关参数。

(1)针对已知结构及参数,先采用 BayesianModel 构造贝叶斯网络结构。

```
#构建网络
from pgmpy.models import BayesianModel
cancer_model = BayesianModel([('Pollution', 'Cancer'),
                              ('Smoker', 'Cancer'),
                              ('Cancer', 'Xray'),
                              ('Cancer', 'Dyspnoea')])
```

这个贝叶斯网络中有 5 个节点：Pollution,Cancer,Smoker,Xray,Dyspnoea。

('Pollution', 'Cancer')是一条有向边,从 Pollution 指向 Cancer,表示环境污染有可能导致癌症。('Smoker', 'Cancer')表示吸烟有可能导致癌症。('Cancer', 'Xray')表示得癌症的人可能会去照 X 射线。('Cancer',‘Dyspnoea')表示得癌症的人可能会呼吸困难。

(2)通过 TabularCPD 构造条件概率分布 CPD(condition probability distribution)表格,最后将 CPD 数据添加到贝叶斯网络结构中,完成贝叶斯网络的构造。

```
#设置参数
from pgmpy.factors.discrete import TabularCPD
cpd_poll = TabularCPD(variable = 'Pollution', variable_card = 2,
                      values = [[0.9], [0.1]])
cpd_smoke = TabularCPD(variable = 'Smoker', variable_card = 2,
                       values = [[0.3], [0.7]])
cpd_cancer = TabularCPD(variable = 'Cancer', variable_card = 2,
                        values = [[0.03, 0.05, 0.001, 0.02],
                                  [0.97, 0.95, 0.999, 0.98]],
                        evidence = ['Smoker', 'Pollution'],
                        evidence_card = [2, 2])
cpd_xray = TabularCPD(variable = 'Xray', variable_card = 2,
                      values = [[0.9, 0.2], [0.1, 0.8]],
                      evidence = ['Cancer'], evidence_card = [2])
cpd_dysp = TabularCPD(variable = 'Dyspnoea', variable_card = 2,
                      values = [[0.65, 0.3], [0.35, 0.7]],
                      evidence = ['Cancer'], evidence_card = [2])
cancer_model.add_cpds(cpd_poll, cpd_smoke, cpd_cancer, cpd_xray, cpd_dysp)
```

这部分代码主要是建立一些概率表,然后往表里面填入了一些参数。Pollution 有两种概率,分别是 0.9 和 0.1。Smoker 有两种概率,分别是 0.3 和 0.7(意思是在一个人群中,有 30% 的人吸烟,有 70% 的人不吸烟)。Cancer：evidence 表示有 Smoker 和 Pollution 两个节点指向 Cancer 节点。

（3）验证模型数据的正确性。

```
# 测试网络结构是否正确
print(cancer_model.check_model())
```

（4）在构建了贝叶斯网络之后,我们使用贝叶斯网络来进行推理。推理算法分精确推理和近似推理,精确推理有变量消元法和团树传播法,近似推理算法是基于随机抽样的算法。

```
# 变量消除法是精确推断的一种方法
from pgmpy.inference import VariableElimination
asia_infer = VariableElimination(cancer_model)
q = asia_infer.query(variables = ['Cancer'], evidence = {'Smoker': 0})
print(q)
```

运行代码之后,结果如图 9-7 所示。

例 9-6　学生是否获得推荐信。

Cancer	phi (Cancer)
Cancer(0)	0.0320
Cancer(1)	0.9680

图 9-7　诊断癌症贝叶斯网络结果

以学生获得推荐信的质量为例来构造贝叶斯网络。各节点构成的有向无环图和对应的概率表如图 9-8 所示。从图中可看出推荐信（letter）的质量受到学生成绩（grade）的直接影响,而考试难度（diff）和智力（intel）直接影响学生的成绩。智力还影响 SAT 的分数,其中相关变量的含义说明如表 9-6 所示。

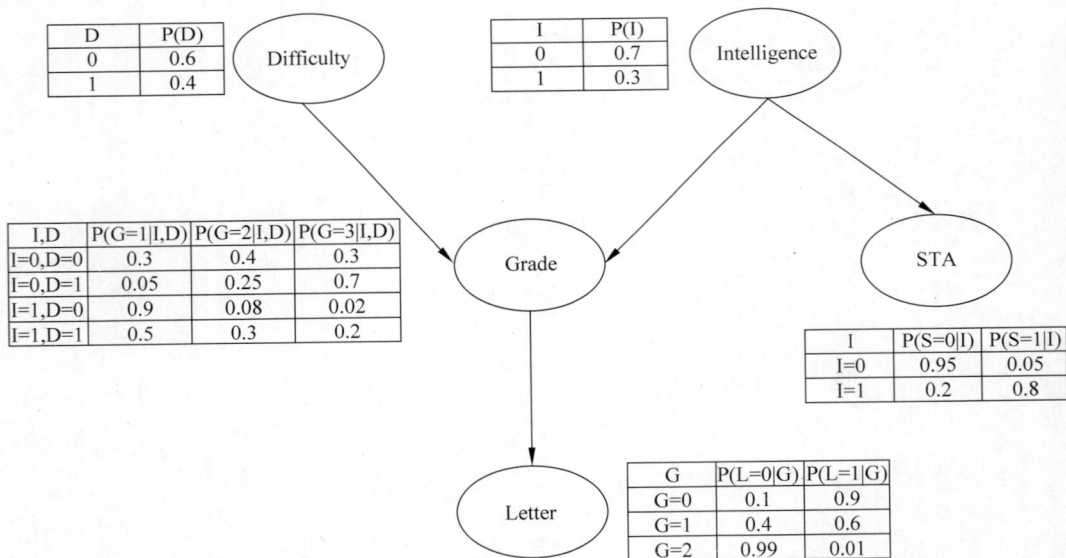

图 9-8　学生是否获得推荐信的贝叶斯网络结构及参数

表 9-6 相关变量及对应含义说明

变 量	含 义	取 值
Difficulty	课程本身难度	0＝易,1＝难
Intelligence	学生聪明程度	0＝傻,1＝聪明
Grade	学生课程成绩	1＝A,2＝B,3＝C
SAT	学生高考成绩	0＝低,1＝高
Letter	可否获得推荐信	0＝未获得,1＝获得

使用贝叶斯网络推理一个天赋较高的学生在考试较难的情况下获得推荐信的质量的概率分布,步骤如下。

(1) 定义贝叶斯网络结构。

```
from pgmpy.models import BayesianNetwork
letter_bn = BayesianNetwork([('D', 'G'), ('I', 'G'), ('I', 'S'), ('G', 'L')])   ♯ 指向关系 D->I
```

(2) 构建各节点的条件概率分布。

```
from pgmpy.factors.discrete import TabularCPD
d_cpd = TabularCPD(variable = 'D', variable_card = 2, values = [[0.6],[0.4]])
♯ 变量名,变量取值个数,对应概率
i_cpd = TabularCPD(variable = 'I', variable_card = 2, values = [[0.7],[0.3]])
g_cpd = TabularCPD(variable = 'G', variable_card = 3, values = [[0.3, 0.05, 0.9, 0.5],[0.4,
0.25,0.08,0.3],[0.3,0.7,0.02,0.2]],
♯ 行数等于变量取值,列数等于依赖变量总取值数(3,4)
evidence = ['I', 'D'], evidence_card = [2,2])
♯ 变量名,变量取值个数,对应概率,依赖变量名,依赖变量取值
s_cpd = TabularCPD(variable = 'S', variable_card = 2, values = [[0.95,0.2],[0.05,0.8]],
                    evidence = ['I'], evidence_card = [2])
l_cpd = TabularCPD(variable = 'L', variable_card = 2, values = [[0.1,0.4,0.99],[0.9,0.6,0.01]],
                    evidence = ['G'], evidence_card = [3])          ♯ evidence_card 必须是列表
```

(3) 添加概率表到贝叶斯网络,检查模型,并输出。

```
letter_bn.add_cpds(d_cpd, i_cpd, g_cpd, s_cpd, l_cpd)
letter_bn.check_model()              ♯ 检查构建的模型是否合理
letter_bn.get_cpds()                 ♯ 网络中条件概率依赖关系
```

(4) 利用构建的贝叶斯网络进行具体的推理。

这里推断一个天赋较高的学生在考试较难的情况下获得推荐信的质量的概率分布。

```
from pgmpy.inference import VariableElimination
letter_infer = VariableElimination(letter_bn)            ♯ 变量消除
prob_I = letter_infer.query(variables = ['L'], evidence = {'I':1, 'D':1})
print(f"prob_I:{prob_I}")
```

输出结果如图 9-9 所示,可看到得到劣质推荐信的概率为 0.368,得到优质推荐信的概率为 0.632。

```
prob_I:+------+--------+
| L        | phi(L) |
+======+========+
| L(0)     | 0.3680 |
+------+--------+
| L(1)     | 0.6320 |
+------+--------+
```

图 9-9　学生是否获得推荐信的贝叶斯网络结果

习题 9

1. 比较三种朴素贝叶斯算法,分析它们的原理、优缺点以及在不同数据集上的适用情况。

2. 针对 9.2.4 节案例中的数据集,使用其他两种算法进行分类并比较结果。

3. 比较朴素贝叶斯算法和贝叶斯网络,分析它们的原理、优缺点等。

4. 寻找一个适合的数据集,进行贝叶斯分类。

第 **10** 章

文本挖掘

在当今信息时代,数据量呈爆炸式增长,文本数据以其独特的魅力,占据了一席之地,成为我们探寻信息世界的重要窗口。如何有效地挖掘和利用这些数据,已然成为当今社会的重大课题。于是,文本挖掘技术应运而生,它是一种从海量文本数据中自动获取有价值的信息、知识和模式的技术。在挖掘文本数据过程中,我们需要掌握一系列专业技能和工具,如 Python 编程语言、自然语言处理库、机器学习算法和可视化工具等,这些工具和技能的掌握将有助于我们更深入地洞察文本数据的内涵,更高效地发现其中的规律、趋势和关联等信息,从而做出更好的决策。因此,随着数据量的不断增长和应用场景的不断拓展,文本挖掘技术的应用如星火燎原,迅速蔓延至各个领域,其发展前景广阔,将为我们带来更多的机遇和挑战,必将成为未来信息时代不可或缺的重要支柱。本章将概述性地介绍文本挖掘的基本内容,深入探讨文本预处理技术、文本挖掘方法实现和文本挖掘结果可视化的方法,最后通过具体的文本挖掘算法案例,展示如何将文本挖掘技术应用于实际问题中。

10.1 文本挖掘概述

在现实世界中,信息和知识不仅以传统数据库中的结构化数据的形式出现,还以诸如书籍、研究论文、新闻文章、Web 页面及电子邮件等各种各样的形式出现。这些非结构化的文本数据难以直接被人类阅读和理解,也限制了人们对信息的获取和利用。面对如此浩如烟海的信息源,人类的阅读能力、时间精力等往往不够,需要借助计算机的智能处理技术来帮助人类及时、方便地获取这些数据源中隐藏的有用信息。因此,文本挖掘技术就在这种背景下产生和发展起来。

10.1.1 基本介绍

文本挖掘是抽取有效、新颖、有用、可理解的,散布在文本文件中的有价值知识,并且利用这些知识更好地组织信息的过程,涵盖了多种技术,包括数据挖掘技术、信息抽取、信息检索、机器学习、自然语言处理、计算语言学、统计数据分析、线性几何、概率理论甚至图论,是一个多学科混杂的领域。

1. 概念介绍

文本挖掘(Text Mining)又可称为文本数据挖掘,是指从文本数据中抽取有价值的信息和知识的计算机处理技术。顾名思义,文本数据挖掘是从文本中进行数据挖掘(Data Mining)。作为数据挖掘的一个研究分支,文本挖掘的根本价值在于能把从文本中抽取出的特征词进行量化来表示文本信息,将它们从一个无结构的原始文本转换为结构化的计算机可以识别处理的信息。这些信息可以被用来建立文本的数学模型,使计算机能够通过对这种模型的计算和操作来实现对文本的识别和理解。通过文本挖掘技术,可以从大规模的文本数据中自动发现有价值的信息和知识,从而帮助人们更好地理解和利用这些数据。

2. 发展历程

文本挖掘的演变历史可以追溯到20世纪60年代,当时计算机科学家开始研究如何从文本中提取信息进行信息检索,然而由于当时计算机技术的限制,文本挖掘的应用范围非常有限。

随着计算机技术的不断发展,文本挖掘的应用范围也逐渐扩大,在20世纪80年代,计算机科学家开始研究如何从大规模文本数据中提取关键词和主题,社交媒体的兴起,文本数据的规模和复杂性急剧增加。为了更好地处理这些数据,计算机科学家开始研究如何从文本中提取情感和观点等更高级别的信息,广泛应用于社交媒体分析、舆情监测和品牌管理等领域。

文本挖掘一词大约出现于1998年4月在欧洲举行的第十届机器学习会议上,组织者Kodratoff明确地定义了文本挖掘的概念,并分清它与"信息检索"的不同点和共同点,他认为,文本挖掘的目的是从文档集合中搜寻知识,并不试图改进自然语言理解,并不要求对自然语言的理解达到多高水平,而只是想利用该领域的成果,试图在一定的理解水平上尽可能多地提取知识。1998年年底,国家重点研究发展规划首批实施项目中明确指出,文本挖掘是"图像、语言、自然语言理解与知识挖掘"中的重要内容。

近年来,随着人工智能技术的不断发展,文本挖掘的应用范围又迈上了一个新的台阶。利用深度学习等技术,计算机可以更准确地理解文本中的语义和上下文信息,从而提高文本挖掘的效果,这些技术被广泛应用于自然语言处理、智能客服和智能推荐等领域,文本挖掘逐渐成为一种重要的技术和工具。

3. 文本挖掘与数据挖掘的关系

文本挖掘和数据挖掘都是从数据中发现有用的信息和知识的过程,但也存在着一定的差异。数据挖掘更加注重从结构化数据中获取知识并进行模式发现和预测建模。与数据挖掘相比,文本挖掘更加注重从非结构化文本数据中提取有用的概念和知识,其对象的结构是自由开放的文本。此外,文本挖掘需要考虑自然语言处理的问题,如词义消歧、语法分析、文本的上下文信息,而数据挖掘则不需要。在实际应用中,文本挖掘和数据挖掘常常是结合使用的,以获取更全面、准确和有意义的信息和知识。文本挖掘与数据挖掘的区别如表10-1所示。

表 10-1　文本挖掘与数据挖掘的区别

	数 据 挖 掘	文 本 挖 掘
研究对象	用数字表示的结构化数据	无结构或半结构的文本
对象结构	关系数据库	自由开放的文本
目标	获取知识，建立应用模型，预测以后的状态	提取概念和知识
方法	归纳学习、决策树、神经网络、关联规则等	提取短语、形成概念，关联分析、聚类、分类
成熟度	1994 年开始得到广泛应用	2000 年开始得到广泛应用

10.1.2　应用领域

随着互联网和社交媒体的普及，文本数据的规模和复杂性不断增加，使得文本挖掘在各个领域中的应用也日益广泛，以下是一些常见的应用领域。

1. 情感分析

文本挖掘可以对文本中表达的情感进行分析和分类，例如正面、负面或中性，有助于企业了解消费者对产品或服务的感受和态度，也可以应用于社交媒体的监测和分析，了解用户对某个事件或话题的情感态度。

例 10-1　热歌榜歌词情感分析。

用手机客户端收听音乐，已成为很多人的生活习惯。艾媒咨询 2020 年的一项监测报告称，中国手机音乐客户端用户规模达 5.8 亿人，较为活跃的音乐客户端为 QQ 音乐、酷狗音乐、酷我音乐和网易云音乐。主流手机音乐客户端用户以 35 岁及以下青年群体为主，占比均七成。年轻人都用音乐客户端收听哪些音乐？这些音乐反映了一种怎样的社会情绪？在《我们分析了 22 万字热歌歌词，这届年轻人好像有点"丧"》一文中，作者采集了网易云音乐某日热歌榜的 TOP200 歌词（图 10-1），两个榜单 400 首歌总计近 22 万字歌词，通过对这些歌词进行词频分析和情绪分析，作者给词语标记三类情绪值：正面情绪（"＋"号表示）、负面情绪（"－"号表示）、中性（"O"号表示）。作者发现，热歌榜歌词负

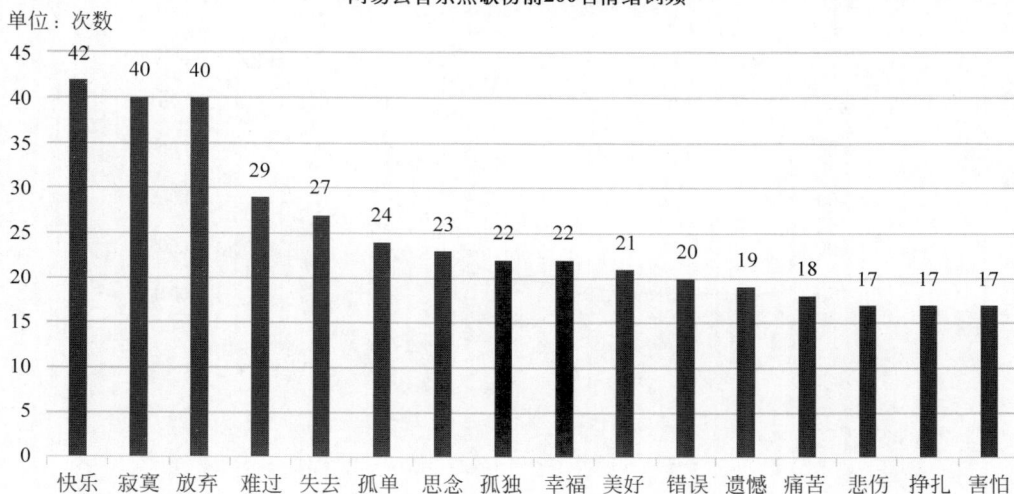

图 10-1　网易云音乐热歌榜前 200 名情绪词频

面情绪居多,两个热歌榜高频词所反映的情况基本一致,在出现次数前 16 的高频词中,正面情绪的词语都是 3 个,负面情绪的词语却有 12 个,以网易云音乐为例,正面情绪词语为快乐(42)、幸福(22)、美好(21),而负面情绪词语是寂寞(40)、放弃(40)、难过(29)、失去(27)、孤单(24)、孤独(22)、错过(20)、遗憾(19)、痛苦(18)、悲伤(17)、挣扎(17)、害怕(17)。

从报告中可以得出结论,歌词中带有明显负面情绪的歌曲,戳中了年轻人的敏感神经,他们寂寞、孤单,不愿与周围人分享自己的情绪,把听歌当作消解生活中诸多困难的一种方式。在听歌的过程中宣泄自我情感,从不断重复的歌词中找寻情感共鸣。耳机戴上,即是自我的世界,即使拿下耳机回到现实,也可以长久沉浸在歌声里的自嘲中,不必与现实中的世人交往。

来源:《我们分析了 22 万字热歌热词,这届年轻人好像有点"丧"》文章

2. 舆情监测

文本挖掘可以用于监测公众对某个事件或话题的舆情,帮助政府或企业及时发现和解决问题。通过对各种媒体上的文本信息进行挖掘和分析,可以获取到社会热点、公众关注度、品牌声誉等方面的信息。通过对舆情信息的分析,企业可以了解市场需求和消费者反馈,及时调整市场营销策略。同时,政府机构也可以通过舆情分析获得民意反馈,及时了解社会热点和关注度高的事件,做好舆情危机管理。

例 10-2 文旅复苏的舆情信息监测——以秦始皇帝陵博物院为例。

根据秦陵博物院近年来的舆情信息监测数据,能够分析获知 2023 年年初文旅市场显示出不同以往的正面新闻和敏感舆情,集中围绕文旅消费中的热点、痛点问题生成较大传播量。这种特征既释放出文旅复苏的强烈信号,同时也对博物院的运营管理和舆情应对工作作出提醒。应对当前网络舆情占主体数量的态势,尤其要注重借助人工智能技术、大数据技术对舆情走向进行分析预测,组建网络舆情监测工作组对网络舆情进行全程监控。

2023 年第一季度的舆情监测信息中(图 10-2),敏感信息的绝对数量以及同期占比均远大于以往数据,对这些敏感信息做具体分析,可以发现非常明显的特点。

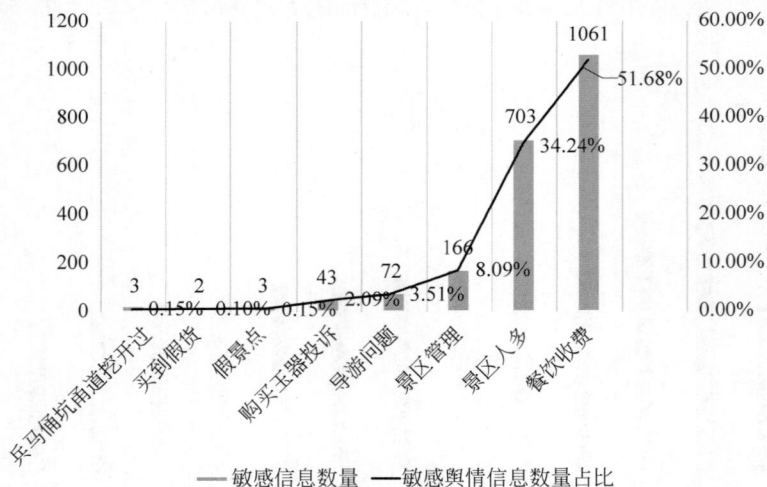

图 10-2　2023 年第一季度敏感舆情信息统计

来源:《中国文物报》4 月 18 日 6 版

敏感舆情信息总体上围绕旅游消费和文旅体验两大类别。一方面,旅游六要素中的"餐饮"相关问题一直是消费者集中高度关注的问题,加之节日期间受到西安区域内关于餐饮话题的带动,秦陵博物院周边的餐饮问题也频频被提及,甚至一些往期的投诉内容也被再次发布,大大推高了这一类问题的占比。另一方面,景区人多旅游体验差的占比较大,集中反映在景区内人员饱和、行进路线不顺畅、拥挤等情况。这一情况在近三年来是首次出现,也说明了迅速到来的旅游高峰,观众集中出行,热门景区很容易"爆棚",这对内部管理和安全应急带来了不小的压力。此外,因为迅速兴起的旅游消费而带来的其他一些消费问题,诸如产品质量参差不齐、交易争执等问题也有所抬头。

3. 关键词提取

关键词提取是指从文本中自动提取出关键词。通过关键词提取,可以快速地了解文本的主题和内容,方便后续的数据分析和挖掘。关键词提取在搜索引擎、知识图谱构建等领域中有广泛应用。

4. 自动摘要

自动摘要是指从大量的文本数据中自动提取出摘要信息。通过自动摘要,可以快速地了解文本数据的要点和主题,方便用户快速了解文本内容。自动摘要在新闻报道、电子邮件过滤等领域中有广泛应用。

5. 机器翻译

机器翻译是指使用计算机程序将一种自然语言的文本翻译成另一种自然语言的文本。通过机器翻译,可以方便地进行跨语言交流和跨语言信息处理。

6. 文本分类

文本分类是指对大量文本数据进行分类和归类。通过对文本数据的分类,可以快速地了解文本数据的特征和结构,方便后续的数据分析和挖掘。文本分类在搜索引擎、垃圾邮件过滤、新闻分类等领域中有广泛应用。

7. 信息抽取

信息抽取是指从文本中自动抽取出结构化的信息。通过信息抽取,可以从大量的文本数据中自动提取出有用的信息和知识,方便后续的数据分析和挖掘。信息抽取在舆情分析、市场调研、金融风险管理等领域中有广泛应用。例如,某金融机构可以通过对新闻报道进行信息抽取,自动提取出与公司相关的股票价格、行业分析等信息,为投资决策提供支持。

10.1.3　基本流程

在文本挖掘过程中,从文本数据中提取有价值的信息和知识的过程。它可以帮助我们更好地理解文本数据中的潜在模式和趋势,以及帮助我们做出更好的商业决策。文本挖掘的基本流程包括数据收集、文本预处理、分析挖掘、结果可视化和模型评估,如图10-3所示。

1. 数据收集

文本挖掘的第一步是收集需要处理的文本数据,可以来自不同的来源,如网站、社交媒体、新闻、电子邮件等。我们可以使用网络爬虫或API来抓取数据。在抓取数据之前,

数据收集   文本预处理   分析挖掘   结果可视化   模型评估

图 10-3   文本挖掘的基本流程

需要明确我们的数据需求,例如需要哪些数据、数据的来源、数据的格式等;在进行数据收集时,需要考虑数据的质量和规模,同时需要保证数据的完整性和安全性。

2. 文本预处理

收集到的文本数据通常存在噪声和冗余信息,因此需要进行文本预处理,其目的是将文本数据转换为计算机可以处理和分析的形式,为后续的文本挖掘提供基础。文本挖掘的主要任务包括文本清洗、分词、去除停用词、词干提取、词性标注、词向量化等。

3. 分析挖掘

在预处理后,我们可以使用各种机器学习算法和自然语言处理技术来分析和挖掘文本数据。文本数据的分析挖掘是中文文本挖掘的核心步骤,基于特征向量进行聚类、分类、关系提取等任务,并根据实际需求输出有用的结果。对于中文文本数据,常见的分析挖掘任务包括情感分析、主题分析、实体识别、关系提取等。

4. 结果可视化

结果可视化是文本挖掘的重要环节,其目的是将分析结果通过可视化的方式呈现出来,转换为易于理解和解释的形式。这可以帮助我们更好地理解文本数据中的潜在模式和趋势。

5. 模型评估

模型评估是文本挖掘的最后一步,其目的是评估模型的准确性和性能。我们可以使用交叉验证、ROC曲线、混淆矩阵等方法来评估模型的性能。同时,我们需要注意模型的可解释性和可重复性,以便能够更好地理解和使用模型。

10.2   文本预处理

文本挖掘是从数据挖掘发展而来,但并不意味着简单地将数据挖掘技术运用到大量文本的集合上就可以实现文本挖掘,还需要做很多准备工作——文本预处理。本节将对文本预处理的各个流程进行介绍,并结合 Python 代码进行实现。

10.2.1   文本清洗

文本数据具有无结构性、多样性和噪声性等特点,无结构性表示文本数据通常没有明确的格式和组织规则,需要进行结构化处理;多样性意味着文本数据来自各种来源,每个来源的文本可能具有不同的特点和风格;噪声性指的是文本中可能存在一些无用信息或错误信息,需要进行去除。为了高效地利用文本数据进行挖掘和分析,文本清洗起到了关键作用。

文本清洗是指在文本挖掘和自然语言处理任务中,对原始的文本数据进行预处理和

实验视频

准备工作,以去除噪声、规范化文本,并提取有用的信息。它的目的是减少数据噪声、去除不必要的干扰因素,包括标点符号、特殊字符、HTML 标签等,使数据更加干净准确,便于后续的分析和建模。

1. 去除特殊字符和 HTML 标签

如果文本数据中包含一些 HTML 标签,可以使用正则表达式或特定的处理函数将其删除或提取有用的信息。在 Python 中,可以使用正则表达式来匹配特殊字符和HTML 标签的模式,并使用 re 模块中的 sub() 函数将其替换为空字符串或其他合适的替代值。

例 10-3 使用正则表达式去除文本中的特殊字符和 HTML 标签。

```
import re

def clean_text(text):
    # 去除 HTML 标签
    clean_text = re.sub('<.*?>', '', text)
    # 去除特殊字符
    clean_text = re.sub('[^A-Za-z0-9]+', '', clean_text)
    return clean_text

html_text = "<p>This is <b>bold</b> and <i>italic</i> text with special characters like @ and #.</p>"
clean_text = clean_text(html_text)
print(clean_text)
```

在示例中,首先导入 Python 的正则表达式模块 re,用于处理文本的正则表达式操作。接着定义了一个 clean_text 函数,它接收一个参数 text,表示需要清洗包含特殊字符和 HTML 标签的文本;使用正则表达式<.* ?>去除 HTML 标签的模式,将匹配到的标签替换为空字符串;使用正则表达式[^A-Za-z0-9]+匹配除字母和数字之外的所有字符,并将其替换为空格。最后,输出结果即去除特殊字符和 HTML 标签的文本,如图 10-4所示。

```
In [1]:  # 如何使用正则表达式去除特殊字符和HTML标签
         import re

         def clean_text(text):
             # 去除HTML标签
             clean_text = re.sub('<.*?>', '', text)
             # 去除特殊字符
             clean_text = re.sub('[^A-Za-z0-9]+', ' ', clean_text)
             return clean_text

         html_text = "<p>This is <b>bold</b> and <i>italic</i> text with special characters like @ and #.</p>"
         clean_text = clean_text(html_text)
         print(clean_text)

This is bold and italic text with special characters like and
```

图 10-4 去除文本中特殊字符和 HTML 标签代码的运行结果

使用 BeautifulSoup 也可以方便地处理 HTML 标签和特殊字符。BeautifulSoup 是一个优秀的 Python 库,用于解析和处理 HTML 或 XML 文档。它提供了简单而强大的API,使得处理 HTML 标签和特殊字符变得非常容易。

例 10-4 使用 BeautifulSoup 库去除文本中的 HTML 标签。

首先,确保安装 BeautifulSoup 库,可以使用 pip 命令进行安装: pip install beautifulsoup4。

```python
from bs4 import BeautifulSoup

# 一段包含 HTML 标签和特殊字符的文本
html = "<p>This is <b>bold</b> and <i>italic</i> text with special characters like @
and #.</p>"

# 创建 BeautifulSoup 对象
soup = BeautifulSoup(html, 'html.parser')

# 提取并打印纯文本
text = soup.get_text()
print("Text without HTML tags:", text)

# 查找并打印所有的标签
tags = soup.find_all()
for tag in tags:
    print("Tag name:", tag.name)
```

在示例中,创建了一个包含 HTML 标签的字符串;创建 BeautifulSoup 对象,使用 get_text()方法提取纯文本,忽略 HTML 标签;使用 find_all()方法查找并打印所有的标签,运行结果如图 10-5 所示。

```
In [2]:  # 如何使用BeautifulSoup处理HTML标签
         from bs4 import BeautifulSoup

         # 一段包含HTML标签和特殊字符的文本
         html = "<p>This is <b>bold</b> and <i>italic</i> text with special characters like @ and #.</p>"

         # 创建BeautifulSoup对象
         soup = BeautifulSoup(html, 'html.parser')

         # 提取并打印纯文本
         text = soup.get_text()
         print("Text without HTML tags:", text)

         # 查找并打印所有的标签
         tags = soup.find_all()
         for tag in tags:
             print("Tag name:", tag.name)

Text without HTML tags: This is bold and italic text with special characters like @ and #.
Tag name: p
Tag name: b
Tag name: i
```

图 10-5　BeautifulSoup 处理 HTML 标签代码的运行结果

2. 大小写转换

对于英文文本,有时需要将文本转换成统一的大小写形式,方便进行文本的比较和匹配,避免同一单词因为大小写不同而被当作不同的词,我们可以使用正则表达式和 Python 中字符串转换大小写的函数进行转换,如 upper()函数可以将文本中的所有字母转换为大写形式;lower()函数可以将文本中的所有字母转换为小写形式;capitalize()函数可以将文本中的首字母转换为大写形式;title()函数可以将文本中每个单词的首字母转换为大写形式。

例 10-5 对英文文本进行大小写转换。

```
import re

text = "Hello world! Welcome to Python!"

# 使用正则表达式找到所有单词
words = re.findall(r'\b\w+\b', text)

# 转换为小写形式
lowercase_words = [word.lower() for word in words]

print(lowercase_words)
```

上述示例中,首先导入 Python 的正则表达式模块,定义了一个字符串变量 text,然后使用正则表达式在文本中找到所有的单词:\b 表示单词的边界,\w+表示一个或多个字母或数字字符,因此\b\w+\b 表示匹配一个完整的单词。接着使用 re.findall()函数返回所有匹配的单词,并将它们存储在 words 列表中,使用列表推导式将 words 列表中的所有单词转换为小写形式,并将它们存储在 lowercase_words 列表中。最后打印输出转换为小写形式的单词列表,代码运行结果如图 10-6 所示。

```
In [3]:  # 如何进行大小写转换
         import re

         text = "Hello world! Welcome to Python!"

         # 使用正则表达式找到所有单词
         words = re.findall(r'\b\w+\b', text)

         # 转换为小写形式
         lowercase_words = [word.lower() for word in words]

         print(lowercase_words)

['hello', 'world', 'welcome', 'to', 'python']
```

图 10-6 大小写转换代码运行结果

3. 去除停用词

停用词(Stop Word)是自然语言处理领域的一个重要工具,通常被用来提升文本特征的质量,或者降低文本特征的维度。例如,在构建主题模型时,我们会发现一些词语,例如"的""地""得",对于表达主题没有实质性的作用。然而,由于这些词语数量众多,在主题的词语分布中占据重要位置,这会导致在总结主题含义时遇到很大的困难。因此,去除这些价值不大,甚至有负作用的词语是必要的,可以减少模型的噪声和复杂度,提高模型的准确率。

去除停用词的任务比较简单,只需要从停用词表中剔除定义为停用词的常用词即可。在真实的预处理中,通常会从文件中导入常见的停用词表,包含了各式各样的停用词,包括标点符号。当前常用的四个开源中文停用词表可通过 https://github.com/goto456/stopwords 下载。

(1)哈工大停用词表。哈尔滨工业大学的自然语言处理实验室发布的停用词表,包含了常用的中文停用词,如"的""了""是"等。该停用词表经过了大规模的语料库统计和人工筛选,是一个比较全面的中文停用词表。

（2）百度停用词表。百度公司发布的停用词表，包含了一些常用的中文停用词、标点符号等。该停用词表也是经过了大规模的语料库统计和人工筛选。

（3）四川大学机器智能实验室停用词表。四川大学机器智能实验室发布的停用词表，包含了一些常用的中文停用词和标点符号。该停用词表相对于其他停用词表较小，但是覆盖了一些其他停用词表没有的停用词。

（4）中文停用词表（SMART）。该停用词表是针对英文的 SMART 停用词表进行了中文化，包含了一些常用的中文停用词和标点符号。该停用词表较小，但是适合在一些特定场景中使用。

例 10-6 对文本文件中的内容去除停用词。

```
import os
import codecs
import jieba
import jieba.analyse

source = open("test.txt", 'r')
line = source.readline().rstrip('\n')
content = []
while line!= "":
    seglist = jieba.cut(line,cut_all = False)      ＃精确模式
    output = ' '.join(list(seglist))               ＃空格拼接
    print(output)
    content.append(output)
    line = source.readline().rstrip('\n')
else:
    source.close()
```

图 10-7 是使用结巴工具中文分词后的结果，但它存在一些出现频率高却不影响文本主题的停用词，比如"数据分析是数学与计算机科学相结合的产物"句子中的"是""与""的"等词，这些词即停用词，在预处理时是需要进行过滤的。

```
贵州省 位于 中国 的 西南地区 ， 简称 " 黔 " 或 " 贵 " 。
走遍 神州大地 ， 醉美 多彩 贵州 。
贵阳市 是 贵州省 的 省会 ， 有 " 林城 " 之 美誉 。
数据分析 是 数学 与 计算机科学 相结合 的 产物 。
回归 、 聚类 和 分类 算法 被 广泛应用 于 数据分析 。
数据 爬取 、 数据 存储 和 数据分析 是 紧密 相关 的 过程 。
最 甜美 的 是 爱情 ， 最 苦涩 的 也 是 爱情 。
一只 鸡蛋 可以 画 无数次 ， 一场 爱情 能 吗 ？
真 爱 往往 珍藏 于 最 平凡 、 普通 的 生活 中 。
```

图 10-7 中文分词代码运行结果

```
＃停用词表
stopwords = {}.fromkeys(['的', '或', '等', '是', '有', '之', '与',
                         '和', '也', '被', '吗', '于', '中', '最',
                         '"', '"', '。', ',', '?', '、', ';'])
source = open("test.txt", 'r')
result = codecs.open("result.txt", 'w', 'utf-8')
line = source.readline().rstrip('\n')
```

```
content = []

while line!= "":
    seglist = jieba.cut(line,cut_all = False)        #精确模式
    final = []                                        #存储去除停用词内容
    for seg in seglist:
        if seg not in stopwords:
            final.append(seg)
    output = ' '.join(list(final))                    #空格拼接
    print(output)
    content.append(output)
    result.write(output + '\r\n')
    line = source.readline().rstrip('\n')
else:
    source.close()
    result.close()
```

去除停用词时,首先需要定义一个符合该数据集的常用停用词表的数组,然后将分词后的序列,每个字或词组与停用词表进行比对,如果重复则删除该词语,最后保留的文本能尽可能地反映每行语料的主题。在示例中,stopwords 变量定义了停用词表,这里只列举了与 test.txt 语料相关的常用停用词,输出结果如图 10-8 所示。

```
贵州省 位于 中国 西南地区 简称 黔 贵
走遍 神州大地 醉美 多彩 贵州
贵阳市 贵州省 省会 林城 美誉
数据分析 数学 计算机科学 相结合 产物
回归 聚类 分类 算法 广泛应用 数据分析
数据 爬取 数据 存储 数据分析 紧密 相关 过程
甜美 爱情 苦涩 爱情
一只 鸡蛋 可以 画 无数次 一场 爱情 能
真 爱 往往 珍藏 平凡 普通 生活
```

图 10-8　去除停用词代码运行结果

10.2.2　分词和词性标注

1. 汉语分词

汉语分词(Chinese Word Segmentation)指将汉字序列切分成一个个单独的词或词串序列,它能够在没有词边界的中文字符串中建立分隔标识,通常采用空格分隔。这是由于在汉语中,单词之间没有像空格这样明显的分隔符号,且中文数据集涉及语义、歧义等知识,划分难度较大,比英文复杂很多。下面举个简单示例,对句子"我是大学生"进行分词操作。

目前常用的中文分词算法可分为三大类:基于词典的分词方法、基于理解的分词方法和基于统计的分词方法。

1) 基于词典的中文分词

基于词典的分词方法首先会建立一个充分大的词典,然后依据一定的策略扫描句子,若句子中的某个子串与词典中的某个词匹配,则分词成功。使用此方法时,字典、切分规则和匹配顺序是核心。

2）基于统计的中文分词方法

基于统计的中文分词方法是依据概率最大化原则来拆分句子，并利用语料库中相邻字组成词语出现的频率进行统计学习。相较于基于词典的分词方法，基于统计的中文分词方法更有利于解决歧义和新词问题，虽然训练开销大，但能结合上下文识别生词、自动消除歧义，效果较好。在实际应用中，一般将词典与统计学习结合使用，既发挥了词典分词切分速度快的特点，又利用了统计分词结合上下文识别生词、自动消除歧义的优点。

3）基于理解的分词方法

基于理解的分词方法是通过让计算机模拟人对句子的理解，达到识别词的效果。其基本思想就是在分词的同时进行句法、语义分析，利用句法信息和语义信息来处理歧义现象。它通常包括三部分：分词子系统、句法语义子系统、总控部分。在总控部分的协调下，分词子系统可以获得有关词、句子等的句法和语义信息来对分词歧义进行判断，即它模拟了人对句子的理解过程。这种分词方法需要使用大量的语言知识和信息。由于汉语语言知识的笼统、复杂性，难以将各种语言信息组织成机器可直接读取的形式，因此目前基于理解的分词系统还处在试验阶段。

2. 词性标注

在文本挖掘的过程中，机器需要模拟理解语言，首先需要理解的是词，特别是每一个词的性质，这个任务被称为词性标注。词性标注的目标是用一个单独的标签标记每一个词，该标签表示了用法和其句法作用，比如名词、动词、形容词等。词性标注的正确与否将会直接影响到后续的句法分析、语义分析，它是中文信息处理的基础性课题之一。常用的词性标注模型有 N 元模型、隐马尔可夫模型、最大熵模型、基于决策树的模型等。

3. 分词与词性标注工具

随着中文数据分析越来越流行，应用越来越广泛，针对其语义特点也开发出了各种各样的中文分词工具和词性标注工具。结巴分词（jieba）是一个流行的中文分词工具，广泛应用于中文文本处理和自然语言处理任务中。它使用 Python 语言编写，易于安装和使用，提供了多种分词模式和接口，适用于不同的应用场景。除了提供分词功能外，也提供了基本的词性标注功能，可以为分词结果添加相应的词性标签。

1）分词

jieba 分词支持 3 种不同的分词模式：精确模式，将句子最精确地切开，适合文本分析；全模式，把句子中所有的可以成词的词语都扫描出来，但是不能解决歧义；搜索引擎模式，在精确模式的基础上，对长词再切分，提高召回率，适合用于搜索引擎分词。

针对上述 3 种分词模式，可以使用以下两种分词方法来实现。

（1）jieba.cut。

该方法接收三个输入参数。

参数 1：需要分词的字符串。

参数 2：cut_all 参数用来控制是否采用全模式，默认（cut_all＝false）为精确模式。cut_all＝True 为全模式。

参数 3：HMM 参数用来控制是否使用 HMM 模型。

（2）jieba.cut_for_search。

该方法适用于搜索引擎构建倒排索引的分词，粒度比较细，接收两个参数。

参数 1：需要分词的字符串。

参数 2：是否使用 HMM 模型。

2）词性标注

jieba 分词库中的词性标注功能基于中国科学院计算所的中文词性标注集，标注了常见的词性类别，如名词、动词、形容词、副词、代词、介词、连词等。使用 import jieba.posseg as pseg 导入 jieba 的词性标注模块。使用 pseg.cut() 方法对文本进行分词和词性标注，该方法返回一个生成器对象，可以通过迭代器遍历每个词语及其对应的词性。

例 10-7　使用 jieba 实现 3 种分词模式。

（1）安装并导入包。

使用命令"pip install jieba"安装 jieba 中文分词包。安装过程中会显示安装配置相关包和文件的百分比，出现"Successfully installed jieba"命令，表示安装成功。

```
import jieba
```

（2）使用 jieba 进行中文分词。

使用 jieba.cut 方法为 text 进行分词，seg_list 为分词后的结果。代码运行结果如图 10-9 所示。

```
text = '在北京市疫情防控工作第 348 场新闻发布会上,市委宣传部副部长、市政府新闻办主任、市政府新闻发言人徐和建介绍,北京已连续 6 天实现病例数下降,昨日社会面病例数实现清零,8 个区已稳定实现社会面清零,个别区零星病例均在可控范围,本轮疫情已得到有效控制。'

# 精确模式:
seg_list = jieba.cut(text, cut_all = False)
print("【精确模式】:" + "/".join(seg_list))

# 全模式:
seg_list = jieba.cut(text, cut_all = True)
print("【全模式】:" + "/".join(seg_list))

# 搜索引擎模式
seg_list = jieba.cut_for_search(text)
print("【搜索引擎模式】:" + "/".join(seg_list))
```

例 10-8　使用 jieba 实现对输入文本的词性标注。

```
import jieba.posseg as pseg

# 输入文本
text = input()

# 进行分词和词性标注
```

```
In [17]: # 精确模式
         seg_list = jieba.cut(text, cut_all=False)
         print("【精确模式】: " + "/". join(seg_list))
```

【精确模式】: 在/北京市/疫情/防控/工作/第/348/场/新闻/发布会/上/，/市委/宣传部/副/部长/、/市政府/新闻办/主任/、/市政府/新闻/发言人/徐和建/介绍/，/北京/已/连续/6/天/实现/病例/数/下降/，/昨日/社会/面/病例/数/实现/清零/，/8/个区/已/稳定/实现/社会/面/清零/，/个别/区/零星/病例/均/在/可控/范围/，/本轮/疫情/已/得到/有效/控制/。

```
In [18]: # 全模式
         seg_list = jieba.cut(text, cut_all=True)
         print("【全模式】: " + "/". join(seg_list))
```

【全模式】: 在/北京/北京市/京市/疫情/防控/工作/第/348/场/新闻/发布/发布会/会上/，/市委/宣传/宣传部/部副/副部长/部长/、/市政/市政府/政府/新闻/新闻办/办主任/主任/、/市政/市政府/政府/新闻/发言/发言人/徐/和/建/介绍/，/北京/已/连续/6/天/实现/病例/例数/数下/下降/，/昨日/社会/会面/病例/例数/实现/清零/，/8/个/区/已/稳定/实现/社会/会面/清零/，/个别/别区/零星/病例/均/在/可控/范围/，/本轮/疫情/已得/得到/有效/控制/。

```
In [19]: # 搜索引擎模式
         seg_list = jieba.cut_for_search(text)
         print("【搜索引擎模式】: " + "/". join(seg_list))
```

【搜索引擎模式】: 在/北京/京市/北京市/疫情/防控/工作/第/348/场/新闻/发布/发布会/上/，/市委/宣传/宣传部/副/部长/、/市政府/市政府/新闻/新闻办/主任/、/市政/市政府/市政府/新闻/发言/发言人/徐和建/介绍/，/北京/已/连续/6/天/实现/病例/数/下降/，/昨日/社会/面/病例/数/实现/清零/，/8/个区/已/稳定/实现/社会/面/清零/，/个别/区/零星/病例/均/在/可控/范围/，/本轮/疫情/已/得到/有效/控制/。

图 10-9　jieba 分词代码的运行结果

```
words = pseg.cut(text)

# 输出分词结果和词性标注
for word, flag in words:
    print(word, flag)
```

　　在上述代码中,jieba.posseg 模块中的 pseg.cut 函数用于进行分词和词性标注。该函数返回一个生成器对象,可以通过遍历来获取每个词语及其对应的词性标注。每个词语和标注以元组的形式返回,其中 word 表示词语,flag 表示词性标注。需要注意的是,jieba 的词性标注并不是细粒度的,而是基于简化的标签集,如"n"表示名词,"v"表示动词,"l"表示习惯用语等。如果需要更详细的词性信息,可能需要使用其他更专业的中文词性标注工具,如清华大学 THULAC 工具包或斯坦福词性标注器等。运行代码,输入"我爱自然语言处理",将会输出图 10-10 所示的分词结果和对应的词性标注。

```
import jieba.posseg as pseg

# 输入文本
text=input()

# 进行分词和词性标注
words = pseg.cut(text)

# 输出分词结果和词性标注
for word, flag in words:
    print(word, flag)
```
我爱自然语言处理
我 r
爱 v
自然语言 l
处理 v

图 10-10　词性标注代码的运行结果

10.2.3 特征选取

在文本预处理中,特征选取是非常重要的一步,它的目的是从原始文本数据中提取出最具代表性和有用的特征,以供后续的文本分析和机器学习任务使用。词袋模型和N-gram 模型为常用的文本特征选取方法。

1. 词袋模型(Bag-of-Words)

BOW 模型将文本表示为一个包含所有词汇的集合,每个词汇作为一个特征(将一篇文档或一个文本集合看作是一个"袋子",这个"袋子"中装着一些词汇)。这种方法不考虑词汇的顺序和语法关系,只关注词汇的出现与否。常见的词袋模型特征表示方法有词频(Term Frequency,TF)和词频-逆文档频率(Term Frequency-Inverse Document Frequency,TF-IDF)。

TF 指的是一个词在一篇文章中出现的次数,即查询关键字中的单词与文档的相关度,与单词在文档中出现的次数成正比。如果一个单词在一篇文章中出现多次,那么它与该文章的相关性更高。IDF 表示一个词的重要性,它被定义为文档集中包含该词的文档数的倒数。如果有太多文档都涵盖了某个单词,这个单词也就越不重要,或者说是这个单词就越没有信息量。因此,我们需要对 TF 的值进行修正,而 IDF 的想法是用 DF(文档频率)的倒数来进行修正。因此,TF-IDF 用于计算一个词在一篇文档中的相对重要性。计算公式是将一个词在文档中出现的频率(TF)乘以一个词的逆向文档频率(IDF)。这样可以降低常见词语的权重并增加未经常出现的词的权重,从而更好地识别文档主题,提取文本关键词。

例 10-9 利用 TF-IDF 获取 test. txt 文本文件内容特征。

```python
import jieba
from sklearn.feature_extraction.text import TfidfVectorizer

# 读取文件内容
with open('test.txt', 'r', encoding = 'gbk') as file:
    text = file.read()

# 分词
seg_text = " ".join(jieba.cut(text))

# 创建 TF - IDF 向量化器
vectorizer = TfidfVectorizer()

# 对文本进行向量化
tfidf_matrix = vectorizer.fit_transform([seg_text])

# 获取特征词列表
feature_names = vectorizer.get_feature_names_out()

# 打印特征词列表
print("特征词列表:")
for feature in feature_names:
```

```
    print(feature)

# 打印 TF－IDF 矩阵
print("\nTF－IDF 矩阵:")
print(tfidf_matrix.toarray())
```

　　在示例中，首先读取一个文本文件，并使用 jieba 库对文本进行中文分词处理；然后创建一个 TfidfVectorizer 对象，用于将文本转换为 TF-IDF 向量；使用 fit_transform 方法将分词后的文本传递给向量化器，得到 TF-IDF 矩阵，通过调用 get_feature_names_out 方法，我们可以获取特征词的列表；最后，代码打印出特征词列表和 TF-IDF 矩阵，矩阵中的每个元素代表对应特征词在输入文本中的 TF-IDF 值，表示每个词在文本中的重要性。代码运行结果如图 10-11 所示。

```
特征词列表:
一只
一场
中国
产物
位于
分类
可以
回归
多彩
存储
平凡
广泛应用
往往
数学
数据
数据分析
无数次
普通
林城
爬取
爱情
珍藏
甜美
生活
相关
相结合
省会
神州大地
简称
算法
紧密
美誉
聚类
苦涩
西南地区
计算机科学
贵州
贵州省
贵阳市
走通
过程
醉美
鸡蛋

TF-IDF矩阵:
[[0.12403473 0.12403473 0.12403473 0.12403473 0.12403473 0.12403473
  0.12403473 0.12403473 0.12403473 0.12403473 0.12403473 0.12403473
  0.12403473 0.12403473 0.24806947 0.3721042  0.12403473 0.12403473
  0.12403473 0.12403473 0.3721042  0.12403473 0.12403473 0.12403473
  0.12403473 0.12403473 0.12403473 0.12403473 0.12403473 0.12403473
  0.12403473 0.12403473 0.12403473 0.12403473 0.12403473 0.12403473
  0.12403473 0.24806947 0.12403473 0.12403473 0.12403473 0.12403473
  0.12403473]]
```

图 10-11　TF-IDF 获取文本特征代码的运行结果

2. n-gram 模型

n-gram 模型将文本表示为连续的 n 个词汇的序列，每个 n-gram 作为一个特征。这种方法考虑了词汇之间的顺序关系，可以捕捉到一定的上下文信息。

在 n-gram 模型中，n 代表预测下一个单词时考虑的前后相邻单词数。例如在 2-gram 模型中，每个单词的概率都与它前面的一个单词相关联，即只考虑两个相邻单词之间的关系。因此，对于一个给定的文本句子，n-gram 模型就会首先将其分割成不同的单词，然后在每个单词上创建一个数字表示此单词周围的上下文。常见的 n-gram 特征表示方法如下。

unigram（一元模型）：每一个词汇作为一个特征。

bigram（二元模型）：每两个相邻的词汇作为一个特征。

trigram（三元模型）：每三个相邻的词汇作为一个特征。

例 10-10　使用 2-gram 模型获取 test. txt 文本文件内容特征。

```python
import jieba
from sklearn.feature_extraction.text import TfidfVectorizer

# 读取文件内容
with open('test.txt', 'r', encoding = 'gbk') as file:
    text = file.read()

# 分词
seg_text = " ".join(jieba.cut(text))

# 创建 TF - IDF 向量化器,并指定 n - gram 范围为(2, 2)
vectorizer = TfidfVectorizer(ngram_range = (2, 2))

# 对文本进行向量化
tfidf_matrix = vectorizer.fit_transform([seg_text])

# 获取特征词列表
feature_names = vectorizer.get_feature_names_out()

# 打印特征词列表
print("特征词列表:")
for feature in feature_names:
    print(feature)

# 打印 TF - IDF 矩阵
print("\nTF - IDF 矩阵:")
print(tfidf_matrix.toarray())
```

在示例中，首先，代码读取了一个名为 test. txt 的文件，并将文件内容存储在变量 text 中。接下来，使用 jieba 库对文本进行分词处理。然后，代码创建了一个 TfidfVectorizer 对象，用于将文本转换为 TF-IDF 特征向量。在创建 TfidfVectorizer 对象时，通过设置 ngram_range＝(2，2)，指定了特征提取的范围为 2-gram，即提取所有的连续两个词语作为特征。接下来，使用 vectorizer. fit_transform（[seg_text]）对分词后的文本进行向量化处理。fit_transform()方法将分词后的文本作为输入,并返回一个 TF-IDF 矩阵,表示每个特征词的重要性。通过 vectorizer. get_feature_names_out()获取特征词列表,将其存储在 feature_names 变量中。最后,代码分别打印出特征词列表和 TF-IDF 矩阵。特征词列表包含了所有的 2-gram 特征词,而 TF-IDF 矩阵显示了特征词在文本中的重要性,通过 toarray()方法将稀疏矩阵转换为常规的二维数组进行打印。代码运行结果如图 10-12 所示。

```
特征词列表:
一只 鸡蛋
一场 爱情
中国 西南地区
产物 回归
位于 中国
分类 算法
可以 无数次
回归 聚类
多彩 贵州
存储 数据分析
平凡 普通
广泛应用 数据分析
往往 珍藏
数学 计算机科学
数据 存储
数据 爬取
数据分析 数学
数据分析 数据
数据分析 紧密
无数次 一场
普通 生活
林城 美誉
爬取 数据
爱情 一只
爱情 往往
爱情 苦涩
珍藏 平凡
甜美 爱情
相关 过程
相结合 产物
省会 林城
神州大地 醉美
简称 走遍
算法 广泛应用
紧密 相关
美誉 数据分析
聚类 分类
苦涩 爱情
西南地区 简称
计算机科学 相结合
贵州 贵阳市
贵州省 位于
贵州省 省会
贵阳市 贵州省
走遍 神州大地
过程 甜美
醉美 多彩
鸡蛋 可以

TF-IDF矩阵:
[[0.14433757 0.14433757 0.14433757 0.14433757 0.14433757 0.14433757
  0.14433757 0.14433757 0.14433757 0.14433757 0.14433757 0.14433757
  0.14433757 0.14433757 0.14433757 0.14433757 0.14433757 0.14433757
  0.14433757 0.14433757 0.14433757 0.14433757 0.14433757 0.14433757
  0.14433757 0.14433757 0.14433757 0.14433757 0.14433757 0.14433757
  0.14433757 0.14433757 0.14433757 0.14433757 0.14433757 0.14433757
  0.14433757 0.14433757 0.14433757 0.14433757 0.14433757 0.14433757
  0.14433757 0.14433757 0.14433757 0.14433757 0.14433757 0.14433757]]
```

图 10-12　2-gram 获取文本特征代码运行结果

10.2.4　词向量表示方法

文本是一种非结构化的数据信息,是不可以直接被计算的。文本表示的作用就是将这些非结构化的信息转换为结构化的信息,这样就可以针对文本信息做计算,来完成我们日常所能见到的文本分类、情感判断等任务。

词嵌入(Word Embedding)是一种常用的文本表示技术,用于将单词或短语映射到连续的向量空间中,在自然语言处理任务中具有重要作用。传统的文本表示方法如独热编码(One-Hot Encoding)将每个单词表示为一个高维稀疏向量,其中只有一个维度为1,其他维度都为0。这种表示方法不考虑单词之间的语义关系,无法捕捉上下文信息。而相比之下,词嵌入通过学习单词之间的语义关系,将单词映射到一个低维稠密向量空间中,使得具有相似语义的单词在向量空间中距离较近。当前有两种基础主流的词嵌入算法:Word2Vec从预测局部上下文的角度构造神经网络,将词向量当作神经网络的参数进行学习;GloVe利用语料库全局信息,让词向量重构词与词之间的全局共现频次信息,以揭示一些罕见词之间的相关性和语料库中一些有趣的线性结构。

1. Word2Vec

Word2Vec是谷歌于2013年提出的一种词向量方法,其主要思路是构造浅层神经网络来对词或上下文进行预测。根据预测任务的不同,Word2Vec包括两种不同的模型。一种模型将某个词的上下文作为输入来预测这个词本身,称作连续词袋模型(Continuous Bag-Of-Words,CBOW)。另一种模型将词作为输入来预测词的上下文,称作Skip-gram模型。在CBOW和Skip-gram模型中,词的上下文使用固定窗口大小的邻居词来表示。

例如对于句子"今晚 这场 悬疑 电影 十分 精彩",假设当前关注的中心词为"电影"。CBOW模型尝试使用上下文信息"这场 悬疑 十分 精彩"预测"电影"。而Skip-gram模型则尝试使用"电影"这个词预测其上下文"这场 悬疑 十分 精彩"。CBOW和Skip-gram模型的示意图如图10-13所示。

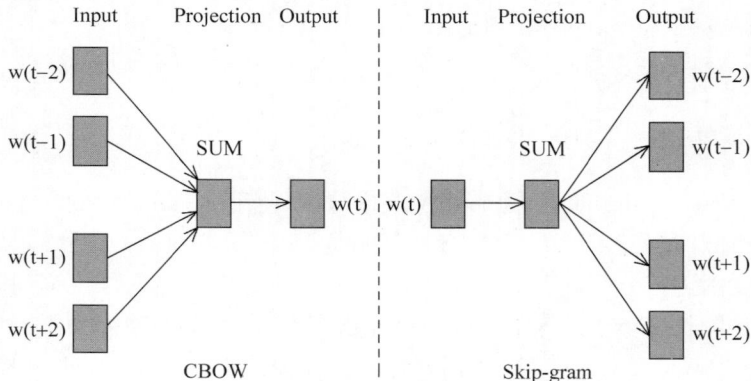

图10-13 CBOW和Skip-gram模型的示意图

2. Glove

Glove是一个基于全局词频统计(count-based & overall statistics)的词表征工具,它可以把一个单词表达成一个由实数组成的向量,这些向量捕捉到了单词之间的一些语义特性,比如相似性、类比性等。GloVe的核心思想是使用共现矩阵来捕捉单词之间的语义关系,共现矩阵记录了在给定上下文窗口内两个单词同时出现的频率。GloVe模型通过最小化目标函数来学习单词向量,使得它们在向量空间中的点积与共现矩阵的对数频率之间的差异最小化。

例 10-11 使用Word2Vec获取党的二十大报告词向量,并输出与目标词语相似度最高的 10 个词语及其相似度。

```
import jieba
from gensim.models import Word2Vec

# 读取文件内容
with open('data/二十大报告.txt', 'r', encoding = 'utf - 8') as file:
    text = file.read()

# 分词
seg_text = list(jieba.cut(text))

# 加载停用词列表
stopwords = []
with open('data/cn_stopwords.txt', 'r', encoding = 'utf - 8') as file:
    for line in file:
        stopwords.append(line.strip())

# 清洗文本
cleaned_text = [word for word in seg_text if len(word) > 1 and word not in stopwords]

# 训练 Word2Vec 模型
model = Word2Vec([cleaned_text], min_count = 1)

# 获取与 target_word 相似度最高的 10 个词语及其相似度
target_word = "发展"
if target_word in model.wv:
    print(f"与'{target_word}'相似度最高的词语及其相似度:")
    similar_words = model.wv.most_similar(target_word, topn = 10)
    for word, similarity in similar_words:
        print(f"词语:{word},相似度:{similarity:.4f}")
else:
    print(f"未找到与'{target_word}'相似度最高的词语。")
```

在以上示例中,使用 jieba 库进行中文文本分词,使用 gensim 库中的 Word2Vec 模型进行词向量训练和相似度计算。首先读取了名为"二十大报告.txt"的文本文件,然后使用 jieba 库对文本进行分词;从"cn_stopwords.txt"的文件中读取停用词列表,并通过遍历分词结果,排除长度小于或等于 1 的词语和出现在停用词列表中的词语;基于清洗后的文本训练一个 Word2Vec 模型;然后指定一个目标词语 target_word,并检查该词语是否存在于训练好的模型中,若存在,获取与 target_word 相似度最高的 10 个词语及其相似度;最后,代码遍历输出每个相似词语及其相似度。代码运行结果如图 10-14 所示。

```
与'发展'相似度最高的词语及其相似度:
词语:安全,相似度:0.4920
词语:加强,相似度:0.4878
词语:国家,相似度:0.4766
词语:长期,相似度:0.4765
词语:现代化,相似度:0.4618
词语:维护,相似度:0.4538
词语:建设,相似度:0.4427
词语:体系,相似度:0.4334
词语:始终,相似度:0.4277
词语:推进,相似度:0.4201
```

图 10-14　Word2Vec 获取词向量代码运行结果

实验视频

10.3　文本挖掘方法实现

在文本挖掘的领域中,文本分类、文本聚类可以帮助我们对大量文本数据进行整理和分析。学习文本分类和聚类的原理和应用,我们能够更好地理解和应用文本挖掘在实际场景中的作用和效果。

10.3.1　文本分类

文本分类(Text Classification),是将文本数据划分为不同的类别或标签的任务。通过训练一个分类模型,可以自动将新的文本数据分配到合适的类别中,实现这一任务的算法模型叫作分类器。文本分类的目标是根据文本的内容和特征,将其归类到事先定义好的类别中。对于一个分类器(classifier),通常需要我们告诉它"这个东西被分为某类",理想情况下,它会从得到的训练集中进行"学习",从而获得对未知数据进行分类的能力,这是一种监督学习的过程。

文本分类在许多领域有着重要的应用,例如垃圾邮件过滤、情感分析、文本翻译、新闻分类等,它可以帮助人们快速准确地处理和组织大量的文本数据,并提供有关文本内容的洞察和分析。

1. 分类方式

根据预定义的分类类别来划分,文本分类可以划分为二分类和多分类。根据标注的类别来划分,文本分类可以划分为单标签分类和多标签分类两种方式。

1)二分类和多分类

在二分类中,文本被划分为两个互斥的类别,如正面和负面、是和否等。可以使用各种分类算法来进行分类,如逻辑回归、支持向量机(SVM)、朴素贝叶斯等。这些算法可以根据文本的特征进行训练,然后对新的文本进行分类预测。

而在多分类中,文本被划分为多个不同的类别,如一个文本可能被同时认为是宗教、政治、金融或者教育相关话题等,可以通过扩展二分类算法来实现。一种常见的方法是使用一对多(One-vs-Rest)策略,将每个类别与其他所有类别进行二分类比较,最后选择概率最高的类别作为预测结果。

2)单标签和多标签

在单标签分类中,每个文本只被标注为一个类别。这意味着每个文本只属于一个类别,且该类别是唯一的。例如,对于新闻分类任务,每篇新闻只会被标注为一个类别。

在多标签分类中,每个文本可以被标注为多个类别。这意味着每个文本可以同时属于多个类别,类别之间是不互斥的。例如,对于电影评论数据集,可以将评论分为多个标签,如"喜剧""动作""爱情"等,这样可以更好地描述电影的特点。

2. 发展历程

文本分类最初是通过专家规则(Pattern)进行分类,利用知识工程建立专家系统,这样做的好处是比较直观地解决了问题,但费时费力,覆盖的范围和准确率都有限。之后伴随着统计学习方法的发展,特别是 20 世纪 90 年代后互联网在线文本数量增长和机器学习学科的兴起,逐渐形成了一套解决大规模文本分类问题的经典做法,即"特征工程＋浅层分类"模型,又分为传统机器学习方法和深度学习文本分类方法。

图 10-15 为文本分类的发展历程,其中浅色代表浅层学习模型,深色代表深层学习模型。从 20 世纪 60 年代到 2010 年,基于传统浅层模型的方法在文本分类中占据主导地位,例如朴素贝叶斯(NB),K 近邻(KNN)和支持向量机(SVM)。与早期的基于规则的方法相比,该方法在准确性和稳定性方面具有明显的优势,但是这些方法仍然需要进行功能设计,这既耗时又昂贵,且它们通常会忽略文本数据中的自然顺序结构或上下文信息,这使学习单词的语义信息变得困难。自 2006 年深度学习复兴以来,尤其是 2010 年之后,文本分类的主流方法已从传统方法过渡至深度学习方法。与浅层学习模型相比,深度学习方法避免了人工设计规则和功能,并自动为文本挖掘提供了语义上有意义的表示形式,因此大多数文本分类研究工作都基于深度学习方法。2019 年进入 Bert 时代后,预训练模型占据包括文本分类在内的诸多 NLP 领域的主流地位。

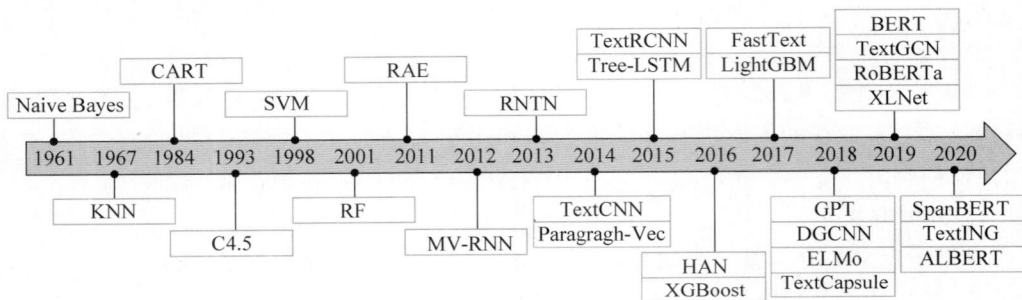

图 10-15　文本分类的发展历程

3. 模型算法

朴素贝叶斯算法是一种基于贝叶斯定理的分类算法,其基本思想是根据特征之间的条件独立性假设,利用贝叶斯定理计算后验概率,从而进行分类。该算法的"朴素"之处在于它假设特征之间相互独立,即每个特征对于分类结果的贡献是相互独立的。由于其算法简单、易于理解、对于大规模数据集效果良好,计算速度快,常用于文本分类、垃圾邮件过滤、情感分析和推荐系统等领域。

例 10-12　为帮助人们更有效地组织、检索和理解大量的新闻信息,有一包含 83599 条新闻标题文本及其类别的数据集,请使用朴素贝叶斯算法模型对新闻标题进行分类。数据集来源:https://aistudio.baidu.com/datasetdetail/103654。

```python
import pandas as pd
from sklearn.model_selection import train_test_split
from sklearn.feature_extraction.text import TfidfVectorizer
from sklearn.naive_bayes import MultinomialNB
from sklearn.metrics import accuracy_score
import jieba

# 读取停用词文件
stopwords = []
```

```python
with open('data/cn_stopwords.txt', 'r', encoding = 'utf - 8') as f:
    stopwords = f.read().splitlines()

# 读取数据集
data = pd.read_csv('data/news_classification.txt', delimiter = '\t', header = None, names =
['新闻标题文本', '类别'])

# 分词处理并去除停用词
data['新闻标题文本'] = data['新闻标题文本'].apply(lambda x: ' '.join([word for word in
jieba.cut(x) if word not in stopwords]))

# 提取标题文本和类别
titles = data['新闻标题文本']
labels = data['类别']

# 划分训练集和验证集
train_titles, val_titles, train_labels, val_labels = train_test_split(titles, labels,
test_size = 0.2, random_state = 42)

# 创建训练集和验证集的 DataFrame
train_data = pd.DataFrame({'新闻标题文本': train_titles, '类别': train_labels})
val_data = pd.DataFrame({'新闻标题文本': val_titles, '类别': val_labels})

# 保存训练集和验证集数据到文件
train_data.to_csv('data/train_data.csv', index = False)
val_data.to_csv('data/val_data.csv', index = False)

# 读取训练集和验证集数据
train_data = pd.read_csv('data/train_data.csv')
val_data = pd.read_csv('data/val_data.csv')

# 提取训练集的标题文本和对应的类别
train_titles = train_data['新闻标题文本']
train_labels = train_data['类别']

# 提取验证集的标题文本和对应的类别
val_titles = val_data['新闻标题文本']
val_labels = val_data['类别']

# 使用 TfidfVectorizer 将文本转换为特征向量
vectorizer = TfidfVectorizer()
train_features = vectorizer.fit_transform(train_titles)
val_features = vectorizer.transform(val_titles)

# 建立朴素贝叶斯分类模型
model = MultinomialNB()
model.fit(train_features, train_labels)

# 在验证集上进行预测
val_predictions = model.predict(val_features)

# 计算模型在验证集上的准确率
accuracy = accuracy_score(val_labels, val_predictions)
print("准确率:", accuracy)
```

以上代码首先读取了中文停用词文件,并将停用词存储在一个列表中。然后,代码读取原始数据集,对新闻标题文本进行了分词处理,并在此过程中去除了停用词。接下来,将数据集划分为训练集和验证集,其中80%的数据用于训练模型,20%的数据用于验证模型的性能,并使用TF-IDF(词频-逆文档频率)方法将文本转换为特征向量。在特征向量准备好后,代码使用朴素贝叶斯分类器进行训练。最后,代码在验证集上进行预测,并计算模型在验证集上的准确率,输出准确率可达77%左右,效果良好。

10.3.2 文本聚类

文本聚类是一种无监督学习任务,其目标是根据文本之间的相似性将它们分组到同一个类别中。文本聚类的目标是通过计算文本之间的相似度来确定文本之间的关联性,从而进行分组,简单地说就是把相似的东西分到一组,聚类时并不关心某一类是什么,我们需要实现的目标只是把相似的东西聚到一起。因此,聚类算法通常并不需要使用训练数据进行学习,是一种无监督学习的过程,在文本挖掘、信息检索、推荐系统等领域中具有重要的应用,可以帮助人们发现文本数据中的隐藏模式和结构,从而提供更好的组织和理解文本数据的方式。

文本聚类算法的基本思想是将文本转换为数值表示(如词频、TF-IDF向量),然后根据文本之间的相似性进行聚类。常用的文本聚类算法包括k-means、层次聚类、DBSCAN等。第6章中对相关的聚类算法进行了详细的介绍,在本节中不再进行原理算法层面的分析,主要着眼于对文本聚类的案例实现。

例10-13 对食品安全相关评论进行文本挖掘有利于帮助商铺、监管机构和消费者更好地理解和分析食品安全问题。有一数据集包含10000条餐厅评价,使用k-means算法对餐厅评价进行文本聚类。数据集来源:https://tianchi.aliyun.com/dataset/129832。

```python
import pandas as pd
import matplotlib.pyplot as plt
from sklearn.feature_extraction.text import TfidfVectorizer
from sklearn.decomposition import PCA
from sklearn.cluster import KMeans

# 读取停用词表
with open('cn_stopwords.txt', 'r', encoding = 'utf - 8') as f:
    stopwords = [line.strip() for line in f]

# 读取数据集
data = pd.read_csv('data/comment.csv', header = None, names = ['label_comment'])

# 提取标签和评论
data['label'] = data['label_comment'].str[0]
data['comment'] = data['label_comment'].str[1:]

# 去除停用词
data['comment'] = data['comment'].apply(lambda x: ' '.join([word for word in x.split() if word not in stopwords]))
```

```
# 提取评论文本和对应的标签
comments = data['comment']
labels = data['label']

# 使用 TF - IDF 将文本转换为特征向量
vectorizer = TfidfVectorizer()
features = vectorizer.fit_transform(comments)

# 使用 PCA 进行降维
pca = PCA(n_components = 2)
reduced_features = pca.fit_transform(features.toarray())

# 进行文本聚类
kmeans = KMeans(n_clusters = 2, random_state = 0)
clusters = kmeans.fit_predict(reduced_features)

# 绘制散点图展示聚类结果
plt.figure(figsize = (10, 6))
for cluster_id in range(kmeans.n_clusters):
    cluster_points = reduced_features[clusters == cluster_id]
    plt.scatter(cluster_points[:, 0], cluster_points[:, 1], label = f"Cluster {cluster_id}")
plt.legend()
plt.xlabel("PC1")
plt.ylabel("PC2")
plt.title("Comment Clustering Results")
plt.show()
```

以上示例中,首先导入所需的库：pandas 用于数据处理,matplotlib. pyplot 用于绘图,sklearn 中的 TfidfVectorizer 用于将文本转换为 TF-IDF 特征向量,PCA 用于降维,KMeans 用于聚类；读取数据集,从数据集中的 label_comment 列中提取标签和评论,并将它们分别存储在 DataFrame 的 label 和 comment 列中,使用 lambda() 函数和列表推导式,对评论文本进行处理,去除其中的停用词；将处理后的评论文本和对应的标签分别存储在 comments 和 labels 变量中,创建一个 TfidfVectorizer 对象,将评论文本转换为 TF-IDF 特征向量表示；创建一个 PCA 对象,并将 TF-IDF 特征向量进行降维,将其转换为二维特征；创建一个 KMeans 对象,指定聚类簇的数量为 2,并对降维后的特征进行聚类；最后绘制散点图展示聚类结果,如图 10-16 所示。

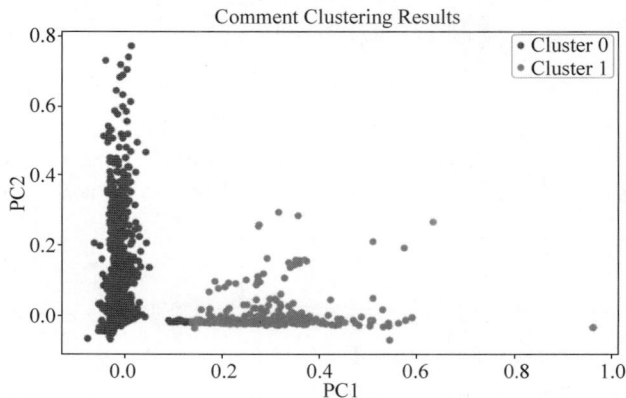

图 10-16　餐厅评价文本聚类代码运行结果

10.4 文本挖掘结果可视化

在文本挖掘领域中,文本挖掘结果的可视化是一项至关重要的任务。通过将复杂的文本数据转换为直观的可视化图形,我们可以更加直观地理解和分析文本中的信息。知识图谱和词云图是文本挖掘结果的两种常见可视化方法。知识图谱是一种图形化表示方式,用于展示文本数据中的实体和它们之间的关系。通过构建知识图谱,我们可以清晰地看到文本中各个实体之间的联系,进而进行更深入的分析和挖掘。而词云图则是一种用于展示文本数据中关键词分布的可视化方法。通过观察词云图,我们可以迅速了解文本中的关键主题和重要信息,帮助我们更好地理解和分析文本数据。本节将详细介绍其原理和应用,以及如何使用相应的工具进行可视化展示,为深入分析文本数据提供有力的支持。

10.4.1 知识图谱

知识图谱是一种以图形化方式呈现实体间关系的技术,它通过将文本数据中的实体和实体之间的关系表示为图形,帮助我们更好地理解和分析文本中的信息。知识图谱作为一种有效的文本挖掘技术,提供了一种更直观、更全面的数据呈现和分析方式,帮助人们从海量的文本数据中快速获取有用的信息,推动各个领域的发展和创新。

1. 定义

知识图谱(Knowledge Graph)的早期理念来自语义网络(Semantic Web),其最初的目标是将基于文本链接的万维网转变为基于实体链接的语义网络。Semantic Web 的愿景是通过为互联网上的信息赋予明确的含义和语义关系,使机器能够更好地理解和处理信息。而知识图谱则是实现 Semantic Web 目标的一种具体技术手段。在知识图谱中,实体被赋予了明确的含义,并且与其他实体之间的关系也被建立起来。

知识图谱最先由谷歌公司于 2012 年提出,将其定义为:知识图谱是谷歌用于增强其搜索引擎功能的辅助知识库,以准确地阐述人、事、物之间的关系。知识图谱就是将结构化的信息通过图结构进行关联起来的一个知识库,而基于深度学习的知识图谱的构建是将某领域的数据信息通过深度学习算法构建"实体—关系—实体"的三元组模型,并将其存储在图结构数据库中。从文本挖掘的视角来看,知识图谱就是从文本中抽取语义和结构化的数据。

2. 构建流程

构建知识图谱的流程包括数据采集、信息抽取、知识融合和知识加工等关键步骤,如图 10-17 所示,这些步骤相互配合,共同构建起一个完整、准确的知识图谱。

1)数据采集(Data Acquisition)

数据采集一般可以通过网络爬虫、数据库获取、人工制作数据或者在相应官网上下载处理过的数据,采集的数据一般有三种形态:结构化数据(Structured Data)、半结构化数据(Semi-Structured Data)和非结构化数据(Unstructured Data)。

在文本挖掘领域,数据大多数为非结构化形态。非结构化数据往往是没有任何结构

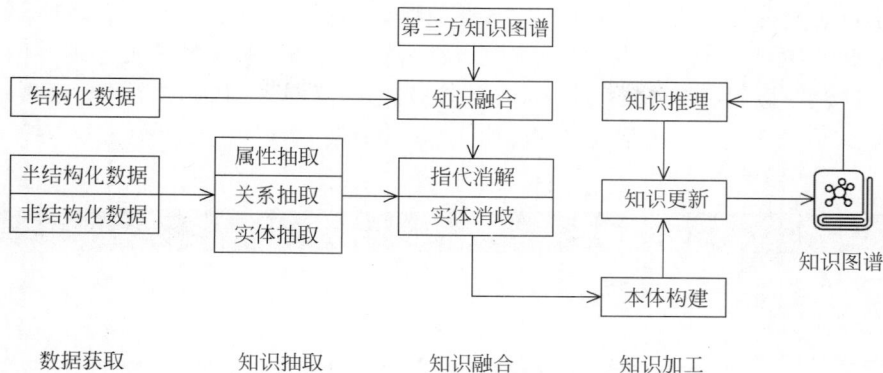

图 10-17　知识图谱的构建流程

的数据,例如图片、音频、文本等信息,这类数据往往整体存储或读写。知识图谱的构建绝大多数需要对这些非结构化数据进行挖掘,因此知识图谱的构建主要数据来源为非结构化数据,同时相关的研究也主要以非结构化数据为"原材料"。

2) 知识抽取(Information Extraction)

数据采集后需要进行相应的数据操作,在知识图谱中的数据操作的关键部分是知识抽取,知识抽取主要包括三个步骤:命名实体识别(NER)、实体关系抽取(RC)和属性抽取,是知识图谱构建的主要部分。

(1) 命名实体识别(NER)。

命名实体识别是对半结构化数据和非机构化数据进行信息抽取的第一步,往往实体是信息的主要载体。实体可以是人、地名等事物,也可以是某个概念。在早期通过字符串匹配或人工操作等方式将需要的实体提取出,随后人们通过自然语言处理和机器学习方式进行实体提取。

(2) 实体关系抽取(RC)。

实体关系抽取又称关系分类,需要对实体之间的关系进行分类,以确定"实体—关系—实体"三元组。文本语料经过实体抽取之后得到的是一系列离散的命名实体(节点),为了得到语义信息,还需要从相关的语料中提取出实体之间的关联关系(边),才能将多个实体或概念联系起来,形成网状的知识结构。研究关系抽取,就是研究如何解决从文本语料中抽取实体间的关系。

(3) 属性抽取。

构建起三元组后,需要对实体和关系进行属性的抽取,属性抽取往往可以直接通过网络获取,同时也可以将属性视为实体或关系,通过 NER 或者 RC 方式进行处理。

在这里介绍一个支持低资源、长篇章、多模态的开源知识抽取工具——DeepKE。DeepKE 是由浙江大学知识引擎实验室开发的中文关系抽取开源工具,支持常规全监督、低资源少样本、长篇章文档和多模态场景,覆盖各种信息抽取任务,包括命名实体识别、关系抽取和属性抽取。该系统基于深度学习,以统一的接口实现了目前主流的关系抽取模型,包括卷积神经网络、循环神经网络、注意力机制网络、图卷积神经网络、胶囊神经网络以及使用语言预训练模型等在内的深度学习算法。

对于单句支持的功能有实体抽取、属性抽取、关系抽取三个任务。实体抽取效果如图 10-18 所示,对于单句"《红楼梦》是中央电视台和中国电视剧制作中心根据中国古典文学名著《红楼梦》摄制于 1987 年的一部古装连续剧,由王扶林导演,周汝昌、王蒙、周岭等多位红学家参与制作。",提取出人物、地点、组织;篇章级、多模态则主要是关系抽取任务。

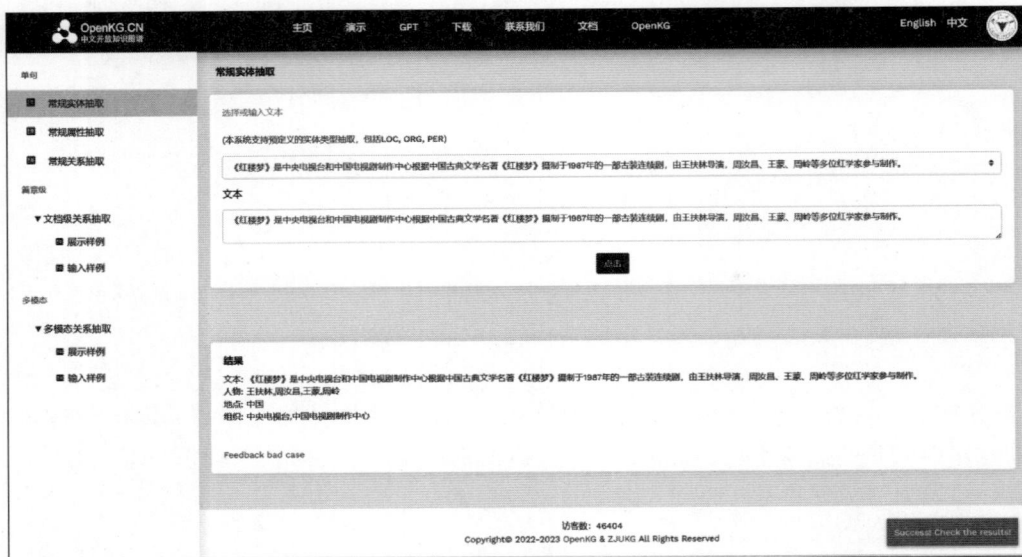

图 10-18　实体抽取效果

为促进中文领域的知识图谱构建和方便用户使用,DeepKE 提供了预训练好的支持 cnSchema 的特别版 DeepKE-cnSchema,支持开箱即用的中文实体抽取和关系抽取等任务,可抽取 50 种关系类型和 28 种实体类型,其中实体类型包含了通用的人物、地点、城市、机构等类型,关系类型包括了常见的祖籍、出生地、国籍、朝代等类型。目前,DeepKE (cnSchema) 支持的 Schema 类型如图 10-19 所示。

3) 知识融合(Knowledge Fusion)

通过知识抽取工作获得的三元组往往有一定程度的错误信息。从 NER、RC 的模型优化角度考虑,模型的精度往往不是非常高,因此会有被错误识别的实体或被错误分类的关系。为了提高知识图谱的置信度,需要对其进行处理,主要方式有:实体消歧、共指消解和知识合并。

(1) 实体消歧。

同一个实体可能有不同名称,同一个名称可能表示不同类型实体。例如"浙工商"和"浙江工商大学"都是同一个事物,而在知识抽取过程中,并没有将其合并,因此实体消歧的主要目的是消除同名实体产生的歧义问题,主要采用聚类法。

(2) 共指消解。

在一个句子中,往往有多种指称项指向同一个实体,利用共指消解技术,可以将这些指称项关联(合并)到正确的实体对象。

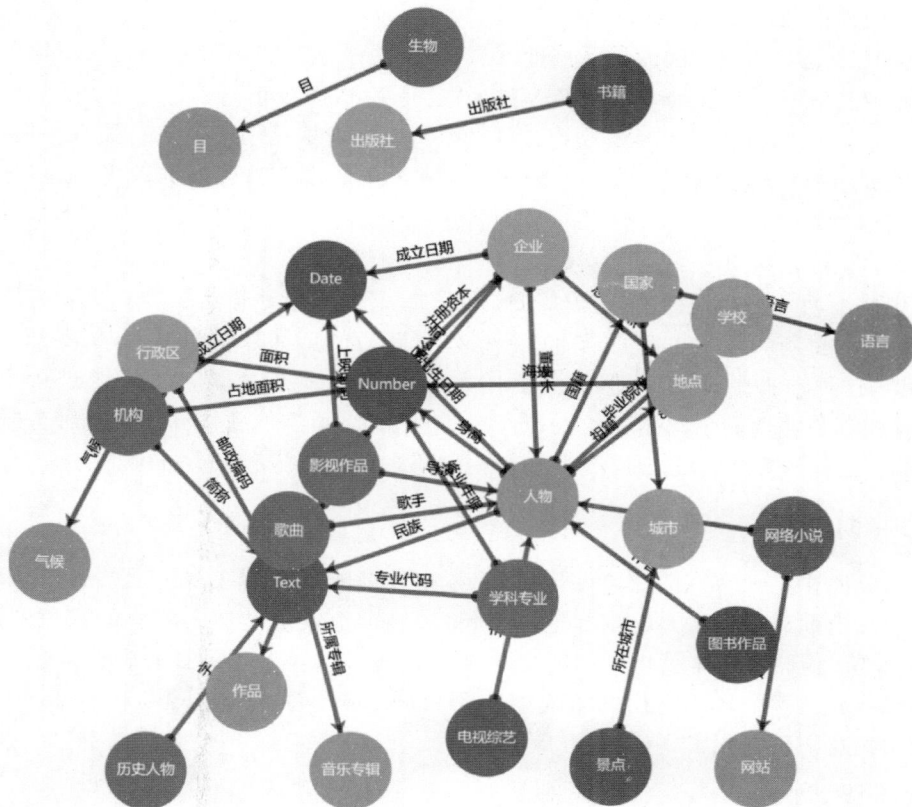

图 10-19　Schema 支持的类型

（官方网址：http://deepke.zjukg.org/CN/index.html

源码 Github 地址：https://github.com/zjunlp/DeepKE）

（3）知识合并。

自主建立的知识体系一般相对孤立，信息量有限。为了使自主构建的知识体系可以与网络现有的知识库相呼应，需要对知识进行合并，我们可以将已构建的知识体系以图结构存储在图形数据库中，通过实体消歧进行合并，也可以将知识体系以关系型存储在关系数据库中，并通过数据库技术进行合并。

4）知识加工（Know Processing）

通过信息抽取，可以从原始语料中提取出实体、关系与属性等知识要素。再经过知识融合，可以消除实体指称项与实体对象之间的歧义，得到一系列基本的事实表达。然而，事实本身并不等于知识，要想最终获得结构化、网络化的知识体系，还需要经历知识加工的过程。知识加工主要包括 3 方面内容：本体构建、知识推理和知识更新。

（1）本体构建。

本体是用于描述一个领域的术语集合，其目标是获取、描述和表示相关领域的知识，提供对该领域知识的共同理解，确定领域内共同认可的词汇，并从不同层次的形式化模式上给出这些词汇和词汇间相互关系的明确定义。

（2）知识推理。

知识推理是对知识之间的关系推理，包括逻辑关系推理和图关系推理。逻辑关系推理属于语义分析部分。例如命题"985 高校一定是 211，而 211 高校不一定是 985"，由此可以推理出华东师范大学是 985 也是 211。图关系推理根据图模型进行关系拓展，例如建立的三元组有"浙江工商大学在钱塘区""钱塘区在杭州市"，可以推理出"浙江工商大学在杭州市"。

（3）知识更新。

知识是不断地更新迭代的，构建好的知识图谱需要不断地进行更新。更新方式一般有两种：全面更新和增量更新。全面更新指以更新后的全部数据为输入，从零开始构建知识图谱，这种方法比较简单，但资源消耗大，而且需要耗费大量人力资源进行系统维护；增量更新以当前新增数据为输入，向现有知识图谱中添加新增知识。这种方式资源消耗小，但目前仍需要大量人工干预（定义规则等），因此实施起来十分困难。

10.4.2 词云图

词云又叫文字云，是对文本数据中出现频率较高的关键词在视觉上的突出呈现，出现频率越高的词显示得越大或越鲜艳，从而将关键词渲染成类似云一样的彩色图片，使浏览者只要一眼扫过文本就可以领略文本的主旨，感知文本数据的核心思想。

本节将介绍两个较为常用的生成词云图的 Python 库：wordcloud 和 stylecloud，以更好地掌握这一可视化工具。

1. wordcloud

在 Python 中，可以通过安装 wordcloud 词云扩展包形成快速便捷的词云图片。它提供了一种简单而灵活的方式来创建自定义的词云图，支持对文本数据进行预处理、对词语进行频率统计和生成词云图等操作。该库的核心是 wordcloud 类所有的功能都封装在 wordcloud 类中，使用时需要实例化一个 wordcoloud 类的对象，并调用其 generate（text）方法将 text 文本转换为词云。wordcloud 参数如表 10-2 所示，读者可以根据自己的需要进行个性化设置。

表 10-2　wordcloud 词云图参数

参　数	描　述
height	int 型，用于控制词云图画布高度，默认为 200
width	int 型，用于控制词云图画布宽度，默认为 400
fontpath	字符型，用于传入本地特定字体文件的路径（ttf 或 otf 文件），影响词云图的字体族
mask	传入蒙版图像矩阵，使得词云的分布与传入的蒙版图像一致
scale	当画布长宽固定时，按照比例进行放大画布，如 scale 设置为 1.5，则长和宽都是原来画布的 1.5 倍
max_font_size	int 型，控制词云图中最大的词对应的字体大小，默认为 200
min_font_size	int 型，控制词云图中最小的词对应的字体大小，默认为 4
max_words	int 型，控制一张画布中最多绘制的词个数，默认为 200
stopwords	控制绘图时忽略的停用词，即不绘制停用词中提及的词，默认为 None，即调用自带的停用词表

续表

参　数	描　述
background_color	控制词云图背景色,默认为 black
mode	当设置为 RGBA 且 background_color 设置为 None 时,背景色变为透明,默认为 G
relative_scaling	float 型,控制词云图绘制字的字体大小与对应字词频的一致相关性,当设置为 1 时完全相关,为 0 时完全不相关,默认为 0.5
color_func	传入自定义调色盘函数,默认为 None
colormap	对应 matplotlib 中的 colormap 调色盘,默认为 viridis,这个参数与参数 color_func 互斥,当 color_func 有函数传入时本参数失效
prefer_horizontal	float 型,控制所有水平显示的文字相对于竖直显示文字的比例,越小则词云图中竖直显示的文字越多
contour	float 型,当 mask 不为 None 时,contour 参数决定了蒙版图像轮廓线的显示宽度,默认为 0 即不显示轮廓线
repeat	bool 型,控制是否允许一张词云图中出现重复词,默认为 False 即不允许重复词
contour_color	设置蒙版轮廓线的颜色,默认为 black
random_state	控制随机数水平,传入某个固定的数字之后每一次绘图文字布局将不会改变

例 10-14 《明朝那些事儿》是一本以幽默风格讲述明朝历史故事的畅销书籍,其中包含了丰富的历史事件、人物和背景。为快速捕捉到文本中的关键信息,使用 wordcloud 词云扩展包对《明朝那些事儿》生成词云图,以探索和理解文本背后的故事和主题。

```python
import matplotlib.pyplot as plt
import jieba
import wordcloud
from wordcloud import WordCloud, ImageColorGenerator
import numpy as np
from PIL import Image

with open('data/明朝那些事儿.txt', 'r', encoding = 'gbk') as f:
    textfile = f.read()
wordlist = jieba.lcut(textfile)
space_list = ''.join(wordlist)
stop_words = open('data/cn_stopwords.txt', 'r', encoding = 'utf - 8').read().split("\n")
backgroud = np.array(Image.open('background.png'))

wc = WordCloud(width = 1400, height = 2200,
            background_color = 'white',
            mode = 'RGB',
            mask = backgroud,
            max_words = 500,
            stopwords = stop_words,
            font_path = 'simhei.ttf',
            max_font_size = 150,
            relative_scaling = 0.6,
            random_state = 50,
            scale = 2
            ).generate(space_list)
```

```
image_color = ImageColorGenerator(backgroud)
wc.recolor(color_func = image_color)

plt.imshow(wc)
plt.axis('off')
plt.show()
wc.to_file('明朝那些事儿词云图.jpg')
```

对于该案例的具体步骤与说明如下。

（1）导入所需库。

matplotlib.pyplot：用于数据可视化，包括显示和保存词云图。

jieba：用于对文本进行分词。

wordcloud：词云库，用于生成词云。

numpy：用于科学计算。

PIL.Image：用于处理图片。

（2）打开文本文件并读取内容。

使用 open() 函数打开名为"明朝那些事儿.txt"的文本文件，并以 gbk 编码方式读取文件内容。将文件内容存储在 textfile 变量中。

（3）分词。

使用 jieba.lcut() 函数对 textfile 进行分词，将分词结果存储在 wordlist 列表中。

（4）构建词语空格连接。

使用'. 'join(wordlist)将分词结果用空格连接成一个字符串，存储在 space_list 变量中。

（5）构建停用词表。

使用 open() 函数打开名为"cn_stopwords.txt"的停用词表文件，并以 utf-8 编码方式读取文件内容。

使用.split("\n")将文件内容按换行符分割成一个列表，存储在 stop_words 变量中。

图 10-20　background.png 图像

（6）加载背景图片。

使用 PIL.Image.open 打开名为"background.png"的背景图片，如图 10-20 所示，将其转换为 numpy 数组，存储在 backgroud 变量中。

（7）创建词云对象并设置参数。

使用 wordcloud 类创建一个词云对象 wc，并设置相关参数。

（8）生成词云图。

使用.generate(space_list)方法生成词云图，其中 space_list 是分词后的文本字符串；使用 ImageColorGenerator 类生成一个颜色生成器 image_color，用于设置词云图的颜色；使用.recolor(color_func=image_color)方法设置词云图的颜色；使用 matplotlib.pyplot.imshow 函数显示词云图；使用 matplotlib.

pyplot.axis 函数关闭 x 轴和 y 轴使用 matplotlib.pyplot.show 函数显示词云图。

（9）保存词云图。

使用.to_file 方法将词云图保存为名为"明朝那些事儿词云图.jpg"的图片文件，如图 10-21 所示。

图 10-21　使用 wordcloud 词云图效果图

2. stylecloud

stylecloud 是基于 wordcloud 库的扩展，它提供了更多的样式和配置选项来创建个性化的词云图。与 wordcloud 库相比，stylecloud 库可以更方便地调整词云图的外观效果，如颜色、字体、形状等，制作词云主要利用 gen_stylecloud( ) 方法，stylecloud 具备以下特点，这些特点体现在该方法的参数中，如表 10-3 所示。

表 10-3　stylecloud 词云图参数

参　　数	描　　述
text	字符串，格式同 wordcloud 中的 generate( )方法中传入的 text
gradient	控制词云图颜色渐变的方向，horizontal 表示水平方向上渐变，vertical 表示竖直方向上渐变，默认为 horizontal
size	控制输出图像文件的分辨率，默认为 512（stylecloud 默认输出方形图片，因此 size 传入的单个整数代表长和宽）
icon_name	特殊参数，通过传递对应 icon 的名称，可以使用多达 1544 个免费图标来作为词云图的蒙版，默认为 fas fa-flag
palette	控制调色方案，stylecloud 的调色方案调用了 palettable，其内部收集了数量惊人的大量的经典调色方案，默认为 cartocolors.qualitative.Bold_6
background_color	字符串，控制词云图底色，可传入颜色名称或十六进制色彩，默认为 white
max_words	int 型，控制一张画布中最多绘制的词个数，默认为 2000
max_font_size	int 型，控制词云图中最大的词对应的字体大小，默认为 200
stopwords	bool 型，控制是否开启去停用词功能，默认为 True，调用自带的英文停用词表
custom stopwords	传入自定义的停用词 List，配合 stopwords 共同使用
output_name	控制输出词云图文件的文件名，默认为 stylecloud.png

续表

参　数	描　述
font_path	传入自定义字体 * . ttf 文件的路径
random_state	控制单词和颜色的随机状态,传入某个固定的数字之后每一次绘图文字布局将不会改变

（1）支持高级调色板,在 palettable 网站中选择调色方案,网站图标页面如图 10-22 所示,网址为 https://jiffyclub.github.io/palettable/。

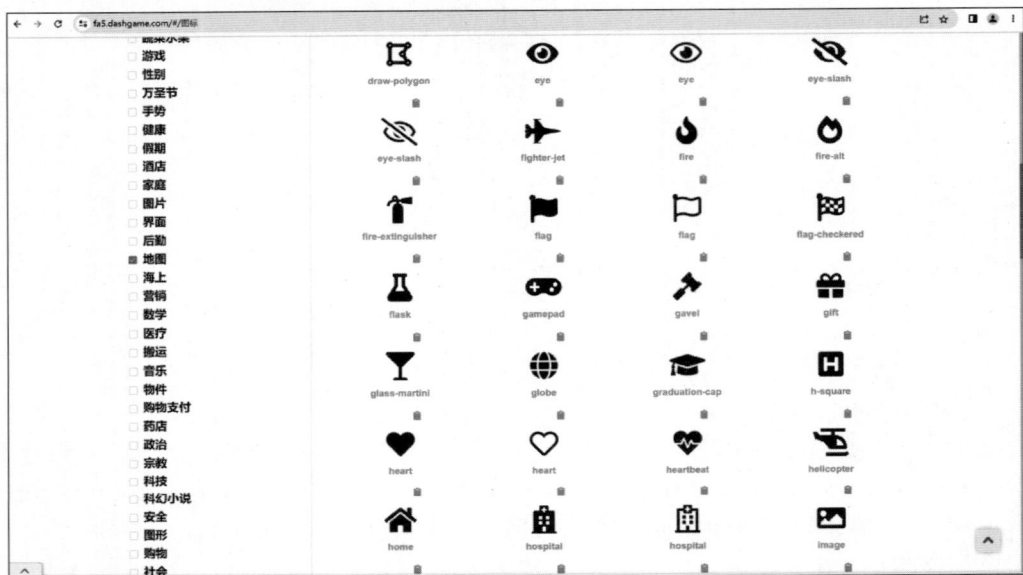

图 10-22　Font Awesome 网站

（2）为词云提供任意大小的图标形状,从 Font Awesome 网站中选择蒙版,网址为 https://fa5.dashgame.com。

（3）为调色板提供直接梯度。

（4）支持读取文本文件,或预生成 CSV 文件(包含单词和数字)。

（5）提供命令行接口。

例 10-15　为了更好地理解和分析党的二十大报告中的内容,使用 stylecloud 词云扩展包对其生成词云图,以获取党的二十大报告中出现频率较高的关键词。

```python
import jieba
import stylecloud

with open('data/二十大报告.txt', 'r', encoding = 'utf - 8') as f:
    word_list = jieba.cut(f.read())
    stop_words = open('cn_stopwords.txt', 'r', encoding = 'utf - 8').read().split("\n")
# 构建停用词表
    result = " ".join(word_list)                    # 分词用空格隔开
```

```
stylecloud.gen_stylecloud(
    text = result,                                    # 上面分词的结果作为文本传给 text 参数
    size = 512,
    font_path = 'simhei.ttf',                         # 字体设置
    palette = 'cartocolors.qualitative.Pastel_4',     # 调色方案选取,从 palettable 中选择
    gradient = 'horizontal',                          # 渐变色方向选了垂直方向
    icon_name = 'fas fa - flag',                      # 蒙版选取,从 Font Awesome 中选择
    stopwords = True,
    custom_stopwords = stop_words,
    output_name = '二十大报告.png')                   # 输出词云图
```

在该案例中,生成词云图的步骤与使用 wordcloud 词云扩展包的案例类似,主要区别在于使用 stylecloud.gen_stylecloud()函数生成词云图。将分词结果作为文本传入 text 参数;设置词云图的大小为 512;设置字体为 msyh.ttc;从 palettable 网站中进行选择调色方案为 cartocolors.qualitative.Pastel_4;设置渐变色方向为水平;从 Font Awesome 中选择旗帜图标 fas fa-flag;设置停用词为 True,表示使用自定义的停用词表,将自定义停用词表赋值给 custom_stopwords 参数;设置输出的词云图文件名为"二十大报告.png",生成的词云图如图 10-23 所示,其生成效果比 wordcloud 的更美观且样式多变、可自定义。

图 10-23　使用 stylecloud 词云图效果图

10.5　文本挖掘算法案例

在当今信息爆炸的时代,随着互联网的普及和社交媒体的兴起,大量的文本数据被持续产生和传播,如新闻报道、社交媒体帖子等。在这种情况下,如何高效地从海量文本中提取有用信息成为一项重要挑战。新闻文本分类是一种关键的文本挖掘任务,它可以帮助人们快速了解和组织大量的新闻内容。在新闻文本分类任务中,朴素贝叶斯算法可以通过学习文本数据的特征和类别标签之间的关系,快速而准确地对新闻文本进行分类,不仅可以帮助用户更好地组织和浏览大量的新闻内容,还可以为信息检索、舆情分析

实验视频

等领域提供有力支持。因此,利用朴素贝叶斯算法进行新闻文本分类具有重要的实际意义和广泛的应用前景。

本案例旨在利用收集到的新闻文本及手动标记的分类标签,通过算法对文本信息进行学习,从而实现对新的新闻文本的自动分类。由于数据集经过内容整理和手动标记,因此在导入数据集时只需读取新闻数据。随后,采用分词方法对新闻文章内容进行分词处理,随后去除停用词。基于处理后的文本数据,通过特定方法构建特征,最终利用朴素贝叶斯算法完成自动分类任务。这一系列流程将有效地处理文本数据,实现对新闻文本的准确分类。代码和数据集来源:https://mp.weixin.qq.com/s/4S2Lh88asczzma2ms7aSGQ。

1. 导入库和数据

导入需要使用的库,其中 pandas 用于数据处理和分析,jieba 用于进行中文分词。导入前用 pip 命令进行安装。

```
import pandas as pd
import jieba
```

导入数据并查看数据的基本格式,显示末尾 5 条数据,其中 Category 表示当前新闻所属的类别,Theme 表示新闻的主题,URL 表示爬取的界面的链接,Content 表示新闻的内容。代码运行结果如图 10-24 所示。

```
df_news = pd.read_table('./data/news_data.txt',names = ['category','theme','URL','content'],
encoding = 'utf - 8')
df_news = df_news.dropna()
df_news.tail()
```

	category	theme	URL	content
4995	时尚	常吃六类食物快速补充水分	http://lady.people.cn/GB/18248366.html	随着天气逐渐炎热,补水变得日益重要。据美国《跑步世界》杂志报道,喝水并不是为身体补充水分的唯...
4996	时尚	情感: 你是我的那盘菜 吃不起我走【2】	http://lady.people.cn/n/2012/0712/c1014-18...	我其实不想说这些话刺激他,他也是不得已,可是,我又该怎样说,怎样做? 我只能走,离开这个伤心地...
4997	时尚	揭秘不老女神刘晓庆的四任丈夫(图)	http://lady.people.cn/n/2012/0730/c1014-18...	5 8 岁刘晓庆最新嫩照O 表话牧群庆绝对看不出她已经 5 8 岁了,她绝对可以秒杀刘亦菲、范冰冰这类美...
4998	时尚	样板潮爸 时尚圈里的父亲们	http://lady.people.cn/GB/18215232.html	导语: 做了爸爸就是一种幸福,无论是领养还是亲生,更何况出现在影视剧中。时尚圈永远是需要领军人...
4999	时尚	全球最美女人长啥样? 中国最美女人酷似章子怡(图)	http://lady.people.cn/BIG5/n/2012/0727/c10...	全球最美女人合成图: 国整形外科教授李承哲,在国际学术杂志美容整形外科学会撰发表了考虑种族...

图 10-24 数据分析代码的运行结果

2. 中文分词

该段代码对 DataFrame 中的文本内容进行中文分词处理,并将分词结果存储在新的 DataFrame 中,以便后续的文本处理和分析。先将 df_news.content 列转换成 list 数组,存储在 content 变量中;再使用 jieba 分词,调用 jieba.lcut 方法,并将分词后的结果存储在 content_S 变量中,查看分词后的结果,如图 10-25 所示。

```
content = df_news.content.values.tolist()
content_S = []
for line in content:
    current_segment = jieba.lcut(line)
```

```
    if len(current_segment) > 1 and current_segment != '\r\n':
        content_S.append(current_segment)
df_content = pd.DataFrame({'content_S':content_S})
df_content.head()
```

	content_S
0	[经销商, ，, 电话, ，, 试驾, /, 订车, U, 慧, 杭州, 滨江区, 江陵, …
1	[呼叫, 热线, ，, 4, 0, 0, 8, -, 1, 0, 0, -, 3, 0, 0…
2	[M, I, N, I, 品牌, 在, 二月, 曾经, 公布, 了, 最新, 的, M, I…
3	[清仓, 大, 甩卖, ！, 一汽, 夏利, N, 5, 、, 威志, V, 2, 低至, …
4	[在, 今年, 3, 月, 的, 日内瓦, 车展, 上, ，, 我们, 见到, 了, 高尔夫…

图 10-25　中文分词代码的运行结果

3. 去除停用词

这段代码的目的是去除文本中的停用词，从而净化文本内容，使其更适合用于文本分析和处理。首先读取停用词库，并定义一个专门用于筛选过滤掉停用词的函数，调用该函数进行停用词过滤，再创建一个 DataFrame 用于存储过滤后的关键词。去除停用词代码运行结果如图 10-26 所示。

```
stopwords = pd.read_csv("stopwords.txt", index_col = False, sep = "\t", quoting = 3, names = ['stopword'], encoding = 'utf - 8')
stopwords.head(20)

def drop_stopwords(contents,stopwords):
    contents_clean = []
    all_words = []
    for line in contents:
        line_clean = []
        for word in line:
            if word in stopwords:
                continue
            line_clean.append(word)
            all_words.append(str(word))
        contents_clean.append(line_clean)
    return contents_clean,all_words

contents = df_content.content_S.values.tolist()
stopwords = stopwords.stopword.values.tolist()
contents_clean,all_words = drop_stopwords(contents,stopwords)

df_content = pd.DataFrame({'contents_clean':contents_clean})
df_content.head()
```

4. 数据集及标签制作

将经过处理的文本内容和原始数据集中的类别标签合并到一个新的 DataFrame 中，并显示新 DataFrame 的前几行。主要包含两列数据，一列是处理好的词列表，一列是其对应的标签。数据标签制作代码运行结果如图 10-27 所示。对标签进行编码，并查看标

	contents_clean
0	[经销商, 电话, 试驾, 订车, U, 憬, 杭州, 滨江区, 江陵, 路, 号, 转, ...
1	[呼叫, 热线, 服务, 邮箱, k, f, p, e, o, p, l, e, d, a,...
2	[M, I, N, I, 品牌, 二月, 公布, 最新, M, I, N, I, 新, 概念...
3	[清仓, 甩卖, 一汽, 夏利, N, 威志, V, 低至, 万, 启新, 中国, 一汽, ...
4	[日内瓦, 车展, 见到, 高尔夫, 家族, 新, 成员, 高尔夫, 敞篷版, 款, 全新,...

图 10-26　去除停用词代码的运行结果

签的唯一值,如图 10-28 所示。

```
df_content = pd.DataFrame({'contents_clean':contents_clean,'label':df_news['category']})
df_content.head()
```

	contents_clean	label
0	[经销商, 电话, 试驾, 订车, U, 憬, 杭州, 滨江区, 江陵, 路, 号, 转, ...	汽车
1	[呼叫, 热线, 服务, 邮箱, k, f, p, e, o, p, l, e, d, a,...	汽车
2	[M, I, N, I, 品牌, 二月, 公布, 最新, M, I, N, I, 新, 概念...	汽车
3	[清仓, 甩卖, 一汽, 夏利, N, 威志, V, 低至, 万, 启新, 中国, 一汽, ...	汽车
4	[日内瓦, 车展, 见到, 高尔夫, 家族, 新, 成员, 高尔夫, 敞篷版, 款, 全新,...	汽车

图 10-27　数据标签制作代码的运行结果

```
array(['汽车', '财经', '科技', '健康', '体育', '教育', '文化', '军事', '娱乐', '时尚'], dtype=object)
```

图 10-28　查看标签的唯一值代码的运行结果

查看合并后的 df_content 中类别标签(label 列)的唯一取值。

```
df_content.label.unique()
```

5. 标签编码

将类别标签(label 列)根据预先定义的映射关系 label_mapping 进行转换,然后划分数据集为训练集和测试集。

```
label_mapping = {"汽车": 1, "财经": 2, "科技": 3, "健康": 4, "体育":5, "教育": 6,"文化":
7,"军事": 8,"娱乐": 9,"时尚": 0}
df_content['label'] = df_content['label'].map(label_mapping) #构建一个映射方法
df_content.head()
# 划分训练集、测试集
from sklearn.model_selection import train_test_split
x_train, x_test, y_train, y_test = train_test_split(df_content['contents_clean'].values,
df_content['label'].values, random_state=1)

print(len(x_train))
print(len(x_test))
```

6. 使用 TF-IDF 构建特征

使用 TfidfVectorizer 从文本数据中提取特征。首先,遍历训练集中的文本数据,并尝试将当前文本数据转换为字符串形式,并将其添加到 words 列表中。如果出现异常,会打印出现异常的行号和单词索引。使用 TF-IDF 构建特征,对于 TfidfVectorizer()函数,可以加入相关参数来控制特征,如过滤停用词,最大特征个数,词频最大、最小比例限制等。在这里设置了最大特征数量 max_features=4000,表示特征最大长度为4000,如果超出会自动去掉权重较小的词。最后使用训练集中的文本数据 words 来拟合(fit) TfidfVectorizer,从而构建词汇表并计算 TF-IDF 权重。这一步将为后续的文本特征提取准备好必要的信息。

```
from sklearn.feature_extraction.text import TfidfVectorizer
words = []
for line_index in range(len(x_train)):
    try:
        words.append(' '.join(x_train[line_index]))
    except:
        print (line_index,word_index)

vectorizer = TfidfVectorizer(analyzer = 'word', max_features = 4000,  lowercase = False)
vectorizer.fit(words)
```

7. 使用朴素贝叶斯算法进行训练

使用 Multinomial Naive Bayes(多项式朴素贝叶斯)分类器来训练模型。朴素贝叶斯分类器将学习如何根据提取的特征向量来预测文本所属的类别。训练完成后,模型就可以用于预测新的文本数据的类别。

```
from sklearn.naive_bayes import MultinomialNB
classifier = MultinomialNB()
classifier.fit(vectorizer.transform(words), y_train)
```

8. 在测试集上验证模型

使用训练好的朴素贝叶斯分类器对测试集进行预测,并计算分类器的准确率。

```
test_words = []
for line_index in range(len(x_test)):
    try:
        test_words.append(' '.join(x_test[line_index]))
    except:
        print(line_index,word_index)
print("准确率:", classifier.score(vectorizer.transform(test_words), y_test))
0.8152
```

最终得到的预测准确率大概为81.5%,效果尚可但还有改进的空间,可以考虑使用其他方法来表示文本特征,或使用其他算法结合朴素贝叶斯分类器,以获得更好的预测准确率。

习题 10

1. 比较常用的文本表示方法,如词袋模型、TF-IDF、Word Embeddings(例如 Word2Vec、GloVe)等,分析它们的优缺点、适用场景以及在不同任务中的性能差异。

2. 解释文本聚类在文本挖掘中的作用,并说明文本聚类与文本分类之间的区别。

3. 讨论文本挖掘中的挑战和未来发展方向,包括处理大规模文本数据、多语言文本处理、跨领域文本挖掘等方面的挑战和趋势。

4. 针对文本挖掘算法案例中的新闻分类数据集,使用其他文本分类算法进行新闻分类,并与朴素贝叶斯算法进行比较,提升模型性能。

5. 自行寻找一个包含大量文本数据的数据集,并进行文本挖掘任务。具体要求如下。

(1) 数据预处理:清洗文本数据,去除停用词、标点符号等。

(2) 特征提取:使用词袋模型或 TF-IDF 等方法提取文本特征。

(3) 文本挖掘:实现一个文本挖掘算法,如文本分类、文本聚类等,训练模型并进行文本分类。

(4) 结果分析与解释:分析分类结果,解释模型对于不同类别的预测性能,并讨论可能的改进方法。

第 **11** 章

综合案例实战

　　随着人工智能技术的不断进步,自动生成和智能化决策的功能也在逐步完善和成熟。在本章的讨论中,我们首先从简单的案例入手,展示了人工智能的一些基础应用。然后,通过引入租房案例,我们将深入探讨如何利用大模型来处理租房过程中遇到的复杂问题,同时也为我们提供了一个观察和思考人工智能如何改变日常生活的独特视角。

11.1　代码自动生成

　　随着大模型和人工智能技术的迅速发展,AI 代码自动生成已经在众多领域得到了广泛的应用。这种技术已经成为软件开发领域的一项重要工具,通过深度学习算法和大规模数据集的训练,AI 能够根据用户需求自动生成符合要求的代码。随着人工智能在编程领域的不断突破,代码自动生成技术已经成为提高开发效率、减少人力成本的重要手段之一。本节我们采用案例 9-5 基于朴素贝叶斯高斯模型来实现 Pima 印第安人数据集分类,进行人工代码与 AI 自动生成的代码的对比。

　　将以下描述提供给 AI,对比不同大模型生成的代码。

　　基于朴素贝叶斯高斯模型来实现 Pima 印第安人数据集分类,该数据集最初来自美国国立糖尿病/消化/肾脏疾病研究所。数据集的目的是基于数据集中包含的某些诊断指标,来诊断性地预测患者是否患有糖尿病。数据集由多个医学预测变量和一个目标变量组成。预测变量包括患者的怀孕次数、BMI、胰岛素水平、年龄等。目标变量是 Outcome。

　　数据集的特征值如下。

Pregnancies:怀孕次数。

Glucose:葡萄糖(口服葡萄糖耐量试验中血浆葡萄糖浓度)。

BloodPressure:血压(舒张压)(mm Hg)。

SkinThickness:皮层厚度(三头肌组织褶厚度)(mm)。

Insulin:胰岛素(2 小时血清胰岛素)(mu U/ml)。

BMI：BMI 体重指数（体重/身高）^{2}。

DiabetesPedigreeFunction：糖尿病谱系功能（糖尿病系统功能）。

Age：年龄（岁）。

Outcome：类标变量（0 或 1）。

（1）如图 11-1 所示为 GhatGPT 自动生成的代码。

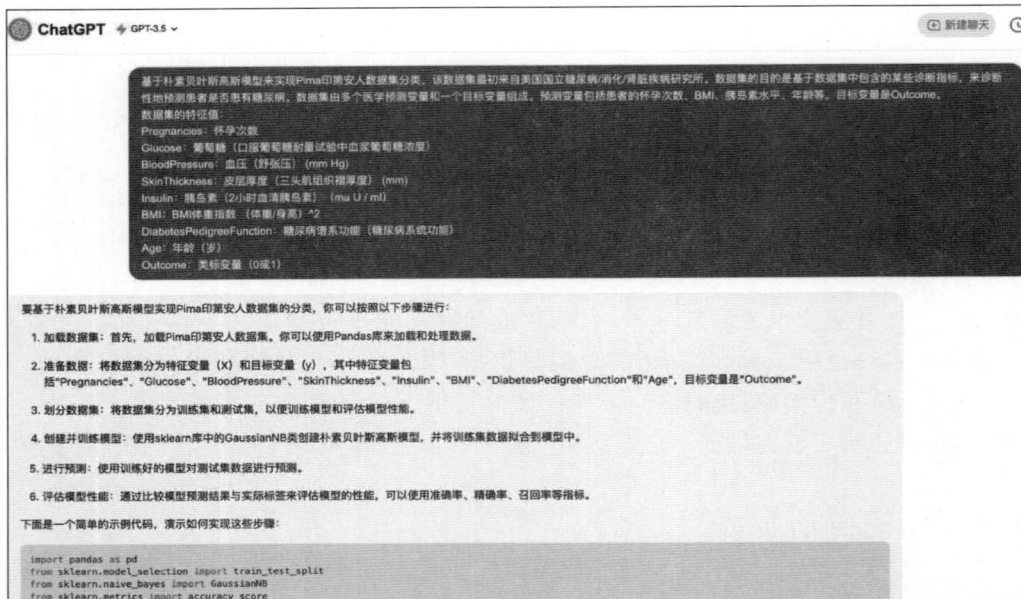

图 11-1　GPT 自动生成的代码

完整代码如下：

```python
import pandas as pd
from sklearn.model_selection import train_test_split
from sklearn.naive_bayes import GaussianNB
from sklearn.metrics import accuracy_score

# 加载数据集
data = pd.read_csv('Indian diabetes.csv')

# 准备数据
X = data.drop('Outcome', axis = 1)
y = data['Outcome']

# 划分数据集
X_train, X_test, y_train, y_test = train_test_split(X, y, test_size = 0.2, random_state = 42)

# 创建并训练模型
model = GaussianNB()
model.fit(X_train, y_train)
```

```
# 进行预测
predictions = model.predict(X_test)

# 评估模型性能
accuracy = accuracy_score(y_test, predictions)
print("准确率:", accuracy)
```

运行结果如下,与人工编写的代码一致。

准确率: 0.7662337662337663

(2)如图 11-2 所示为文心一言自动生成的代码。

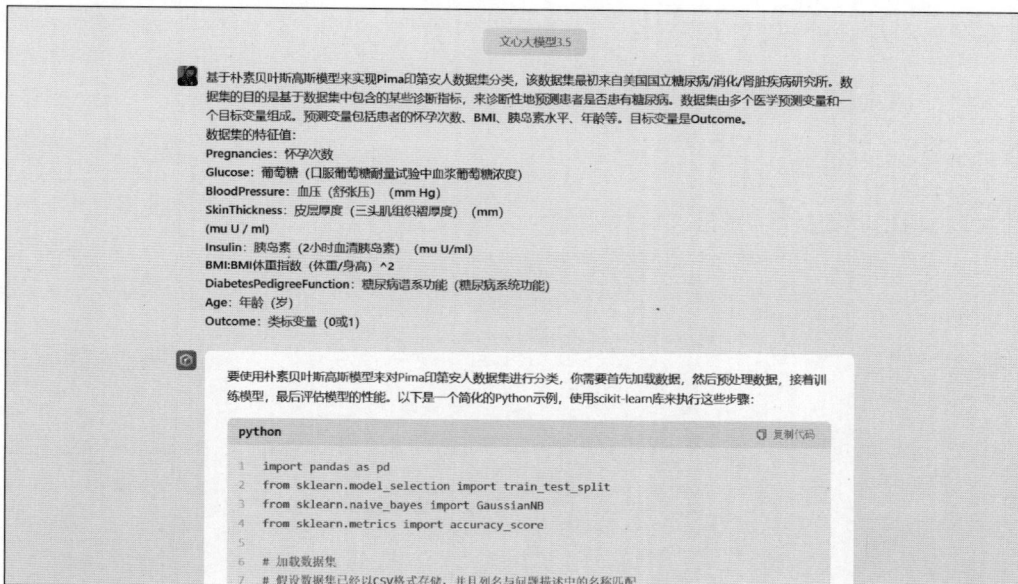

图 11-2　文心一言自动生成的代码

完整代码如下:

```
import pandas as pd
from sklearn.model_selection import train_test_split
from sklearn.naive_bayes import GaussianNB
from sklearn.metrics import accuracy_score, classification_report   # 导入 classification_report

# 加载数据集
# 假设数据集已经以 CSV 格式存储,并且列名与问题描述中的名称匹配
data = pd.read_csv('Indian diabetes.csv')

# 分割特征和标签
X = data[['Pregnancies', 'Glucose', 'BloodPressure', 'SkinThickness', 'Insulin', 'BMI',
'DiabetesPedigreeFunction', 'Age']]
y = data['Outcome']
```

```
# 划分训练集和测试集
X_train, X_test, y_train, y_test = train_test_split(X, y, test_size = 0.2, random_state = 42)

# 创建朴素贝叶斯高斯模型
gnb = GaussianNB()

# 训练模型
gnb.fit(X_train, y_train)

# 预测测试集
y_pred = gnb.predict(X_test)

# 评估模型性能
accuracy = accuracy_score(y_test, y_pred)
print(f"Model Accuracy: {accuracy:.2f}")
```

运行结果如下，与人工编写的代码一致。

```
准确率: 0.77
```

（3）如图 11-3 所示为钉钉 AI 助理自动生成的代码。

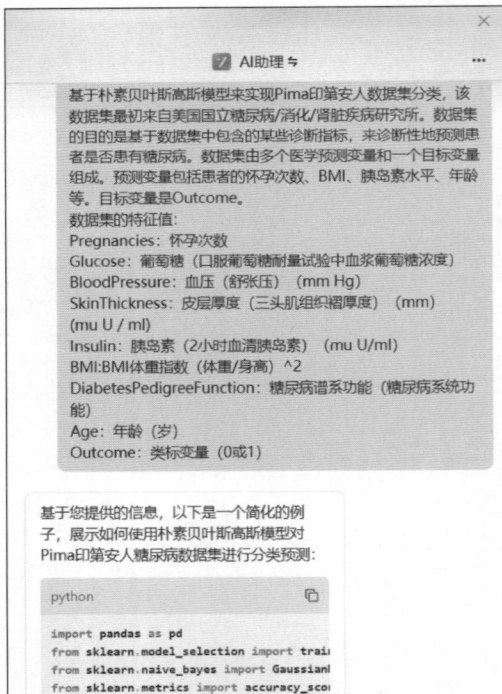

图 11-3　钉钉 AI 助理自动生成的代码

完整代码如下：

```
import pandas as pd
from sklearn.model_selection import train_test_split
```

```
from sklearn.naive_bayes import GaussianNB
from sklearn.metrics import accuracy_score, classification_report, confusion_matrix

# 加载数据
data = pd.read_csv("Indian diabetes.csv")          # 假设数据集路径

# 定义特征与目标变量
X = data[['Pregnancies', 'Glucose', 'BloodPressure', 'SkinThickness', 'Insulin', 'BMI',
'DiabetesPedigreeFunction', 'Age']]
y = data['Outcome']

# 划分训练集和测试集
X_train, X_test, y_train, y_test = train_test_split(X, y, test_size = 0.3, random_state = 42)

# 创建模型实例
gnb = GaussianNB()

# 训练模型
gnb.fit(X_train, y_train)

# 预测测试集结果
y_pred = gnb.predict(X_test)

# 计算准确率
accuracy = accuracy_score(y_test, y_pred)
print(f"Accuracy: {accuracy}")
```

运行结果如下,与人工编写的代码一致。

```
准确率: 0.7445887445887446
```

  整体来看,针对小型应用场景,钉钉 AI 助理、文心一言与 GPT 系列在自动代码生成方面均展现出相当的效能。这三大平台各自代表了人工智能技术在不同领域内对编程自动化的成功运用,并在代码自动生成的领域内各自展现出独特的技术特长与优势。

  GPT,作为一款强大的自然语言处理模型,以其生成复杂文本内容的能力而著称,涵盖代码在内的多种文本形式。在适宜条件下,GPT 能生成具备一定逻辑结构的代码段落,为用户带来编码思路或参考素材。然而,其产出的代码可能存在语法瑕疵、逻辑漏洞或与特定编程规范不符之处,故使用者需对其进行严谨的审查与调整,以确保最终代码满足项目标准。

  文心一言,依托于文学作品构建的 AI 系统,在语言艺术性上独具匠心,擅长生成富有诗意的代码注释或文档。其在提升代码文档的美学价值、增强可读性及规范性方面具备潜在价值。然而,鉴于其核心功能聚焦于文学领域,对于直接生成有效执行代码或应对实际编程挑战,文心一言可能并非首选,其能力边界局限于文学表达,无法提供实质性的编程逻辑或实例代码。

  相较于上述两者,钉钉 AI 助理作为办公环境中的智能辅助工具,更注重实用性,能够针对用户提问提供针对性的代码片段或解决方案,助力快速解决工作中遇到的技术难题。尽管如此,钉钉 AI 助理在处理复杂代码生成任务时可能稍显乏力,尚无法实现深度代码解析与构建复杂的程序逻辑。

综上,这三种人工智能系统在代码生成领域各有千秋,用户在选用时应依据具体需求与场景进行谨慎权衡与选择。针对不同任务目标,智慧地融合各系统的特性,将有助于提升工作效率与应对实际问题的能力。

11.2　租房案例概述

本节介绍基于 Python 的杭州租房案例分析,本案例以杭州市出租房为例,运用 Python 爬虫技术对链家网上房源信息进行采集,对获取的数据进行清洗和处理,并从数据中选择小区、户型、朝向、住房面积和租房价格等特征进行数据分析和可视化展示,最后根据寻租者具体需求,筛选并排序输出最终房源。通过分析与条件筛选,以帮助寻租者在选择房源时能获取特定的需求信息,从而做出更好的决策。

在中国持续城镇化建设过程中,农村富余劳动力逐步向城市进行转移。由于现阶段城镇的房价高,买房比较困难,相当多买不起房的人只能租房。因此,这些年来国内的租房人群十分庞大,市场需求也很旺盛。与此同时,房价是在不断上涨的,租金也随着房价的上涨而上涨。本节以杭州市余杭区为例,以链家网租房网站上的挂牌房源数据为研究对象,对采集原始数据进行清理、异常值和缺失值处理以及特征向量数字化处理等工作,并选取相应特征向量进行可视化分析。在此基础上,为寻租者提供符合特定条件的房源。其工作主要集中在以下 6 方面。

(1) 选取并收集 URL,存储在待抓取的 URL 列表。

(2) 使用 Requests 库抓取页面。

(3) 使用 Scrapy 解析页面内容。

(4) 数据存储及预处理。

(5) 分析数据并可视化。

(6) 为寻租者筛选出房源。

通过分析,可以了解到目前市面上出租房各项基本特征及房源分布情况,并对不同区域的房租价格进行分析,为群体大众进行租房决策提供参考意见,还会对当地政府合理地规范租房市场提供重要的数据支持。

11.2.1　案例背景

全球信息化发展已步入大数据时代,2012 年 2 月《纽约时报》的一篇专栏中提出“大数据时代”已经降临。在社会、商业、经济文化及其他领域中,数据对于决策的作用日益增大,人们越来越不能仅基于经验和直觉判断进行决策。麦肯锡称:“大数据,已经渗透到当今每一个行业和业务职能领域,成为重要的生产因素。”

为推动我国大数据产业持续健康发展,大数据产业“十四五”规划加快关键技术研发,依托相关大数据产业重点实验室、工程技术研究中心、工程研究中心和企业技术中心,围绕数据科学理论体系、大数据计算系统与分析、大数据应用模型等领域进行前瞻布局,加强大数据基础研究。

从 2016 年开始,国内热门城市房价快速上涨,而国内人均收入增长速度平稳,这就导致了人们的购房能力受到的限制越来越大。房价的上涨导致越来越多的人开始选择租房来居住,这就促进了租房市场的快速发展。根据中国产业研究院的研究报告,我国的租房市场交易金额在 2017 年达到了 1.2 万亿元,有租房需求的人口达到了 1.94 亿人;预计到 2025 年,租房市场成交金额将超过 3 万亿元,有租房需求的人口将达到 2.52 亿人。随着租房市场规模的扩大,每天发布在租房平台的房屋出租信息量呈爆发式增长。海量数据信息的处理及分析需要借助数据挖掘技术,通过数据挖掘技术可以帮助我们从巨量的租房数据信息中获取数据背后隐藏的知识信息来分析研究租房市场的变化规律。

大数据技术致力于拥有更强大的分析能力,其将更能自如地从海量数据中挖掘出有利用价值和关联规则的信息,直接作用于决策当中,使得决策分析过程更加智能。本团队将积极响应国家大数据产业"十四五"规划,为大数据基础研究贡献自己的一份力量,同时分析海量用户数据,通过大数据技术服务于社会。

11.2.2 案例研究目的

本案例将向读者系统阐述有关基于 Python 的数据挖掘分析的基本知识和一般原理,使学生对数据分析的基本概念、基本方法及其应用有系统的理解。案例教学的特色是通过我们自建平台采集最新的大数据案例进行讲解,由于数据是同学们自己学习过程中产生的,可以获得同学们的共鸣,提高对课程案例的学习兴趣。通过案例实践让学生掌握基础的与基于 Python 的数据挖掘分析相关的深度学习算法练习与模型搭建,熟悉大数据分析处理与人工智能等领域的综合应用,加深学生对本课程内容的理解和认识,提高学生综合运用编程决策方法以解决现实问题的能力。案例细化建设目标如下。

第一个层面,数据的采集与管理。

我们对数据要进行收集和清理,这是一个硬件技术,做大数据分析常使用计算机或者信息科学的方法来完成。

第二个层面,数据规律性分析。

完成了数据的收集管理之后可以对数据进行描述、可视化和预测,了解其背后规律的方法和模型,通常会使用统计方法以及学习模型来完成。

第三个层面,依据基于 Python 的数据挖掘分析的科学理论,判断数据支持哪些决策,即数据建模。这门学科就是把现实生活中的问题抽象成一个可以用数学来描述的模型,运用优化算法来进行求解,帮助我们找到一个最佳决策最优战略,所以谈大数据一定不能离开决策。另一个角度来讲,在过去几年中人工智能有非常大的发展,不管是从理论层面上的图像识别、自然语言处理、神经网络,还是到应用层面上的自动驾驶、智能诊断、人工智能游戏,我们看到人工智能已经开始渗透到日常生活的方方面面,而人工智能则离不开统计决策的方法与技术。

第四个层面,数据分析与挖掘的实践与检验。

依托天池 AI 实训平台的配备与教学建设相关的教师团队,提交作业,以及直接提供编程环境等功能,同学们可通过天池平台的实验环境进行作业的验证。即完成对数据进行读取、可视化和分类，了解其背后规律的方法和模型，之后将各种算法、分析方法进行整合。

当前，以大数据、云计算、区块链、人工智能等为代表的新一轮科技革命席卷全球，正在构筑信息互通、资源共享、能力协同、开放合作的智慧教育新体系，极大地扩展了智慧教育创新与发展空间。新一代信息技术的发展驱动教育迈向转型升级的新阶段，这是在新技术条件下智慧教育全流程、全产业链、产品全生命周期数据可获取、可分析、可执行的必然结果。现阶段，数据应用技术不断开发、完善，越来越多的"数据信息孤岛"被打破，呈现跨行业、跨领域的数据交流与融合。

11.3　数据采集及预处理

11.3.1　选取及提取网页

选取链家租房数据（https://hz.lianjia.com/zufang/rs/），使用爬虫将数据爬出，部分源码如下所示：

```
class IpagentSpider(scrapy.Spider):
    name = 'ipAgent'
    allowed_domains = ['hz.lianjia.com']
    start_urls = ['https://hz.lianjia.com/zufang/pg{}/'.format(x) for x in range(1, 2)]
    def parse(self, response):
        raw_url = response.xpath(r"//div[@class = 'content__list--item--main']/p[@class = 'content__list--item--title']/a/@href").extract()
        ok_url = ['https://hz.lianjia.com' + url for url in raw_url]
                                                # 将半成品 url 拼接成完整 URL
        # 根据捕获的详情页，回调当前类下的 parse_info 函数，继续爬虫
        for url in ok_url:
            yield scrapy.Request(url, callback = self.parse_info)
```

11.3.2　使用 Scrapy 解析页面内容

Scrapy 是一个 Python 爬虫框架，用来提取结构性数据，非常适合做一些大型爬虫项目，并且开发者利用这个框架，可以不用关注细节，它比 BeautifulSoup 更加完善，BeautifulSoup 可以说是轮子，而 Scrapy 则是一辆车。

核心代码为：

```
def parse_info(self, response):
    total_price = response.xpath(r"//p[@class = 'bread__nav__wrapper oneline']/a/text()").extract()

    # total_price = ['杭州链家网', '余杭租房', '良渚租房']  爬取到的数据类似于这种,需要
    # 从列表中分类抓取
    city = total_price[0][:-3]
    area = total_price[1][:-2]
```

```
        town = total_price[2][:-2]
        village_raw = response.xpath(r"//div[@class = 'bread__nav w1150 bread__nav--bottom'
]/h1/a/text()").extract()
        village = village_raw[0][:-2]
        price = response.xpath(r"//div[@class = 'content__aside--title']/span/text()").
extract()[0]
        fangwuStyle = response.xpath(r"//ul[@class = 'content__aside__list']/li/text()").
extract()
        zhulinStyle = fangwuStyle[0]
        fangjian = fangwuStyle[1].split()
        fangjianshu = fangjian[0]
        fangjianarea = fangjian[1]
        if len(fangjian) == 3:
            zhuangxiuStyle = fangjian[2]
        else:
            zhuangxiuStyle = '否'
```

11.3.3　数据清理及存储

1. 数据清理

从网页中获取的数据均为文本数据,这些数据并不能直接进行数据分析。在数据分析和可视化之前,需要先去掉一些脏数据,修正一些错误数据,对存储数据进行预处理,如房租价格、房屋面积的数字化处理,房型数据的分割(厅、室和卫),如3室1厅1卫等。

2. 数据存储

为了能够对出租房房源信息进行可视化,同时对租房价格趋势做出合理的预测,获取的房源数据,是从链家网爬取的2021年9月到12月挂牌杭州市出租房房源信息,共46104条数据。Python中,常用数据存储是数据库(MySQL 或 Redis 数据库)以及文件存储,如 CSV 文件和 Excel 文档等。本案例中采用 CSV 文件进行数据存储。

11.4　数据分析与可视化

本案例数据可视化的实现主要运用了以下工具。

1. matplotlib

matplotlib 是用于以图形方式可视化数据的最基本的库。它包含许多我们可以想到的图形。matplotlib 的图表由两个主要部分组成,即轴(界定图表区域的线)和图形(我们在其中绘制轴、标题和来自轴区域的内容)。

2. Seaborn

Seaborn 是基于 matplotlib 的库。基本上,它提供给我们的是更好的图形和功能,只需一行代码即可制作复杂类型的图形。我们导入库并使用 sns.set()初始化图形样式,如果没有此命令,图形将仍然具有与 matplotlib 相同的样式。

3. plt. rcParams

plt(matplotlib. pyplot)使用 rc 配置文件来自定义图形的各种默认属性,称之为 rc

配置或 rc 参数。通过 rc 参数可以修改默认的属性,包括窗体大小、每英寸的点数、线条宽度、颜色、样式、坐标轴、坐标和网络属性、文本、字体等。rc 参数存储在字典变量中,通过字典的方式进行访问。

11.4.1　房源租金可视化分析

通过箱形分布展示房源租金情况,如图 11-4 所示为房屋租金分布图,可得全市整租房源的租金主要分布在 2000～5000 元/套,平均租金为 3447 元/套。同时对不合理数据进行删除处理,设置租金额度为 15000 元/套。

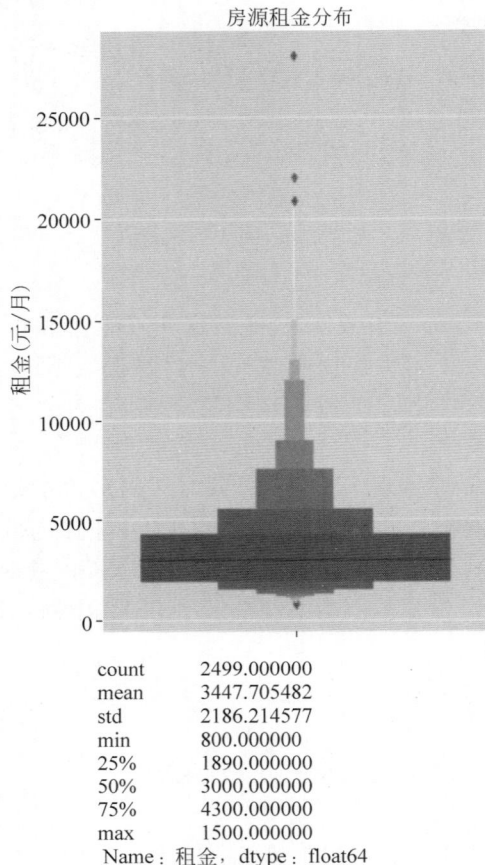

房源租金分布

count	2499.000000
mean	3447.705482
std	2186.214577
min	800.000000
25%	1890.000000
50%	3000.000000
75%	4300.000000
max	1500.000000

Name：租金, dtype：float64

图 11-4　房屋租金分布图

11.4.2　区域租金均价分布可视化

图 11-5 为不同区域房屋资金分布图,图中每个柱条的黑色的线条为误差线,误差线源于统计学,表示数据误差(或不确定性)范围。把区域租金按照价格高低分成三个不同的级别。

第一级别：萧山区、西湖区、上城区,平均租金为 4000 元/套。

第二级别：余杭区、江干区、下城区、滨江区、拱墅区,平均租金为 3500 元/套。

第三级别：富阳区、临安区、钱塘新区，平均租金为 2500 元/套。

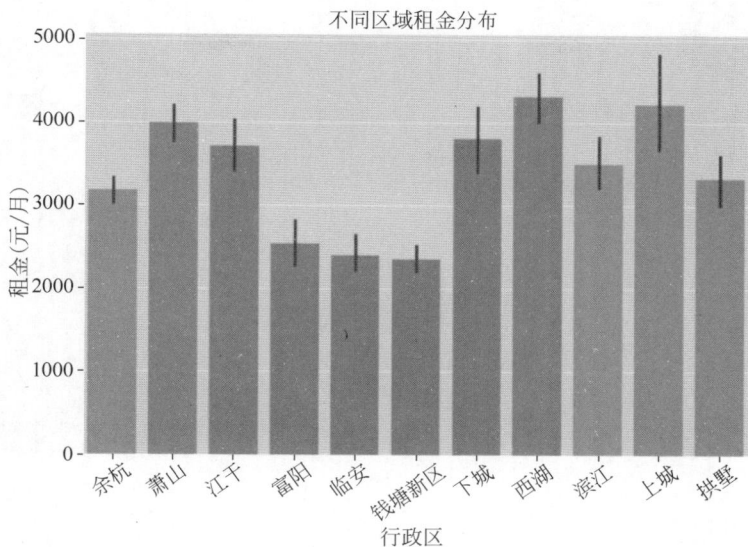

图 11-5　不同地区房屋租金分布图

11.5　代码自动生成的租房决策实现

11.5.1　找准区域

根据需要确定房子所在区域。源码如下：

```
# plt 绘图版本
area = data['行政区'].value_counts()
plt.figure(figsize = (12,8))
plt.bar(area.index,area)
```

在杭州市房屋租赁市场中，如图 11-6 所示，整租房源数量最多的行政区是余杭区，可以推断这里的工作岗位应该是最多的，本案例以余杭区为例。

```
# seaborn 绘图版本
area = data['行政区'].value_counts()
plt.figure(figsize = (12,8))
ax = plt.subplot()
# area.plot.bar(ax = axes[0, 0], rot = 50)
sns.barplot(x = area.index, y = area,  ax = ax)
ax.tick_params(labelsize = 15)               # 设置轴刻度文字大小，两个轴同时设置
ax.set_xticklabels(ax.get_xticklabels(), rotation = 35)   # 设置轴刻度文字方向，旋转角度
ax.set_xlabel('区域', fontsize = 18)
ax.set_ylabel('房源数量', fontsize = 18)
# 确定余杭区，接下来选择商圈
xzq_data = data[data['行政区'] == '余杭']
sq_data = xzq_data['商圈'].value_counts()
sq_data.index
```

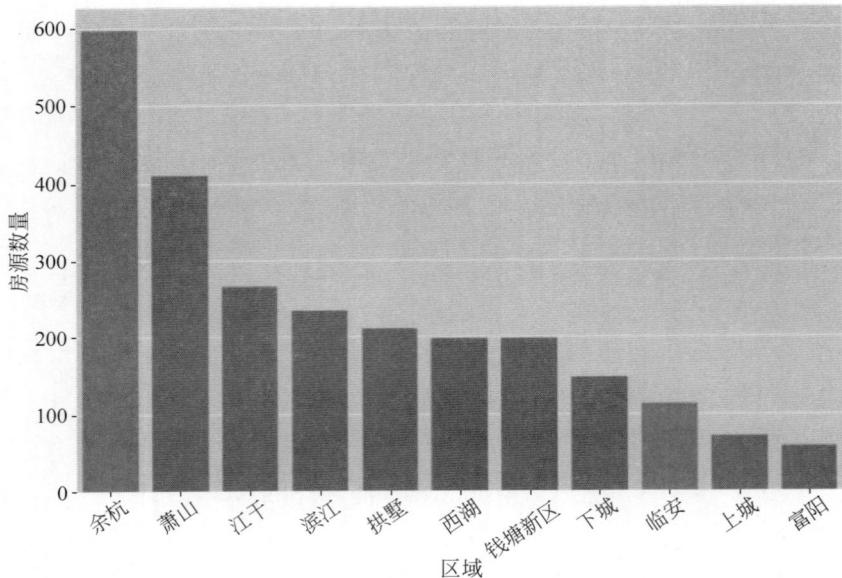

图 11-6　不同区域房源数量分布图

　　通过为文心一言提供以下提示词"使用 Seaborn 库来绘制房屋所在区域分布情况的柱状图,并且需要确定房子所在的特定区域(如余杭区)。设置横轴标签为区域,纵轴标签为房屋数量,标题为房屋所在区域分布情况。",自动生成的代码如下:

```python
# 假设有以下的房屋区域分布数据
data = {                  //区域及房屋数量需根据数据库进行修改
    '区域': ['余杭区', '西湖区', '萧山区', '江干区', '拱墅区'],
    '房屋数量': [150, 120, 200, 80, 100]
}

# 创建一个 Pandas DataFrame
df = pd.DataFrame(data)

# 设置图形大小
plt.figure(figsize = (10, 6))

# 使用 Seaborn 绘制柱状图
sns.barplot(x = '区域', y = '房屋数量', data = df)

# 设置横轴标签
plt.xlabel('区域')

# 设置纵轴标签
plt.ylabel('房屋数量')

# 设置标题
plt.title('房屋所在区域分布情况')

# 显示图形
plt.show()
```

文心一言自动生成运行结果如图 11-7 所示。

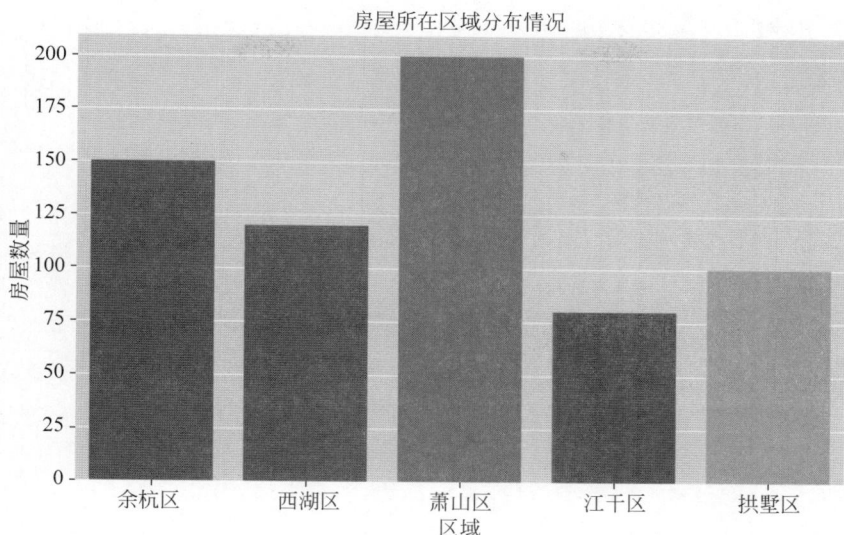

图 11-7 不同区域房源数量分布图(文心一言生成代码)

11.5.2 找准商圈

根据需要进一步缩小租房范围。依据工作地点、通勤时间、熟悉程度,会大致划分出一片意向租房区,如图 11-8 所示为杭州市不同商圈房源数量分布。

```
plt.figure(figsize = (18,8))
ax = plt.subplot()

xticks = range(0,len(sq_data.index), 1)              # 生成 len(sq_data.index)个刻度
ax.set_xticks(xticks)                                # 给 ax 子图设置上述刻度
ax.set_xticklabels(ax.get_xticklabels(), rotation = 30) # 设置 x 轴刻度文字方向、旋转角度

sns.barplot(x = sq_data.index, y = sq_data,  ax = ax)    # 开始绘图

ax.tick_params(labelsize = 18)                       # 设置轴刻度文字大小,两个轴同时设置
ax.set_xlabel('余杭商圈', fontsize = 18)
ax.set_ylabel('房源数量', fontsize = 18)
```

从图 11-8 我们了解到余杭区前三的商圈为"未来科技城""临平""闲林",接下来在这三个商圈选择热门的户型,如图 11-9 所示为前三商圈热门的房源信息。

```
# 提取余杭区房源数前三的商圈
sq_top3 = xzq_data[xzq_data['商圈'].isin([ '未来科技城', '临平','闲林'])]
sq_top3
```

通过为文心一言提供以下提示词"确定余杭区,接下来选择商圈。依据工作地点、通勤时间、熟悉程度,大致划分出一片意向租房区,绘制商圈的房源数量柱状图,房源数量

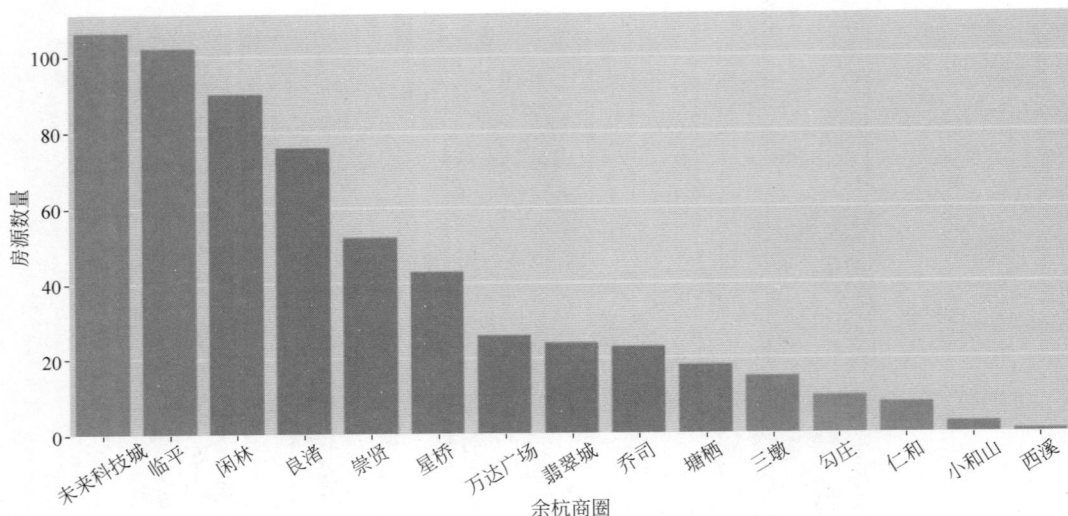

图 11-8　不同商圈房源数量分布图

	城市	行政区	商圈	小区	户型	面积	装修	租金	整租	朝向	电梯	车位	用水	用电	燃气	采暖	所在楼层	总楼层
1	杭州	余杭	闲林	闲林山水海棠苑	6室1厅3卫	15	精装	1690	合租	南	无	租用车位	民水	民电	有	暂无数据	5	5
13	杭州	余杭	闲林	绿城桃源小镇	3室2厅1卫	83	简装	3000	整租	南	有	暂无数据	民水	民电	有	自采暖	6	18
14	杭州	余杭	闲林	雅居乐国际花园	4室2厅2卫	137	简装	3000	整租	东南北	有	租用车位	民水	民电	有	自采暖	32	32
37	杭州	余杭	临平	华元欢乐城	2室1厅1卫	35	精装	2000	整租	东南	有	租用车位	商水	商电	无	自采暖	6	22
59	杭州	余杭	未来科技城	华夏四季	3室2厅1卫	90	精装	5600	整租	南	有	暂无数据	民水	民电	有	自采暖	6	20
...	...	...	...	...	...	...	...	...	...	...	...	...	...	...	...	...	...	...
2639	杭州	余杭	闲林	融创金成江南府	3室2厅2卫	89	精装	3800	整租	南	有	暂无数据	民水	民电	有	自采暖	26	26
2681	杭州	余杭	未来科技城	禹航路	3室2厅1卫	90	简装	2500	整租	南	无	暂无数据	民水	民电	有	自采暖	2	5
2686	杭州	余杭	未来科技城	南湖丽景	3室2厅2卫	128	精装	3500	整租	南北	有	暂无数据	民水	民电	有	自采暖	4	9
2691	杭州	余杭	未来科技城	西溪蓝海	2室1厅1卫	40	精装	3400	整租	东南西北	有	免费使用	商水	商电	无	集中供暖	10	23
2706	杭州	余杭	临平	绿城运园	3室2厅2卫	89	精装	3600	整租	南	有	暂无数据	民水	民电	有	自采暖	8	25

298 rows × 18 columns

图 11-9　余杭区前三商圈房源信息

按从高到低排序。生成代码。",自动生成的代码如下：

```
# 假设的余杭区各商圈房源数量数据
data = {
    '商圈': ['临平新城', '未来科技城', '老余杭', '闲林', '良渚'],
    '房源数量': [120, 180, 100, 150, 130]
}

# 创建一个 Pandas DataFrame
df = pd.DataFrame(data)

# 按房源数量从高到低排序
df_sorted = df.sort_values(by = '房源数量', ascending = False)

# 设置图形大小
```

```
plt.figure(figsize = (10, 6))

# 使用 Seaborn 绘制柱状图,这次使用排序后的 DataFrame
sns.barplot(x = '商圈', y = '房源数量', data = df_sorted)

# 设置横轴标签
plt.xlabel('商圈')

# 设置纵轴标签
plt.ylabel('房源数量')

# 设置标题
plt.title('余杭区各商圈房源数量分布情况')

# 显示图形
plt.show()
```

文心一言自动生成运行结果如图 11-10 所示。

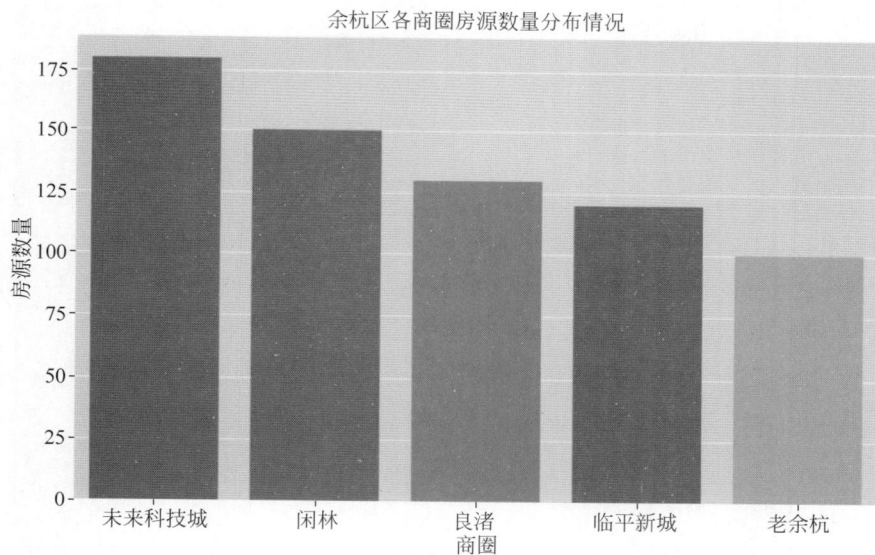

图 11-10 不同商圈房源数量分布图(文心一言生成代码)

通过为文心一言提供以下提示词"提取余杭区房源数前三的商圈的数据",自动生成的代码如下:

```
# 提取前三个商圈的数据
top_3_circles = df_sorted.head(3)

# 打印结果
print(top_3_circles)
```

	商圈	房源数量
1	未来科技城	180
3	闲林	150
4	良渚	130

图 11-11 余杭区前三商圈房源信息(文心一言生成代码)

由于假设的数据库中只有商圈和房源数量,文心一言自动生成的运行结果如图 11-11 所示。

11.5.3 找准户型

根据需要确定户型。

```python
type_top10 = sq_top3['户型'].value_counts()[:10]

plt.figure(figsize=(12,8))
ax = plt.subplot()
xticks = range(0,len(type_top10.index), 1)      # 生成 len(sq_data.index)个刻度
ax.set_xticks(xticks)                            # 给 ax 子图设置上述刻度
ax.set_xticklabels(ax.get_xticklabels(), rotation=30)   # 设置 x 轴刻度文字方向,旋转角度

sns.barplot(x=type_top10.index, y=type_top10,  ax=ax)    # 开始绘图

ax.tick_params(labelsize=13)                     # 设置轴刻度文字大小,两个轴同时设置
ax.set_xlabel('余杭区_Top3商圈_Top10户型', fontsize=18)
ax.set_ylabel('房源数量', fontsize=18)

# 再来看看前三商圈中,房源面积分布

area_top10 = sq_top3['面积'].value_counts()[:10]
plt.figure(figsize=(12,8))
ax = plt.subplot()
sns.lineplot(x=area_top10.index, y=area_top10,  ax=ax)    # 开始绘图
ax.set_xlabel('房源面积',fontsize=18)
ax.set_ylabel('房源数量', fontsize=18)
```

从图 11-12 中可以发现,主要户型是 3 室 2 厅 2 卫,4 室 2 厅 2 卫,3 室 2 厅 1 卫。如图 11-13 所示,多数房源的面积是在 85~95m^2 这个区间内。房间类型大多为大的套房,显然都是一些合租的房子。

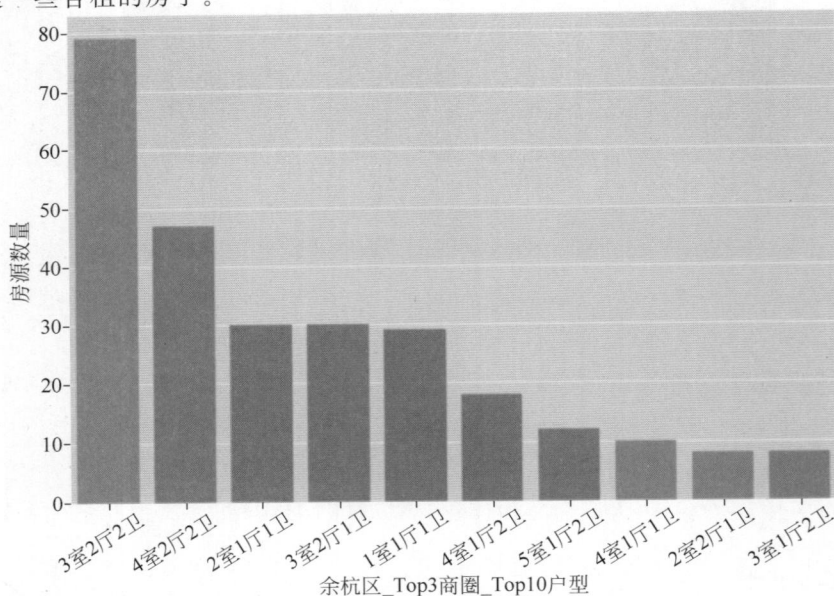

图 11-12　不同户型房源数量分布图

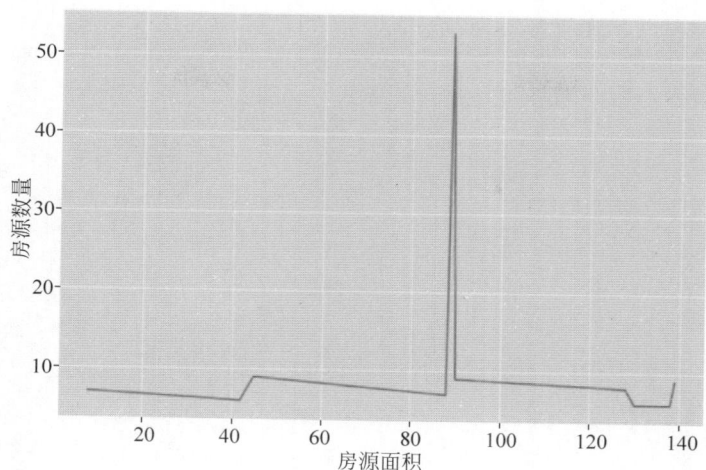

图 11-13　不同房屋面积房源数量分布图

　　通过为文心一言提供以下提示词"根据前三商圈的房源数据找出前十的户型房源的数量，并以条形图的形式展示出来，横坐标为户型，纵坐标为房源数量。"，自动生成的代码如下：

```python
# 假设的前三商圈的户型和房源数量数据
future_tech_city = {'一居室': 30, '二居室': 40, '三居室': 50, '四居室': 20, '其他': 10}
linping_new_town = {'一居室': 25, '二居室': 35, '三居室': 45, '四居室': 15, '其他': 10}
xianlin = {'一居室': 15, '二居室': 20, '三居室': 30, '四居室': 10, '其他': 5}

# 将每个商圈的房源数量数据合并到一个字典中
all_data = {**future_tech_city, **linping_new_town, **xianlin}

# 将字典转换为 DataFrame,其中列是户型,行是虚拟的(因为只有一个数据点)
df = pd.DataFrame([all_data])

# 计算每个户型的总房源数量(即 DataFrame 中每列的和)
total_units = df.sum(axis=0)

# 对房源数量进行排序,并取出前十的户型
top_10_types = total_units.nlargest(10)

# 绘制条形图
plt.figure(figsize=(10, 6))
top_10_types.plot(kind='bar', color='skyblue')

# 设置图形标题和轴标签
plt.title('前三商圈房源数量前十的户型')
plt.xlabel('户型')
plt.ylabel('房源数量')

# 显示图形
plt.tight_layout()                # 调整布局以避免标签重叠
plt.show()
```

文心一言自动生成运行结果如图 11-14 所示。

前三商圈房源数量前十的户型

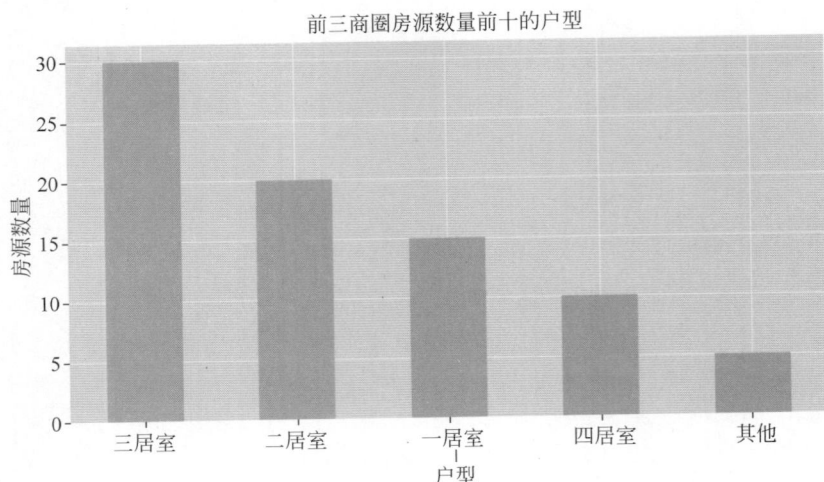

图 11-14　不同户型房源数量分布图(文心一言生成代码)

通过为文心一言提供以下提示词"根据前三商圈的房源数据的面积,将面积大小分布以折线图的形式展示出来,横坐标为房源面积,纵坐标为房源数量。",自动生成的代码如下:

```python
# 假设的按面积区间分类的房源数量数据
area_data = {
    '未来科技城': {50: 100, 60: 120, 70: 150, 80: 180, 90: 200, 100: 220},
    '临平新城': {50: 80, 60: 90, 70: 110, 80: 130, 90: 150, 100: 160},
    '闲林': {50: 60, 60: 70, 70: 80, 80: 100, 90: 120, 100: 130}
}

# 将数据转换为 DataFrame 格式,方便处理
df_list = []
for district, area_dict in area_data.items():
    for area, count in area_dict.items():
        df_list.append({'商圈': district, '房源面积': area, '房源数量': count})

df = pd.DataFrame(df_list)

# 对数据进行处理,计算每个面积区间的总房源数量
total_units_per_area = df.groupby('房源面积')['房源数量'].sum().reset_index()

# 绘制折线图
plt.figure(figsize = (10, 6))
plt.plot(total_units_per_area['房源面积'], total_units_per_area['房源数量'], marker = 'o')

# 设置图形标题和轴标签
plt.title('前三商圈房源面积分布')
plt.xlabel('房源面积')
plt.ylabel('房源数量')
```

```
# 显示网格和图形
plt.grid(True)
plt.show()
```

文心一言自动生成的运行结果如图 11-15 所示。

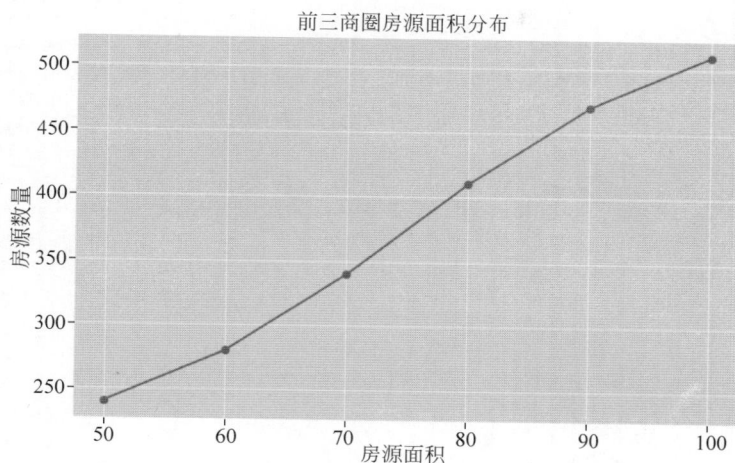

图 11-15　不同房屋面积房源数量分布图（文心一言生成代码）

11.5.4　找准朝向

寻租者往往会选择南北朝向和朝南向的房源。

```
# 提取前三户型
hx_top3 = sq_top3[sq_top3['户型'].isin([ '3室2厅2卫', '4室2厅2卫','3室2厅1卫'])]
hx_top3
loc_top3 = hx_top3['朝向'].value_counts()[:10]  # 房屋朝向 location

plt.figure(figsize = (12,8))
ax = plt.subplot()

xticks = range(0,len(loc_top3.index), 1)                    # 生成 len(sq_data.index)个刻度
ax.set_xticks(xticks)                                       # 给 ax 子图设置上述刻度
ax.set_xticklabels(ax.get_xticklabels(), rotation = 30)    # 设置 x 轴刻度文字方向,旋转角度

sns.barplot(x = loc_top3.index, y = loc_top3,   ax = ax)   # 开始绘图

ax.tick_params(labelsize = 13)                             # 设置轴刻度文字大小,两个轴同时设置
ax.set_xlabel('余杭区_Top3 商圈_Top3 户型_Top10 朝向', fontsize = 15)
ax.set_ylabel('房源数量', fontsize = 15)
```

从图 11-16 与图 11-17 可以看出,户型朝南和南北朝向的房源数最多。

这里,我们选择南北朝向,如图 11-18 所示为余杭区前三商圈南北朝向房源,继续下一步。

```
# 提取南北朝向房源
cx_top2 = hx_top3[hx_top3['朝向'].isin([ '南', '南 北'])]
cx_top2
```

	城市	行政区	商圈	小区	户型	面积	装修	租金	整租	朝向	电梯	车位	用水	用电	燃气	采暖	所在楼层	总楼层
13	杭州	余杭	闲林	绿城桃源小镇	3室2厅1卫	83	简装	3000	整租	南	有	暂无数据	民水	民电	有	自采暖	6	18
14	杭州	余杭	闲林	雅居乐国际花园	4室2厅2卫	137	简装	3000	整租	东南北	有	租用车位	民水	民电	有	自采暖	32	32
59	杭州	余杭	未来科技城	华夏四季	3室2厅1卫	90	精装	5600	整租	南	有	暂无数据	民水	民电	有	自采暖	6	20
91	杭州	余杭	闲林	绿城桃源小镇	4室2厅2卫	93	简装	3000	整租	东南	有	暂无数据	民水	民电	有	自采暖	15	31
108	杭州	余杭	未来科技城	奥克斯时代未来之城	4室2厅2卫	130	简装	6500	整租	南	有	暂无数据	民水	民电	有	自采暖	20	40
...	...	...	...	...	...	...	...	...	...	...	...	...	...	...	...	...	...	...
2574	杭州	余杭	未来科技城	中南樾府	4室2厅2卫	108	精装	6500	整租	南	有	暂无数据	民水	民电	有	自采暖	12	24
2604	杭州	余杭	闲林	融创金成江南府	3室2厅2卫	89	精装	3500	整租	南	有	免费使用	民水	民电	有	自采暖	13	26
2639	杭州	余杭	闲林	融创金成江南府	3室2厅2卫	89	精装	3800	整租	南	有	暂无数据	民水	民电	有	自采暖	26	26
2686	杭州	余杭	未来科技城	南湖丽景	3室2厅2卫	128	精装	3500	整租	南北	有	暂无数据	民水	民电	有	自采暖	4	9
2706	杭州	余杭	临平	绿城莲园	3室2厅2卫	89	精装	3600	整租	南	有	暂无数据	民水	民电	有	自采暖	8	25

156 rows × 18 columns

图 11-16　余杭区前三商圈不同朝向房源

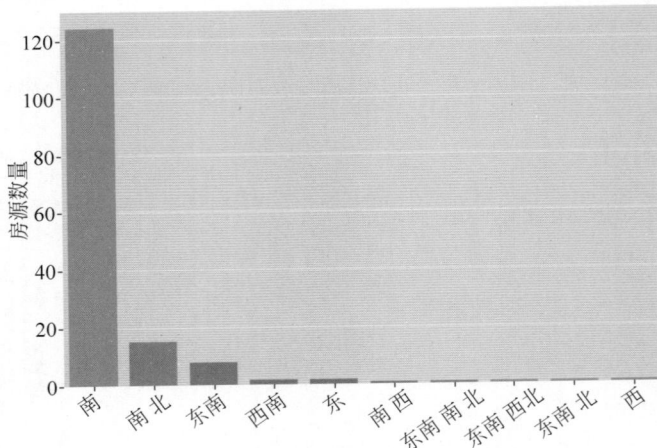

余杭区_Top3商圈_Top3户型_Top10朝向

图 11-17　余杭区前三商圈房屋朝向分布图

	城市	行政区	商圈	小区	户型	面积	装修	租金	整租	朝向	电梯	车位	用水	用电	燃气	采暖	所在楼层	总楼层
13	杭州	余杭	闲林	绿城桃源小镇	3室2厅1卫	83	简装	3000	整租	南	有	暂无数据	民水	民电	有	自采暖	6	18
59	杭州	余杭	未来科技城	华夏四季	3室2厅1卫	90	精装	5600	整租	南	有	暂无数据	民水	民电	有	自采暖	6	20
108	杭州	余杭	未来科技城	奥克斯时代未来之城	4室2厅2卫	130	简装	6500	整租	南	有	暂无数据	民水	民电	有	自采暖	20	40
118	杭州	余杭	闲林	雅居乐国际花园	3室2厅2卫	128	简装	2000	整租	南	有	暂无数据	民水	民电	有	自采暖	33	33
127	杭州	余杭	闲林	竹海水韵	3室2厅2卫	130	简装	2800	整租	南北	无	暂无数据	民水	民电	有	自采暖	2	6
...	...	...	...	...	...	...	...	...	...	...	...	...	...	...	...	...	...	...
2574	杭州	余杭	未来科技城	中南樾府	4室2厅2卫	108	精装	6500	整租	南	有	暂无数据	民水	民电	有	自采暖	12	24
2604	杭州	余杭	闲林	融创金成江南府	3室2厅2卫	89	精装	3500	整租	南	有	免费使用	民水	民电	有	自采暖	13	26
2639	杭州	余杭	闲林	融创金成江南府	3室2厅2卫	89	精装	3800	整租	南	有	暂无数据	民水	民电	有	自采暖	26	26
2686	杭州	余杭	未来科技城	南湖丽景	3室2厅2卫	128	精装	3500	整租	南北	有	暂无数据	民水	民电	有	自采暖	4	9
2706	杭州	余杭	临平	绿城莲园	3室2厅2卫	89	精装	3600	整租	南	有	暂无数据	民水	民电	有	自采暖	8	25

139 rows × 18 columns

图 11-18　余杭区前三商圈南北朝向房源

通过为文心一言提供以下提示词"根据前三户型的房源数据找出前十的朝向房源的数量，并以条形图的形式展示出来，横坐标为朝向，纵坐标为房源数量。"，自动生成的代码如下：

```
# 假设的户型、朝向和房源数量数据
data = {
    '户型1': {'朝南': 100, '朝北': 50, '朝东': 80, '朝西': 70, '朝东南': 60, '朝西南': 40,
'朝东北': 30, '朝西北': 20},
    '户型2': {'朝南': 90, '朝北': 60, '朝东': 75, '朝西': 65, '朝东南': 55, '朝西南': 45, '朝
东北': 35, '朝西北': 25},
    '户型3': {'朝南': 85, '朝北': 55, '朝东': 70, '朝西': 60, '朝东南': 50, '朝西南': 40, '朝
东北': 30, '朝西北': 20}
}

# 将数据转换为 DataFrame 格式，方便处理
df_list = []
for 户型, 朝向数据 in data.items():
    for 朝向, 数量 in 朝向数据.items():
        df_list.append({'户型': 户型, '朝向': 朝向, '房源数量': 数量})

df = pd.DataFrame(df_list)

# 计算每个朝向的总房源数量
total_units_per_orientation = df.groupby('朝向')['房源数量'].sum().sort_values(ascending=
False).head(10).reset_index()

# 绘制条形图
plt.figure(figsize=(10, 6))
plt.bar(total_units_per_orientation['朝向'], total_units_per_orientation['房源数量'])

# 设置图形标题和轴标签
plt.title('前三户型中前十朝向的房源数量')
plt.xlabel('朝向')
plt.ylabel('房源数量')

# 显示图形
plt.show()
```

文心一言自动生成的运行结果如图 11-19 所示。

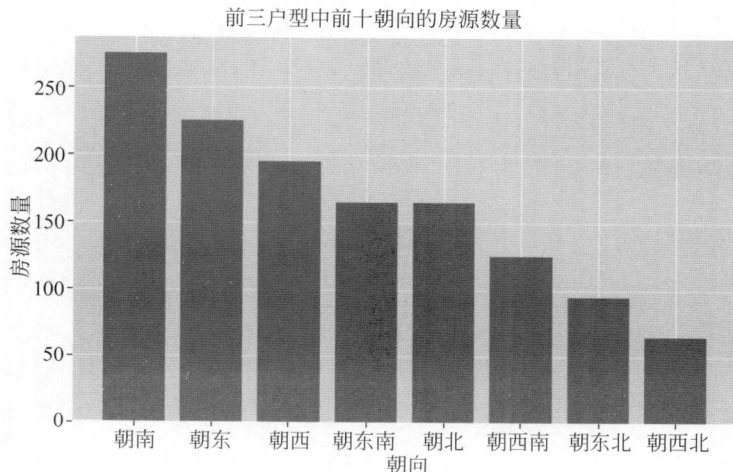

图 11-19 余杭区前三户型房屋朝向分布图（文心一言生成代码）

11.5.5　找准设施

寻租者往往会选择民水、民电、有燃气的房源。

```
#生成2*2的四个子图和fig画布(可以当作一张纸,多个子图画在纸上面),子图画在画布上面
fig, axes = plt.subplots(2, 2, figsize = (10, 10))

water = cx_top2['用水'].value_counts()
# autopct = '%.2f%%'  设置饼图上的百分比信息,explode用于突出显示饼图中的子集,用
#间隔突出的方式进行显示
axes[0, 0].pie(water, autopct = '%.2f%%', explode = [0.05, 0.01, 0.01], labels = ['民水',
'暂无数据', '商水'], startangle = 90, )
axes[0, 0].set_title('用水性质', fontsize = 18)

electric = cx_top2['用电'].value_counts()
axes[0, 1].pie(electric, autopct = '%.2f%%', explode = [0.05, 0.01, 0.01], labels = ['民
电', '暂无数据', '商电'], startangle = 90)
axes[0, 1].set_title('用电性质', fontsize = 18)

gas = cx_top2['燃气'].value_counts()
axes[1, 0].pie(gas, autopct = '%.2f%%', explode = [0.05, 0.01] , labels = ['有', '无'],
startangle = 90)
axes[1, 0].set_title('是否供燃气', fontsize = 18)

heating = cx_top2['采暖'].value_counts()
axes[1, 1].pie(heating, autopct = '%.2f%%', explode = [0.05, 0.01, 0.01], labels = ['自采
暖', '集中供暖', '暂无'], startangle = 90)
axes[1, 1].set_title('采暖性质', fontsize = 18)
```

通过图11-20我们可以看出,民用水电的房源数量占92.81%,还是很符合寻租者的需求的。接下来我们选择民用水电和供燃气、自采暖的房源。如图11-21所示为民用水电、供燃气和自采暖房源分布图。

```
#提取民用水电、供燃气、自采暖的房源,由图11-20各类房源数占比,我们按照供燃气、民水、
#民电、自采暖顺序筛选满足我们条件的房源

rq = cx_top2[cx_top2['燃气'] == '有']
ms = rq[rq['用水'] == '民水']
md = ms[ms['用电'] == '民电']
cn = md[md['采暖'] == '自采暖']
cn
#这里筛选的房源就是民用水电、供燃气、自采暖的房源了
```

通过为文心一言提供以下提示词"在一个2×2的子图中绘制4个饼图,用以展示不同属性的比例情况。第一个子图展示了用水性质的比例,其中标签为'民水''暂无数据''商水',分别表示民用水、无数据和商用水。第二个子图展示了用电性质的比例,标签为'民电'、'暂无数据''商电',分别表示民用电、无数据和商用电。第三个子图展示了是否供燃气的比例,标签为'有'和'无',分别表示有供应燃气和没有供应燃气。第四个子图展

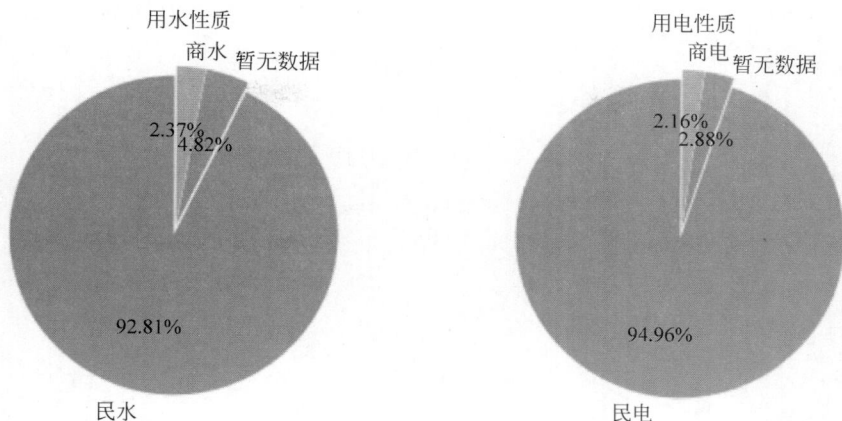

图 11-20　用电用水性质分布图

图 11-21　民用水电和供燃气,自采暖的房源

示了采暖性质的比例,标签为'自采暖''集中供暖''暂无',分别表示自行采暖、集中供暖和无采暖数据。",自动生成的代码如下:

```
# 定义各个子图的标签和比例数据
labels_water = ['民水', '暂无数据', '商水']
sizes_water = [0.4, 0.3, 0.3]              # 假设的数据,请替换为实际数据

labels_electricity = ['民电', '暂无数据', '商电']
sizes_electricity = [0.5, 0.2, 0.3]        # 假设的数据,请替换为实际数据

labels_gas = ['有', '无']
sizes_gas = [0.6, 0.4]                      # 假设的数据,请替换为实际数据

labels_heating = ['自采暖', '集中供暖', '暂无']
sizes_heating = [0.4, 0.3, 0.3]            # 假设的数据,请替换为实际数据

# 创建一个 2x2 的子图网格
fig, axs = plt.subplots(2, 2, figsize = (10, 10), subplot_kw = {'aspect': 'equal'})
```

```
# 绘制第一个子图:用水性质的比例
axs[0, 0].pie(sizes_water, labels = labels_water, autopct = '%1.1f%%', startangle = 90)
axs[0, 0].axis('equal')   # Equal aspect ratio ensures that pie is drawn as a circle.
axs[0, 0].set_title('用水性质比例')

# 绘制第二个子图:用电性质的比例
axs[0, 1].pie(sizes_electricity, labels = labels_electricity, autopct = '%1.1f%%',
startangle = 90)
axs[0, 1].axis('equal')
axs[0, 1].set_title('用电性质比例')

# 绘制第三个子图:是否供燃气的比例
axs[1, 0].pie(sizes_gas, labels = labels_gas, autopct = '%1.1f%%', startangle = 90)
axs[1, 0].axis('equal')
axs[1, 0].set_title('是否供燃气比例')

# 绘制第四个子图:采暖性质的比例
axs[1, 1].pie(sizes_heating, labels = labels_heating, autopct = '%1.1f%%', startangle =
90)
axs[1, 1].axis('equal')
axs[1, 1].set_title('采暖性质比例')

# 调整子图之间的间距
plt.tight_layout()

# 显示图形
plt.show()
```

文心一言自动生成的运行结果如图 11-22 所示。

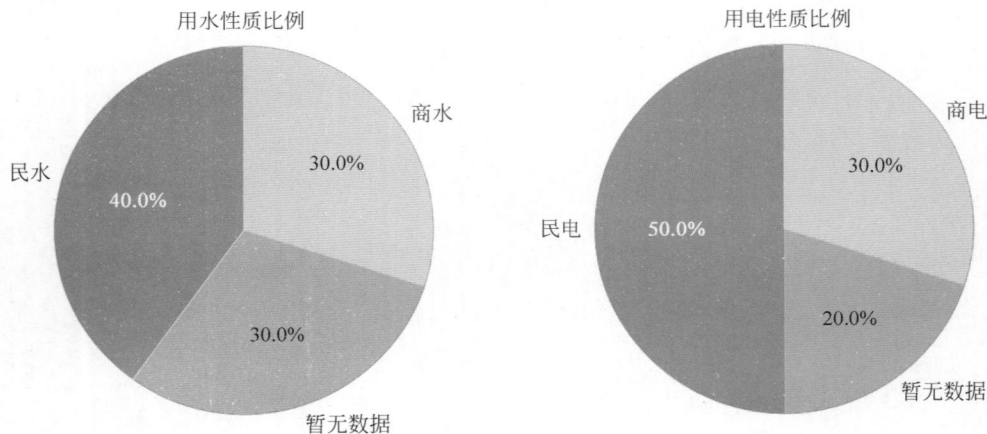

图 11-22　用水用电性质分布图(文心一言生成代码)

通过为文心一言提供以下提示词"假设租房数据集信息有商圈、户型、租金、面积、朝向、用水、用电、燃气,假设 10 条数据,提取民用水电、供燃气的数据信息",自动生成的代码如下:

```
# 假设的 10 条租房数据
data = {
    '商圈': ['商圈 A', '商圈 B', '商圈 C', '商圈 D', '商圈 E', '商圈 F', '商圈 G', '商圈 H', '商
圈 I', '商圈 J'],
    '户型': ['1 室 1 厅', '2 室 2 厅', '3 室 1 厅', '2 室 1 厅', '1 室 0 厅', '3 室 2 厅', '2 室 0 厅',
'1 室 2 厅', '3 室 0 厅', '2 室 1 厅'],
    '租金': [3000, 4000, 5000, 3500, 2800, 4500, 3200, 3800, 4800, 3700],
    '面积': [50, 70, 90, 60, 45, 100, 55, 65, 85, 75],
    '朝向': ['南', '北', '东南', '西南', '东', '西', '南', '北', '东北', '西北'],
    '用水': ['民水', '商水', '民水', '民水', '商水', '民水', '商水', '民水', '民水', '商水'],
    '用电': ['民电', '商电', '民电', '商电', '民电', '民电', '商电', '民电', '商电', '民电'],
    '燃气': ['有', '无', '有', '有', '无', '有', '无', '有', '有', '无']
}

# 创建 DataFrame
df = pd.DataFrame(data)

# 提取民用水电和供燃气的数据信息
df_civil_water_electricity_gas = df[(df['用水'] == '民水') & (df['用电'] == '民电') & (df
['燃气'] == '有')]

# 显示提取后的数据信息
print(df_civil_water_electricity_gas)
```

文心一言自动生成的运行结果如图 11-23 所示。

	商圈	户型	租金	面积	朝向	用水	用电	燃气
0	商圈A	1室1厅	3000	50	南	民水	民电	有
2	商圈C	3室1厅	5000	90	东南	民水	民电	有
5	商圈F	3室2厅	4500	100	西	民水	民电	有
7	商圈H	1室2厅	3800	65	北	民水	民电	有

图 11-23　民用水电和供燃气的房源(文心一言生成代码)

11.5.6　得出结果

根据最终的筛选结果,如图 11-24 所示,按租金从低到高排序,从而选择合适价格的房源。

```
a = cn.sort_values(by = '租金')
a.Shape
```

通过为文心一言提供以下提示词"根据以上数据集,再按租金从低到高提取信息。",自动生成的代码如下:

```
# 按照租金从低到高排序
df_sorted_by_rent = df_civil_water_electricity_gas.sort_values(by = '租金')

# 显示排序后的数据信息
print(df_sorted_by_rent)
```

文心一言自动生成的运行结果如图 11-25 所示。

	城市	行政区	商圈	小区	户型	面积	装修	租金	整租	朝向	电梯	车位	用水	用电	燃气	采暖	所在楼层	总楼层
2462	杭州	余杭	临平	东晖龙悦湾	3室2厅2卫	103	简装	1300	整租	南	有	暂无数据	民水	民电	有	自采暖	8	26
1335	杭州	余杭	临平	金都夏宫	3室2厅2卫	89	简装	1350	整租	南北	有	暂无数据	民水	民电	有	自采暖	20	40
1243	杭州	余杭	临平	嘉丰万悦城	3室2厅1卫	90	简装	1400	整租	南	有	暂无数据	民水	民电	有	自采暖	12	25
1886	杭州	余杭	临平	东晖龙悦湾	3室2厅2卫	104	简装	1500	整租	南	有	暂无数据	民水	民电	有	自采暖	12	25
2048	杭州	余杭	临平	金都夏宫	3室2厅2卫	89	简装	1500	整租	南	有	暂无数据	民水	民电	有	自采暖	40	40
...	...	...	...	...	...	...	...	...	...	...	...	...	...	...	...	...	...	...
1492	杭州	余杭	未来科技城	中南樾府	4室2厅2卫	128	精装	8500	整租	南	有	暂无数据	民水	民电	有	自采暖	8	24
2344	杭州	余杭	未来科技城	东原印未来	4室2厅2卫	126	精装	8500	整租	南	有	租用车位	民水	民电	有	自采暖	11	22
221	杭州	余杭	未来科技城	华夏四季	4室2厅2卫	125	精装	10000	整租	南	有	暂无数据	民水	民电	有	自采暖	2	7
1941	杭州	余杭	未来科技城	华夏之心	4室2厅2卫	139	精装	12000	整租	南	有	暂无数据	民水	民电	有	自采暖	29	29
190	杭州	余杭	未来科技城	华夏之心	4室2厅2卫	139	精装	13000	整租	南	有	暂无数据	民水	民电	有	自采暖	14	29

125 rows × 18 columns

图 11-24　不同租金的房源

	商圈	户型	租金	面积	朝向	用水	用电	燃气
0	商圈A	1室1厅	3000	50	南	民水	民电	有
7	商圈H	1室2厅	3800	65	北	民水	民电	有
5	商圈F	3室2厅	4500	100	西	民水	民电	有
2	商圈C	3室1厅	5000	90	东南	民水	民电	有

图 11-25　不同租金房源（文心一言生成代码）

本案例通过爬虫程序爬取杭州市市出租房房源信息，通过数据清理及预处理后，以可视化方式对不同小区的租房价格、户型类型及租房面积进行展示，同时通过条件筛选得出相应的租房决策，为寻租者在查找出租房源的过程中提供了便利。

并且，本案例通过文心一言自动生成小模块代码与原代码进行对比，由于目前大模型无法上传文档，获取不到本案例数据集，因此我们只能依赖重新构想的数据集来生成代码。这也暗示了当前大模型在处理实际数据集时仍然存在改进的空间。

11.6　数据挖掘应用发布和实践

实验视频

经过精心设计的数据采集机制、精细的数据预处理流程以及先进的可视化分析技术，我们在本地系统成功实现了租房数据的动态解析与精准展现。接下来，我们将深入探讨两种创新的数据展示手段。第一种是依托 Web 应用程序构建的交互式数据视图，其界面布局灵活多样，响应迅速，为用户带来流畅无间断的浏览体验。第二种则是利用钉钉低代码开发平台实现的数据直观表达，这一方式简洁易用且高度定制化，使用户不需要深厚的编程背景，也能轻松管理和洞察租房数据。两者相辅相成，共同提升了数据展示的便捷性和可视化效果，为用户提供了更为直观、高效的数据洞察体验。

11.6.1　基于 Web 服务器的应用发布

通过 Web 应用程序进行数据展示，我们可以充分发挥 Web 技术的优势，构建出交互性强、功能丰富的数据展示界面。用户只需通过浏览器访问相应的网址，即可实时查看租房数据的动态变化，包括房价走势、房源分布等关键信息。同时，我们还可以通过添加筛选、排序等功能,帮助用户快速定位到符合自己需求的房源信息,提升用户体验。

本节要通过 Wampserver 本地服务器和阿里云服务器实现 Web 应用程序,代码通过 Python 实现。

1. 本地开发

安装 Wampserver:在本地计算机上安装和配置 Wampserver,Wampserver 是一个集成了 Apache、MySQL 和 PHP 的服务器软件,能够为我们提供完整的 Web 开发环境。安装完成后,我们可以配置好相应的数据库和网站目录,为后续的 Web 应用程序开发做好准备。

安装 Python:在本地计算机上安装 Python 解释器,确保可以在本地进行 Python 代码的开发和调试。

编写 Python Web 应用程序:我们可以使用 Django 等 Python Web 框架来简化开发过程,构建出具有丰富功能的 Web 应用程序。这些框架提供了路由、模板渲染、数据库操作等功能,使得我们能够更加高效地开发出符合需求的 Web 应用。

测试应用程序连接:由于 Wampserver 已经集成了 MySQL 数据库,我们可以直接利用 Python 的数据库操作库来连接 MySQL 数据库,实现数据的增删改查操作。这样,我们就能将租房数据存储在数据库中,并通过 Web 应用程序进行展示和管理。

2. 数据库迁移

迁移数据库至阿里云:通过 Xshell 连接到本地计算机,输入主机 IP 地址、端口号和登录凭据进行连接。通过 Xftp 将本地数据库导出的 SQL 文件上传到阿里云服务器指定的目录。

测试数据库连接:在本地 Python 应用程序中修改数据库连接信息,确保能够连接到迁移至阿里云的数据库。

3. 部署阿里云服务器

将 Python Web 应用程序上传至服务器:使用 FTP 等工具将 Python 代码和相关文件上传至阿里云服务器中。

安装 Python 和相关依赖库:在阿里云服务器上安装 Python 和可能需要的依赖库,确保服务器环境可以运行自己的 Python Web 应用。

配置 Web 服务器支持 Python:在服务器上配置 Web 服务器(如 Apache)以支持 Python Web 应用程序。

4. 部署和测试

启动 Web 服务器:在阿里云服务器上启动 Web 服务器,并确保 Apache 和 Python 配置正确。

访问 Web 应用程序:在浏览器中输入服务器的 IP 地址或域名,访问部署在阿里云服务器上的 Python Web 应用程序。

测试应用程序:测试 Web 应用程序在服务器端的运行情况,确保能够正常访问和使用。

通过以上步骤,可以实现通过 Wampserver 本地服务器和阿里云服务器部署基于 Python 的 Web 应用程序。

最终实现效果如图 11-26 所示。

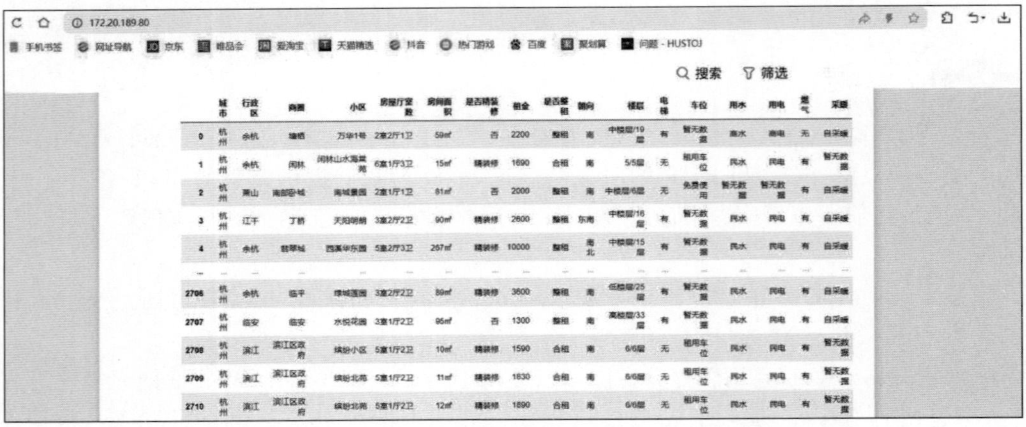

	城市	行政区	商圈	小区	房屋厅室数	房间面积	是否精装修	租金	是否整租	朝向	楼层	电梯	车位	用水	用电	燃气	采暖
0	杭州	余杭	塘栖	万华1号	2室2厅1卫	59㎡	否	2200	整租	南	中楼层/19层	有	暂无数据	商水	商电	无	自采暖
1	杭州	余杭	闲林	闲林山水海棠苑	6室1厅3卫	15㎡	精装修	1690	合租	南	5/5层	无	租用车位	民水	民电	有	暂无数据
2	杭州	萧山	南部卧城	南城景园	2室1厅1卫	81㎡	否	2000	整租	南	中楼层/6层	无	免费使用	暂无数据	暂无数据	有	自采暖
3	杭州	江干	丁桥	天阳明月	3室2厅2卫	90㎡	精装修	2600	整租	东南	中楼层/16层	有	暂无数据	民水	民电	有	自采暖
4	杭州	余杭	翡翠城	西溪华东园	5室2厅3卫	267㎡	精装修	10000	整租	南北	中楼层/15层	有	暂无数据	民水	民电	有	自采暖
...	...	...	...	...	...	...	...	...	...	...	...	...	...	...	...	...	...
2706	杭州	余杭	临平	绿城蓝园	3室2厅2卫	89㎡	精装修	3600	整租	南	低楼层/25层	有	暂无数据	民水	民电	有	自采暖
2707	杭州	临安	临安	水悦花园	3室1厅2卫	95㎡	否	1300	整租	南	高楼层/33层	有	暂无数据	民水	民电	有	自采暖
2708	杭州	滨江	滨江区政府	缤纷小区	5室1厅2卫	10㎡	精装修	1590	合租	南	6/6层	无	租用车位	民水	民电	有	暂无数据
2709	杭州	滨江	滨江区政府	缤纷北苑	5室1厅2卫	11㎡	精装修	1830	合租	南	6/6层	无	租用车位	民水	民电	有	暂无数据
2710	杭州	滨江	滨江区政府	缤纷北苑	5室1厅2卫	12㎡	精装修	1890	合租	南	6/6层	无	租用车位	民水	民电	有	暂无数据

图 11-26　租房案例数据展示

11.6.2　基于钉钉低代码的应用发布

钉钉低代码平台为我们提供了一种更为便捷、高效的数据展示方式。通过钉钉低代码平台，我们无须编写复杂的代码，即可快速搭建出美观实用的数据展示界面。这种方式不仅降低了技术门槛，使得更多的人能够参与到数据展示工作中来，同时也大大提高了开发效率，缩短了项目周期。

1. 导入数据库

创建一个应用，通过 Excel 创建普通表单，就可以将数据导入该表单。生成对应数据管理页，可以在数据管理页内进行数据搜索、筛选、导入、导出及新增等功能。

2. 创建报表页面

在应用内创建一个报表页面，用于展示租房案例的数据分析和统计信息。

添加报表组件：例如柱状图、饼图、折线图等，用于可视化展示数据。

配置报表数据源：将租房案例数据模型作为报表的数据源，确保报表能够从模型中获取数据进行展示。根据需求选择合适的字段作为报表展示的数据维度和度量。

设计报表展示：根据需要设计报表的样式和布局，确保信息清晰明了。设置报表的标题、坐标轴标签、图例等内容，提高报表的可读性和吸引力。

添加交互功能：在报表中添加交互功能，例如筛选条件、数据排序、数据分组等，让用户可以根据需要查看不同的数据视图。

保存和预览：保存所创建的报表页面，并进行预览和测试，确保展示效果符合预期。

3. 部署与分享

将创建的租房案例数据报表页面部署到合适的位置，可通过匿名发布分享给相关人员。

通过以上步骤，可以在钉钉低代码平台上创建一个含有数据管理页和报表页面的应用，用于展示租房案例的数据分析和统计信息，帮助用户更直观地了解数据情况。

最终实现数据管理页功能如图 11-27 所示，报表展示如图 11-28 所示。

图 11-27 租房案例数据管理页

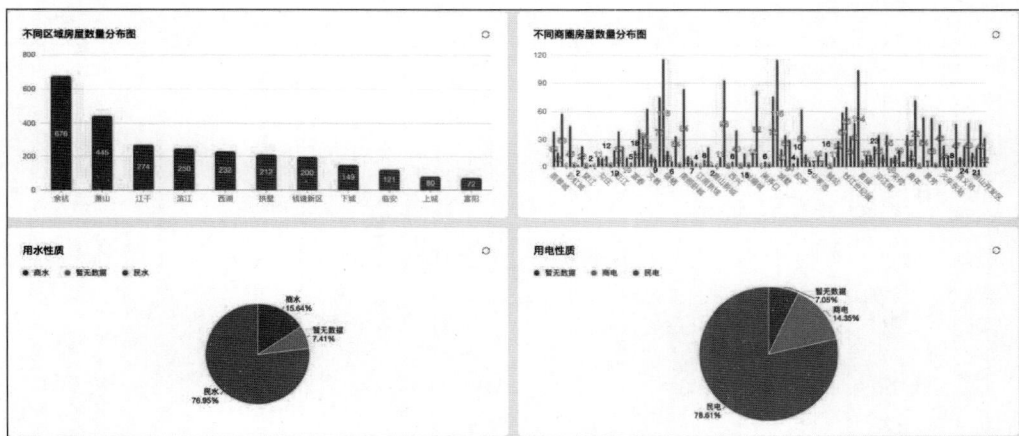

图 11-28 租房案例报表页面

基于 Web 服务器的应用发布注重于通过传统技术栈构建、部署和维护应用,提供稳定且高度可配置的在线服务。而基于钉钉低代码的应用发布则强调快速迭代、易上手和低技术门槛,利用平台提供的组件和模板,实现应用的轻量化开发与部署。两者各有优势,前者适用于复杂、定制化需求高的场景,后者则更适合快速响应业务需求、降低开发成本的情况。综合来看,两者互补共存,根据具体需求灵活选择发布方式,是提升应用开发和部署效率的关键。

图书资源支持

感谢您一直以来对清华版图书的支持和爱护。为了配合本书的使用,本书提供配套的资源,有需求的读者请扫描下方的"书圈"微信公众号二维码,在图书专区下载,也可以拨打电话或发送电子邮件咨询。

如果您在使用本书的过程中遇到了什么问题,或者有相关图书出版计划,也请您发邮件告诉我们,以便我们更好地为您服务。

我们的联系方式:

清华大学出版社计算机与信息分社网站:https://www.shuimushuhui.com/

地　　　址:北京市海淀区双清路学研大厦 A 座 714

邮　　　编:100084

电　　　话:010-83470236　　010-83470237

客服邮箱:2301891038@qq.com

QQ:2301891038(请写明您的单位和姓名)

资源下载: 关注公众号"书圈"下载配套资源。

资源下载、样书申请

图书案例

书 圈

清华计算机学堂

观看课程直播